国际电气工程先进技术译丛

锂离子电池的纳米技术

[加拿大] 亚瑟·阿布莱布德（Yaser Abu - Lebdeh）
[英国] 伊索贝尔·戴维德森（Isobel Davidson） 主编
刘晶冰　汪浩　严辉　等译

机 械 工 业 出 版 社

世界正处于能源需求不断增加以满足现代社会发展需要的时代。纳米技术和锂离子电池技术都将发挥重要作用，帮助世界应对日益增长的能源和环境问题的挑战。本书将纳米技术和锂离子电池两个领域相融合，用新鲜的见解论述这些快速发展的研究领域之间复杂的关系。书中阐述了纳米结构电极材料在锂离子电池中的作用，全面介绍了纳米材料及纳米结构对锂离子电池负极材料的设计、合成及电化学性能的影响和进展，同时描述了纳米尺寸正极材料的优点，深入探讨了合成纳米颗粒对电解质性能及电极－电解质界面的影响。全书内容丰富、实用，使人们深入了解如何利用纳米技术改善锂离子电池性能以满足不断增长的能量需求。

本书可作为锂离子电池相关企业以及高校、科研院所相关科研人员的参考书籍，亦可作为新能源相关专业、材料相关专业等本科生以及研究生的有益参考书。

译 者 序

世界正处于能源需求不断增加以满足现代社会发展需要的时代。纳米技术和锂离子电池技术都将发挥重要作用，帮助世界应对日益增长的能源和环境问题的挑战。纳米科技的快速发展以及在许多科学领域取得的成就，使得越来越多的致力于材料科学尤其是能源应用的研究者将纳米科技应用到自己的研究领域。锂离子电池作为信息化、动力和储能等应用的最重要新能源材料而越来越重要，对其性能要求也越来越高。虽然锂离子电池在人们生活的各个方面的应用潜力巨大，纳米技术席卷全球，但真正的收益才刚刚开始。

本书共分10章，重点探讨了纳米技术和锂离子电池两个领域的融合。书中阐述了纳米结构电极材料在锂离子电池中的作用，全面介绍了纳米材料及纳米结构对锂离子电池负极材料的设计、合成及电化学性能的影响和进展，同时描述了纳米尺寸正极材料的优点，深入探讨了合成纳米颗粒对电解质性能及电极－电解质界面的影响。全书内容丰富、实用，使人们深入了解如何利用纳米技术改善锂离子电池性能以满足不断增长的能量需求。

期望本书的出版对国内锂离子电池及相关领域的发展有所帮助。如果能做到这一点，我们将非常欣慰和鼓舞。

本书主要由北京工业大学的刘晶冰副教授、汪浩教授和严辉教授翻译，赫欢欢、郎凤培、徐坤和武绍蕊也参与了部分内容的翻译。全书由刘晶冰统稿。机械工业出版社顾谦老师为本书的翻译、编辑、加工、出版付出了辛勤的劳动，在此深表谢意。由于时间仓促以及我们的知识面有限，译文中肯定有疏漏或欠妥之处，诚冀读者批评指正。

译 者

原书前言

纳米科技的快速发展以及在许多科学领域取得的成就，使得越来越多的致力于材料科学尤其是能源应用的研究者将纳米科技应用到自己的研究领域。

锂离子电池被成功引入到许多消费电子设备中并且预计将在大规模的电网储能和电动汽车中使用，这使得锂离子电池的研究者受到极大的鼓舞。研究人员也将纳米技术应用在锂离子电池中极大地提高了电池的性能。

在过去的几年里，已经有许多关于锂离子电池的论文和综述，但是这些论文分布比较零散，并没有一本书来总结关于纳米技术和锂离子电池在所有领域的发展状况。本书将两个领域结合，不仅深入了解如何使用纳米技术改善锂离子电池技术，而且为研究者、学生、教授或者所有想了解并且对研究这两个领域感兴趣的人们提供了一本参考书。

本书第 1 章介绍了锂离子电池技术的基本概念，引入了纳米技术主题以及纳米尺度的离子材料的基本知识，并且强调了它们与传统尺寸材料的主要区别。第 2 章探讨了纳米结构电极材料在锂离子电池中的作用，第 3 ~ 6 章详细介绍了负极材料的作用，这些负极材料以金属、非金属和金属氧化物为基础，当负极材料做成纳米颗粒和纳米结构时可以提高电池的倍率性能，而且可以与锂形成合金代替传统的石墨负极。正如第 5 章和第 6 章所述，在某些情况下，由于纳米效应的存在，一些特定金属氧化物与锂的活性会增强。第 7 章和第 8 章描述了纳米尺寸的正极材料的优点，比如克服锂离子注入锂金属氧化物和磷酸材料时受到的限制以及提高它们的能量特性。第 9 章阐述了合成纳米颗粒对电解质性能的影响以及一定程度上对电极 - 电解质界面的影响。第 10 章概述了叉指电极和 3D 微电池方面的研究工作。

感谢在这项工作的准备过程中帮助过我的人，尤其是所有对本书有贡献的人。

渥太华，加拿大　　Yaser Abu - Lebdeh

渥太华，加拿大　　Isobel Davidson

本书作者

Ali Abouimrane	阿贡国家实验室，勒蒙特，加利福尼亚州，美国
Yaser Abu-Lebdeh	加拿大国家研究委员会（NRC）能源矿产环境部，渥太华，安大略省，加拿大
Fabrice M. Courtel	加拿大原子能有限公司，乔克里弗，安大略省，加拿大
Isobel Davidson	加拿大国家研究委员会，渥太华，安大略省，加拿大
Hugues Duncan	劳伦斯伯克利国家实验室，伯克利，加利福尼亚州，美国
J. B. Goodenou8gh	得克萨斯大学奥斯汀分校，奥斯丁，得克萨斯州，美国
Phil Johns	南安普敦大学化学学院，南安普顿，汉普郡，英国
C. M. Julien	电解质、胶体的物理化学与科学分析研究所（PECSA），皮埃尔和玛丽·居里大学、巴黎，法国
Nikhil Koratkar	材料科学与工程系，机械、航空航天与核工程系，伦斯勒理工学院，特洛伊，纽约州，美国
Rahul Krishnan	材料科学与工程系，伦斯勒理工学院，特洛伊，纽约州，美国
Nathalie Lavoie	加拿大国家研究委员会，渥太华、安大略省，加拿大
Toh-Ming Lu	物理、应用物理和天文学系，伦斯勒理工学院，特洛伊，纽约州，美国
Justin C. Lytle	化学系，太平洋路德大学，塔科马，华盛顿州，美国
Patrick R. L. Malenfant	加拿大国家研究委员会，渥太华，安大略省，加拿大
A. Mauger	凝聚态物理与矿物学研究所（IMPMC），皮埃尔和玛丽·居里大学 - 巴黎第六大学，巴黎，法国
Rahul Mukherjee	机械、航空航天与核工程系，伦斯勒理工学院，特洛伊，纽约州，美国
John Owen	南安普敦大学化学学院，南安普顿，汉普郡，英国
Matthew Roberts	南安普敦大学化学学院，南安普顿，汉普郡，英国
Nuha Salem	加拿大国家研究委员会，渥太华，安大略省，加拿大
K. Zaghib	水电局研究所，瓦伦斯，魁北省，加拿大

目　　录

第1章　绪　　论

Yaser Abu - Lebdeh

摘要：本章对锂离子电池技术基本概念、纳米技术主题以及这两者之间的关系进行简要介绍，同时尝试证明纳米技术如何提高锂离子电池技术。尽管锂离子电池技术（约为20年）和纳米技术（约为30年）跨越期短暂而且人们对纳米尺度的认识还不够深入，但是人们对于纳米电池锂离子材料和电池性能之间关系的研究已经取得了巨大的进步。

1.1　能量转换与存储：一个全球性挑战

世界正处于能源需求不断增加以满足现代社会发展需要的时代。能源来源有多种形式，而且每个国家也不尽相同，但在全球范围内，能源主要依赖于化石燃料。使用化石燃料（石油、煤、天然气）会带来许多问题，最重要的是温室气体 CO_2的排放，不仅会引起空气污染和相关的健康问题，而且会提高地球的温度引起全球变暖进而带来毁灭性的影响。同时，化石燃料是有限的、不可再生能源。因此必须寻找到替代的能源，或者至少补充化石燃料的使用，降低温室气体在大气中的浓度，进而缓和温室气体的影响。这可以通过使用能源时提高能源效率和存储过程保护来实现。然而，更有效的途径是充分利用没有污染、没有危害而且储量丰富的可选择能源，例如太阳能、风能、海洋能、生物质能、地热能、水力和核能。太阳能和风能由于能产生约为 10^{12} Wh 的电能进而引起了广泛的关注，但是它们在自然中不是连续的，因此需要一个存储系统转变能量，以便在需要时使用[1]。

能量可以从一种形式转变成另一种形式，同时也能以不同的形式存储[2]。最广泛应用于现代社会的电能主要是发电厂通过化石燃料的燃烧、核反应和水力发电而产生的。电化学装置如电池是一种流行的以化学能的形式存储电能的形式，并通过将化学能转化为电能来逆转这个过程。这种便携式电源的概念，不仅是当前的电子设备的革命，而且是汽车行业的一个革命，实现了电动汽车完全或部分由电池供电的可能。此外，具有高能量密度的电池的发明使得非常大的系统通过网格及其集成太阳能和风能促进更有效的电力传输[3]。

1.2 电池：最终电能存储装置

由于Galvani和Volta的开拓性工作，电池发展了两个多世纪。起初，电池仅仅在电报、无线电和汽车被发明后才获得了极大的重视，后来，随着它们在大多数的消费电子设备、电动汽车以及电网储能中的应用，电池在现代社会中越来越流行。一个电池由两个电极（一个正极和一个负极）组成，电极被电解液分开，电池电压是在两个电极之间的电位差。电池分为一次电池（不可充电）和二次电池(可充电)。后者可以被放电和充电多次（循环寿命)。有各种类型的电池，它们的电极材料与电解质的化学性质不同。然而，只有极少数的电池已经取得了巨大的成功，尤其是那些拥有在正极和负极两侧都可以发生可逆电化学反应能力的可再充电电池。4种最常用的商业可再充电电池是铅酸蓄电池（由G. Planté于1850年引入)、镍-镉电池（由W. Jungner于1899年引入)、镍-金属氢化物电池（1989年开始商业化）和锂离子电池（1991年开始商业化)[4]。表1.1总结了每种电池类型的物理和化学性质，图1.1比较了它们的能量密度。这些清楚地证明了锂离子电池技术相比于其他电池的明显优势，特别是其具有最高能量密度和循环次数[5]。

表1.1 商业充电电池的物理和化学性质总结

电池类型	负电极	正电极	电解液	电压/V	循环寿命（#)
锂离子电池	石墨	$LiCoO_2$	$LiPF_{6(非液体)}$	3.7	>1000
铅酸蓄电池	Pb	PbO_2	$H_2SO_{4(液体)}$	2.1	<500
镍-镉电池	Cd	NiOOH	$KOH_{(液体)}$	1.2	2000
镍-金属氢化物电池	金属间化合物	NiOOH	$KOH_{(液体)}$	1.2	500~1000

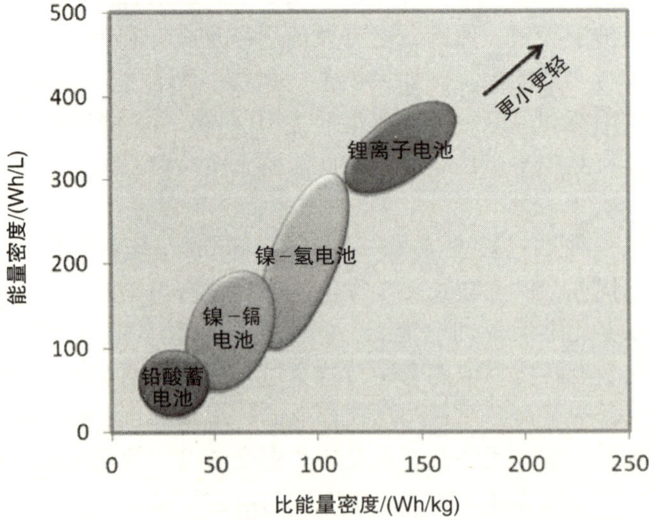

图1.1 不同充电电池的体积和重量能量密度比较

1.3 锂离子电池

锂离子电池基于“电化学嵌入原理”，在产业化之前，世界各地的许多工业和学术机构都在研究开发锂离子电池，Sony 公司于 1991 年成功商业化，Asahi Kasei 公司和 Toshiba 公司在 1992 年商业化[6-8]。早期的努力都集中在锂金属作为负极，主要是基于其高电化学容量（3.86Ah/g）、特别低的标准还原剂电位（−3.04V）和低密度（0.53g/cm^3）。但人们很快就意识到，由于充电时容易形成枝晶，从而降低了电池的性能（低容量和循环寿命），并且存在不安全因素。后来石墨取代了锂金属作为负极。已经被证明，石墨可以在非常接近锂金属的低电位可逆地嵌入锂离子发生电化学反应，但是容量却降低了 9/10（0.372Ah/g）。类似地，锂离子可以利用电化学嵌入到具有层状晶体结构的正极材料中，该工作由 M. Whittingham 在过渡金属硫化物（TiS_2）作为正极材料以及后来 J. Goodenough 在氧化物（$LiCoO_2$）作为正极材料的实验中得以证实。于是，过渡金属（M^n/M^{n+1}，这里 M 主要指 Fe、Mn、Ni 或 Co）发生氧化还原反应，以及其他因素决定材料的电动势，因为其作为负极，所以要有很高的电位（>3.5V）。电解液的发展相对来说非常简单，由于金属锂与水反应活性高，而且水存在的液体范围（100℃）和电化学稳定范围（1.23V）的局限性，限制了水溶液作为电解液被使用。电解质锂盐和有机溶剂配置而成的电解液具有优良的化学和物理性质被成功地应用于锂离子电池中。有机溶剂通常是环状碳酸酯，如最早应用的碳酸丙烯酯，但后来被碳酸乙烯酯与低黏度的线性碳酸酯溶剂（ROCOOR）混合所取代，其中 R 是一个甲基、一个乙基或两者兼而有之。

如图 1.2 所示为锂离子电池的通用原理图，图中显示了锂离子电池各部分组成和锂离子的运动。商业化电池的负极是石墨，其理论容量和实际容量分别为 372mAh/g 和 330mAh/g。正极是层状的氧化物如 $LiCoO_2$，理论容量和实际容量分别为 274mAh/g 和 140mAh/g。电解液是非水溶剂，碳酸非质子溶剂溶解的锂盐（$LiPF_6$）。

在电池循环（充电/放电）的初始阶段，在每个电极表面会形成多层钝化膜称为固体电解液界面（SEI）[1]，或正极/电解液界面层（CEI）。这些对于保护电解液和电极的进一步反应是很重要的。在循环过程中，锂离子会穿过离子传导电解质和表面钝化薄膜在具有层状晶体结构的 $LiCoO_2$ 和石墨之间来回转移，在一个可逆的电化学反应中，伴随着电池内部和外部的电子转移，化学反应方程式如下：

$$LiCo^{III}O_2 \rightleftharpoons Li_{1-x}Co^{IV}O_2 + xLi^{+1} + xe^{-1} \qquad 0<x<0.5 \qquad E^\circ=3.9V$$

$$6C + xLi^{+1} + xe^{-1} \rightleftharpoons Li_xC_6 \qquad x=1 \qquad E^\circ=0.2V$$

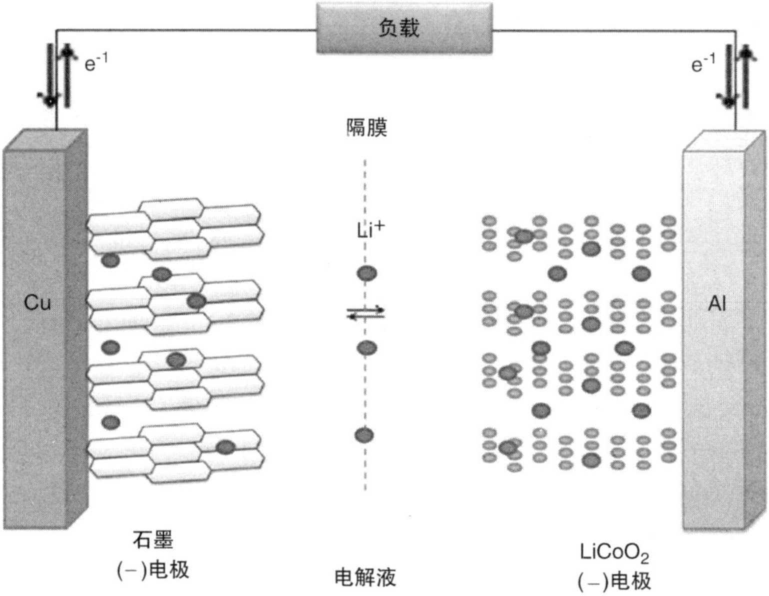

图 1.2 锂离子电池和标准电极（负极：石墨在铜片上的集流体；正极：$LiCoO_2$在铝上的集流体）在非水的液体电解液中（$LiPF_6$，EC：DMC）浸渍在分离器中

$$6C + LiCo^{III}O_2 \rightleftharpoons Li_xC_6 + Li_{1-x}Co^{IV}O_2 \qquad E^\circ = 3.7V$$

根据 Nernst 方程可以计算出电动势 E 与锂离子活性 a_{Li+} 呈函数变化：

$$E = E^\circ - RT/nF \ln a_{Li+}$$

自从 1991 年锂离子电池商业化以来，大量的材料被用来研究并取得了进展。基于结构的正极材料除了层状的氧化物，具有尖晶石结构的 $LiMn_2O_4$ 和橄榄石结构 $LiFePO_4$，以及它们的阳离子/阴离子取代或表面改性的衍生物都被引入到商业化电池中。作为负极，合金化合物如（Sn/Co/C）也被引进到商业化电池中，可以在低电位保持高于石墨 30% 的高容量。

电池所能输出的总电荷容量以及频繁的循环后所能保留的电荷量，取决于上述反应的可逆性以及副反应的发生。可逆性通常以库仑效率（=放电容量/充电容量）的形式表示。像所有其他的电池一样，锂离子电池可以根据应用领域的不同而被制作成不同的大小和形状。每个电池的电压是相同的，而容量是不同的。如果大的电池是必需的，单个电池可以依次堆叠成电池模块（达到最大电压）和并行（达到最大容量或电流）的组合来达到所需的能量密度（Wh）[9]。一些电池组件（套管、人集电器、黏合剂和隔板）如果活性不够，不利于电化学反应和容量的获得。这也被称为“自重”，可以达到电池总重量的 30% ~ 50%，并降低能量密度。因此设计电池时要考虑将电极上的活性物质含量最大化同时降低非活性物质是非常重要的。功率密度可以通过将材料尽可能有效地包装从而达到最大化[10]。图1.3所示为不同应用领域所需要的能量密度和锂离子电池样式之间的关系。

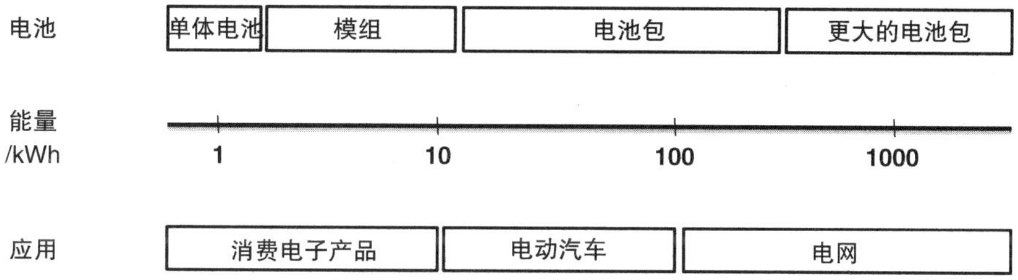

图1.3 电池样式和锂离子电池3个主要应用所需能量密度之间的关系

小的单体电池，能量密度小于1kWh，这就足够驱动小的通信/电子设备如手机。通常串联/并联6个单体电池组成电池模组可以增加能量密度用于笔记本计算机的电源。组装电池一般遵循相似形状原则，通常扁平棱柱形或袋状电池是优选，因为它们具有更好的热传递和组装效率。这些电池包通常具有10～30kWh的能量密度，被用在商业化的电动汽车上，如Nissan Leaf和Chevy Volt。更大的电池包能量密度大于1MWh，可以作为水平荷载电网电能存储并帮助整合可再生的太阳能和风能进入电网。

1.4 纳米技术

R. Feynman提出了首创和具有远见性的设想，在很小的尺度范围内操纵和控制物质的可能性，而纳米科技的诞生使Feynman的设想正在变为现实[11]。这与后来K. Drexler[12]提出的分子组装的概念很接近。纳米技术术语最早是由N. Taniguchi于1974年提出的，用“超高精确度和超细尺寸”来形容半导体工艺控制，自那时以来，更多更精确的描述性定义逐渐出现[13]。B. Fahlman表明由NASA给出的定义似乎是最被接受的[14]，它定义纳米技术为“利用1～100nm大小的“微组件”制造高性能的材料、设备和系统，以及在纳米尺度上研究新的现象和性质（物理、化学、生物、机械、电气等）。因此在本质上纳米技术是研究在1×10^{-9}m的尺度范围内出现的现象。古代和中世纪的文明在艺术上（彩色玻璃）和战争中（锋利的剑的制造）使用了纳米技术。化学家们一直在研究纳米材料，如单层和金属纳米粒子胶体，但直到20世纪80年代中期，随着先进的表征技术，如扫描隧道显微镜（STM）和原子力显微镜发现（AFM）和后来高分辨透射电子显微镜（HRTEM）的发展，人们才可以分辨材料并在纳米尺度上操纵和加工器件。

在过去的20年，世界各地的不同团体（学术界、产业界、政府和公众）激起了极大的兴趣了解和发掘纳米技术所带来的好处。纳米技术的两个最重要的方面是新材料的发展以及纳米尺度范围内器件的发展。在过去的20年，各种各样的纳米材料分别以不同的形式通过物理或化学的“自下而上”或“自上而下”的方法制备出来，如图1.4所示[15]。

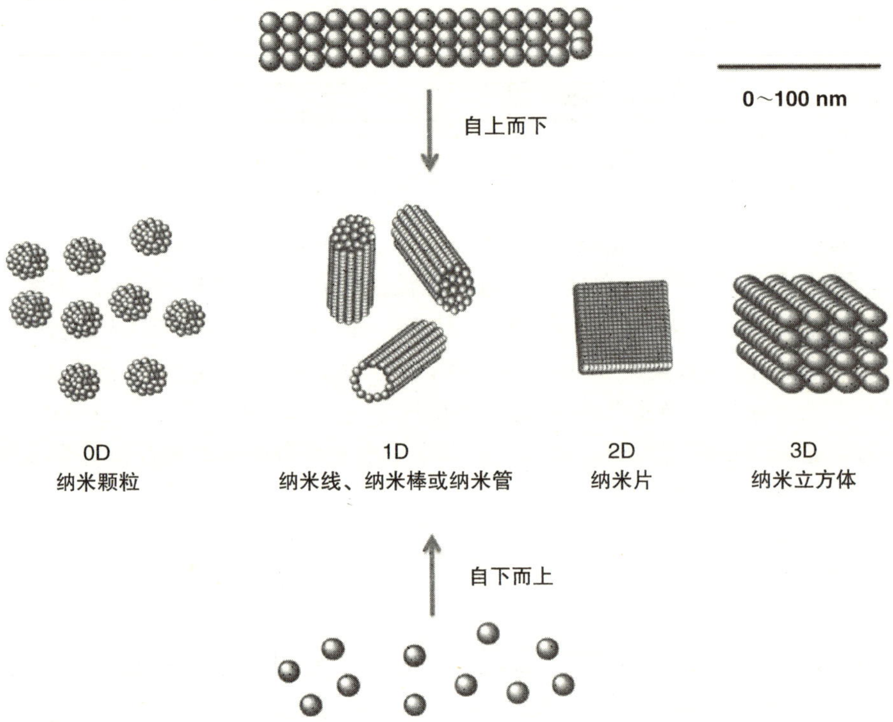

图1.4 通过自上而下或自下而上的化学或物理方法合成纳米材料的示意图

关于这些纳米结构，最有趣的部分是与尺寸相关的现象及过程会出现，从而会引起性质的变化，或者仅仅因为尺寸的变化而呈现新的性能，这种新的性能不可能在大尺寸时出现。很多所观察到的化学或物理（光学、机械、电气或磁性）的变化都是由于物质的表面积与体积比非常高引起的，进而材料的表面性质占主导地位，同时出现电子的限域量子效应。例如，伴随着表面积的激增，会形成不同的结晶面，从而引起化学反应活性的提高，尤其是增强催化化学反应。当某些金属尺寸达到纳米级时，其熔点和颜色都会发生变化，例如金，其熔点从1336K（块体）到6nm时的310K，颜色从明亮的黄色转变成红色，这中间会经历各种各样的颜色变化[16]。此外，一些碳纳米结构，例如富勒烯、碳纳米管、石墨烯，具有超常的力学性能，比普通钢铁结构材料更强、更轻。另外，某些金属、碳和离子化合物在纳米尺度的电子和电化学性质会发生巨大的改变。

纳米材料和纳米技术的价值尚未被完全开发出来，但有些产品已经进入市场，如化妆品。与其炒作某些方面很难实现纳米技术的应用，诸如 Drexler 的分子模型[12]，不如现在将更多努力集中在实际应用上。譬如，将纳米技术用于药物的传输、诊断和治疗，如金纳米颗粒应用于肿瘤治疗。另一个重要的应用是在能量转换和存储，例如将金属硫化物用于光伏电池或碳纳米管，石墨烯，金属/金属氧化物纳米颗粒用于电池、电容器和燃料电池。另外，纳米技术可以应用于制备高性能块体材料，如碳纳米管和石墨烯复合材料，或者应用于电子产品，如将石墨烯和纳米管用于晶体管。

1.5 锂离子电池的纳米技术

纳米材料和纳米技术很早就应用于电化学能量转换和存储装置，主要是由于在燃料电池中的催化剂或电池和电容器的充电和放电能力的显著提高所带来的明显的效果。锂离子电池技术也不例外，如前所述，一个或两个电极是混合的离子或电子固体导体，电解质是离子导体。因此，在纳米尺度理解固体材料密闭时离子和电子的行为及对电池性能的影响是非常重要的。

在最近的 20 年，纳米电子学领域取得了飞速的发展，人们充分地理解了固体中受限电子的行为和固体中受限离子的行为。纳离子在 1992 年被 Despotuli 和 Nikolaichik 首次提出[17]，自从那时，明确在固态纳米级系统中快速离子传输过程所产生的现象、性能、影响、机制不断发展[18,19]。在纳米尺度，离子固体的行为由界面所主导，引起两种类型的纳米尺寸效应：固体材料的动力学和热力学的改变[20]。在前者中，任何观察到的材料行为的变化都是由于增加了表面体积比及界面的比例很高引起的。举例说明：与大块材料相比，纳米 CaF_2 电导率显著升高；由于过剩表面能量的增加从而引起能量的升高，如 25nm 金红石二氧化钛纳米颗粒相比大块材料会有 62mV 的过量电动势。然而，只有当尺寸远小于纳米材料之间的空隙时才会出现真正的纳米效应，是由于 4 个因素中的至少 1 个因素导致空间电荷层的重叠[21]。从而引起界面处的电荷载体（离子、电子、缺陷）发生结构改变和重新分配（累积或耗竭）。这些结果会产生异常高的离子导电性，例如 $SrTiO_3$ 粒子、CaF_2/BaF_2 异质结或 AgI 与绝缘体 Al_2O_3 混合时；或者发生导电性质从离子导电变为电子导电，如 CeO_2[21]。

人们对于大多数离子固体尤其是锂离子电池中用到的锂离子固体在纳米尺度上的行为知之甚少。然而，人们期望电池材料（纳米粒子和纳米薄膜）在纳米尺度会发生相似的能量、动力学、传输性的改变。另外，锂离子电池电极材料最重要的特性是它能够允许锂离子通过插层，合金化，或在负极发生反应，在正极嵌入或脱出进而迅速、可逆地通过。通常，在锂离子电池中使用纳米材料或制备小的微纳电池具有以下优点：

1）动力学：小尺寸将为离子和电子在离子固体电极里的移动提供短的迁移路径。因此，反应变得更快，电池可以快速充放电。此外，电极的高比表面积提高了电极和电解液的接触面积，这有利于锂离子快速从电解液到电极之间嵌入和脱出。然而，它也会导致在电极表面发生电解质的负分解反应的副作用。在某些情况下，小尺寸可以克服材料本身的离子低扩散性，如 $LiFePO_4$ 负极材料，通过在表面喷涂薄的、多孔的导电表面层也会使之变成电活性材料。

2）热力学：某些材料如果在纳米尺度合成或者在电池循环过程中变成纳米尺寸，它的电位会发生变化。当达到合适的电位时，纳米材料将具有不同于块体材料的活性。例如，Li_2O 和 LiF 在纳米尺度时是活性的，而在块体尺度时是非活性的，因为它们本身是很低的离子和电子导体[22]。当某些过渡金属氧化物（TMO）或氟化物（TMF）与锂离子发生电化学反应时，会形成 M/Li_2O 和 M/LiF 纳米复合物，因此 Li_2O 和 LiF 可以可逆地分解与形成。

3）新的锂离子存储机制：纳米尺寸的金属和 Li_2O 晶粒之间发生“电容相似”电荷分离，过量的锂离子会在边界区域的界面存储起来，直到锂电位接近纯锂[23]的值。RuO_2 纳米粒子作为负极材料时会观察到这种现象。

4）提高力学性能：锂离子在电极内部和外部存储会引起电极材料体积的巨大变化。纳米材料由于提高应力松弛的时间，从而能够适应体积变化，并保持电池的高容量，提高其循环寿命。一个很好的例子就是硅，当其原子与锂离子形成合金时，体积增大300%。当块体硅进行循环时，4200mAh/g 的高容量不能持续超过 30 个周期，但纳米硅（例如纳米线）的高容量可以持续数百个循环[24]。

Scrosati 等人[25]总结了纳米材料在锂离子电池中的优点和缺点，同时指出了合成纳米粒子难以控制，同时纳米材料的低密度会降低能量密度（Wh/L）等问题。他们也指出，并不能完全了解一些新的发现，有可能对于人类和环境产生一定的危害，因此需要对纳米材料的影响做更深入的研究。

1.6 小结与展望

锂离子电池在大多数消费电子设备上的成功应用，以及在电动汽车和电网储能方面所带来的巨大利益，使得这一类电池技术的需求和研究开发热情前所未有。虽然在人们生活的各个方面的应用潜力巨大，纳米技术席卷全球，但真正的收益只是刚刚开始。本章内容已表明，为了更好地了解材料在纳米尺度的行为，仍需进行大量的研究和开发工作。尤其是对于离子材料的研究，要充分了解纳离子效应以及它们如何影响电极和电解质材料的物理和化学性质。然而，纳米材料、纳米技术及锂离子电池性能提升之间的关系研究已经取得了一定的进展。显然，没有人知道未来会如何，但可以肯定的是，纳米技术会给锂离子电池技术带来曙光。

参考文献

1. Cook T, Dogutan D, Reece S, Surendranath Y, Teets T, Nocera D (2010) Solar energy supply and storage for the legacy and nonlegacy worlds. Chem Rev 110(11):6474–6502
2. Huggins RA (2008) Advanced batteries: materials science aspects. Springer, New York, 474 p
3. Yang Z, Zhang J, Kintner-Meyer M, Lu X, Choi D, Lemmon J, Liu J (2011) Electrochemical energy storage for green grid. Chem Rev 111(5):3577–3613
4. Vincent CA, Scrosati B (1997) Modern batteries: an introduction to electrochemical power sources. Arnold, London/New York, 351 p
5. Linden D, Reddy TB (2002) Handbook of batteries, 3rd ed. McGraw-Hill handbooks. McGraw-Hill, New York, 1200 p
6. Nazri G, Pistoia G (2004) Lithium batteries: science and technology. Kluwer, Boston, 708 p
7. Schalkwijk WAV, Scrosati B (2002) Advances in lithium-ion batteries. Kluwer Academic/Plenum, New York, 513 p
8. Yoshio M, Brodd RJ, Kozawa A (2009) Lithium-ion batteries: science and technologies. Springer, New York, 452 p
9. Garche J (2009) Encyclopedia of electrochemical power sources. Elsevier, Boston
10. Ozawa K (2009) Lithium ion rechargeable batteries. Wiley-VCH, Weinheim, 336 p
11. Feynman R (1959) There's plenty of room at the bottom. In: American Physical Society meeting, California
12. Drexler KE (1986) Engines of creation, 1st edn. Anchor Press/Doubleday, Garden City, 298 p
13. Taniguchi N (1974) On the basic concept of 'Nano-Technology'. In: Proceedings of the International Conference on Production Engineering. Part II. Japan Society of Precision Engineering, Tokyo
14. Fahlman BD (2007) Materials chemistry, 2nd edn. Springer, Dordrecht/New York, 736 p
15. Ozin GA, Arsenault AC, Royal Society of Chemistry (Great Britain) (2005) Nanochemistry: a chemical approach to nanomaterials, RSC nanoscience & nanotechnology series. RSC, Cambridge, 628 p
16. Roduner E, Royal Society of Chemistry (Great Britain) (2006) Nanoscopic materials: size-dependent phenomena, RSC nanoscience & nanotechnology. RSC, Cambridge, xii, 285 p
17. Despotuli AL, Nikolaichik VI (1993) A step towards nanoionics. Solid State Ionics 60(4):275–278
18. http://en.wikipedia.org/wiki/Nanoionics
19. Kharton VV (2009) Solid state electrochemistry, vol 1. Wiley-VCH, 527 p
20. Maier J (2004) Physical chemistry of ionic materials: ions and electrons in solids. Wiley, Chichester/Hoboken, 537 p
21. Maier J (2005) Nanoionics: ion transport and electrochemical storage in confined systems. Nat Mater 4(11):805–815
22. Li H, Richter G, Maier J (2003) Reversible formation and decomposition of LiF clusters using transition metal fluorides as precursors and their application in rechargeable Li batteries. Adv Mater 15(9):736–739
23. Balaya P, Li H, Kienle L, Maier J (2003) Fully reversible homogeneous and heterogeneous Li storage in RuO2 with high capacity. Adv Funct Mater 13(8):621–625
24. Chan CK, Peng H, Liu G, McIlwrath K, Zhang XF, Huggins RA, Cui Y (2008) High-performance lithium battery anodes using silicon nanowires. Nat Nano 3(1):31–35
25. Bruce PG, Scrosati B, Tarascon J-M (2008) Nanomaterials for rechargeable lithium batteries. Angew Chem Int Ed 47(16):2930–2946

第2章 锂离子电池材料中反蛋白石纳米结构的研究

Justin C. Lytle

摘要：锂离子电池技术使便携式电子设备的发展不断壮大，同时也对发展能源基础设施进而取代化石燃料起到关键作用。反蛋白石是一种三维有序、双连续大孔固体纳米结构，支持高倍率的电化学充放电，可以在一个宽的组成范围内存储和扩散锂离子，因此反蛋白石材料已被评为先进的锂离子电池组件。本章主要对反蛋白石材料作为锂离子正极、负极和固态电解质的研究进行评价，同时分析它们在三维贯通锂离子微电池中的作用。

2.1 简介

电池研究中一个永恒的主题是寻找便携式电池的最大化能量密度和功率密度，以满足对可携带电池（特别是储能电池）有效存储太阳能、风能和其他替代能源的需求。锂离子电池技术已经成为这方面解决方案的一部分，因为它相对其他类型的电池具有更大的比能量密度和更大的比功率密度。锂离子电极通过锂离子嵌入到晶体的晶格以及无定形主体的无序空穴内来存储电化学电荷[1]。固态离子扩散到电极材料是缓慢的，因此限制了电池的放电和充电的速度。制造固态离子扩散路径在纳米尺度范围内的电池组件可以部分克服离子迁移率过慢所受到的限制。因此在电池研究领域中，纳米结构电极是一个非常重要的创新，因为它们可以有巨大的可利用的比表面积和纳米级的固态离子扩散路径，并且许多锂离子电池材料组成都可以制成纳米结构。

本章主要介绍被设计成具有反蛋白石结构的锂离子电池纳米材料[2]。虽然反蛋白石结构只是过去10年中人们研究的锂离子电池材料纳米结构的许多类型之一[3-10]，但是人们发现它的特别之处在于拥有许多紧密排列的球形大孔（孔径>50nm），并且通过孔隙窗口在三维互连（见图2.1）。

通常反蛋白石材料孔壁厚度为10~100nm，大量的具有不同成分的反蛋白石材料可以通过溶胶-凝胶法[11]、沉淀法[12]、聚合[13,14]、气相化学沉积[15,16]等方法合成出来。这种三维有序的大孔结构是在20世纪90年代末被首次提出[17,18]，从那以后，多种成分组成的锂离子电池负极、正极和固态电解质材料

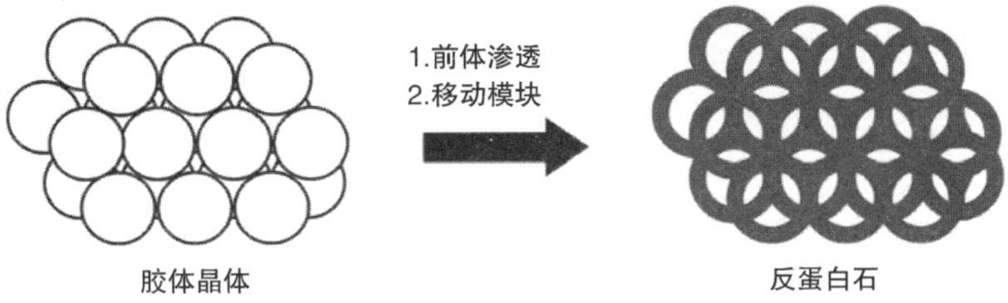

图 2.1　胶体晶体模板和由此产生的反蛋白石结构

都被制备和表征出来。

2.2　锂离子插层和电极结构对电化学性能的作用

锂离子电化学研究的出现要归因于 Harris 的毕业论文，他在论文中证实了在可控的非水溶剂条件下可以从锂盐中获得锂金属电沉淀物[19]。这个概念与早期在 β－氧化铝[20,21]、钨铜[22]中研究钠离子输运有关，离子通过结晶固体中的间隙空位、多孔一维通道、二维面层进行插入和传导。20 世纪 70 年代，Whittingham 将钠离子输运研究迅速发展成在层状金属硫化物 TiS_2 中锂离子的可逆嵌入和脱出的开创性研究[23－25]。如果电极材料发生相变，会在一定程度上改变电池单元的尺寸，经过多个充电放电循环电极会发生坍塌，可逆性的程度会减弱[26,27]，但是如果离子进入结构时电极材料仍保持导电性，离子仍可以可逆地嵌入（如二次电池）。

离子嵌入电极材料的速率，也就是电池充电和放电的速率，本质上是由每个电极组成的电荷输运特性和电荷在设计好的电极结构中扩散路径长度所决定的。许多传统的锂离子电极的离子电荷传导率比液体电解质的离子电导率少了几个数量级。举例来说，石墨[28]和 $LiFePO_4$[29]是很常见的负极和正极组成，表现出的锂离子扩散系数约为 $10^{-10}cm^2s^{-1}$量级。相比之下，一个典型的锂离子液体电解质的扩散系数比固态条件下大了约 4 个数量级（$10^{-6}cm^2s^{-1}$）[30－33]。

本章的重点是一个电极的物理结构影响着快速传输电荷的能力。大多数商用锂离子电池电极本身致密叠层，有数百微米厚，通常包括微米尺度的锂离子可嵌入粉末、聚合物黏合剂和导电添加剂。为了到达并扩散到活性电极材料中，锂离子必须首先扩散通过这些紧密叠层。最近，许多研究制备了这样的复合电极，主要是为了电化学评价多孔电极材料如气凝胶[34]和模板化纳米材料[16,35,36]，但复合物中的高分子黏合剂会铺展在所希望得到的多孔材料上并覆盖大量纳米材料表面。此外，黏合剂和导电添加剂还增加了电极的“静负载”，因为这些材料会存储与活性电极材料相比可以忽略不计的离子电荷。在不同的复合物中活性物质与添加剂的比例不同，通常复合电极包含大约质量分数30%的黏合剂和导电粉末。

一旦到达活跃粒子的界面，锂离子从外界进入内部，首先填充活性材料表面的原子尺度“空缺”，因此会产生扩散的瓶颈阻碍额外的离子输运。同时，电极复合材料非常致密，电极厚度约为100s μm，微米尺度的扩散路径会阻碍离子的运动，进而限制了锂离子电池的充放电效率。

由于这些原因，反蛋白石和其他纳米材料已经成功地提高了锂离子电极的功率密度。反蛋白石结构所具有的三维相互连通的大孔可以促进液体电解液的快速流过，例如100s m^2g^{-1}的电极界面可以同时接纳移动的离子电荷。这种程度的大孔互连所形成的反蛋白石结构就像球形胶体自组装成密排的模板。例如，离子输运通过网状碳反蛋白石结构互连的大孔时，1M $LiPF_6$液态电解质溶液的离子电导率会提高两倍（电极厚度：300μm ~ 3mm）。相互随机连通的大孔并不能阻碍离子迁移通过气凝胶和其他具有无序几何孔隙的纳米材料，整块的氧化锰气凝胶也能通过宏观扩散路径长度进行离子传导（>0.3mm）[37]。

与块体材料相比，反蛋白石电极经常表现出很高的能量密度，这主要是因为大孔电极比中孔（2nm<孔隙尺寸<50nm）或微孔（<2nm）能容纳更大的液态电解质流量。在大的充放电倍率下，微孔和中孔阻碍了离子的运输，主要原因是这些孔隙尺寸接近溶剂化离子的尺寸。这种极化现象经常发生在具有分级孔隙度的碳气凝胶中[38,39]。相反，反蛋白石大孔相对于离子具有很大的尺寸，这样即使反蛋白石的孔径尺寸增大20%也不会对网状碳反蛋白石的锂离子比容量产生任何影响[40,41]。

值得注意的是，在反蛋白石和其他纳米结构电极中，接触面积对提高能量密度有很大的影响。许多纳米材料具有超过100sm^2g^{-1}的比表面积，这样的比面积是否对锂离子电池电化学性能的提高有所帮助取决于材料中大部分的孔隙尺寸是否能够准时切入到锂离子的嵌入过程中。

例如，由溶胶－凝胶法制备的$LiCoO_2$反蛋白石粉末中，球形大孔孔隙是表面积的主要来源（<21m^2g^{-1}）[36]。在反蛋白石结构中，大孔隙表面同时贯穿了整个三维的大孔隙网络，这使得锂离子进入$LiCoO_2$岩盐晶体结构比进入块体$LiCoO_2$（0.21m^2 g^{-1}）更少地出现极化现象。因此，当电流密度在100 ~ 700mA g^{-1}时，$LiCoO_2$反蛋白石粉末的放电比容量比大部分$LiCoO_2$块体粉末都要高。许多纳米结构碳质电极所具有的微孔和中孔具有的表面积为100s ~ 1000s m^2g^{-1}。然而，小的中孔和微孔随着电流密度的增加会经历严重的极化现象，因此大孔隙电极在高倍率的充电放电条件下会传递更大的电化学能量。

接下来将回顾制备及表征反蛋白石结构的常用方法，紧接着将要阐述反蛋白石在电池正极、负极和固体电解质中的电化学性能。

2.3　制备注意事项

反蛋白石材料制备方法有很多，所有的制备路线都是从单分散的聚合物组成的胶晶模板[42-46]或者二氧化硅球[47,48]开始。聚甲基丙烯酸甲酯（PMMA）和聚苯乙烯（PS）球形胶体是大多数反蛋白石制备过程中与化学制品和合成条件相匹配的两种聚合物[2]。PMMA、PS球形胶体通过水溶液自由基乳液聚合而形成，在自由基大分子扭曲成球体，以减少与单体水溶液中水的相互作用[49]。以这种方式生成PMMA和PS胶体直径通常在10s ~1000s nm[50]。这些聚合物球体的表面修饰的分子部分是自由基引发剂分子的部分基团。一些聚合物链末端基团的固有极性也是来源于引发剂分子[43]，如果与极性聚合物如PMMA相结合，后续的步骤会大大提高CCT的润湿性。

虽然PMMA、PS适用于许多反蛋白石的合成，然而胶体硅球由于能够提供比有机高分子球更大程度的化学和热惰性，因此也可以用来合成反蛋白结构。二氧化硅小球是由Stöber方法制备而成，通过控制硅醇盐的水解，并在非水溶液中浓缩进而形成非晶硅氧化物球形胶体[47]。用这种方法合成的单分散的二氧化硅球体通常直径范围从50nm到几微米[13]。硅的活性远不如PMMA和PS，因此在溶解之前可以承受除了氢氟酸和强碱以外所有条件。同样，二氧化硅球体可以在很高的温度下依然保持它们的形状，因此可以抑制多余的晶体生长，避免形成致密的反蛋白石孔隙网络。

自由基乳液聚合反应的最终产物PMMA、PS球体和Stöber方法合成的二氧化硅球体都是单分散的球体，直径偏差小于5% ~8%[13]。单分散球形胶体可以通过很多技术结晶化，主要包括重力沉淀[51-54]、离心[18,55-58]和对流自组装成膜[59-61]。单分散球形胶体密集形成到晶体阵列，优先形成面心立方紧密堆积在六方紧密堆积[62-64]。在这两种情况下，每个球体被6个密排球体所包围，每一层密排球体上下共有6个球体。这种几何形状与天然宝石蛋白石相同，因此胶体晶体通常被称为蛋白石（见图2.2）[65,66]。

其他的晶格类型也是可能出现的（体心立方[67-70]、金刚石结构[71]），但通常单分散微球的浓缩悬浮液条件不利于生成其他晶体类型。胶体晶体通常是多晶的，会出现点、线、面缺陷。反蛋白石在电化学应用方面不用像做光电子学研究那样需要单晶及没有缺陷的胶体晶体晶格。只要三维大孔网络是连续的，一定程度的晶格缺陷仍然可以使电极具有相对高的功率循环密度周期[36]。

直径为100nm的密排胶体球被大约50nm大小的间质孔隙所包围着。密排球体之间的间隙大约占了密排单胞体积的26%，而这些间隙可以渗透液体或蒸气

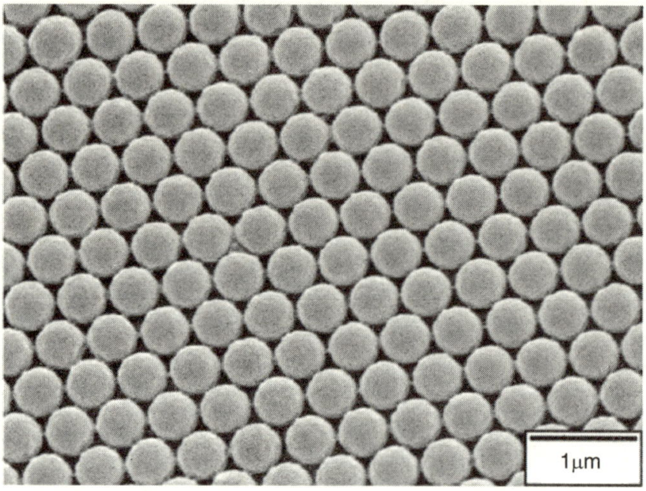

图 2.2 扫描电子显微镜下的 PMMA 胶体晶体

前驱体从而沉积固体，这些固体将成为反蛋白石结构的框架。本章的重点是反蛋白石锂离子电池材料，一般来说，反蛋白石结构是由金属盐沉淀法[72, 73]或在胶体晶体间隙胶凝溶胶[74, 75]合成的。在恒电流[2,76]或恒电位[77]条件下采用电化学方法电沉积反蛋白石金属、合金、金属氧化物；在平面电流收集器上支撑的胶体晶体薄膜中电聚合导电聚合物和半导体聚合物[78,79]以及化学沉积金属[80,81]，这些方法都得到了发展。不同于从液体前驱体中沉积反蛋白石，一些技术路线采用向胶体晶体中渗透纳米颗粒[82, 83]，与单分散的胶体球共沉淀纳米颗粒[84,85]，以及通过逐层包覆带有与纳米颗粒相反电荷的聚电解质组装形成反蛋白石材料[86, 87]。有机聚合物可以通过 CCT 原位合成[40, 88]甚至融化渗透到 CCT[89 - 91]中。化学气相也可以在胶体晶体间隙里沉积固体框架材料，如挥发性碳氢化合物原料可以形成碳反蛋白石[15, 16]，有机金属前躯体可以形成金属氧化物和硫化物反蛋白石结构[92 - 95]。

一旦固体沉积在胶体阵列的间隙内，球形粒子作为三维有序空间的保持者的作用就消失了，必须移除进而形成反蛋白石结构。根据组成，聚合物球模板通常是把样品在 300 ~ 400℃ 的空气或氧气中煅烧或在 400 ~ 500℃ 的惰性气体中分解[73]。在惰性气体中热解可以避免燃烧碳氢化合物的前体渗透到反蛋白石碳结构中[40]，也可以在高温下氧化时限制晶体生长[36,61]。必须指出，热解反蛋白石，PS 会有高达质量分数 40% 的残留碳，PMMA 会有质量分数 15% 的残留碳。当反蛋白石结构的表面化学对操作起到决定性作用时，这些残留碳是必须考虑的。

2.4　反蛋白石锂离子电池材料

自 2002 年以来[74]，反蛋白石已经作为锂离子电池负极、正极及固体电解质进行了制备和测试。本节将分别重点介绍锂离子电池每个组件所需的合成方法、物理特性和电化学行为。

2.4.1　锂离子负极

在完全充电锂离子电池中，负极含有过量的锂离子，其化学势使得锂离子扩散到电解质和正极的原子尺度空位中。早期的锂离子电池，金属锂作为负极，因为锂具有低的标准还原电位（ −3.04V 相对于 SHE）和大的比容量(3861mAh g^{-1})[96]。然而，重复循环后在负极表面会形成锂枝晶，这些金属枝晶会引起短路，导致电化学能被强烈地释放出来。

2.4.1.1　碳素负极

在商业电池中，碳是最常见的锂离子电池负极成分。碳电极是轻量级的，可逆放电比容量为 100s mAh g^{-1}，这取决于每种特定形式碳的化学和微结构性质（石墨可逆比容量为 372mAh g^{-1}）。用芳香或共轭高分子碳氢化合物制备的碳具有金属电导率[97]。由于这些原因，毫无疑问，碳仍然是最值得研究的反蛋白石材料的成分。Zakhidov 等人于 1998 年首次报道了通过气相沉积技术制备碳反蛋白石薄膜，生长金刚石和无定型碳反蛋白石，并且在硅 CCT 表面生长石墨[15]。随后，2001 年报道了采用蔗糖[98]和酚醛树脂[88,99-102]作为前躯体的液相合成技术。

2005 年，两篇不同的文章分别报道了锂离子嵌入采用液相和气相方法制备的碳反蛋白石结构的性质。其中一个方法，首先在 PMMA CCT 内渗透和固化间苯二酚树脂（RF）前躯体，然后热解这些复合材料形成碳化 RF，最后热分解 PMMA 球形成碳反蛋白石（见图 2.3）[40]。

用此种方法可以合成出没有介孔的光滑大孔壁，300 ~ 400$m^2 g^{-1}$的比表面积只是来源于大孔孔隙网络和 RF 碳中无序的石墨烯片之间存在的微孔的空缺[97]。根据阻抗测量结果可知，这种结构是电子和离子导电，因此不会严重阻碍锂离子液体电解质溶液的流动。在特定的电流密度 152mA g^{-1}条件下，整个反蛋白石网络的连通程度以及大孔壁的纳米级锂离子扩散路径的长度让碳反蛋白石极化远比无模板 RF 碳结构的极化严重。在反蛋白石的孔壁上负载 SnO_2 纳米颗粒可以进一步增加电极的能量密度。这一点将在接下来做更详细的介绍。

气相沉积制备的锂离子电池反蛋白石碳粉技术路线明显不同于 Zakhidov 等人报道的路线[15]。用 PS 球 CCT 制备的硅反蛋白石，在高温下作为模板沉积苯

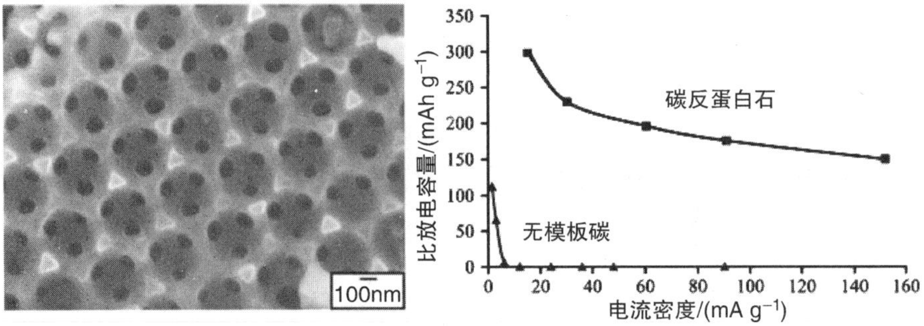

图 2.3 碳反蛋白石有序大孔的扫描电子显微镜图；碳反蛋白石极化程度低于同组成的块体碳材料[40]

蒸气进而生长纳米石墨[16]。这种技术可以复制硅反蛋白石结构，误差小于10nm，可以沉积30nm厚的石墨碳。在商业中石墨是一种金属电子导体，是众所周知的锂离子电池负极材料。当炭黑导电添加剂和聚偏氟乙烯（PVdF）混合时，这样的组合使得碳反蛋白石结构的锂离子比容量达到260mAh g^{-1}。像以前的碳材料，SnO_2可以掺杂进入大孔结构中从而提高其比容量。在这种情况下，SnO_2（质量分数18.6% 5nm SnO_2纳米粒子）与碳反蛋白石复合后的容量会比以前的碳反蛋白石的容量衰减得更慢。

将Brij 56表面活性剂添加到硅反蛋白石中，可以在以前的纳米结构构筑方法上增加介孔分级孔隙度[103]。在注入酚和多聚甲醛前驱体之前，酸性Al^{3+}已经被加入到SiO_2中。热解后，生成的碳会包含像虫一样大小的介孔（4.1nm），可以通过气相沉积收集石墨碳。纳米级的石墨可以大幅增加苯酚衍生碳的电导率，提高67%，达到0.25S cm^{-1}。比较通过RF前驱体制备的硬碳和通过乙腈气相沉积得到的石墨化软碳，拥有石墨碳层的碳反蛋白石结构能提供最低的放电容量（272mAh g^{-1}），因为石墨的比容量（372mAh g^{-1}）低于无定形的碳的比容量[97]。作者指出，石墨包覆层可以减少固态电解质界（SEI）的形成，这对于循环过程中保持库伦效率是有优势的[103]。其他的石墨碳反蛋白石结构的纳米构筑方法也已经被报道了[104]。

为了进一步提高碳反蛋白石的放电比容量，将Si纳米构筑到由酚醛前驱体得到的介孔碳反蛋白石中[105]。硅是一种具有吸引力的锂离子负极组成成分，因为Si可以和Li形成合金，其理论比容量为4200mAh g^{-1}[106]。通过氮孔隙率数据显示，通过纳米构筑质量分数22%～40%的Si所形成的碳反蛋白石失去了所有介孔的痕迹，并且表现为I型微孔吸附。有趣的是，Si纳米构筑的碳反蛋白石可逆比电荷容量为332mAh g^{-1}，小于不含Si的介孔碳反蛋白石的可逆比电荷容量（587mAh g^{-1}）。作者认为，Si 纳米构筑电极的出人意料的低电荷容量归因于硅的氧化和没有反应的二氧硅烷残留。

将蔗糖在二氧化钛反蛋白石[107]中进行纳米构筑也可以得到硬碳反蛋白石。这些电极的可逆的能力相当有限，因为底层的半导体 TiO_2 框架不像碳反蛋白石那样容易传输电子。

2.4.1.2 锂合金负极材料

在早期商业上代替锂金属负极的是锡基非晶态固体[108]。锡和锡氧化物（SnO 和 SnO_2）的半可逆形式组成一系列的 Li－Sn 合金，达到最大嵌锂量 $Li_{4.4}Sn$时的质量比容量为 993mAh g^{-1}，但是在锡晶胞合金化和去合金化的过程中，会产生巨大的体积膨胀和收缩。重复的循环过程会造成电极组件的瓦解并慢慢失去存储能力[26,27,109]。反蛋白石 SnO_2 薄膜是通过熔化锡叔丁醇渗透到 PS CCT 内而制备出来的[110]，首次作为气体传感器被报道，后来其他的氧化锡气体传感器也被相继报道[111]。2003 年发布的一项研究描述了反蛋白石 SnO_2 的合成和物理特性，它是将 $SnCl_2$ 溶解于乙醇并渗透到 PMMA CCT 内，随后加入氢氧化铵在模板的间隙内形成 $Sn(OH)_2$ 沉淀[75]制备而成的。

2004 年，反蛋白石 SnO_2 薄膜电极的锂离子电化学特性首次被报道[61]。这些电极是按照顺序组装的，首先在 Pt 溅射显微镜载物片电流收集器玻璃上组装 PMMA 胶体晶体。然后，Sn^{4+} 前驱体水溶液的液滴会浸润胶体晶体薄膜，它需要依靠表面活性剂来克服薄膜界面处的表面张力。被浸润的薄膜被烘干，并在 450～800℃温度下煅烧，形成锡石 SnO_2，最后去除聚合物球体。由此产生的反蛋白石薄膜由约 10 μm 宽的 SnO_2 反蛋白石岛组成，提高煅烧温度会使孔壁的结构变得更颗粒化。这些材料在含有 1M $LiClO_4$ 碳酸丙烯酯电解质溶液中，采用循环伏安法和恒电流循环对其电化学性能进行评估。第一次锂化时会观察到形貌变化，循环不超过 5 次，体积相互连通的大孔结构会由于体积膨胀而变得闭塞。这些物理变化相当于降低了 3/4 的电容量。在 10C 的循环倍率下，反蛋白石 SnO_2 薄膜严重极化，这表明，在尺寸范围内，纳米 SnO_2 颗粒的电阻主导了相互连通的三维大孔结构的电化学响应。

3 种新合成方法已经被报道，目标是充分利用锡基反蛋白石电极提供的大比容量，试图减少单电池经过反复的电化学循环后而引起的不可逆的膨胀。在其中一种方法中，硫酸亚锡水溶液浸润反蛋白石结构，在具有导电性的碳反蛋白石大孔壁上会形成 10～40nm 的 SnO_2 纳米粒子[40]。在干燥条件下硫酸酯盐形成沉淀，在 400℃的氮气条件下，会形成不成比例的 SnO_2。虽然 SnO_2 纳米颗粒的存在会增加最初碳反蛋白石的比容量（55mAh g^{-1}），经过 30 个循环，SnO_2 纳米颗粒会失去与反蛋白石碳电极的电接触。

在第二种方法中，5nm 介孔内的 $SnCl_4$ 蒸气会生成 SnO_2 纳米颗粒，沉积在碳反蛋白石的固体骨架上[112]。将三嵌段共聚物加入到间苯二酚 - 甲醛的前驱体中会形成介孔，这样的设计会限制 SnO_2 纳米粒子在介孔孔洞内形成，从而阻止 Li_xSn_y 合金在循环过程中与碳反蛋白石结构脱离。这种复合物包含质量分数 38% 的 SnO_2，经过 100 个循环周期后，所具有的比容量比前面报道的锡 - 碳反蛋白石结构经过 30 个循环周期后所具有的比容量高出 68%[40]。这里所采用的抑生长效果非常成功，可以承受在脱嵌锂过程中所经历的晶格变化。

与前面的示例不同，第 3 种方法中，假设镍作为合理的原子尺度掺杂元素可以有效地抑制锡基材料在循环过程中的体积扩张[76]。镍 - 锡合金反蛋白石薄膜制备过程如下：首先采用电泳法在络合着脒阳离子基团的 PS 球上沉积，CCT 经过简单的煅烧过程，然后浸入到乙醇中，在含有 $NiCl_2 \cdot 6H_2O$ 和 $SnCl_2 \cdot 2H_2O$ 电解液中电沉积镍 - 锡合金。在室温下，将球体溶于甲苯一晚，会生成具有 16μm 厚主相为 Ni_3Sn_4 的反蛋白石合金。用这种方式生成的孔壁相对光滑，壁厚 450nm。经过 30 次电化学循环，薄膜会从集流器上脱落，主要原因是锂化合金和集流器之间的外延不匹配。由于体积膨胀作用，反蛋白石结构何时会消失，关于这点没有阐述清楚，只是阐述了材料由于体积膨胀而经历了相对快速的形貌变化。

其他几种金属反蛋白石组成也被报道，但是到目前为止，还没有人将这些材料作为锂离子电池材料研究过[73,80,81,113-116]。一种非金属组成，硅，吸引了两个研究小组的注意，由于纳米反蛋白石结构的构筑提高了电化学动力学，可以将理论比容量提高 2 倍（4200mAh g^{-1}）[105, 117]。在 2.4.1.1 节讨论了一种技术，将非晶硅纳米颗粒构筑到表面活性剂模板形成的碳反蛋白石介孔中[105]。第二种方法是在 5 ~ 15μm 厚的二氧化硅 CCT 薄膜上，采用硅烷蒸气沉积非晶硅[117]。

不出所料，氢化的非晶硅反蛋白石在锂离子脱嵌过程中经受体积变化，850nm 微球模板形成的大孔比 250nm 微球模板形成的大孔具有更好的承受合金体积膨胀能力[117]。总体来说，脱锂化过程中，非晶硅反蛋白石结构与没有循环的电极结构类似，但是接近全锂化状态时，大孔会膨胀封闭。这种非晶材料初始的脱锂化比容量为 2569mAh g^{-1}，但在 10C 的充放电倍率下，其贡献可以忽略不计。为了实现更高的大电流放电能力，非晶硅需要转换为导电性更好的纳米晶体微结构（10^{-4} ~ 10^{-3} S cm^{-1}），尽管这种形式的硅的放电容量在循环 15 个周期内会随着材料迅速和不可逆的膨胀而消退。研究者试图在非晶硅反蛋白石上涂覆一层硬碳作为导体，然后在 800℃ 的氮气中使反蛋白石框架晶化，进而限制其容量的消退。不过，由于结构的不可逆膨胀，不超过 20 个循环周期容量就损失了。在相关的研究中发现，最优化的电极配置是由蔗糖衍生形成的碳反蛋白石薄膜表面修饰非晶硅。这种材料的电子电导率达到了 0.6S cm^{-1}，初始容量超过

1700mAh g^{-1}，经过 145 次循环后仍然可以维持初始比容量的 80% 以上，并且在 1C 的循环倍率下仍能保持容量。根据 Lee 等人[40]和 Wang 等人[105]的研究工作可知，最理想的合金电极组成是纳米颗粒在碳反蛋白石表面的介孔内限制生长。

2.4.1.3　金属氧化物负极

锂离子在许多金属氧化物中可以占据间隙位置。例如，当锂离子嵌入到非晶氧化物微观结构中，电化学沉积的 WO_3 反蛋白石表现出电致变色性能。虽然 WO_3 不是一个常见的锂离子电池负极材料，但它可以接受锂离子而不会发生前面提到的合金负极普遍存在的破坏性体积膨胀。在这方面，钛酸锂（$Li_4Ti_5O_{12}$）作为“零应变”锂负极材料已经受到了广泛的关注。在 $Li_4Ti_5O_{12}$ 尖晶石八面体间隙空位中嵌入 3 个锂离子形成岩盐 $Li_7Ti_5O_{12}$ 相，晶格尺寸的变化可以忽略不计（$\Delta a = 0.006$Å㊀）[119-126]。零应变嵌入材料对于反蛋白石几何学来说似乎最理想，因为在锂合金化过程中可以承受巨大体积膨胀，从而展现出一些纳米构筑组成独有的优异性质。两种方法用来制备反蛋白石 $Li_4Ti_5O_{12}$，每种方法都是按 4:5 摩尔比混合醋酸锂和草酸氧钛[127]或钛酸四丁酯[128]。在温度低于 800℃ 条件下，两种方法都会生成锐钛矿和金红石杂相。Sorensen 等人提供的显微照片可以证明，这些材料一开始就存在有序的大孔，经过 70 次循环周期后仍然保持着反蛋白石结构[127]。

$Li_4Ti_5O_{12}$ 反蛋白石的电化学性能再次证明，在相同的组成条件下，相互连通的多孔纳米结构比块体材料拥有更优异的电化学循环特性。精细控制 $Li_4Ti_5O_{12}$ 前驱体的总体积可以控制 $Li_4Ti_5O_{12}$ 在 CCT 间隙内不完全填充、完全填充或者过充，过充的反蛋白石材料的容量消退最快，因为它包含有无模板化的 $Li_4Ti_5O_{12}$ 粉末，伴随着电流密度增加，该粉末会发生极化[127]。在 10C[128]的循环倍率或者 0.625mA cm^{-2}[127]的电流密度下循环超过 70 个周期后，钛酸锂的反蛋白石前驱体放电比容量约为 160mAh g^{-1}（理论容量为 167mAh g^{-1}）。

与 $Li_4Ti_5O_{12}$ 相比有趣的是，锐钛矿二氧化钛反蛋白石能够可逆地嵌入 0.5Li/TiO_2（155mAh g^{-1}），这表明锂化锐钛矿二氧化钛不能电化学生成 $Li_4Ti_5O_{12}$[129]。根据初始的和锂化的反蛋白石锐钛矿二氧化钛 X 射线衍射图谱可知，第一次锂化过程后锐钛矿相会转变为非晶相。这些数据与其他已知的金属氧化物的歧化反应是一致的[5]，并且在锂化后反蛋白石结构会转变成致密的薄膜。

在可逆锂化过程中，$Li_4Ti_5O_{12}$ 在尺寸上是稳定的，与许多碳和锂合金相比，$Li_4Ti_5O_{12}$ 理论容量是极小的。金属氧化物负极为了存储相对较大的比容量，可以不成比例地转变为其他价态，这点越来越广为人知[5]。混合金属氧化物，如 $CoFe_2O_4$，

㊀　1Å = 0.1nm = 10^{-10}m。——译者注

可以存储大量的电化学电荷，但是在块体材料中会存在电阻问题[130]。为了解决这个问题，构筑连续的大孔网络和拥有几十纳米厚的孔壁，可以提高 $CoFe_2O_4$的能量密度，它是由硝酸铁和硝酸钴前驱体溶液合成的。经历 30 个循环周期后，该组成仍拥有超过700mAh g^{-1}容量，在5mA cm^{-2}电流密度下，仍能保持最大比容量的68%。随着循环次数的增加，反蛋白石结构会遭到破坏，从而引起容量的损失。有意思的是，负极还原时会形成金属钴，进而催化形成 SEI 层，并且这层钝化膜可能会成为锂离子传输扩散的瓶颈。

2.4.2　锂离子正极

当正极缺锂时，正极锂离子处于充电状态，反之亦然，当空位被锂离子占据时，正极锂离子处于放电状态。像许多锂离子负极组成一样[6]，有大量的电化学可利用的表面积，有纳米扩散路径长度，都可以提高锂离子正极的能量密度[131]。金属氧化物、磷酸盐和锂金属氧化物为正极材料在锂离子电池中起到了非常重要的作用。

2.4.2.1　氧化钒正极

氧化钒反蛋白石结构是最先作为锂离子电池的材料组成被电化学表征的氧化物[11]。在此开创性研究中，PS CCT 薄膜被组装到 ITO 集流体上，然后用钒醇盐前驱体渗透。一旦模板球溶解于甲苯，非晶钒双凝胶的孔流体被环己烷取代，这种结构具有足够小的表面张力，可以部分避免氧化钒反蛋白石骨架中介孔的坍塌。互连大孔可以减少该反蛋白石结构的扭曲（见图 2.4)，它的二次方与离子扩散到电极所经历的电化学极化成正比。

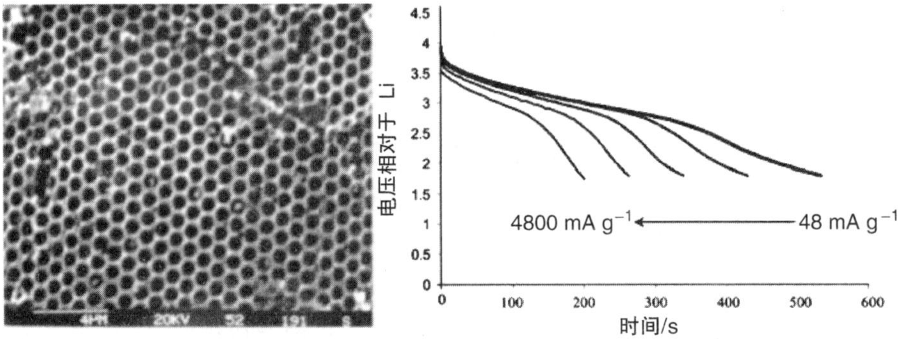

图 2.4　非晶氧化钒的扫描电子显微照片和大电流密度下的电化学放电曲线
（文献［11］－皇家化学学会转载许可）

根据结果可知，随着电流密度以 100 倍的速度增加，分级氧化钒反蛋白石薄膜的放电比容量以 2.5 倍的速度减少。相比较而言，当电流密度仅以 25 倍的速度增加时，氧化钒电极的放电比容量减少 3/4。该数据印证了构筑开放的大孔网络结构和接近10nm级别的固态离子扩散路径长度的纳米结构电极可以大大增强电解质运输的重要性。这两种结构特征是提高钒氧化物电极能量密度的关键，超出了相同组成的常规和介孔电极所能提供的能量密度。

通过钒醇盐前驱体和聚合物CCT制备结晶氧化钒反蛋白石不是很容易，因为在450℃的煅烧过程中五氧化二钒纳米晶会生长，进而掩盖反蛋白石结构[75, 132]。质子交换的偏钒酸钠是很好的钒前驱体，它可以更好地抑制晶粒生长，然而质子交换的稀浓度溶液只能填充CCT间隙体积的2.7%，浓度高的十钒酸溶胶会迅速沉淀。多种前驱体负载到先前渗透的样品时，通常是在表面外层沉积，而不是在CCT空隙中沉积，这表明，连续的前驱体润湿技术对于反蛋白石的合成不是非常有效。最终产物由33nm的五氧化二钒（PDF序号41～1426）微晶组成，但这种反蛋白石组成的锂离子嵌入倍率性能并没有测定。

2.4.2.2 锂金属氧化物正极

锂的金属氧化物是常见的锂离子的正极组成物，因为在它们晶格上的过渡金属原子会发生可逆的氧化还原反应，为了保持电中性，需要阳离子嵌入或者脱出。对于$LiCoO_2$而言，锂离子嵌入到岩盐晶格中CoO_2八面体层间，$LiCoO_2$的理论容量为136mAh g^{-1}[133]。混合锂和钴盐的溶胶在CCT间隙内沉淀形成草酸盐，随着煅烧温度增加，首先形成尖晶石结构，然后变为岩盐晶体结构[36]。当锂与钴前驱体比例为1∶1时，在煅烧过程中，锂的前驱体会有一部分挥发，因此会出现Co_3O_4相从期望获得的$LiCoO_2$相中分离出来。加入化学计量过量的锂前驱体可以获得纯相，但为了形成纯相，需要在700℃进行晶体生长，此时反蛋白石结构会发生扭曲。

软化学合成，如用于上述提到的$LiCoO_2$反蛋白石合成中，可以达到既能获得期望的晶相又能维持有序的大孔纳米结构之间的平衡。在结晶度和结构之间找到一种平衡方法是依靠化学添加剂可以从溶液中络合金属盐进而形成更均匀的混合物。溶胶-凝胶前驱体可能看起来比较均匀，但本质上不够均匀，因为许多前驱体的组分会自然地低聚[134,135]。螯合剂，如聚乙二醇（PEG），在混合的金属氧化物溶胶-凝胶法合成中起到了重要的作用。分子络合剂如PEG在靠近最邻近的阳离子时，可以通过静电作用使晶粒尺寸和相分离达到最小化。

例如，即使有螯合剂PEG存在，胶体-晶体-模板化的$LiCoO_2$在700℃时煅烧会经历颗粒过大生长[36]。然而，把六氯铂酸水合物（氯铂酸·H_2O）加入到前躯体中，可以限制$LiCoO_2$的菱形晶胞仅沿c轴生长[136]。以上两种情况都不会生成符合传统定义的反蛋白大孔$LiCoO_2$粉末，但是所形成的结构会保持互连的孔网络以及支持高倍率循环的纳米级孔壁。例如，在700mA g^{-1}的电流密度下，PEG-掺杂和掺Pt的$LiCoO_2$的容量可以达到约40mAh g^{-1}，而$LiCoO_2$块体材料的比容量由于极化可以忽略不计。

锂镍氧化物是另一种被构筑为反蛋白石正极材料的二元锂金属氧化物[75]。$LiNiO_2$的最理想合成要求是在获得适当的结晶相和保持反蛋白石几何形状之间达到平衡。当锂与镍的前驱体比例为1:1，在低于700℃的空气中，反蛋白石框架相分离成NiO和Li_2CO_3，高于此温度时，反蛋白石结构会发生晶粒长大。在前驱体中加入化学计量过量的锂可以克服由于挥发而产生的锂损耗，从而可以获得纯相。同样，过量的锂可以防止在层状晶格中Li^+位置被Ni^{3+}占据，从而避免Ni^{3+}成为锂离子扩散的障碍。在$LiNiO_2$层中，阳离子混合程度是通过比较（103）和（104）晶面的X射线衍射反射数据，比值越大代表取代越少，因此可以获得更好的离子迁移。根据这个信息可以知道溶胶－凝胶法合成的$LiNiO_2$的最佳煅烧条件为600℃下在氧气中煅烧5h。长时间煅烧有利于阳离子混合，而较高的温度有利于蠕虫状大孔的产生。

2008年，关于尖晶石锰酸锂反蛋白石粉末合成的报道中，强调了选择金属硝酸盐作为前驱体的重要性。在聚合物CCT经过热处理熔化之前，酸酸盐会融化而硝酸盐会固化[137]。借鉴于前面提到的$LiCoO_2$[36]和$LiNiO_2$[75]的研究结果可知，在700℃，由于Li会从1Li:2Mn的前驱体溶液中挥发，从而导致形成Mn_2O_3和$LiMn_2O_4$纳米晶（5～20nm）的混合物。本书还介绍了利用固态^7Li磁性角自旋NMR来分析在升高的锻烧温度条件下骨架材料中锂离子周围的化学环境。通过核磁共振化学键信息可知，随着温度的增加，富锂非晶材料（100ppm㊀）会转变成尖晶石相，锂离子在四面体（500ppm）和八面体（1500ppm）的位置。与许多金属氧化物反蛋白石组成会形成颗粒状的粉末不同，$LiMn_2O_4$在这些条件下会烧结成1mm×10mm×10mm的孔壁。这些孔壁无需添加黏合剂或导电添加剂就可以进行电化学循环（3.5～4.6V相对于Li^+/Li）。作者采用水性锂离子电解质，因为对于$LiMn_2O_4$来说，水性电解质已被报道与有机溶剂具有相同的效果。目前尚不清楚他们的方法是如何在如此正的化学势下避免电化学氧化水的。当电流密度增加40倍时，大约70%的放电容量被保留，而循环30个周期后，$LiMn_2O_4$反蛋白石没有发生重大的结构变化。

2.4.2.3 磷酸铁锂阴极

锂铁（II）磷酸盐（$LiFePO_4$）作为锂离子正极组成，自1997年Goodenough首次报道以来已被广泛、积极地研究[138]。钴和镍，是常用作锂正极的昂贵的战略金属，而铁是一种相对便宜的替代品，并具有低毒性。磷酸铁锂具有橄榄石结构，虽然Chiang等研究人员一再提高其电子与离子电导率，但是这种结构仍具有非常低的电子和离子电导率[139]。通过构筑具有纳米级扩散路径和开放大孔网络的反蛋白石结构，可以提高该组成的电子和离子的迁移率，

㊀ $1ppm = 1 \times 10^{-6}$。——译者注

最低限度地阻碍电解质通量，同时，碳涂层可以增强 $LiFePO_4$ 反蛋白石材料的电子传导性。在2005年，Lu等人通过复合化学计量比（1Li∶1Fe∶$1PO_4$）前驱体溶胶与聚（苯乙烯－甲基丙烯酸甲酯－丙烯酸）球悬浮液，制备具有开放孔结构的 $LiFePO_4$ 粉末[140]。沉淀下来的球体在600～800℃氮气中分解后，纯相的 $LiFePO_4$ 纳米材料会形成无序的大孔和质量分数约为残余的无定形碳作为电子导体。这些电极在5.9C的放电倍率下具有约100mAh g^{-1} 的比容量（理论比容量＝170mAh g^{-1}）。

从另一个角度看，$FePO_4$ 是反蛋白石正极的一个有趣的选择，因为它可以根据 $FePO_4$ 结晶程度可逆地嵌入Li离子。将PS CCT用标准的溶胶－凝胶前驱体渗透，在500℃下结晶生成六方晶系的 $FePO_4$，制备高度有序的大孔 $FePO_4$ 反蛋白石结构[141]。在400℃下煅烧的样品虽然具有和未煅烧样品一样的非晶结构，但仍具有100mAh g^{-1} 的最大可逆容量。这种情况也就是所谓的“无定形”金属氧化物，即在被无序的原子尺度基质包围的小的原子尺度范围内存在着有序[142]。离子是通过无序区域内空位的离子线进行传导，电子通过纳米微晶导电。最佳的离子电子混合导电存在于溶胶－凝胶法制备 $FePO_4$（煅烧温度为400℃），而六方 $LiFePO_4$（600℃）电化学活性低[141]。当循环倍率升高到2C时，400℃煅烧的材料的比容量约减少了65%。此报道中没有进行与块体 $LiFePO_4$ 电化学性能的比较。

也许，$LiFePO_4$ 反蛋白石结构改善电池性能最好的例子就是最近Doherty所做的研究[41]。作者通过将含有硝酸铁、醋酸锂和磷酸的溶胶缓慢填充到PMMA CCT模板中进而合成反蛋白石 $LiFePO_4$ 粉末。选择醋酸锂作前躯体取得了出人意料的结果，因为它在PMMA球体燃烧之前融化（T_m＝53～56℃）。3种不同尺寸的PMMA球（100nm，140nm和270nm）被用来研究在不同的循环倍率下反蛋白石孔径的大小对其性能的影响。

电化学过程是离子和电子传输以及限制形成电荷传输的双重过程，因此离子和电子通过最小距离传输是当务之急要实现的过程。致密的、无模板的表面壳层对于电解液的流通非常不利，而反蛋白石材料却具有高的能量密度。因此，对于电化学应用至关重要的是用前躯液填充CCT模板，以避免形成非模板化的电极材料，这个工作在2009年完成了[41]。

随着煅烧温度达到800℃以上，通过这种方法制备出来的纯相的 $LiFePO_4$ 反蛋白石逐渐增加[41]。烧结可以降低电极的电荷转移电阻，使得放电倍率可以高达10C（经过50次循环容量为93mAh g^{-1}）。对于反蛋白石结构 $LiFePO_4$ 来说，采用270nm的PMMA球作为模板制得的结构具有最大的放电容量，如图2.5所示。

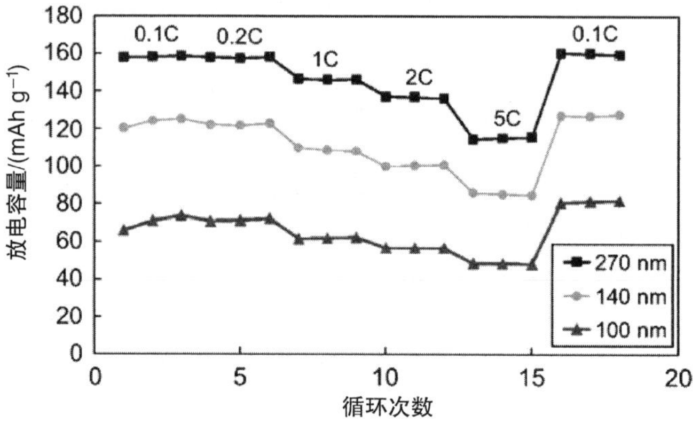

图 2.5 $LiFePO_4$反蛋白石的放电比容量与 PMMA 胶体球模板直径的关系
（文献［41］，2009 年 美国化学学会转载许可）

大尺寸的模板球可以确保电极大孔网络是连续的，并且保证液体电解质可以通过电极的所有部分。尽管在活性电极颗粒表面沉积过量的碳会成为锂离子扩散的障碍，并且阻止其在高放电倍率下放电，而残余的非晶碳也是提高橄榄石结构材料电子传导率的关键。

2.4.3 固态锂离子电解质

电解质可以在电极之间传导离子电荷，但不是电子，为了使电流通过外部电路（例如，一个器件）。在传统的锂离子电池中，液体电解质应用非常普遍，而固态电解质在电池概念上颇具吸引力，因为它们从来不会泄漏，不易燃，也不会像那些有机溶剂在锂盐存在下分解而产生 SEI 扩散瓶颈[143]。

对于固体电解质研究来说，通过固相的电荷转移阻抗是其面临的挑战之一。离子通过固体扩散的速率比通过液体慢很多，对于块体固体电解质材料来说这种作用更明显。在这个意义上讲，使用反蛋白石结构作为功率密度锂离子电池的固体电解质是十分诱人的，因为反蛋白石结构的互相连通的大孔可以被三维连续电极材料填充，离子可以在纳米级固态扩散路径长度上传导。

据称，γ－铝酸锂（$\gamma-LiAlO_2$）是用于熔融碳酸盐燃料电池的离子导电基质[144]。在 2003 年，制备出了 γ－铝酸锂作为固态锂离子电解质的反蛋白石[145]。尝试了两种溶胶－凝胶法，并且反蛋白石的大孔壁是由 $\gamma-LiAlO_2$ 和 $LiAl_5O_8$ 的纳米晶混合相组成的。此研究中没有进行电化学测量。

一个更传统的锂离子固体电解质组成是 $Li_{0.29}La_{0.55}TiO_3$（LLT），其纯相反蛋白石结构是由醇盐和醋酸盐为前驱体制备出来的[146]。含有这些前驱体的聚苯乙烯 CCT 首先燃烧，随后孔壁的纳米晶在 1000℃烧结几小时，以减少电荷传输阻抗。根据复阻抗测量分析，相比于粒状 LLT 反蛋白石，纯相反蛋白石在 25MPa 下会致密化（2.1×10^{-4} S cm^{-1}），在室温下反蛋白石结构并没有大大减少 LLT 的离子电导率（1.1×10^{-4} S cm^{-1}）。这一发现表明，反蛋白石结构有足够的固态离子传输途径。正如预期的那样，离子在非晶 LLT 反蛋白石（约为 10^{-5} S cm^{-1}）中传输不那么容易，因为离子在非晶固态只能慢慢地通过无序的空穴渗透，而不是通过有序的晶格传输[147]。

可以将活性电极材料填充到 LLT 反蛋白石结构中以制备固态电化学半电池，而且这些混合电池材料组成与锂离子微电池的设计是密切相关的，相关内容在 2.5 节中有评论。固态电解质 LLT 反蛋白石膜可以被多种前驱体负载渗透，这些前躯体用来沉积作为锂离子正极的 $LiMn_2O_4$[148]。这些复合材料与锂箔形成两电极电池，采用包含锂酰亚胺盐的干共聚物作为隔板进行测试。在低放电倍率（0.016C）下，该复合材料的质量比容量为 83mAh g^{-1}，低于理论值（148mAh g^{-1}），但实现了 220mAh cm^{-3}的体积比容量，这相当于在液体电解质中 $LiMn_2O_4$的容量。

如果反蛋白石固态电解质应用在未来的电池中，一个挑战将是如何避免在反蛋白石电解质和电极材料界面之间发生不利的固态化学反应。基于包括 NASICON 状的 $Li_{1.5}Al_{0.5}Ti_{1.5}(PO_4)_3$反蛋白石（LATP）和 $LiMn_2O_4$正极的复合材料的 X 射线衍射分析可知，Li 从 LATP 脱嵌出来形成含有少量金红石二氧化钛的混合相[149]。形成混合相，特别是形成一种电化学惰性材料，如金红石二氧化钛，只能减少离子在电解液中的迁移率。在恒电流循环下观察到 $LiMn_2O_4$的极化现象也是可以理解的。不像纯相 $LiMn_2O_4$在 4.0V 和 4.1V 可以观察到两个分立的氧化还原反应，这些混合物的放电平台会模糊成一个。然而，这种固体电解质混合物，在约 2.4V 时具有氧化还原活性，如果 4V 电池放电到这个阈值可能是危险的。

2.5 基于反蛋白石纳米结构的锂离子微电池

在研究纲要的基础上已经综述了这一点，纳米结构反蛋白石电极的功率密度能够超出块体材料的功率密度。该反蛋白石结构也有希望作为三维互连的支架，在其表面沉积电池材料以形成三维相互穿插的微电池。这种电池不仅可以拥有单独的反蛋白石电极的功率密度，而且还能构建一个比低密度（<体积分数26%）反蛋白石电极能量更集中的能量密集型微电池结构。分布式传感器应用和微电子机械系统（MEMS）需要的微电池是可扩展的，以适应小型化设备，并能够提供相对较大的单位质量能量密度和单位体积能量密度[150-153]。

碳反蛋白石具有独特的性质，可以选择它们作为电极框架用来组装三维（3D）穿插微电池。碳很容易形成坚固的反蛋白石结构，不需要其他的导电剂就可以输送电子电荷，也不需要黏合剂就可以保持各电极的物理形态[40,88,101]。金属[154]和氧化物[11,137,155]的单片反蛋白石结构已经被制备出来了，但由于大孔壁晶粒之间烧结程度的不同会导致脆性增加。众所周知，碳是一种标准的锂离子电池负极材料，它能传导或存储100s mAh g^{-1}的电化学电荷。更重要的是，它的尺寸可以调整，大到可以在反蛋白石孔内容纳其他的电池纳米材料[156,157]。基于这些特点，碳反蛋白石非常适合作为3D微电池的锂离子负极。

一旦碳反蛋白石结构固定到集流体上，纳米薄膜聚合物电解质会在整个碳电极带电的界面发生电聚合[156,157]。多酚沉积形成10~90nm的涂层，随着聚合物涂层的生长，电阻值增大，涂层会产生自限制[158-162]。这些聚合物电子钝化层沉积在碳电极表面，可以适当地传输离子，并在4 V电化学环境下承受介质击穿。

多酚包覆碳反蛋白石随后被钒醇盐液真空渗润，可以在剩余的大孔空间内沉积非晶氧化钒作为锂离子正极材料[156,157]。多次的填充是必需的，可以最大限度地负载正极材料。已验证两种钒氧化物可以作为正极材料：钒氧化物干凝胶和气凝胶材料；后者是当凝胶中的气孔流体被丙酮取代从而产生一种低表面张力流体。在这两种情况时，氧化钒的电荷运输可以作为3D微电池电化学循环过程中的速率控制步骤。

在渗碳之前或者正极材料被沉积到大孔结构之后，锂离子被引入到碳-聚合物复合材料中[156,157]。这种完全组装的电池非常致密，离子传输非常缓慢，将Li离子单独引入到碳-聚合物体系中不仅可以加快传输速度，而且可以将Li离子引入到纳米聚合物电解质薄膜中。完全组装的反蛋白石微电池完全由电化学法来评估（见图2.6）。

含有氧化钒类气凝胶正极的微电池连续释放的电化学能（16 mAh g^{-1}）比干凝胶氧化钒正极（70μAh g^{-1}）要高，因为气凝胶比致密的干凝胶具有更大的表面积。虽然还是同一个原型，但是这些微电池是首次将反蛋白石锂离子电池材料合并为功能电化学电池的尝试。

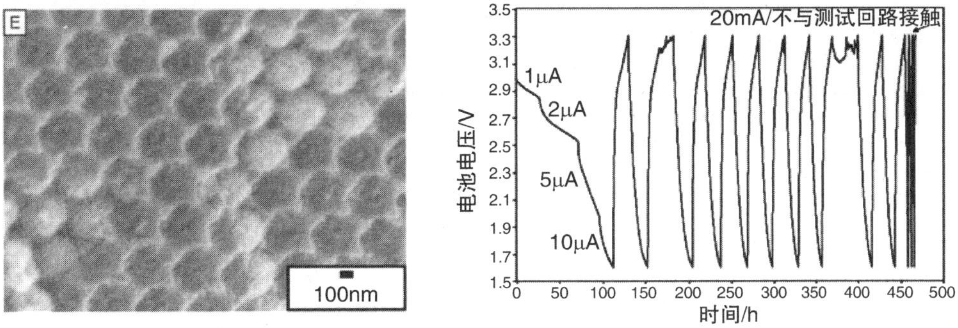

图 2.6　由碳反蛋白石负极、超薄聚（亚苯基氧化物）固体电解质涂层和钒氧化物气凝胶状正极组成的三维贯通锂离子微电池的扫描电子显微镜照片和恒流充放电曲线（文献［157］－电化学学会转载许可）

2.6　小结和前景

本章总结了反蛋白石结构的锂离子负极、正极及固态电解质的不同组成。这种结构本质上是加强了固态纳米结构中的离子扩散，尤其是那些拥有相互连通的大孔结构，提供了超出块体电极材料所能提供的功率密度。无论是高度有序还是相互连接的大孔，都最低限度地阻碍了液态电解质在反蛋白石中的流动，部分地赋予一些其他绝缘组成的电化学速率能力。低密度的纳米结构材料，例如反蛋白石结构，在循环中都倾向于改变形态结构，尤其是负极材料，可逆地形成锂合金。对目前的 3D 微电池发展来说，单片碳反蛋白石结构非常重要。

反蛋白石结构及其他纳米结构电极将继续在锂离子电池发展中扮演着重要角色并促进电极能量密度的提升。随着时间的进展，将会有更多的研究来探索如何巧妙地将其他组成的反蛋白石电极结构运用到能量密集固态微电池的发展蓝图中。规律的周期及相互连接的圆形大孔使得导电的反蛋白石成为拥有高表面积的集流体，未来的研究者将继续关注在这些集流体上继续沉积锂离子纳米粒子、电活性纳米粒子及涂层。

参 考 文 献

1. Schalkwijk WA, Scrosati B (2002) Advances in lithium-ion batteries. Kluwer/Plenum, New York
2. Lytle JC, Stein A (2006) Recent progress in syntheses and applications of inverse opals and related macroporous materials prepared by colloidal crystal templating. In: Cao G, Brinker CJ (eds) Annual review of nano research, 1st edn. World Scientific, Hackensack
3. Patrissi CJ, Martin CR (1993) Sol-gel based template synthesis and Li-insertion rate performance of nanostructured vanadium pentoxide. J Electrochem Soc 146:3176–3180

4. Owens BB, Passerini S, Smyrl WH (1999) Lithium ion insertion in porous metal oxides. Electrochim Acta 45:215–224
5. Poizot P, Laruelle S, Grugeon S, Dupont L, Tarascon JM (2000) Nano-sized transition metal oxides as negative-electrode materials for lithium-ion batteries. Nature 407:496–499
6. Nordlinder S, Edstrom K, Gustafsson T (2001) The performance of vanadium oxide nanorolls as cathode material in a rechargeable lithium battery. Electrochem Solid State Lett 4:A129–A131
7. Huang H, Yin SC, Kerr T, Taylor N, Nazar LF (2002) Nanostructured composites: a high capacity, fast rate $Li_3V_2(PO_4)_3$/carbon cathode for rechargeable batteries. Adv Mater 14:1525–1528
8. Mui SC, Trapa PE, Huang B, Soo PP, Lozow MI, Wang TC, Cohen RE, Mansour AN, Mukerjee S, Mayes AM, Sadoway DR (2002) Block-copolymer-templated nanocomposite electrodes for rechargeable lithium batteries. J Electrochem Soc 149:A1610–A1615
9. Li N, Mitchell DT, Lee KP, Martin CR (2003) A nanostructured honeycomb carbon anode. J Electrochem Soc 150:A979–A984
10. Sauvage F, Baudrin E, Morcrette M, Tarascon JM (2004) Pulsed laser deposition and electrochemical properties of $LiFePO_4$ thin films. Electrochem Solid State Lett 7:A15–A18
11. Sakamoto J, Dunn B (2002) Hierarchical battery electrodes based on inverted opal structures. J Mater Chem 12:2859–2861
12. Yan H, Blanford CF, Holland BT, Parent M, Smyrl WH, Stein A (1999) A chemical synthesis of periodic macroporous NiO and metallic Ni. Adv Mater 11:1003–1006
13. Stein A (2001) Sphere templating methods for periodic porous solids. Micropor Mesopor Mater 44–45:227–239
14. Thomas A, Goettmann F, Antonietti M (2008) Hard templates for soft materials: creating nanostructured organic materials. Chem Mater 20:738–755
15. Zakhidov AA, Baughman RH, Iqbal Z, Cui C, Khayrullin I, Dantas SO, Marti J, Ralchenko VG (1998) Carbon structures with three-dimensional periodicity at optical wavelengths. Science 282:897–901
16. Su F, Zhao XS, Wang Y, Zeng J, Zhou Z, Lee JY (2005) Synthesis of graphitic ordered macroporous carbon with a three-dimensional interconnected pore structure for electrochemical applications. J Phys Chem B 109:20200–20206
17. Velev OD, Jede TA, Lobo RF, Lenhoff AM (1997) Porous silica via colloidal crystallization. Nature 389:447–448
18. Holland BT, Blanford CF, Stein A (1998) Synthesis of macroporous minerals with highly ordered three-dimensional arrays of spheroidal voids. Science 281:538–540
19. Harris WS (1958) Electrochemical studies in cylic esters. Dissertation, University of California
20. Whittingham MS, Huggins RA (1971) Measurement of sodium ion transport in beta alumina using reversible solid electrodes. J Chem Phys 54:414–416
21. Whittingham MS, Huggins RA (1971) Transport properties of silver beta alumina. J Electrochem Soc 118:1–6
22. Whittingham MS, Huggins RA (1972) Electrochemical preparation and characterization of alkali metal tungsten bronzes, M_xWO_3. In: Solid state chemistry—Proceedings of the 5th materials research symposium sponsored by the Institute for Materials Research, National Bureau of Standards, edited by Roth RS, Schneider SJ Jr, U.S. Department of Commerce and National Bureau of Standards, Washington, D.C., pp 51–62
23. Whittingham MS (1974) The hydrated intercalation complexes of the layered disulfides. Mater Res Bull 9:1681–1689
24. Whittingham MS, Gamble FR Jr (1975) The lithium intercalates of the transition metal dichalcogenides. Mater Res Bull 10:363–371
25. Whittingham MS (1976) Electrical energy storage and intercalation chemistry. Science 192:1126–1127

26. Courtney IA, Dahn JR (1997) Key factors controlling the reversibility of the reaction of lithium with SnO_2 and Sn_2BPO_6 glass. J Electrochem Soc 144:2943–2948
27. Courtney IA, Dahn JR (1997) Electrochemical and in-situ x-ray diffraction studies of the reaction of lithium with tin oxide composites. J Electrochem Soc 144:2045–2052
28. Yu P, Popov BN, Ritter JA, White RE (1999) Determination of the lithium ion diffusion coefficient in graphite. J Electrochem Soc 146:8–14
29. Churikov AV, Ivanishchev AV, Ivanishcheva IA, Sycheva VO, Khasanova NR, Antipov EV (2010) Determination of lithium diffusion coefficient in LiFePO4 electrode by galvanostatic and potentiostatic intermittent titration techniques. Electrochim Acta 55:2939–2950
30. Capiglia C, Saito Y, Kageyama H, Mustarelli P, Iwamoto T, Tabuchi T, Tukamoto H (1999) ^{7}Li and ^{19}F diffusion coefficients and thermal properties of non-aqueous electrolyte solutions for rechargeable lithium batteries. J Power Sources 81–82:859–862
31. Xu K (2004) Nonaqueous liquid electrolytes for lithium-based rechargeable batteries. Chem Rev 104:4303–4417
32. Valoen LO, Reimers JN (2005) Transport properties of $LiPF_6$-based Li-ion battery electrolytes. J Electrochem Soc 152:A882–A891
33. Nyman A, Behm M, Lindbergh G (2008) Electrochemical characterisation and modelling of the mass transport phenomena in $LiPF''_6$-EC-EMC electrolyte. Electrochim Acta 53:6356–6365
34. Pekala RW, Farmer JC, Alviso CT, Tran TD, Mayer ST, Miller JM, Dunn B (1998) Carbon aerogels for electrochemical applications. J Non-Cryst Solids 225:74–80
35. Jurewicz K, Vix-Guterl C, Frackowiak E, Saadallah S, Reda M, Parmentier J, Patarin J, Beguin F (2004) Capacitance properties of ordered porous carbon materials prepared by a templating procedure J. Phys Chem Solids 65:287–293
36. Ergang NS, Lytle JC, Yan H, Stein A (2005) The effect of a macropore structure on cycling rates of $LiCoO_2$. J Electrochem Soc 152:A1989–A1995
37. Doescher MS, Pietron JJ, Denning BM, Long JW, Rhodes CP, Edmonson CA, Rolison DR (2005) Using an oxide nanoarchitecture to make or break a proton wire. Anal Chem 77:7924–7932
38. Fu R, Zheng B, Liu J, Weiss S, Ying JY, Dresselhaus MS, Dresselhaus G, Satcher J, Baumann T (2004) Studies of the chemical and pore structures of the carbon aerogels synthesized by gelation and supercritical drying in isopropanol. J Appl Polymer Sci 91:3060–3067
39. Wang J, Yang X, Wu D, Fu R, Dresselhaus MS, Dresselhaus G (2008) The porous structures of activated carbon aerogels and their effects on electrochemical performance. J Power Sources 185:589–594
40. Lee KT, Lytle JC, Ergang NS, Oh SM, Stein A (2005) Synthesis and rate performance of monolithic macroporous carbon electrodes for lithium-ion secondary batteries. Adv Funct Mater 15:547–556
41. Doherty CM, Caruso RA, Smarsly BM, Drummond CJ (2009) Colloidal crystal templating to produce hierarchically porous $LiFePO_4$ electrode materials for high power lithium ion batteries. Chem Mater 21:2895–2903
42. Goodwin JW, Hearn J, Ho CC, Ottewill RH (1973) The preparation and characterization of polymer lattices formed in the absence of surface active agents. Br Polym J 5:347–362
43. Goodwin JW, Ottewill RH, Pelton R, Vianello G, Yates DE (1978) Control of particle size in the formation of polymer lattices. Br Polym J 10:173–180
44. Zou D, Ma S, Guan R, Park M, Sun L, Aklonis JJ, Salovey R (1992) Model filled polymers. V. Synthesis of crosslinked monodisperse polymethacrylate beads. J Polym Sci Part A Polym Chem 30:137–144
45. Tanrisever T, Okay O, Sonmezoglu IC (1996) Kinetics of emulisifier-free emulsion polymerization of methyl methacrylate. J Appl Polym Sci 61:485–493
46. Xia Y, Gates B, Yin Y, Lu Y (2000) Monodispersed colloidal spheres: old materials with new applications. Adv Mater 12:693–713

47. Stöber W, Fink A, Bohn E (1968) Controlled growth of monodisperse silica spheres in the micron size range. J Colloid Interface Sci 26:62–69
48. van Blaaderen A, van Geest J, Vrij A (1992) Monodisperse colloidal silica spheres from tetraalkoxysilanes: particle formation and growth mechanism. J Colloid Interface Sci 154:481–501
49. Odian G (1991) Principles of polymerization. Wiley, New York
50. Xia Y, Gates B, Li ZY (2001) Self-assembly approaches to three-dimensional photonic crystals. Adv Mater 13:409–413
51. Davis KE, Russel WB, Glantschnig WJ (1991) Settling suspensions of colloidal silica: observations and x-ray measurements. J Chem Soc Faraday Trans 87:411–424
52. Mayoral R, Requena J, Moya JS, López C, Cintas A, Míguez H, Meseguer F, Vázquez L, Holgado M, Blanco A (1997) 3D long-range ordering in an SiO_2 submicrometer-sphere sintered superstructure. Adv Mater 9:257–260
53. Míguez H, Mesguer F, López C, Blanco A, Moya JS, Requena J, Mifsud A, Fornés V (1998) Control of the photonic crystal properties of fcc-packed submicrometer SiO_2 spheres by sintering. Adv Mater 10:480–483
54. Pieranski P (1983) Colloidal crystals. Contemp Phys 24:25–73
55. El-Aasser MS, Robertson AA (1971) An ultracentrifugation technique for the study of latex coalescence. J Colloid Interface Sci 93:504–512
56. Efremov IF (1976) Periodic colloid structures. In: Matijevic E (ed). Surface and Colloid Science, Vol 8, Wiley, New York
57. Tsunekawa S, Barnakov YA, Poborchii VV, Samoilovich SM, Kasuya A, Nishina Y (1997) Characterization of precious opals: AFM and SEM observations, photonic band gap, and incorporation of CdS nano-particles. Micropor Mater 8:275–282
58. Wijnhoven JEGJ, Vos WL (1998) Preparation of photonic crystals made of air spheres in titania. Science 281:802–804
59. Jiang P, Bertone JF, Hwang KS, Colvin VL (1999) Single-crystal colloidal multilayers of controlled thickness. Chem Mater 11:2132–2140
60. Vlasov YA, Bo XZ, Sturm JC, Norris DJ (2001) On-chip natural assembly of silicon photonic bandgap crystals. Nature 414:289–293
61. Lytle JC, Yan H, Ergang N, Smyrl WH, Stein A (2004) Structural and electrochemical properties of three-dimensionally ordered macroporous tin(IV) oxide films. J Mater Chem 14:1616–1622
62. Woodcock LV (1997) Entropy difference between crystal phases. Nature 388:235–237
63. Woodcock LV (1997) Entropy difference between the face-centered cubic and hexagonal close-packed crystal structures. Nature 385:141–143
64. Blanford CF, Carter CB, Stein A (2004) A Method for determining void arrangements in inverse opals. J Microscopy 216:263–287
65. Sanders JV (1968) Diffraction of light by opals. Acta Crystallogr A 24:427–434
66. Balakirev VG, Bogomolov VN, Zhuravlev VV, Kumzerov YA, Petranovskii VP, Romanov SG, Samoilovich LA (1993) Three-dimensional superlattices in opals. Crystallogr Rep 38:348–353
67. Okubo T (1990) Phase transition between liquid-like and crystal-like structures of deionized colloidal suspensions. J Chem Soc Faraday Trans 86:2871–2876
68. Larsen AE, Grier DG (1997) Like-charge attractions in metastable colloidal crystallites. Nature 385:230–233
69. Baughman RH, Dantas SO, Stafstrom S, Zakhidov AA, Mitchell TB, Dublin DHE (2000) Materials with negative compressibilities in one or more dimensions. Science 288:2018–2022
70. Wu JZ, Bratko D, Blanch HW, Prausnitz JM (2000) Effects of three body forces on the phase behavior of charged colloids. J Chem Phys 113:3360–3365
71. Garcia-Santamaria F, Miyazaki HT, Urquia A, Ibisate M, Belmonte M, Shinya N, Meseguer F, Lopez C (2002) Nanorobotic manipulation of microspheres for on-chip diamond architectures. Adv Mater 14:1144–1147

72. Yan H, Blanford CF, Holland BT, Smyrl WH, Stein A (2000) General synthesis of periodic macroporous solids by templated salt precipitation and chemical conversion. Chem Mater 12:1134–1141
73. Yan H, Blanford CF, Lytle JC, Carter CB, Smyrl WH, Stein A (2001) Influence of processing conditions on structures of 3D ordered macroporous metals prepared by colloidal crystal templating. Chem Mater 13:4314–4321
74. Sakamoto JS, Dunn B (2002) Hierarchical battery electrodes based on inverted opal structures. J Mater Chem 12:2859–2861
75. Yan H, Sokolov S, Lytle JC, Stein A, Zhang F, Smyrl WH (2003) Colloidal-crystal-templated synthesis of ordered macroporous electrode materials for lithium secondary batteries. J Electrochem Soc 150:A1102–A1107
76. Nishikawa K, Dokko K, Kinoshita K, Woo S-W, Kanamura K (2009) Three-dimensionally ordered macroporous Ni–Sn anode for lithium batteries. J Power Sources 189:726–729
77. Wijnhoven JEGJ, Zenvenhuizen SJM, Hendriks MA, Vanmaekelbergh D, Kelly JJ, Vos WL (2000) Electrochemical assembly of ordered macropores in gold. Adv Mater 12:888–890
78. Cassagneau T, Caruso F (2002) Semiconducting polymer inverse opals prepared by electropolymerization. Adv Mater 14:34–38
79. Tian S, Wang J, Jonas U, Knoll W (2005) Inverse opals of polyaniline and its copolymers prepared by electrochemical techniques. Chem Mater 17:5726–5730
80. Jiang P, Cizeron J, Bertone JF, Colvin VL (1999) Preparation of macroporous metal films from colloidal crystals. J Am Chem Soc 121:7957–7958
81. Cong H, Cao W (2004) Macroporous Au materials prepared from colloidal crystals as templates. J Colloid Interface Sci 278:423–427
82. Huang L, Wang Z, Sun J, Miao L, Li Q, Yan Y, Zhao D (2000) Fabrication of ordered porous structures by self-assembly of zeolite nanocrystals. J Am Chem Soc 122:3530–3531
83. Wang YJ, Tang Y, Ni Z, Hua WM, Yang WL, Wang XD, Tao WC, Gao Z (2000) Synthesis of macroporous materials with zeolitic microporous frameworks by self-assembly of colloidal zeolites. Chem Lett 5:510–511
84. Meng Q, Fu CH, Einaga Y, Gu ZZ, Fujishima A, Sato O (2002) Assembly of highly ordered three-dimensional porous structure with nanocrystalline TiO_2 semiconductors. Chem Mater 14:83–88
85. Subramania G, Constant K, Biswas R, Sigalas MM, Ho K-M (2002) Visible frequency thin film photonic crystals from colloidal systems of nanocrystalline titania and polystyrene microspheres. J Am Ceram Soc 85:1383–1386
86. Miclea TP, Romanov SG, Torres CM, Liang Z, Susha A, Caruso F (2004) Towards 3D metal-dielectric photonic crystal. Optical characterization. Mol Cryst Liq Cryst 415:211–219
87. Wang Z, Ergang NS, Al-Daous MA, Stein A (2005) Synthesis and characterization of three-dimensionally ordered macroporous carbon/titania nanoparticle composites. Chem Mater 17:6805–6813
88. Baumann TF, Satcher JH (2004) Template-directed synthesis of periodic macroporous organic and carbon aerogels. J Non-Cryst Solids 350:120–125
89. Li ZJ, Jaroniec M, Lee YJ, Radovic LR (2002) High surface area graphitized carbon with uniform mesopores synthesized by a colloidal imprinting method. Chem Commun 13:1346–1347
90. Perpall MW, Prasanna K, Perera U, DiMaio J, Ballato J, Foulger SH, Smith DW Jr (2003) Novel network polymer for templated carbon photonic crystal structures. Langmuir 19:7153–7156
91. Yoon SB, Chai GS, Kang SK, Yu J-S, Gierszal KP, Jaroniec M (2005) Graphitized pitch-based carbons with ordered nanopores synthesized by using colloidal crystals as templates. J Am Chem Soc 127:4188–4189
92. Blanco A, Chomski E, Grabtchak S, Ibisate M, John S, Leonard SW, Lopez C, Meseguer F, Miguez H, Mondia JP, Ozin GA, Toader O, van Driel HM (2000) Large-scale synthesis of a

silicon photonic crystal with a complete three-dimensional bandgap near 1.5 micrometres. Nature 405:437–440
93. von Freymann G, John S, Schulz-Dobrick M, Vekris E, Tetreault N, Wong S, Kitaev V, Ozin GA (2004) Tungsten inverse opals: the influence of absorption on the photonic band structure in the visible spectral region. Appl Phys Lett 84:224–226
94. Juarez BH, Garcia PD, Golmayo D, Blanco A, Lopez C (2005) ZnO inverse opals by chemical vapor deposition. Adv Mater 17:2761–2765
95. Wu Q, Ross AD, Gleason KK (2005) Nanoporous organosilicate glass films via chemical vapor deposition onto colloidal crystal templates. Plasma Process Polym 2:401–406
96. Vanysek P (1998) Revision of tables of electrochemical series. CRC Press, Boca Raton
97. Dahn JR, Zheng T, Liu Y, Xue JS (1995) Mechanisms for lithium insertion in carbonaceous materials. Science 270:590–593
98. Yu J-S, Yoon SB, Chai GS (2001) Ordered uniform porous carbon by carbonization of sugars. Carbon 39:1421–1446
99. Kang S, Yu J-S, Kruk M, Jaroniec M (2002) Synthesis of an ordered macroporous carbon with 62 nm spherical pores that exhibit unique gas adsorption properties. Chem Commun 2:1670–1671
100. Yu J-S, Kang S, Yoon SB, Chai GS (2002) Fabrication of ordered uniform porous carbon networks and their application to a catalyst supporter. J Am Chem Soc 124:9382–9383
101. Baumann TF, Satcher JH (2003) Homogeneous incorporation of metal nanoparticles into ordered macroporous carbons. Chem Mater 15:3745–3747
102. Take H, Matsumoto T, Hiwatashi S, Nakayama T, Niihara K, Yoshino K (2004) Preparation and electronic properties of nanoporous carbon inverse opal. Jpn J Appl Phys 43:4453–4457
103. Wang Z, Li F, Ergang NS, Stein A (2006) Effects of hierarchical architecture on electronic and mechanical properties of nanocast monolithic porous carbons and carbon-carbon nanocomposites. Chem Mater 18:5543–5553
104. Aliev AE, Lee SB, Baughman RH, Zakhidov AA (2007) Thermal properties of carbon inverse opal photonic crystals. J Lumin 125:11–17
105. Wang Z, Li F, Ergang NS, Stein A (2008) Synthesis of monolithic 3D ordered macroporous carbon/nano-silicon composites by diiodosilane decomposition. Carbon 46:1702–1710
106. Boukamp BA, Lesh GC, Huggins RA (1981) All-solid lithium electrodes with mixed-conductor matrix. J Electrochem Soc 128:725–729
107. Fu LJ, Yang LC, Shi Y, Wang B, Wu YP (2009) Synthesis of carbon coated nanoporous microcomposite and its rate capability for lithium ion battery. Micropor Mesopor Mater 117:515–518
108. Winter M, Besenhard JO (1999) Electrochemical lithiation of tin and tin-based intermetallics and composites. Electrochim Acta 45:31–50
109. Beaulieu LY, Hatchard TD, Bonakdarpour A, Fleischauer MD, Dahn JR (2003) Reaction of Li with alloy thin films studies by in situ AFM. J Electrochem Soc 150:A1457–A1464
110. Scott RWJ, Yang SM, Chabanis G, Coombs N, Williams DE, Ozin GA (2001) Tin dioxide opals and inverted opals: near-ideal microstructures for gas sensors. Adv Mater 13:1468–1472
111. Acciarri M, Barberini R, Canevali C, Mattoni M, Mari CM, Morazzoni F, Nodari L, Polizzi S, Ruffo R, Russo U, Sala M, Scotti R (2005) Ruthenium(platinum)-doped tin dioxide inverted opals for gas sensors: synthesis, electron paramagnetic resonance, mossbauer, and electrical investigation. Chem Mater 17:6167–6171
112. Wang Z, Fierke MA, Stein A (2008) Porous carbon/tin(iv) oxide monoliths as anodes for lithium-ion batteries. J Electrochem Soc 155:A658–A663
113. Kulinowski KM, Jiang P, Vaswani H, Colvin VL (2000) Porous metals from colloidal templates. Adv Mater 12:833–838
114. Velev OD, Kaler EW (2000) Structured porous materials via colloidal crystal templating: from inorganic oxides to metals. Adv Mater 12:531–534

115. Eradat N, Huang JD, Vardeny ZV, Zakhidov AA, Khayrullin I, Udod I, Baughman RH (2001) Optical studies of metal-infiltrated opal photonic crystals. Synth Metal 116:501–504
116. Reynolds AL, Cassagne D, Jouanin C, Arnold JM (2001) Optical properties of bare, sintered and coated opal-based photonic crystals. Synth Metal 116:453–456
117. Esmanski A, Ozin GA (2009) Silicon inverse-opal-based macroporous materials as negative electrodes for lithium ion batteries. Adv Funct Mater 19:1999–2010
118. Sumida T, Wada Y, Kitamura T, Yanagida S (2002) Electrochemical change of the photonic stop band of the ordered macroporous WO3 films. Chem Lett 31:180–181
119. Colbow KM, Dahn JR, Haering RR (1989) Structure and electrochemistry of the spinel oxides $LiTi_2O_4$ and $Li_{4/3}Ti_{5/3}O_4$. J Power Sources 26:397–402
120. Ohzuku T, Ueda A, Yamamoto N (1995) Zero-strain insertion material of $Li[Li_{1/3}Ti_{5/3}]O_4$ for rechargeable lithium cells. J Electrochem Soc 142:1431–1435
121. Peramunage D, Abraham KM (1998) Preparation of micron-sized $Li_4Ti_5O_{12}$ and its electrochemistry in polyacrylonitrile electrolyte-based lithium cells. J Electrochem Soc 145:2609–2615
122. Sarciaux S, Le Gal La Salle A, Guyomard D, Piffard Y (1998) Electrochemical study of the lithium insertion mechanism Into $Li_4Ti_5O_{12}$. Mol Cryst Liq Cryst 311:63–68
123. Robertson AD, Trevino L, Tukamoto H, Irvine JTS (1999) New inorganic spinel oxides for use as negative electrode materials in future lithium-ion batteries. J Power Sources 81–82:352–357
124. Wang GX, Bradhurst DH, Dou SX, Liu HK (1999) Spinel $Li[Li_{1/3}Ti_{5/3}]O_4$ as an anode material for lithium ion batteries. J Power Sources 83:156–161
125. Chen CH, Vaughey JT, Jansen AN, Dees DW, Kahaian AJ, Goacher T, Thackeray MM (2001) Studies of Mg-substituted $Li_{4-x}Mg_xTi_5O_{12}$ spinel electrodes ($0 < x < 1$) for lithium batteries. J Electrochem Soc 148:A102–A104
126. Ronci F, Reale P, Scrosati B, Panero S, Albertini VR, Perfetti P, di Michiel M, Merino JM (2002) High-resolution in-situ measurements of the $Li_{4/3}Ti_{5/3}O_4$ "Zero-Strain" insertion material. J Phys Chem B 106:3082–3086
127. Sorensen EM, Barry SJ, Jung HK, Rondinelli JR, Vaughey JT, Poeppelmeier KR (2006) Three-dimensionally ordered macroporous $Li_4Ti_5O_{12}$: effect of wall structure on electrochemical properties. Chem Mater 18:482–489
128. Woo S-W, Dokko K, Kanamura K (2007) Preparation and characterization of three dimensionally ordered macroporous $Li_4Ti_5O_{12}$ anode for lithium batteries. Electrochim Acta 53:79–82
129. Bing Z, Yuan Y, Wang Y, Fu Z-W (2006) Electrochemical characterization of a three dimensionally ordered macroporous anatase TiO_2 electrode. Electrochem Solid State Lett 9:A101–A104
130. Li ZH, Zhao TP, Zhan XY, Gao DS, Xiao QZ, Lei GT (2010) High capacity three-dimensional ordered macroporous $CoFe_2O_4$ as anode material for lithium ion batteries. Electrochim Acta 55:4594–4598
131. Wang Y, Cao G (2008) Developments in nanostructured cathode materials for high-performance lithium-ion batteries. Adv Mater 20:2251–2269
132. Holland BT, Blanford CF, Do T, Stein A (1999) Synthesis of highly ordered, three-dimensional, macroporous structures of amorphous or crystalline inorganic oxides, phosphates, and hybrid composites. Chem Mater 11:795–805
133. Shao-Horn Y, Croguennec L, Delmas C, Nelson EC, O'Keefe MA (2003) Atomic resolution of lithium ions in $LiCoO_2$. Nature Mater 2:464–467
134. Kallala M, Sanchez C, Cabane B (1993) Structures of inorganic polymers in sol-gel processes based on titanium oxide. Phys Rev E 48:3692–3704
135. Kavan L, Grätzel M (2002) Facile synthesis of nanocrystalline $Li_4Ti_5O_{12}$ (spinel) exhibiting fast Li insertion. Electrochem Sol St Lett 5:A39–A42
136. Du K, Zhang H, Qi L (2004) Improved rate performance of $LiCoO_2$-based multi-phase composite due to Pt additive. Electrochim Acta 50:211–216

137. Tonti D, Torralvo MJ, Enciso E, Sobrados I, Sanz J (2008) Three-dimensionally ordered macroporous lithium manganese oxide for rechargeable lithium batteries. Chem Mater 20:4783–4790
138. Padhi AK, Nanjundaswamy KS, Goodenough JB (1997) Phospho-olivines as positive-electrode materials for rechargeable lithium batteries. J Electrochem Soc 144:1188–1194
139. Meethong N, Kao Y-H, Carter WC, Chiang Y-M (2010) Comparative study of lithium transport kinetics in olivine cathodes for Li-ion batteries. Chem Mater 22:1088–1097
140. Lu J, Tang Z, Zhang Z, Shen W (2005) Preparation of LiFePO4 with inverse opal structure and its satisfactory electrochemical properties. Mater Res Bull 40:2039–2046
141. Cui W-J, Liu H-J, Wang C-X, Xia Y-Y (2008) Highly ordered three-dimensional macroporous $FePO_4$ as cathode materials for lithium–ion batteries. Electrochem Comm 10:1587–1589
142. Lytle JC, Rhodes CP, Long JW, Pettigrew KA, Stroud RM, Rolison DR (2007) The importance of combining disorder with order for Li-ion insertion into cryogenically prepared nanoscopic ruthenia. J Mater Chem 17:1292–1299
143. Peled E (1979) The electrochemical behavior of alkali and alkaline earth metals in nonaqueous battery systems—the solid electrolyte interphase model. J Electrochem Soc 126:2047–2051
144. Paetsch LM, Doyon JD, Faroque M (1993) 3rd symposium on carbonate fuel cell technology. In: Shores D, Maru H, Uchida I, Selman JR (eds) 1st edn. Electrochemical Society, Pennington
145. Sokolov S, Stein A (2003) Preparation and characterization of macroporous γ-$LiAlO_2$. Mater Lett 57:3593–3597
146. Dokko K, Akutagawa N, Isshiki Y, Hoshina K, Kanamura K (2005) Preparation of three dimensionally ordered macroporous $Li_{0.35}La_{0.55}TiO_3$ by colloidal crystal templating process. Solid State Ion 176:2345–2348
147. Kanamura K, Akutagawa N, Dokko K (2005) Three dimensionally ordered composite solid materials for all solid-state rechargeable lithium batteries. J Power Sources 146:86–89
148. Hara M, Nakano H, Dokko K, Okuda S, Kaeriyama A, Kanamura K (2008) Fabrication of all solid-state lithium-ion batteries with three-dimensionally ordered composite electrode consisting of $Li_{0.35}La_{0.55}TiO_3$ and $LiMn_2O_4$. J. Power Source 189:485–489
149. Nakano H, Dokko K, Hara M, Isshiki Y, Kanamura K (2008) Three-dimensionally ordered composite electrode between $LiMn_2O_4$ and $Li_{1.5}Al_{0.5}Ti_{1.5}(PO_4)_3$. Ionics 14:173–177
150. Long JW, Dunn B, Rolison DR, White HS (2004) Three-dimensional battery architectures. Chem Rev 104:4463–4492
151. Nathan M, Golodnitsky D, Yufit V, Strauss E, Ripenbein T, Shechtman I, Menkin S, Peled E (2005) Recent advances in three dimensional thin film microbatteries. Mater Res Soc Symp Proc 835:K10.10.11–K10.10.16
152. Baggetto L, Niessen AH, Roozeboom F, Notten PHL (2008) High energy density all-solid-state batteries: a challenging concept towards 3D integration. Adv Funct Mater 18:1–10
153. Lai W, Erdonmez CK, Marinis TF, Bjune CK, Dudney NJ, Xu F, Wartena R, Chiang Y-M (2010) ultrahigh-energy-density microbatteries enabled by new electrode architecture and micropackaging design. Adv Mater 22:E139–E144
154. Denny NR, Han S, Turgeon RT, Lytle JC, Norris DJ, Stein A (2005) Synthetic approaches toward tungsten photonic crystals for thermal emission. In: Proceedings of SPIE—The International Society for Optical Engineering Boston, MA, USA, 6005: 600505/600501–600505/600513
155. Li F, Wang Z, Ergang NS, Fyfe CA, Stein A (2007) Controlling the shape and alignment of mesopores by confinement in colloidal crystals: designer pathways to silica monoliths with hierarchical porosity. Langmuir 23:3996–4004
156. Ergang NS, Lytle JC, Lee KT, Oh SM, Smyrl WH, Stein A (2006) Photonic crystal structures as a basis for a three-dimensionally interpenetrating electrochemical cell system. Adv Mater 18:1750–1753

157. Ergang NS, Fierke MA, Wang Z, Smyrl WH, Stein A (2007) Fabrication of a fully infiltrated three-dimensional solid-state interpenetrating electrochemical cell. J Electrochem Soc 154:A1135–A1139
158. McCarley RL, Thomas RE, Irene EA, Murray RW (1990) Optical, electrical, and electrochemical characteristics of ultrathin poly(phenylene oxide) films: organic dielectrics less than 10 nm thick. J Electroanal Chem 290:79–92
159. McCarley RL, Irene EA, Murray RW (1991) Permeant molecular sieving with electrochemically prepared 6-nm films of poly(phenylene oxide). J Phys Chem 95:2492–2498
160. Long JW, Rhodes CP, Young AL, Rolison DR (2003) Ultrathin, protective coatings of poly (o-phenylenediamine) as electrochemical proton gates: making mesoporous MnO_2 nanoarchitectures stable in acid electrolytes. Nano Lett 3:1155–1161
161. Rhodes CP, Long JW, Doescher MS, Fontanella JJ, Rolison DR (2004) Nanoscale polymer electrolytes: ultrathin electrodeposited poly(phenylene oxide) with solid-state ionic conductivity. J Phys Chem B 108:13079–13087
162. Rhodes CP, Long JW, Rolison DR (2005) Direct electrodeposition of nanoscale solid polymer electrolytes via electropolymerization of sulfonated phenols. Electrochem Solid State Lett 8:A579

第 3 章　锂离子可充电电池用纳米工程硅负极

Rahul Krishnan、Rahul Mukherjee、Toh – Ming Lu 和 Nikhil Koratkar

摘要：锂离子电池一直寻找在各种领域中的应用，它是下一代无线通信设备和混合动力电动汽车的理想选择。然而，为了满足这些应用，一个重要的需求就是改善电池的功率密度、能量密度和循环寿命，纳米工程硅负极被认为是一种可以满足这些需求的有效途径。与传统的碳基负极相比，这些硅纳米结构提供了非常高的电荷存储容量。此外，与纳米结构负极相关的更短的锂扩散距离使得电池能够进行超快速充/放电速率操作，这点对于诸如汽车中的高功率应用至关重要。本章的目的是向读者介绍纳米结构硅作为锂离子电池技术的负极材料的概念，并综述本领域的最新进展。

3.1　简介

可充电锂离子电池在当今信息丰富的移动社会中无所不在。它们是便携式电子产品中最受欢迎的电池类型之一，具有最佳的质量比能量，几乎没有记忆效应，并且在不使用时放电速率缓慢[1]。在学术界、研究实验室和工业界正在探索的锂离子电池的各种新材料概念中，纳米结构硅显示出作为负极材料的非凡前景。纳米线、纳米棒、纳米环和纳米顺应层形式的纳米结构硅在解决与充电容量、充/放电速率和循环寿命相关的问题方面已显示出重要的改进，从而改善了锂离子电池的性能特性。

在 20 世纪 60 年代初，首次提出锂（Li）基充电电池，并且从那时起电池已经历了几次转换。在 70 年代前后，硫化物基层间化合物[2]和金属锂分别被用作正极和负极材料。然而，在循环充放电过程中锂枝晶的生长带来了严重的安全隐患[3]。在 80 年代末到 90 年代初，研究表明，使用插层材料如热解碳作为负极解决了这个问题[4,5]。后来发展为摇椅或锂离子技术。由于锂目前只以离子状态存在，所以用该技术有效地解决了枝晶问题。然而，使用插层材料作为负极的缺点是这些负极比金属锂具有更高的氧化还原电位。这反过来又降低了电池电位。为了克服这个问题，过渡金属氧化物被用作正极材料，因为它们相对于过渡金属二硫化物具有更高的嵌入电位[6]。在商业上，最常用的负极材料是石墨或碳[7]，第一个商用 C/$LiCoO_2$ 基锂离子电池是索尼公司在 1991 年推出的[8]。关于锂离子电池概念的广泛研究正在进行，意在使这些电池可应用于各种各样的应用中。例如，电动车辆需要高功率电池，移动电话和其他现代通信设备需要从电池中获得高能量密度，并且不间断电源（UPS）和固定蓄电池（SSB）需要锂离子电池具有长的循环寿命[9]。

3.2　硅作为锂离子电池负极

硅（Si）具有约为4200mAh g^{-1}的最高理论充电容量，这是现有石墨负极的10倍以上（其对应于形成 LiC_6的容量约为372Ah g^{-1}）[10]。此外，硅也是地球上第二丰富的元素。因此，硅作为用于锂离子电池中负极的预期替代材料受到了极大的关注。然而，锂离子在Si负极中嵌入与脱出会导致硅的体积发生巨大变化。硅嵌入锂形成 $Li_{22}Si_5$合金[11]，并相应地显示出大约400%的体积变化。与这种体积变化相关的应力导致Si负极的破裂和粉碎，导致电接触的损失和容量的最终衰减。图3.1a显示了厚度为1mm和250nm的非晶硅薄膜负极的比容量[12]。该薄膜在几个循环周期后表现出接近理论容量值，此后容量开始急剧衰减，表明上述提及的损坏的开始。图3.1b、c显示出了应力诱导薄膜分裂成小片，导致这些片堆积形成柱，其最终从下面的电极剥离，由此导致电接触的损失。目前，已经进行了一些尝试来解决这个问题，例如，Ohara等人测试了沉积在Ni衬底上的Si薄膜[13]。循环寿命得到显著改善，因为Ni形成钝化层，其在基底和硅膜之间充当优异的黏合剂，本质上是因为硅氧之间强的亲和力。在2C的充/放电速率下经750次循环后，这些电池显示出令人震惊的高达1700～2200mAh g^{-1}的容量。

使用纳米结构硅负极比块状硅有以下优点。纳米结构硅可以更好地适应来自Li－Si合金产生的应变，使其有更好的应力耐受性和更长的循环寿命。这种优异的抗断裂能力是因为裂纹没有达到它们在块状材料中扩展的临界尺寸[14]。从断裂力学计算获得的裂纹扩展的临界尺寸大多大于纳米材料的尺寸。它们提供增强的电极表面积和更短的Li扩散距离，这使得电池有更快的充/放电速率[10,14]。众所周知，纳米材料更具反应活性并且可减少用于合金形成的势垒[15]。这主要是因为大多数原子比块状材料处在一个更高的能量状态，这是由于更高的表面积与体积比。因此，在室温下纳米硅比块状硅更容易与锂合金化。另一方面，增加电极表面积也增加了固体电解质界面（SEI）的量，进而导致更大的不可逆容量损失。然而，鉴于纳米材料的主要优点，研究工作的重点已经转为开发不同形式的纳米硅负极。在使硅中的体积应变最小化的另一种方法中，将非常薄n型Si（约为50nm厚）的膜真空沉积在镍箔上，并在不同的倍率下测试[16,17]。在2C倍率下经200次循环后，这些薄膜的容量高达约3500mAh g^{-1}。它们还在12C倍

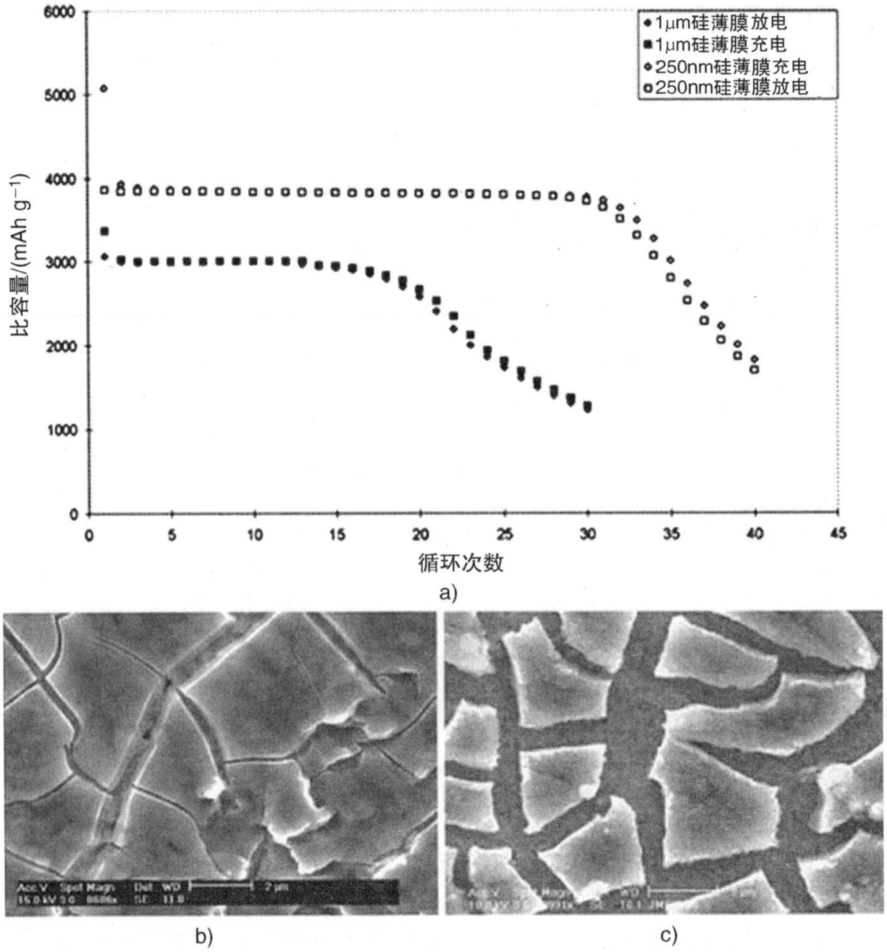

图 3.1　非晶硅薄膜作为电池负极的表征（转载自得到许可的参考文献［12］）

a）比容量与循环次数间的函数关系　b）几个循环后薄膜的应力诱导裂纹

c）在延长循环之后从集电极分层并剥离的薄膜

率下经 1000 次循环测试后取得了高达 3000mAh g^{-1}的容量。在如此高的倍率下，在最初的 50 个周期左右有一个持续抑制容量的现象。这种现象产生的机制还没有得到很好的解释。可能的原因是，在如此高的循环速率下，每个循环中 Li 扩散到 Si 主体中的速度逐渐增加，直到所有的硅被锂化。在这些薄膜中，掺杂硅的使用使电池拥有更高的电导率和高倍率下的优异性能。然而，该方法的主要缺点是活性负极材料的质量低。由于较厚的硅薄膜性能不佳，增加的薄膜质量被限制。这些 Si 负极若要在实际电池中应用，它们的容量必须与商业标准正极的容量相匹配，例如 $LiCoO_2$。Yin 等人显示了厚度大于 4mm 的 Si 薄膜提供了约 2.6mAh cm^{-2}的面积容量，其匹配正极的面积容量（约为 2mAh cm^{-2}）[18]。这些膜通过电子束沉积在具有凹凸表面的 Cu 衬底上生长。结果，厚的 Si 层对 Cu 具有良好的黏附性，提供在长循环寿命内相匹配的容量。在正极容量比负极小得多的情况下，正极需要制得更厚以匹配负极的容量。最终的目标是开发高容量的负极和正极，这样就会使得正负极薄膜变得更薄。

3.3 硅纳米结构

Cui 及其同事的一项研究表明，通过引入硅纳米线可以克服硅基负极的粉化（见图 3.2a、b）。这些负极不仅可以适应大的应变，还提供了良好的电子接触，并且纳米线缩短了锂扩散距离。他们实现了硅负极的理论充电容量，当以 0.05C 的倍率测试时，在长达 10 个循环内放电容量保持接近最大值的 75%，只有轻微的衰减（见图 3.2c）。引入气 - 液 - 固方法以直接在不锈钢衬底上生长一维硅纳米线，其也可用作集流体。纳米线的直径约为 89nm，并且在随后的循环中发现直径增加至约 141nm。这种体积上的增加最有可能与锂和硅的合金化和脱合金化有关。此外，初始结晶硅纳米线也经历了其原子结构的急剧变化，并发现已转变为非晶的 Li_xSi [20]。每根纳米线与相邻纳米线之间都具有足够的空间，因此它们可以在体积上自由地扩展。这被认为是纳米线阵列应力减轻的主要原因。纳米力学也可以潜在地帮助应力减轻，因为纳米晶体材料通常由纳米级晶界动力学控制，与等效的块体材料相比，其可提供增加的韧性和应力失效。最后，如纳米尺度下的相变的本质和黏附效应等其他现象也可能对应力减轻有所贡献，这些需要深入研究。

Cui 和他的同事[21]也设法通过纳入相互连接的硅空心纳米球电极以获得满足大量循环的高容量。中空微球的形貌使扩散诱导的应力大大降低。这便于电极的重复循环而不会发生分层或粉碎。在透射电子显微镜下观察锂化后的空心纳米球，观察到 240% 的体积膨胀。有趣的是，在中空球微中没有观察到任何断裂，表明结构稳定性良好。另一种可能改善这些电极性能的作用是减少 SEI 的形成。Aurbach 等人报道，不可逆容量损失主要发生在复合电极和电解质之间的副反应中[22]。SEI 的形成导致锂的不可逆损失并且促进了电池的容量衰减。然而，中空微球在内部结构上具有不暴露于电解质的自由表面。这将减少副反应，因此降低不可逆容量的衰减。

Chan 等人在后来发表的报告中，对循环 Si 纳米线负极进行了详细的 X 射线光电子能谱（XPS）分析以评估固体电解质界面（SEI）的组成[23]。SEI 的主要组分据报道是 Li_2CO_3。这与非晶薄膜负极形成的主要成分是 LiF 的 SEI 研究[24]形成对比。通过高分辨率 XPS 测量扫描估算出循环 Si 纳米线负极上发现的不同分子种类的百分比，如图 3.3a 所示。Chan 等人在同样的报告中也显示了 SiO_2 的

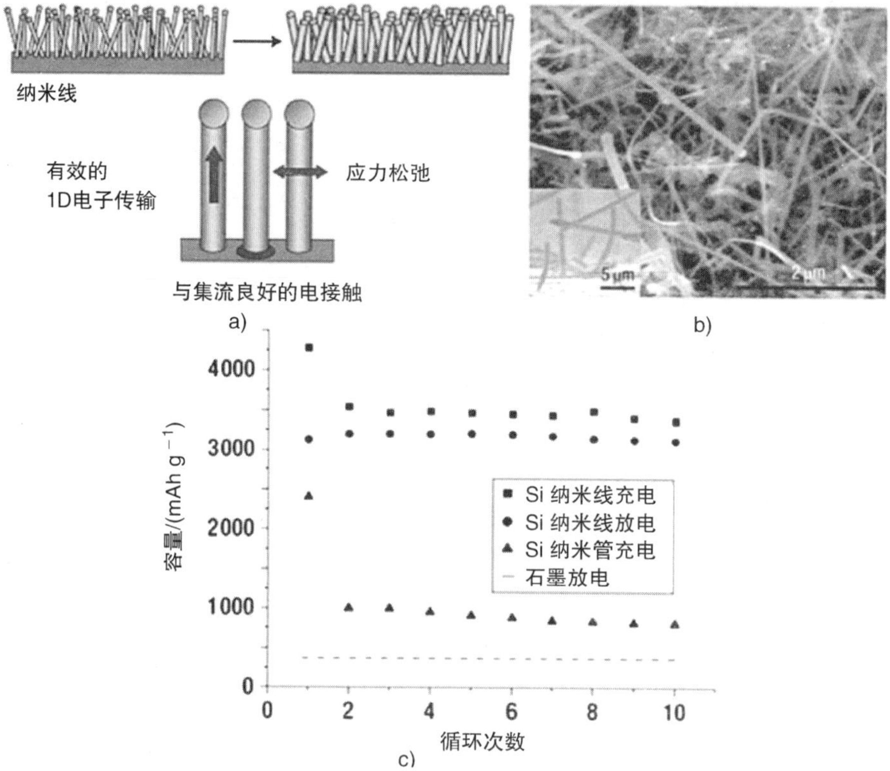

图 3.2 Si 纳米线作为电池负极的测试（转载自得到许可的参考文献［19］）
a）组装在集电流器上的 Si 纳米线电极的概念示意图 b）组成器件负极的 Si 纳米线的扫描电镜图
c）不同电极配置下容量与循环次数的关系。随着循环次数的增加，硅纳米线显示了稳定的容量（约为 3500mAh g^{-1}），没有任何衰减

存在不是初始不可逆容量损失的主要原因。事实上，与未蚀刻的原始 Si 纳米线（见图 3.3b）相比，用 HF 蚀刻以去除表面氧化物的 Si 纳米线在经过多于 35 个循环（在 0.2C 倍率下）后显示出更大的容量衰减。因此，表面氧化物的确有助于形成稳定的 SEI 膜，这对于负极材料的长寿命也是至关重要的。

Cui 和他的同事也研究了用锗（Ge）纳米线来代替硅[25]。锂在锗中的室温扩散速率是硅的 400 倍，这使得其成为非常有吸引力的高功率用负极材料。同一组还开发了晶体 - 非晶核壳硅纳米线基负极[26]。Kumta 及其同事[27]确定，非晶硅在循环过程中比晶体硅能够更好地承受粉化作用。因此，晶体 - 非晶核壳有双重目的，非晶壳是选择性的电化学活性，而晶体硅核提供稳定的机械支撑和有效的导电路径。这些负极在高达 6.8A g^{-1}的充电速率下显示出优异的电化学性能，并显示出高的电荷存储容量（约为 1000mAh g^{-1}），在 100 个循环后仍保留约 90% 的容量。

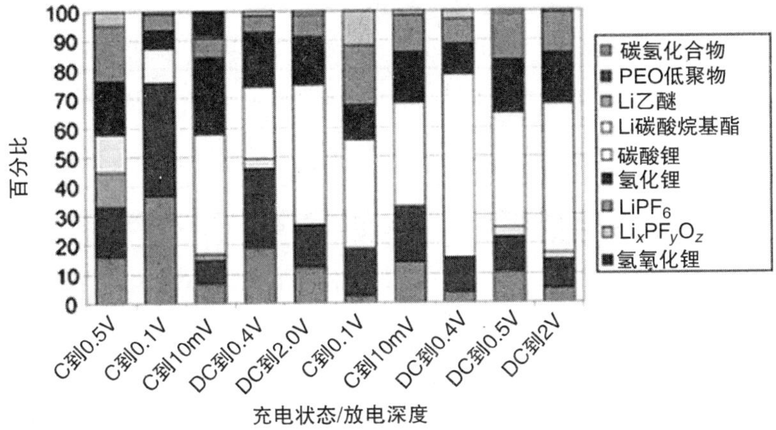

a)

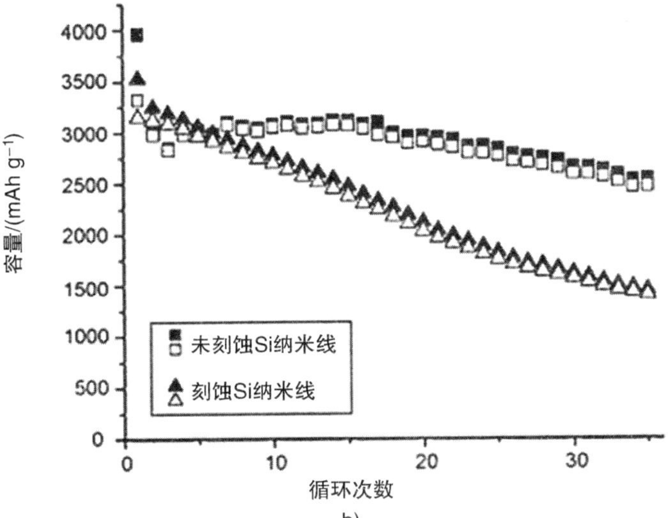

b)

图 3.3　a）通过高分辨率 X 射线光电子能谱（XPS）扫描获得的在不同电位下的硅纳米线表面上的固体电解质界面（SEI）中发现的分子种类的定量分析　b）蚀刻和未蚀刻硅纳米线的循环次数与容量的函数关系，表明表面氧化物不影响不可逆容量（转载自得到许可的参考文献［23］）

Shimizu 等人通过使用 VLS 已经在多孔负极氧化铝（AAO）模板中生长出高密度外延纳米线阵列[28]。AAO 允许纳米线直径和密度在设计中具有的极大灵活性。另一个有趣的工作，Cho 和他的同事利用丁基包覆 Si 凝胶和 SiO_2 纳米颗粒[29]制造了 3D 多孔块状硅粒子（见图 3.4a），其孔径尺寸约为 40nm。应当注意的是，在退火和蚀刻之后，最终产品由碳涂覆的硅颗粒（c－Si）组成。采用一种可确定样品元素组成的技术，即 CHN（碳、氢、氮）分析法，以确定碳涂层的组成百分比。经碳覆盖的整个电极样品中的碳占 12%。这些纳米硅海绵能够适应大的应变，甚至在 1C 的循环速率下循环 100 次后不粉碎，并且可保持大于 2800mAh g^{-1}的充电容量（见图 3.4b）。这些形状和结构独特的颗粒不仅允许 Li^+ 在电解质和电极中更快地传输，而且还能够加快 Li^+ 的嵌入反应，从而使电池有大的比容量。

图 3.4 纳米级壁厚多孔 Si 颗粒的测试（转载自得到许可的参考文献［29］）
a）多孔硅粒子的扫描电子显微镜照片表明孔壁尺寸约为 40nm b）这些纳米多孔 Si 结构在经过 100 多个循环以后仍保持大于 2800mAh g^{-1}的充电容量

3.4 斜角沉积硅纳米棒

有或没有衬底旋转的斜角沉积（OAD）是用于直接在集流衬底上的纳米结构表面图案化的高度优选的一种方法[30-32]。OAD 是一种物理气相沉积工艺，其中通量以相对于衬底法线的高倾斜入射角（通常 > 80°）到达衬底，如图 3.5a 所示。如果基底不旋转，则可获得倾斜的纳米棒。在旋转基底上可以获得如垂直纳米棒和纳米弹簧等各种形态的物质。随着通量到达，孤立的纳米棒通过自阴影效应形成。阴影效应是 OAD 的典型特征，并且当具有较高初始生长的某些区域通过阻挡到那些区域的入射通量的流动而影响它们后面的区域时进行。通过调整沉积速率、入射角和衬底旋转速度，可以在很大程度上控制阴影效应，并且可以使用 OAD 来沉积具有非常大的纵横比的、孔隙率和形状可控的且对称的 3D 纳米结构，而不需要昂贵的光刻和多步工艺。

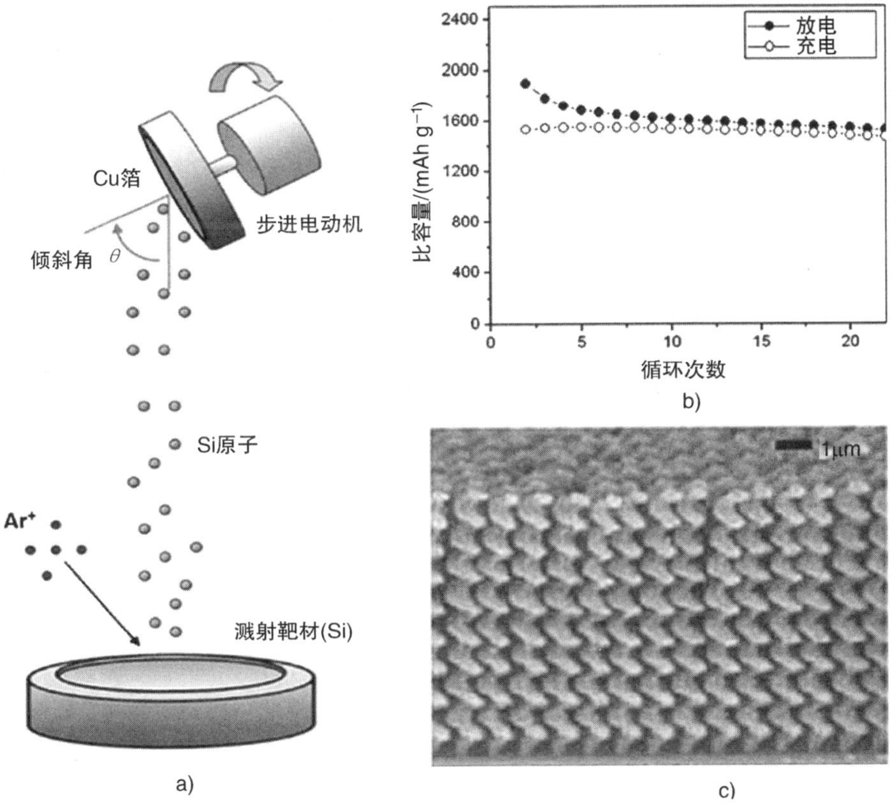

图 3.5　通过斜角沉积生长的硅纳米棒负极（转载自得到许可的参考文献［33］）

a）具有旋转衬底的斜角沉积（OAD）工艺示意图　b）OAD 生长的硅纳米棒测试，纳米棒显示出约为 1600mAh g^{-1} 的稳定容量，其比石墨电极大 4 倍以上。在前几个循环中，电极、电解质与 SEI 形成之间可能存在的润湿性问题使充/放电容量有一个初始损失　c）通过 OAD 生长的非晶硅纳米弹簧阵列的扫描电子显微镜图。纳米弹簧沿轴向方向具有高柔性

基于溶液生长技术的主要缺点可以通过物理气相沉积法（例如溅射和电子束蒸发）有效地克服。这些物理气相沉积工艺干净且可重复，具有高沉积速率，并且可以在具有非常好的黏附性基板上大面积地、有效地生长。此外，这些沉积技术可以对如尺寸和孔隙率等沉积特征有更好的控制。Brett 和他的同事使用 OAD（也称为掠射角沉积或 GLAD）来生长垂直硅纳米柱，以它们作为锂离子电池的负极进行测试[34]。它们获得约为 3000mAh g^{-1} 的容量，并且它们的负极在经 0.1C、0.2C 和 0.5C 倍率下、70 次充/放电循环后表现出骄人的容量保持率（约为 83%）。作者的团队用 OAD 工艺在 Cu 箔上沉积的 Si 纳米棒进行的实验也

显示出了高度稳定的容量，比石墨负极好 4 倍以上[33]（见图 3.5b）。初始不可逆容量损失是由具有高电子电阻率的固体电解质界面（SEI）的形成引起的。继续循环，这些纳米棒显示出约为 1600mAh g^{-1}的稳定容量。作者的团队[35]已经证明硅纳米弹簧具有高柔性，因此预测它可增强应力应变能力。这种硅纳米弹簧结构（见图 3.5c）很容易通过 OAD 技术生长，不能使用传统的 VLS 方法生长。

3.5 纳米级柔性支撑材料

纳米薄膜非晶硅电极在经大量循环后显示出良好的稳定性。然而，这些电极对于切实可行的电池来说仍有材料不足的问题。另一方面，块状硅和微米尺寸的硅颗粒由于粉化作用和电接触损失而显示出明显的容量衰减和较差的循环寿命。因此，迫切需要开发可改善耐应力性的更厚的硅薄膜，使得负极可以表现出稳定的容量而不衰减。

可以通过使用纳米结构兼容层（NCL）的方法形成抗应力 Si 薄膜[36,37]。NCL 由通过斜角沉积生长的倾斜纳米棒组成，处于膜和基底之间（见图 3.6a）。该技术全部是原位制备，不需要任何光刻步骤，并且纳米结构层可以由与沉积膜相同的材料制成（见图 3.6b 中的 Si）。作者的团队使用这种方法[36]研究溅射沉积钨膜中的应力（见图 3.6c）。测试表明，通过结合 NCL，应力值可以减少几乎一个数量级。NCL 中的应力减轻主要通过以下方式获得：通过延迟应力积累的开始，增韧界面以促进在脱层屈曲前在膜中存储更高水平的应变能[37]。因此，NCL 缓解了连续膜中的应力，有效地提高了黏附性，并导致了更大的脱层屈曲的临界厚度和更高质量的膜。由于这些属性，NCL 可以允许沉积较厚的硅膜，以实现负极的质量提升。这种较厚的硅膜可增加结构的稳定性且提供更多的材料用于锂的嵌入/脱出。该方法可以进一步重复以形成具有非常大的厚度的多层（或堆叠）膜[36,37]。

NCL 还通过提高硅薄膜衬底的黏附性来改善负极特性。Kumta 及其同事的研究表明，即使非晶硅膜在有限数量的循环中表现出接近理论容量，但它们最终也会分层[11]。这种现象背后的一个原因，可能是非晶 Cu－Si 相的形成导致 Cu－Si 之间界面黏接强度的弱化。由他们提出，具有非常低的模量的 Si 膜和 Cu 衬底之间的界面层可减轻硅层中体积变化引起的应力并改善黏附性。界面层还应充当有效的扩散阻挡层，以消除 Cu－Si 相形成的可能性。这里提出的 NCL 不仅提供了可减轻应力的高兼容性支撑结构，而且通过由诸如铬的材料构筑 NCL，可以显著地改善 Si 和 Cu 之间的黏附力，同时铬也将作为有效的扩散阻挡层防止 Si 的扩散。

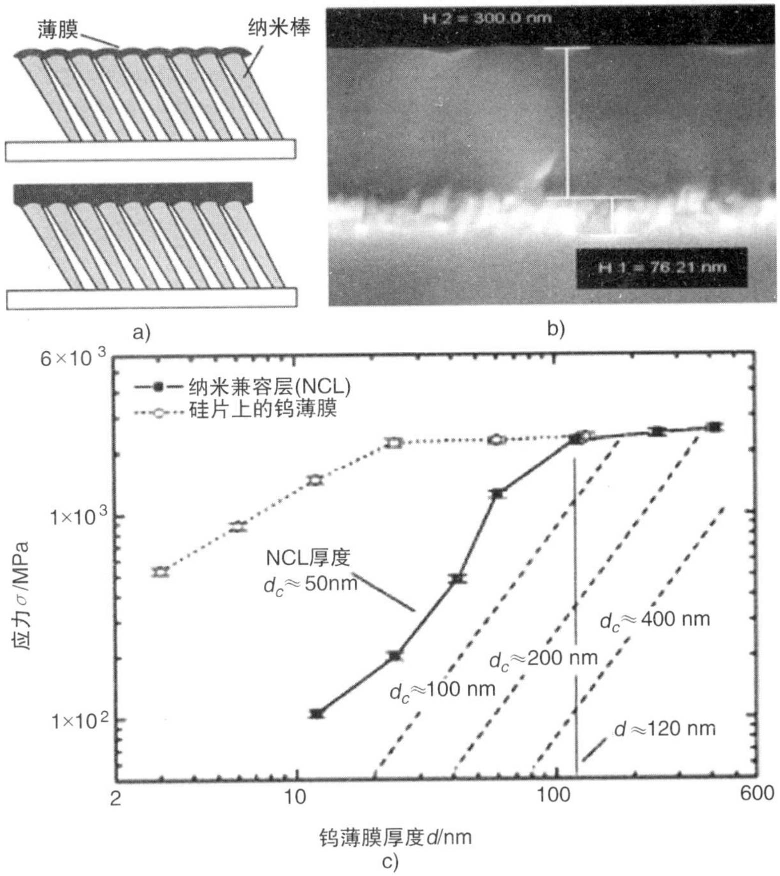

图3.6 硅薄膜负极纳米兼容结构（转载自得到许可的参考文献［36］）

a）纳米兼容层（NCL）的示意图，通过倾斜纳米棒支撑的薄膜 b）通过斜角沉积（OAD）技术与衬底的旋转制备倾斜Si纳米棒NCL，并在上面制备Si膜 c）通过NCL引起的薄膜应力减少。数据显示应力减少取决于薄膜厚度，该数据是沉积在钨NCL上的钨薄膜

3.6 纳米结构的硅－碳复合材料

用于克服Si负极缺点的一些其他方法包括将Si分散在活性/非活性基质中，将Si与不同黏合剂混合，以及形成Si－C复合材料[38]。纳米复合材料通过在纳米晶体硅粉末上涂覆有用作界面黏合层的一层薄薄的无定形碳形成，将其嵌入机械上较软但易延展的碳基质中，在0.02～1.2V的电化学势窗口相对无活性，成功维持了700mAh g^{-1}的可逆容量[39,40]。这些容量是在0.25C的倍率下获得的。当以～0.3mA mg^{-1}的恒定电流进行充电和放电时，碳包覆的硅颗粒也显示出达到高达1000mAh g^{-1}的容量[41]。碳涂层增强了结构稳定性并且还通过保持硅颗

粒之间的电接触而防止局部容量衰减。已知碳在最初几个周期内可立即形成非常稳定的固体电解质界面（SEI）。这与硅中 SEI 从体积膨胀处破裂，在暴露出的新的硅表面上形成新的 SEI 不同。因此，在硅中，SEI 的形成可能在几个周期就会发生一次，导致大量的容量损失[42]。而通过使用碳涂覆的硅，可以从电解质中分离硅，以产生具有最小容量损失的稳定电极。类似地，Ng 等人用硅涂覆碳的球形纳米复合负极结构在 100mA g^{-1}的循环速率下获得了 1450mAh g^{-1}的可逆容量[43]。在 250μA cm^{-2}的恒定电流密度下，碳纳米管的引入使可逆容量高达 1000mAh g^{-1}[44]。然而，一些研究报道指出[45]，复合材料中纳米尺寸的 Si 颗粒在经 Li^+嵌入/脱出后倾向于聚集，并且这种聚集会导致锂的嵌入/脱出动力学变差。Kwon 等人报道了用无定形碳涂覆硅量子点的合成方法[46]。这些结构实现了 1257mAh g^{-1}的第一次电容量，具有 71% 的库仑效率。Si 量子点与碳涂层的均匀分布防止硅在循环过程中团聚。在另一篇文章中，Kim 和 Cho 报道了使用 SBA-15 模板合成 Si-C 核壳纳米线的方法（见图 3.7a）[47]。这些直径约为 6.5nm 的纳米线，在第一次充电中容量达到 3163mAh g^{-1}，在 0.2C 的倍率下经 80 次循环后具有 87% 的容量保持率（见图 3.7b）。这种性能似乎优于碳-硅核壳纳米线[48]。这加强了对 Si-C 复合材料中碳-电解质界面的需求。其他复合材料的负极研究工作包括聚集在聚合物黏合剂基质中的硅纳米颗粒[49]、硅/石墨复合纳米线[50]、硅-石墨烯复合材料[51,52]、硅-碳纳米管异质结[53]和硅纳米线-多壁碳纳米管混合物[54]。这些复合结构在低倍率下几十个循环周期后都显示出稳定的容量。由于一定质量低容量碳的存在，硅基复合材料的容量相对于纯硅而降低。这种程度容量的降低是容量损失最小化的折衷。最近，由包覆有硅纳米颗粒的树枝状碳结构组成的分级的自下而上的自组装技术已经引起了研究者的注意[55]。这些结构在 1C 的倍率下经 100 次循环后产生的容量约为 1600mAh g^{-1}。碳的枝晶结构可像导电骨架一样提供高效的电子传导。它还提供了硅纳米颗粒在体积膨胀时所需的合适的孔隙率。

研究进一步表明，将硅纳米颗粒锚固到碳纳米纤维中[56]，可以实现显著的改进。锚固硅纳米颗粒时的碳化过程可通过厚的无定形氧化硅层诱导硅和碳之间的强相互作用。这些负极在 50mA g^{-1}的电流密度下可提供 750mAh g^{-1}的比容量，并且在 50 个循环后表现出良好的容量保持率。纤维状碳基质的类似聚合物的弹性进一步被认为通过与锂的合金化和脱合金相关的体积膨胀来减轻诱导应力。

尽管在复合负极领域中取得了上述进展，但是碳和硅之间的弱结构界面的关键问题永远不能完全消除。硅和碳都显示出与锂离子的嵌入和脱嵌相关的截然不同的体积变化。由于硅和碳中的诱导应变的严重不匹配使得复合材料快速分层，尤其在较高的充/放电速率下。

为了解决在高电流密度下复合电极的快速粉碎问题，作者的团队证明了应变

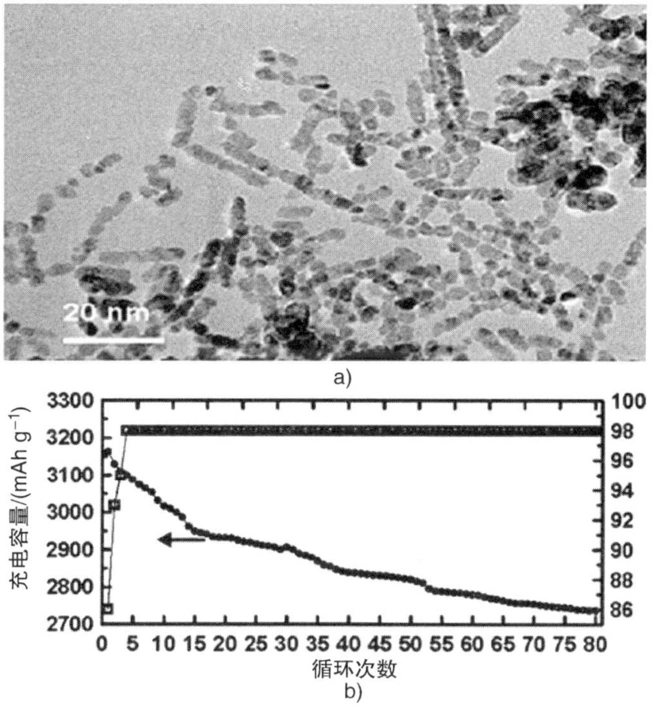

图 3.7　a）硅 - 碳核壳纳米线的透射电子显微镜（TEM）照片　b）复合纳米线在 0.2C（600mA g^{-1}）倍率下的容量变化（转载自得到许可的参考文献［47］）

分级纳米环负极[57]在异常高的充/放电速率下可改善循环稳定性。在应变分级结构中提出的负极包括直接沉积在不锈钢衬底上的无定形碳纳米棒，其中铝和硅纳米环以该顺序沉积在碳纳米棒的顶部。图 3.8a 显示了负极在体积膨胀之前和之后的结构示意图和实际的 SEM 照片。在针对锂金属所提出的应变分级的碳 - 铝 - 硅负极锂离子纽扣电池上进行了典型的循环伏安曲线（CV），如图 3.8b 所示。循环伏安法是研究电极性能的有效工具。CV 中，在脱锂循环中约在 0.65V 处观察到宽峰，而在锂化循环中，在低于 0.2V 处观察到峰。CV 以 10mV s^{-1}的扫速进行。这种 CV 测试也用于确保电池正确组装并且不表现出电阻特性。应变分级的碳 - 铝 - 硅的概念和结果在下一节中会做详细讨论。

使用硅作为锂离子电池负极材料的主要限制之一源于硅的半导体性质。这使得碳基导电添加剂的使用成为一个有吸引力的研究领域，因为碳可以通过增强总体电荷传输机制来改善电池的性能。Wang 等人[58]证明了石墨烯纳米片可显著提高多孔单晶硅纳米线的锂存储容量。石墨烯充当导电添加剂，并且纳米片覆盖纳米线的大片区域，从而提供更大面积的电荷转移。具有石墨烯导电添加剂的硅纳米线显示出 2347mAh g^{-1}的初始充电容量，在 20 次循环后具有 87% 的容量保持率。

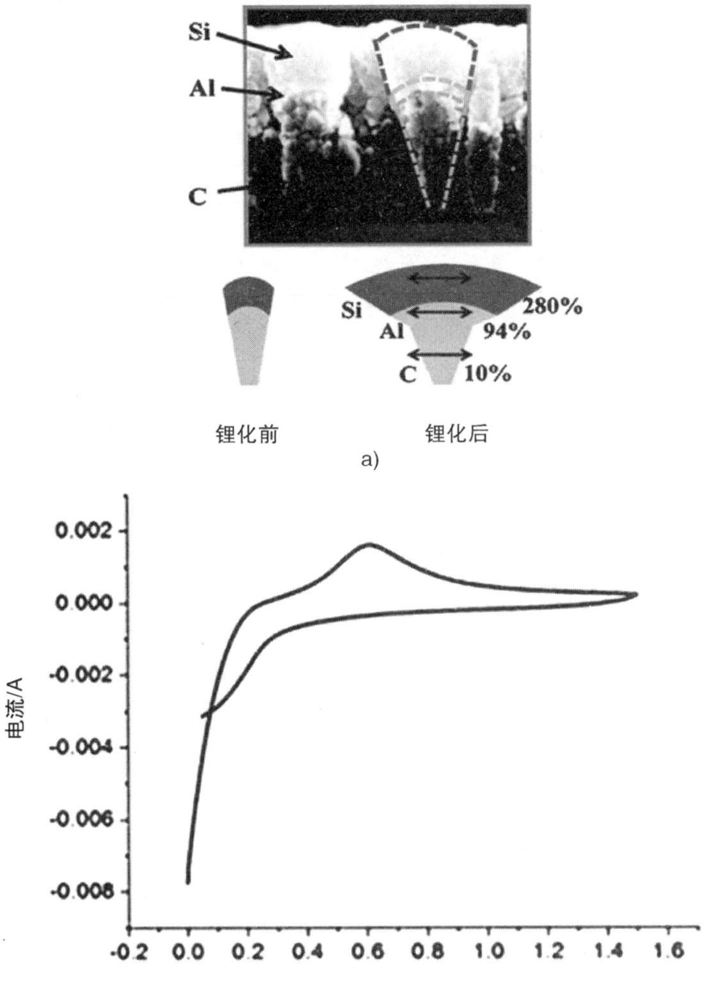

图 3.8 a）C－Al－Si 应变分级纳米蜂窝结构在体积膨胀之前和之后的示意图以及纳米结构的实际 SEM 照片 b）具有 C－Al－Si 纳米蜂窝结构负极的锂离子电池的循环伏安曲线；CV 在 0.05～1.5V 以 10mV/s 的扫描速率进行（转载自得到许可的参考文献［57］。版权所有（2010 美国化学学会）

3.7 高功率锂离子电池用硅负极

近期，由于对减少化石燃料消耗的需求，混合动力汽车和电动汽车的领域已得到快速发展。如能量存储域的 Ragone 图所示（见图 3.9a），超级电容器可提供高功率密度，但缺乏足够的能量密度[59]。另一方面，锂离子电池具有高能量密度，且与其他任何驱动车辆的电池系统相比可提供最长的可行驶里程（见图 3.9b)。用于电动汽车的高功率电池在设计上通常应能承受大的电流需求，同时提供高能量密度。这可以通过使用具有高耐应力性的纳米硅基负极材料来实现，其不仅能提供高容量，而且还能提供具有长循环寿命的高脉冲电流。

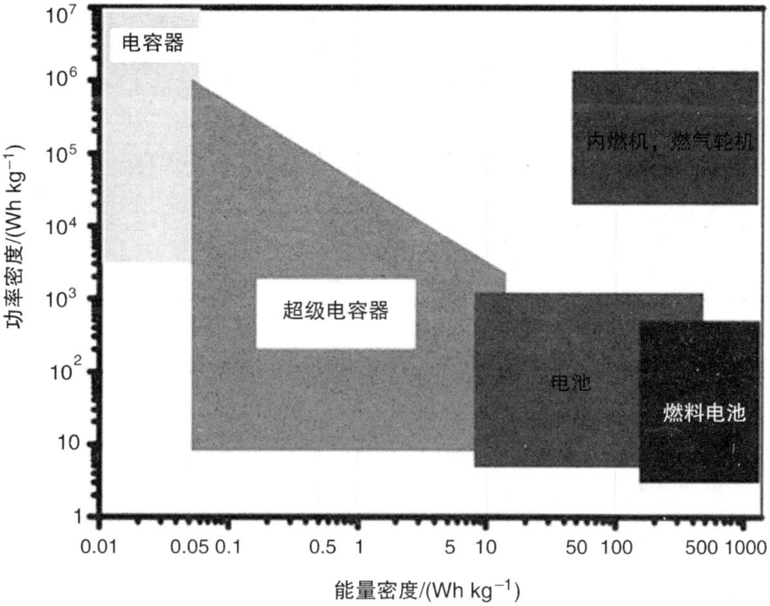

a)

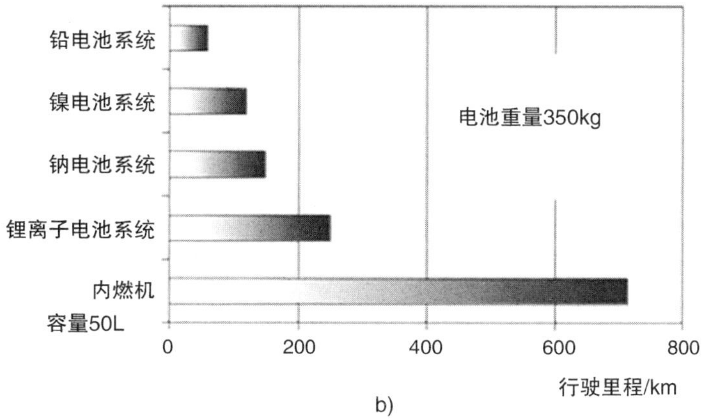

b)

图 3.9　a）关于功率密度和能量密度的各种电化学能量系统的相对能量存储域　b）各种电池系统驱动车辆与汽油动力车辆的行驶里程（转载自得到许可的参考文献［55］）

大功率正极材料[60,61]推动了具有高速率硅负极的开发，以试图制造有同样性能的负极材料。Cho、Cui 和他们的同事报道了通过在多孔氧化铝膜模板上使用化学沉积法制备了碳涂覆的硅纳米管（见图 3.10a、b）[62]。在高达 5C（15A g^{-1}）的倍率下测试这些纳米管，其产生了超过 3000mAh g^{-1}的初始容量（见图 3.10c）。当在 1C 的倍率下测试时，它们在 200 个循环后的容量保持率约为 89%（见图 3.10d）。碳涂层在长的循环寿命内可形成稳定的 SEI。

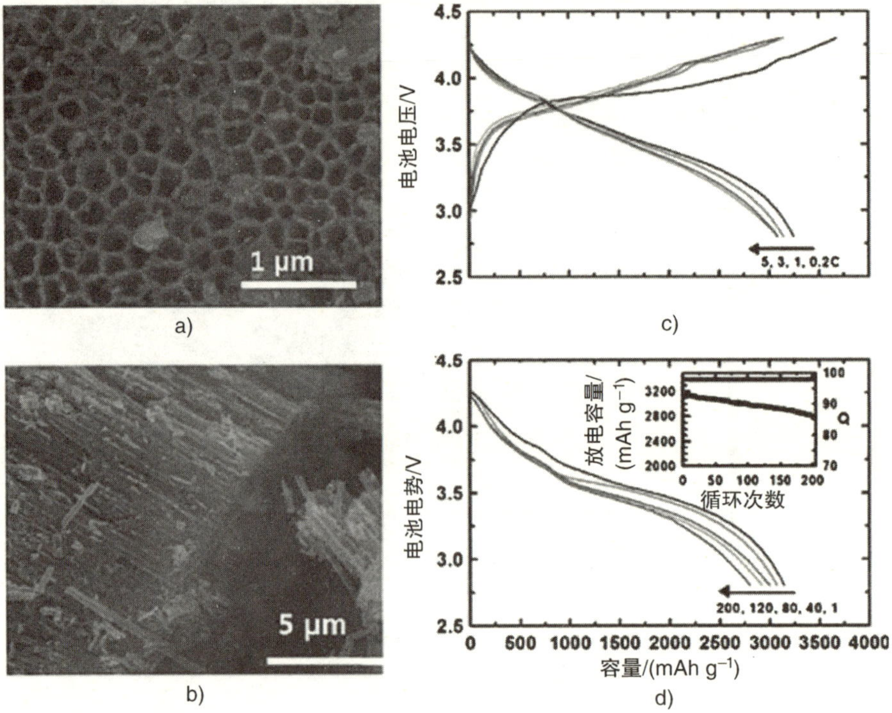

图 3.10　硅纳米管的 FE－SEM 照片。针对 $LiCoO_2$ 组装的完整电池示出了硅纳米管电极数据（转载自得到许可的参考文献［62］）

a）俯视图　b）侧视图　c）在 5C 内不同倍率下的电池电压与容量的函数关系

d）不同循环次数下的电池电势与容量的函数关系，插图是在 1C 下硅纳米管的容量性能

在另一种方法中，Zhou 等人合成了作为导电网络的 $TiSi_2$ 纳米网[63]。这些纳米管用 Si 纳米颗粒涂覆（见图 3.11a、b）。导电骨架网络提供了高效的电子传导。这些结构在 8.4A g^{-1}的电流密度下循环，在 100 个循环范围内，产生约 1000mAh g^{-1}的容量（见图 3.11c）。然而，在 60mV 的电位下，$TiSi_2$ 骨架显示与 Li 合金化。这可能导致骨架的破坏和容量损失的增加。为了避免这种情况，有必要修改充/放电电压窗口以排除 $TiSi_2$ 的反应电位。介孔 TiO_2 也已经在 10C 和 20C 的倍率下作为 Li 电池负极进行了测试。然而，获得的容量相对较低（在相应的 C 倍率下约为 140mAh g^{-1}和 100mAh g^{-1}[64]）。

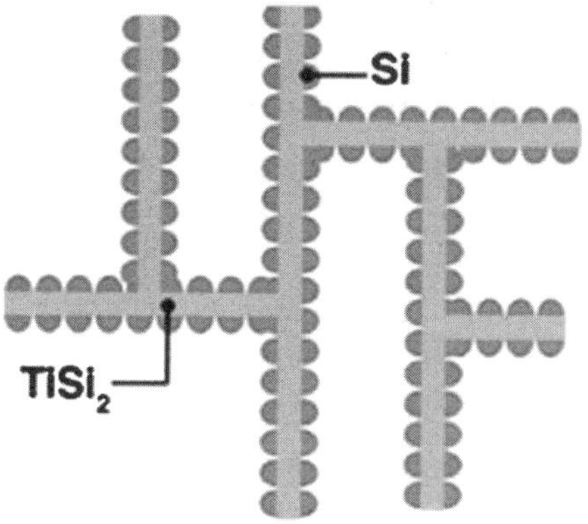

a)

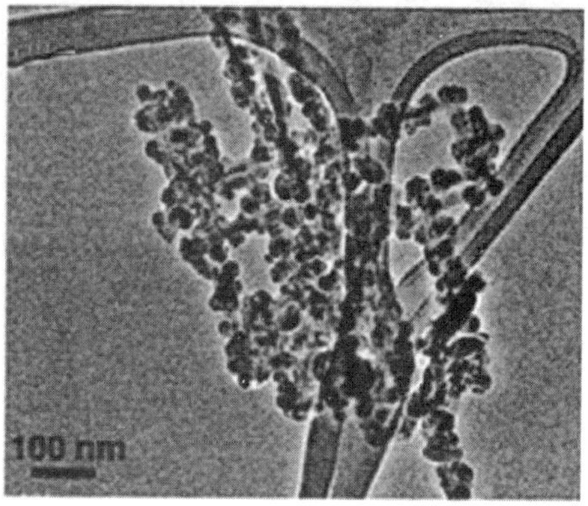

b)

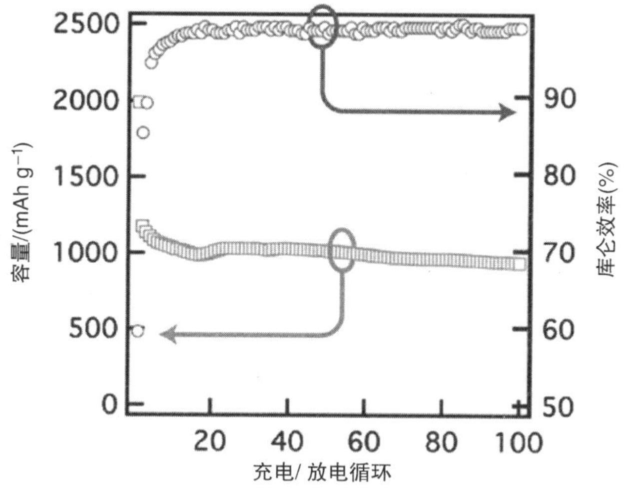

c)

图 3.11　a）硅纳米颗粒涂覆在 $TiSi_2$ 纳米网周围的示意图　b）$Si/TiSi_2$ 异质结的 TEM 照片　c）电流密度为 $8400mA\ g^{-1}$时的容量性能（转载自得到许可的参考文献［63］）

作者的团队发现碳－铝－硅功能应变分级结构[57]在超高 C 倍率测试条件下容量有显著提升。复合纳米结构负极通过提供应变层次来增韧界面，并且可以促进在高达 100C 的倍率下的体积快速变化，且没有分层或粉碎。之所以选择体积膨胀约为 94% 的铝，因为它可以提供介于碳（约为 10%）和硅（约为 280%）之间的应变。使用斜角沉积技术的直流磁控溅射沉积复合负极。在 40C、60C 和 100C 的超高倍率下进行了测试，以评估多层 C－Al－Si 纳米结构的结构稳定性（见图 3.12a）。在 40C 的倍率下，经过 100 次循环后实现了 $412mAh\ g^{-1}$的平均容量，每个循环中容量衰减仅约为 0.2%。在 60C 的倍率下，经过 100 次循环后的平均容量记为 $330mAh\ g^{-1}$，容量保持率约为 90%。为了进一步研究硅在应变分级结构中的作用，在 40C 下测试相同尺寸（长度和直径）的碳纳米棒（见图 3.12b）。碳纳米棒的平均容量仅为 140mAh g^{-1}，几乎比以相同倍率测试的 C－Al－Si 多层结构的平均容量小 2/3（从碳纳米棒获得的容量小于其 372mAh g^{-1} 的理论值，因为碳纳米棒在高倍率下发生部分锂化）。这证实了甚至在高达 40C（即约为 51A g^{-1}的电流密度）的充/放电倍率下硅的部分锂化及其对增加比容量的贡献。C－Al－Si 纳米环也在高达 100C（对应于约为 128A g^{-1}的电流密度）的倍率下进行了测试。在这种加速电流密度下，用 C－Al－Si 结构获得了约为 250kW kg^{-1}的特殊功率密度（见图 3.12c），然而其能量密度急剧下降，表明在这样的超高倍率下 Li^+ 无法扩散，甚至无法部分扩散到硅纳米环中。

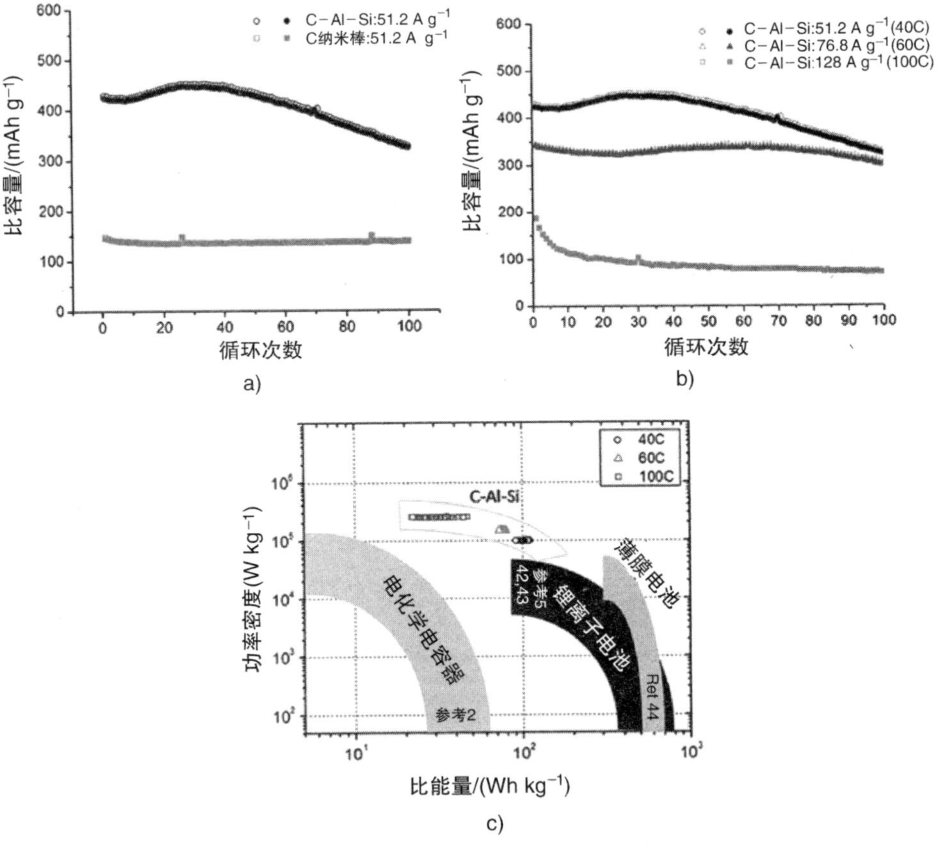

图 3.12　a）在 40C、60C 和 100C 倍率下，碳－铝－硅功能应变分级多层结构的容量与 100 个循环内的循环次数的函数关系　b）当与具有相同长度和直径的碳纳米棒相比时，C－Al－Si 多层结构的循环次数与容量的函数关系。这两种负极都在 51.2A g^{-1}的电流密度下测试　c）Ragone 图上显示了 C－Al－Si 电极性能，并与电化学电容器[65,66]、锂离子电池[67,68]和薄膜电池[69]的性能进行了比较。重量密度计算仅基于有效电极的质量（转载自得到许可的参考文献［57］。版权所有© 2010 美国化学学会）

3.8 小结和展望

硅具有 4200mAh g^{-1}的理论容量，其比石墨负极的理论容量高 10 倍以上。然而，与锂的嵌入和脱嵌相关的体积变化产生的广泛应力阻碍了硅负极商业化的实现。研究表明，这个问题的一个可能的解决方案是通过使用纳米结构的 Si 电极结构增强电极的应力弹性。这些纳米结构可以显著改善结构稳定性，提供良好的基底黏附性，并可以缩短锂的扩散距离。纳米兼容结构上较厚的硅膜也可以是一种替代方案，以便形成增韧的界面并防止负极的快速分层。碳 - 硅复合材料也显示出了巨大的前景。碳可以提供稳定的固体电解质界面并且还可以适应由硅体积膨胀而产生的应力，而硅是由于吸收更多的锂而增加了容量。因此，硅基复合材料在下一代锂离子电池负极材料的应用中显示出巨大的希望。预计到 2015 年，混合动力汽车的需求将增加至少 15%[70]，在开发高功率和高容量锂离子电池中有越来越多的研究。已经研究出来了几种能够高速率充/放电的硅基纳米结构。为了开发可以实际应用的锂离子电池，对关键科学问题的深入研究是必要的。详细了解在锂化期间纳米结构中应力积累的机制及其在可逆过程中的弛豫对于预测如何避免在纳米结构中，特别是在超高放电倍率下的断裂是至关重要的。这需要开发高保真多尺度模型来预测纳米工程电极结构中的应力累积和损伤累积。此外，需要进行提高在较高充/放电速率下的容量的尝试，以使这些电池可用于高功率应用。最后，研究人员需要研究如何延长电极的循环寿命，因为如果锂离子电池进入商业市场，电池的寿命将是主要需求。

致谢

感谢来自美国国家科学基金会的纳米生物力学项目的基金支持（项目编号：CMMI0969895）。

参 考 文 献

1. Tarascon J-M, Armand M (2001) Issues and challenges facing rechargeable lithium batteries. Nature 414:359–367
2. Whittingham MS (1976) Electrical energy storage and intercalation chemistry. Science 192:1126–1127
3. Broussely M, Biensan P, Simon B (1999) Lithium insertion into host materials: the key to success for Li ion batteries. Electrochim Acta 45:3–22
4. Murphy DW, DiSalvo FJ, Carides JN, Waszczak JV (1978) Topochemical reactions of rutile related structures with lithium. Mater Res Bull 13:1395–1402
5. Lazzari M, Scrosati B (1980) A cyclable lithium organic electrolyte cell based on two intercalation electrodes. J Electrochem Soc 127:773–774
6. Mizushima K, Jones PC, Wiseman PJ, Goodenough JB (1980) Li_xCoO_2 $(0 < x < -1)$: a new cathode material for batteries of high energy density. Mater Res Bull 15:783–789
7. Endo M, Kim C, Nishimura K, Fujino T, Miyashita K (2000) Recent development of carbon materials for Li ion batteries. Carbon 38:183–197
8. Nagaura T, Towaza K (1990) Prog Batt Solar Cells 9:209

9. Guo Y-G, Hu J-S, Wan L-J (2008) Nanostructured materials for electrochemical energy conversion and storage devices. Adv Mater 20:2878–2887
10. Patil A, Patil V, Shin D, Choi J, Paik D, Yoon S-J (2008) Issue and challenges facing rechargeable thin film lithium batteries. Mater Res Bull 43:1913–1942
11. Wang W, Datta MK, Kumta PN (2007) Silicon-based composite anodes for Li-ion rechargeable batteries. J Mater Chem 17:3229–3237
12. Maranchi JP, Hepps AF, Evans AG, Nuhfer NT, Kumta PN (2006) Interfacial properties of the a-Si/Cu:active–inactive thin-film anode system for lithium-ion batteries. J Electrochem Soc 153:A1246–A1253
13. Ohara S, Suzuki J, Sekine K, Takamura T (2003) Li insertion/extraction reaction at a Si film evaporated on a Ni foil. J Power Sources 119:591–596
14. Graetz J, Ahn CC, Yazami R, Fultz B (2003) Highly reversible lithium storage in nanostructured silicon. Electrochem Solid State Lett 6:A194–A197
15. Gao B, Sinha S, Fleming L, Zhou O (2001) Alloy formation in nanostructured silicon. Adv Mater 13:816–819
16. Ohara S, Suzuki J, Sekine K, Takamura T (2004) A thin film silicon anode for Li-ion batteries having a very large specific capacity and long cycle life. J Power Sources 136:303–306
17. Takamura T, Ohara S, Uehara M, Suzuki J, Sekine K (2004) A vacuum deposited Si film having a Li extraction capacity over 2000 mAh/g with a long cycle life. J Power Sources 129:96–100
18. Yin J, Wada M, Yamamoto K, Kitano Y, Tanase S, Sakai T (2006) Micrometer-scale amorphous Si Thin-film electrodes fabricated by electron-beam deposition for Li-ion batteries. J Electrochem Soc 153:A472–A477
19. Chan CK, Peng H, Lin G, McIlwrath K, Zhang XF, Huggins RA, Cui Y (2008) High-performance lithium battery anodes using silicon nanowires. Nat Nanotechnol 3:31–35
20. Chan CK, Ruffo R, Hong SS, Huggins RA, Cui Y (2009) Structural and electrochemical study of the reaction of lithium with silicon nanowires. J Power Sources 189:34–39
21. Yao Y, McDowell MT, Ryu I, Wu H, Liu N, Hu L, Nix WD, Cui Y (2011) Interconnected silicon hollow nanospheres for lithium-ion battery anodes with long cycle life. Nano Lett 11(7):2949–2954
22. Aurbach D, Nimberger A, Markovsky B, Levi E, Sominski E, Gedanken A (2002) Nanoparticles of SnO produced by sonochemistry as anode materials for rechargeable lithium batteries. Chem Mater 14(10):4155–4163
23. Chan CK, Ruffo R, Hong SS, Cui Y (2009) Surface chemistry and morphology of the solid electrolyte interphase on silicon nanowire lithium-ion battery anodes. J Power Sources 189:1132–1140
24. Lee YM, Lee JY, Shim H-T, Lee JK, Park J-K (2007) SEI layer formation on amorphous Si thin electrode during precycling. J Electrochem Soc 154:A515–A519
25. Chan CK, Zhang XF, Cui Y (2008) High capacity Li ion battery anodes using Ge nanowires. Nano Lett 8:307–309
26. Cui L-F, Ruffo R, Chan CK, Peng H, Cui Y (2009) Crystalline-amorphous core – shell silicon nanowires for high capacity and high current battery electrodes. Nano Lett 9:491–495
27. Nanda J, Datta M, Remillard JT, O'Neill A, Kumta PN (2009) In situ Raman microscopy during discharge of a high capacity silicon–carbon composite Li-ion battery negative electrode. Electrochem Commun 11:235–237
28. Shimizu T, Xie T, Nishikawa J, Shingubara S, Senz S, Gosele U (2007) Synthesis of vertical high-density epitaxial Si(100) nanowire arrays on a Si(100) substrate using an anodic aluminum oxide template. Adv Mater 19:917–920
29. Kim H, Han B, Choo J, Cho J (2008) Three-dimensional porous silicon particles for use in high-performance lithium secondary batteries. Angew Chem 47:10151–10154
30. Zhao Y-P, Ye D-X, Wang G-C, Lu T-M (2002) Novel nano-column and nano-flower arrays by glancing angle deposition. Nano Lett 2:351–354
31. Kim S-Y, Karabacak T, Lu T-M, Koratkar N (2006) Water electrolysis activated by Ru nanorod array electrodes. Appl Phys Lett 88:263106-1–263106-3
32. Teki R, Karabacak T, Lu T-M, Koratkar N (2006) Enhanced photoemission from

nanostructured surface topologies. Appl Phys Lett 89:193116-1–193116-3
33. Teki R, Datta MK, Krishnan R, Parker TC, Lu T-M, Kumta PN, Koratkar N (2009) Nanostructured silicon anodes for lithium ion rechargeable batteries. Small 5:2236–2242
34. Fleischauer MD, Li J, Brett MJ (2009) Columnar thin films for three-dimensional microbatteries. J Electrochem Soc 156:A33–A36
35. Liu DL, Ye DX, Khan F, Tang F, Lim BK, Picu RC, Wang G-C, Lu T-M (2003) Mechanics of patterned helical Si springs on Si substrate. J Nanosci Nanotechnol 3:492–495
36. Karabacak T, Senkevich JJ, Wang G-C, Lu T-M (2005) Stress reduction in sputter deposited films using nanostructured compliant layers by high working-gas pressures. J Vac Sci Technol A 23:986–990
37. Karabacak T, Picu RC, Senkevich JJ, Wang G-C, Lu T-M (2004) Stress reduction in tungsten films using nanostructured compliant layers. J Appl Phys 96:5740–5746
38. Kasavajjula U, Wang C, Appleby AJ (2007) Nano- and bulk-silicon-based insertion anodes for lithium-ion secondary cells. J Power Sources 163:1003–1039
39. Datta M, Kumta PN (2006) Silicon and carbon based composite anodes for lithium ion batteries. J Power Sources 158:557–563
40. Datta MK, Kumta PN (2007) Silicon, graphite and resin based hard carbon nanocomposite anodes for lithium ion batteries. J Power Sources 165:378–378
41. Liu W, Wang J, Wu H, Shieh D, Yang M, Wu N (2005) Electrochemical characterizations on Si and C-coated Si particle electrodes for lithium-ion batteries. J Electrochem Soc 152:A1719–A1725
42. Winter M, Appel WK, Evers B, Hodal T, Moller K-C, Schneider I, Wachtler M, Wagner MR, Wrodnigg GH, Besenhard JO (2001) Studies on the anode/electrolyte interface in lithium ion batteries. Monatshefte fur Chemie 132:473–486
43. Ng SH, Wang J, Wexler D, Konstantinov K, Guo ZP, Liu HK (2006) Highly reversible lithium storage in spheroidal carbon-coated silicon nanocomposites as anodes for lithium-ion batteries. Angew Chem Int Ed 45:6896–6899
44. Wang W, Kumta PN (2007) Reversible high capacity nanocomposite anodes of Si/C/SWNTs for rechargeable Li-ion batteries. J Power Sources 172:650–658
45. Li H, Huang X, Chen L, Zhou G, Zhang Z, Yu D, Mo YJ, Pei N (2000) The crystal structural evolution of nano-Si anode caused by lithium insertion and extraction at room temperature. Solid State Ion 135:181–191
46. Kwon Y, Park G-S, Cho J (2007) Synthesis and electrochemical properties of lithium-electroactive surface-stabilized silicon quantum dots. Electrochim Acta 52:4663–4668
47. Kim H, Cho J (2008) Superior lithium electroactive mesoporous Si@Carbon core – shell nanowires for lithium battery anode material. Nano Lett 8:3688–3691
48. Cui L-F, Yang Y, Hsu C-M, Cui Y (2009) Carbon – silicon core – shell nanowires as high capacity electrode for lithium ion batteries. Nano Lett 9:3370–3374
49. Guo J, Wang C (2010) A polymer scaffold binder structure for high capacity silicon anode of lithium-ion battery. Chem Commun 46:1428–1430
50. Xu W, Flake JC (2010) Composite silicon nanowire anodes for secondary lithium-ion cells. J Electrochem Soc 157:A41–A45
51. Chou S-L, Wang J-Z, Choucair M, Liu H-K, Stride JA, Dou S-X (2010) Enhanced reversible lithium storage in a nanosize silicon/graphene composite. Electrochem Commun 12:303–306
52. Lee JK, Smith KB, Hayner CM, Kung HH (2010) Silicon nanoparticles–graphene paper composites for Li ion battery anodes. Chem Commun 46:2025–2027
53. Wang W, Kumta PN (2010) Nanostructured hybrid silicon/carbon nanotube heterostructures: reversible high-capacity lithium-ion anodes. ACS Nano 4:2233–2241
54. Chan CK, Patel RN, O'Connell MJ, Korgel BA, Cui Y (2010) Solution-grown silicon nanowires for lithium-ion battery anodes. ACS Nano 4:1443–1450
55. Magasinski A, Dixon P, Hertzberg B, Kvit A, Ayala J, Yushin G (2010) High-performance lithium-ion anodes using a hierarchical bottom-up approach. Nat Mater 9:353–358
56. Gómez-Cámer JL, Morales J, Sánchez L (2011) Anchoring Si nanoparticles to carbon nanofibers: an efficient procedure for improving Si performance in Li batteries. J Mater Chem 21:811–818

57. Krishnan R, Lu T-M, Koratkar N (2011) Functionally strain-graded nanoscoops for high power Li-ion battery anodes. Nano Lett 11(2):377–384
58. Wang X-L, Han W-Q (2010) Graphene enhances Li storage capacity of porous single-crystalline silicon nanowires. ACS Appl Mater Interfaces 2(12):3709–3713
59. Winter M, Brodd RJ (2004) What are batteries, fuel cells, and supercapacitors? Chem Rev 104:4245–4270
60. Kang K, Meng YS, Breger J, Grey CP, Ceder G (2006) Electrodes with high power and high capacity for rechargeable lithium batteries. Science 311:977–980
61. Kang B, Ceder G (2009) Battery materials for ultrafast charging and discharging. Nature 458:190–193
62. Park M-H, Kim MG, Joo J, Kim K, Kim J, Ahn S, Cui Y, Cho J (2009) Silicon nanotube battery anodes. Nano Lett 9:3844–3847
63. Zhou S, Liu X, Wang D (2010) Si/$TiSi_2$ heteronanostructures as high-capacity anode material for Li ion batteries. Nano Lett 10:860–863
64. Jung H-G, Oh S-W, Ce J, Jayaprakash N, Sun YK (2009) Mesoporous TiO_2 nano networks: anode for high power lithium battery applications. Electrochem Commun 11:756–759
65. Simon P, Gogotsi Y (2008) Materials for electrochemical capacitors. Nat Mater 7:845–854
66. Lee SW, Yabuuchi N, Gallant BM, Chen S, Kim B-S, Hammond PT, Shao-Horn Y (2010) High-power lithium batteries from functionalized carbon-nanotube electrodes. Nat Nanotechnol 5:531–537
67. Chen H, Armand M, Demailly G, Dolhem F, Poizot P, Tarascon J-M (2008) From biomass to a renewable $LiXC_6O_6$ organic electrode for sustainable Li-ion batteries. ChemSusChem 1:348–355
68. Wu X-L, Jiang L-Y, Cao F-F, Guo Y-G, Wan L-J (2009) $LiFePO_4$ nanoparticles embedded in a nanoporous carbon matrix: superior cathode material for electrochemical energy-storage devices. Adv Mater 21:2710–2714
69. Dudney NJ (2008) Thin film micro-batteries. Electrochem Soc Interface 17:44–48
70. Scrosati B, Garche J (2010) Lithium batteries: status, prospects and future. J Power Sources 195:2419–2430

第 4 章　锂离子电池用锡基负极材料

Fabrice M. Courtel 和 Yaser Abu - Lebdeh

摘要：锡及其化合物构成了一类新的高容量负极材料，其可以代替目前的锂离子电池中的石墨碳。锡金属和氧化锡，目前研究最多，结果表明可以通过制备纳米膜、纳米颗粒、纳米复合材料和纳米结构等策略来减轻在锂的电化学合金化期间的不可避免的体积膨胀。通过制备 Sn/Co/C 纳米复合材料，可以获得高可逆容量，并且进一步促进锂离子电池的成功商业化。

4.1　简介

由于石墨碳具有低成本、长的循环寿命和容量稳定等优点，大多数商用锂离子电池（LIB）使用其作为负极材料[1]。然而，在其结构中锂离子的可逆电化学嵌入导致形成由 1 个锂和 6 个碳组成（LiC_6，见图 4.1a）的石墨间化合物，导致其容量仅为 372mAh g^{-1} 和 830mAh mL^{-1}。因此，目前的研究重点集中在基于除插层之外机制的可替代负极材料。最常见的机制之一是可以与锂发生电化学和可逆合金化反应的金属或非金属，如锡、硅、锑、铝等。这些金属与大量的锂原子反应产生比石墨高得多的容量：锡（993mAh g^{-1}，7313mAh mL^{-1}）、硅（4200mAh g^{-1}，9805mAh mL^{-1}）、锑（660mAh g^{-1}，4220mAh mL^{-1}）以及铝（994mAh g^{-1}，2684mAh mL^{-1}）[1-6]。Dey 于 1971 年[7]开始研究了含锡、锌、铅和铝的锂合金的电化学形成。金属锂合金已广泛用于军用高温热电池[8]。关于铝的大量研究工作表明，其在 0.26V 和 0.45V 下分别具有平坦的锂化和脱锂化电势分布的优点[9]。与石墨不同，锂的嵌入仅有 10% 的体积变化（见图 4.1a），而在铝合金化反应形成 LiAl 的情况下，其体积变化约为 100%[1]。实验发现这会导致块状电极的粉碎并终止其循环寿命[10]，如图 4.1b 所示。然而，100nm 薄膜已显示出 800mAh g^{-1} 的可逆容量和 $6 \times 10^{-12} cm^2 s^{-1}$ 的锂扩散系数（见图 4.1c）[9]。

图 4.2 比较了不同负极材料的比容量（重量和体积）。其中，硅（Si）、一氧化硅（SiO）、锡（Sn）和二氧化锡（SnO_2）等负极材料显示出高比容量。它们具有生产价格低廉（至少对于电池级）且在地壳中含量丰富的优点。锡以两种不同的结晶相存在，在室温直到熔点（230℃）之间，金属性质的 β – 锡（亦

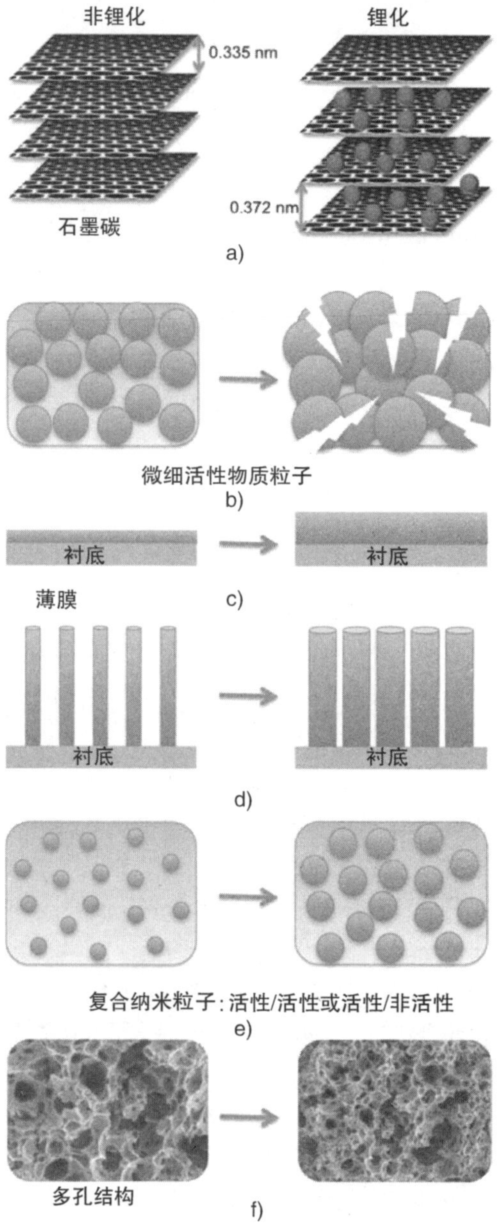

图 4.1 不同形式负极材料的锂化过程

a）石墨碳 b）微细活性物质粒子 c）薄膜 d）纳米棒或纳米线
e）复合纳米粒子（活性/活性或活性/非活性） f）多孔结构

称白锡）是最稳定的形式。在 13.2℃以下（或有较低含量杂质存在下），绝缘体性质的 α－锡（亦称灰锡）是最稳定的相，这可能对低温性能有影响，特别是由于密度为 7.30g cm^{-3}的体心立方晶体结构的 β 相与密度为 5.77g cm^{-3}的面心立方金刚石结构的 α 相之间的密度变化[11]。然而，该相变是一个非常缓慢的过程。

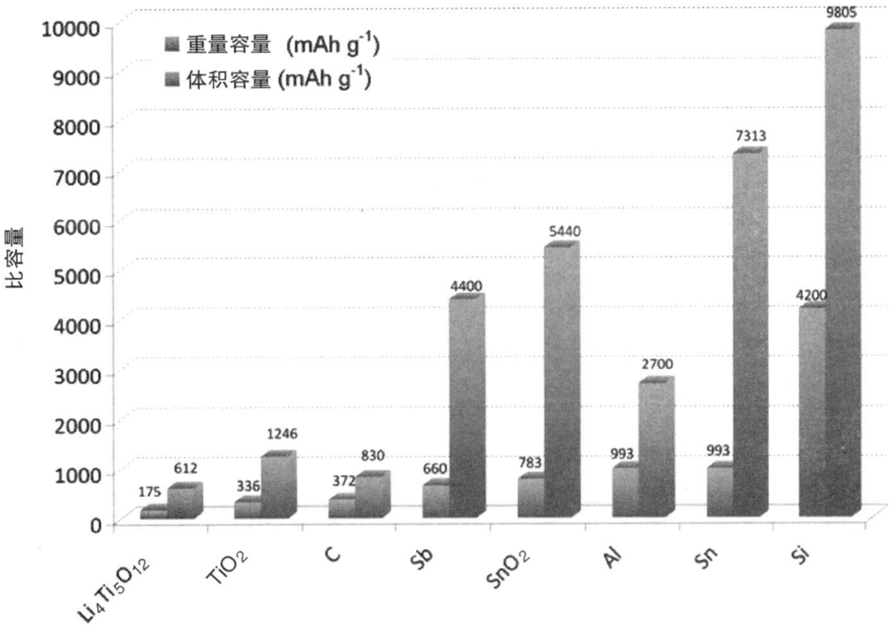

图 4.2　各种负极材料的理论重量容量和体积容量

像铝和硅一样，锡在其未锂化状态和锂化状态之间也具有大的体积变化，约为 260%[1]。这种体积变化是由于锂与锡的合金大量形成，且两个原子具有相似的原子半径[12]。如图 4.1c ~ f 所示，已经研究了几种方案来抵消这种大体积变化带来的影响。其中一种方法是使用几百纳米的薄膜。在这种情况下，体积膨胀主要发生在垂直于膜平面的方向上[13]。这些电极不含黏合剂和碳，然而它们通常通过具有低活性材料质量的溅射技术制备，使得它们在许多应用领域应用并不大，主要是电动汽车。更现实的方法是使用能更好地适应体积变化的纳米颗粒[14]、纳米复合材料[3,15]和黏合剂[15,16]。已知纳米颗粒通常可更好地适应由于更快的应力松弛而引起的体积变化，这改善了材料的循环性能。此外，纳米颗粒/纳米复合材料为锂离子提供了一个更短的扩散路径，这也提高了这些电极的倍率性能[3]。然而，纳米颗粒通常更易于发生表面反应，例如与形成固体电解质界面（SEI）相关的表面反应，这通常会增加不可逆容量并降低电池性能。此外，纳米颗粒的大的比表面积和低的振实密度降低了电极的体积容量[3]，并且还产生了纳米效应。它们对界面（空间电荷）的影响（热力学、运输）人们所知甚少，可能对电池性能具有积极或消极的影响。

4.2 氧化锡

因为氧化锡的高可逆容量（783mAh g^{-1}）极具吸引力，其在过去 10 年中已被广泛研究。它与锂会发生以下两个反应：

$$SnO_2 + 4Li^+ + 4e^- \rightarrow Sn + 2Li_2O \quad 711mAh\ g^{-1} \tag{4.1}$$

$$Sn + xLi + xe^- \leftrightarrow Li_xSn \ (0 \leqslant x \leqslant 4.4) \tag{4.2}$$

锡的可逆容量为 993mAh g^{-1}，氧化锡的可逆容量为 783mAh g^{-1}。

氧化锡的理论可逆容量为 783mAh g^{-1}。在 $SnLi_{4.4}$ 形成之前发生 SnO_2 还原成 Sn 和形成 Li_2O 基质的不可逆反应。然而，Li_2O 是不可分解的，这意味着有 711mAh g^{-1} 的不可逆容量在该反应中产生。重要的是，对于完整的锂离子电池，正极是电池中的锂存储器，这意味着这种不可逆容量是不可恢复的并且降低了电池的总容量。然而，Li_2O 有助于调节锡与锂的合金化/脱合金化反应相关的体积变化。然后 Sn 进一步与锂反应；此反应可产生约 260% 的体积变化[1]。锡合金与锂在多步反应（多相跃迁）中形成 Li_xSn（$0 \leqslant x \leqslant 4.4$），如图 4.3 所示。每个 Sn 原子连接 4.4 个 Li 原子，其具有 993mAh g^{-1} 的理论质量容量，为石墨的 2.5 倍。其体积容量更令人印象深刻，7300mAh mL^{-1}，比石墨高 9 倍。

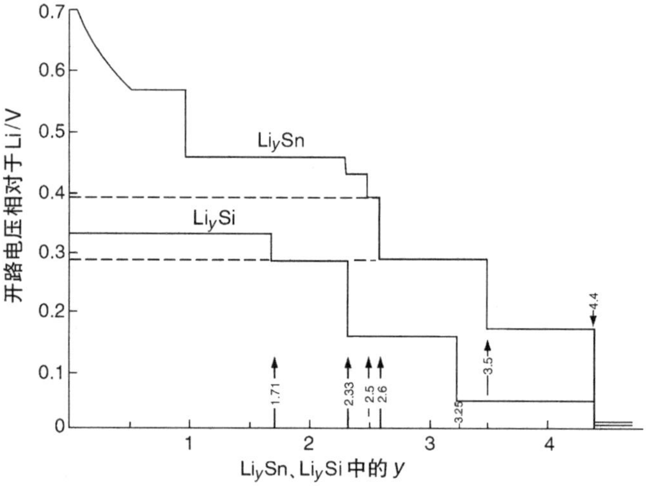

图 4.3 Li – Sn 和 Li – Si 体系中的电位与组成关系[1]

据 Brousse[4] 和 Courtney[17] 等人报道，颗粒的大小在氧化锡的性能中起着至关重要的作用，因为较小的颗粒能够更好地适应绝对体积变化。图 4.4 显示了尺寸范围在 3 ~ 8nm 的 SnO_2 纳米颗粒的循环性能，可以作为尺寸效应的说明。原始 SnO_2 纳米颗粒或复合材料通常在约 C/5[18 – 22] 的倍率下显示出 350 ~ 450mAh g^{-1} 的中等容量。使用逐层自组装技术，负载在碳纳米管上的 SnO_2 纳米管（质量分数 50%）可提供 450mAh g^{-1}的比容量[23]。如图 4.5 所示，Yang 等人制备了 3D 花形 SnO_2 纳米结构，这些结构在约 C/8 的倍率下表现出 670mAh g^{-1}的高容量[24]。

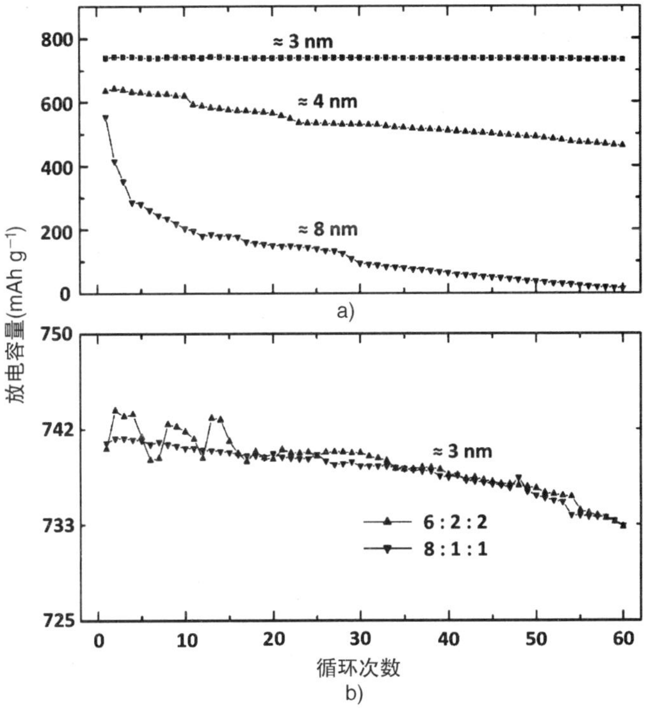

图 4.4　a）SnO_2 纳米颗粒的循环性能与尺寸之间的函数关系（≈3nm、≈4nm 和≈8nm）　b）SnO_2 纳米颗粒的循环性能与电极组成之间的函数关系（SnO_2: 黏合剂: 炭黑的重量比为 6: 2: 2 和 8: 1: 1）。充电截止电压为 1.2V（转载自得到许可的参考文献［14］。版权所有© 2011 美国化学学会）

SnO_2 模板结构通过为限制主体体积膨胀的膨胀结构提供自由空间而极大地改善了可逆容量。Kim[25] 和 Yim[26] 等人制备 3D 多孔 SnO_2（见图 4.6 和图 4.7）。他们报道了其在 55 个循环后的容量为 600mAh g^{-1}[26]。由 Kim 等人在 C 下获得的 775mAh g^{-1}的容量值，几乎是 SnO_2 的理论可逆容量[25]。在 10C 的较高速率下，获得高达 730mAh g^{-1} 的容量，其为理论可逆容量的 93%。一些 SnO_2/碳质材料复合材料[16,27,28]，如 SnO_2/石墨烯复合材料，显示出令人兴奋的容量值、容量保持率和速率能力。这在本书第 6 章会详细讨论[29-33]。

Schoonman 等人已经表明纳米级硅掺杂氧化锡可降低不可逆容量并增加可逆容量[34,35]。26% 的硅掺杂样品甚至显示出超过理论值的容量，这归因于空间电荷区中的过量缺陷以及晶粒边界处的不均匀性。它可以提高两相颗粒之间的界面区域上的 Li^+ 扩散系数。

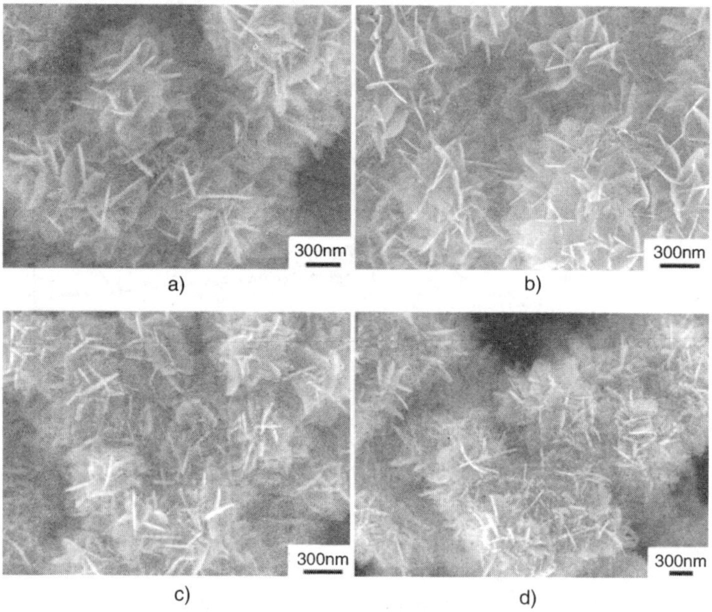

图 4.5 在空气中不同温度下煅烧后制备的 SnO_2 纳米结构的 SEM 照片
（转载自材料学报[24]，版权所有© 2011，经 Elsevier 许可）
a）通过水热处理合成的纳米片 b）在空气中在 300℃下煅烧 c）在空气中在 400℃下煅烧
d）在空气中在 700℃下煅烧

图 4.6 a）SnO_2 纳米线沿 p6mm 结构的［110］方向的 TEM 照片 b）a 的 HREM 照片 c）SnO_2 介孔沿着［110］方向的 TEM 照片 d）SnO_2 介孔沿着［100］方向的 TEM 照片（经英国皇家化学会许可转载[25]）

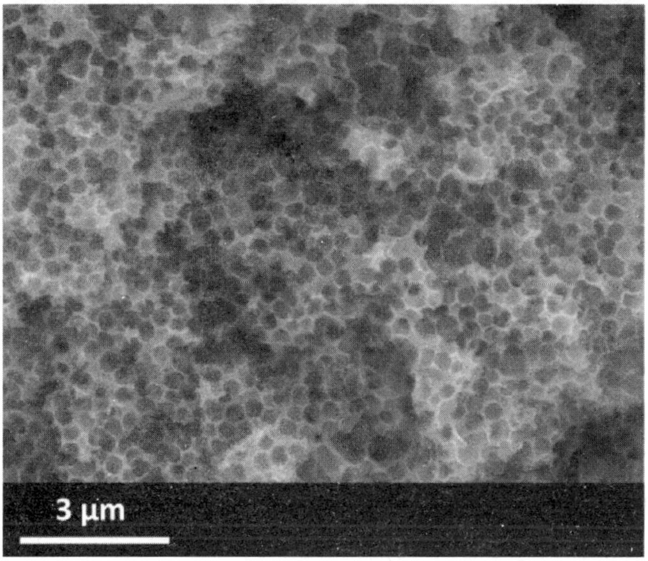

图 4.7　在氩气下，模板在 260℃、600℃下煅烧 3h 后得到的多孔 SnO_2/C 复合材料的 SEM 照片（转载自电源期刊[26]，版权所有© 2011，经 Elsevier 许可）

4.3　锡基复合材料

氧化锡的主要问题是第一次循环的不可逆容量大（711mAh g^{-1}），而这是不可避免的。此外，许多研究小组已经报道，由于氧化锡的高迁移率，一旦它们被还原，$SnLi_x$（$0 \leqslant x \leqslant 4.4$）纳米颗粒倾向于团聚形成更大的颗粒，这对电极性能是有害的[36,37]。这种团聚是因为锡是一种韧性很好的金属（熔点 230℃），因此原子在室温下具有良好的迁移率。因此，每次形成锡金属时，纳米颗粒都有团聚的趋势。这种团聚可以通过在微分容量与电压曲线或循环伏安曲线的峰值增长而得到证明，与循环次数具有函数关系[17]。团聚会引起 $SnLi_x$（$0 \leqslant x \leqslant 4.4$）/ Li_2O 均匀复合物的破坏。图 4.8 显示了在使用 $Sn_3O_2(OH)_2$ 电极的情况下，锡在循环过程中的团聚情况。这里的关键点是通过将纳米颗粒嵌入比 Li_2O 更强的基质中来抑制团聚。

锡金属是极具吸引力的，因为理论上其不应观察到不可逆容量。另外，锡具有高的 Li^+ 扩散系数，例如，LiSn 中 Li^+ 扩散系数为 $8 \times 10^{-8} cm^2 s^{-1}$[38]，$Li_{4.4}Sn$ 中的 Li^+ 扩散系数为 $5.9 \times 10^{-7} cm^2 s^{-1}$[39]。这些值与 $Li_4Ti_5O_{12}$[40] 和石墨[41,42] 相当。然而，锡金属很少单独使用，甚至作为纳米颗粒，因为合金化反应中的体积变化太大。锡通常用于由碳和/或另一种金属（例如 Sn－M 或 Sn－M－C）制成的复合材料中，其中 M 是相对锂而言的非活性材料。例如，如图

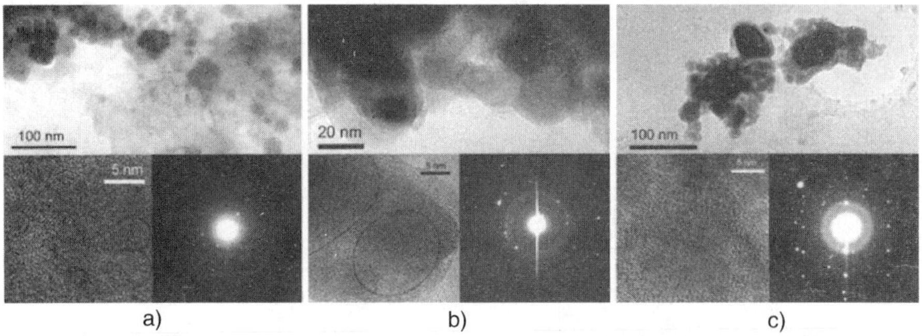

图 4.8 1、20 和 40 个循环后的 $Sn_3O_2(OH)_2$ 电极的 TEM 照片、HRTEM 显微照片和 SADP（经电化学学会许可转载[37]）

a）1 个循环 b）20 个循环 c）40 个循环

4.9 所示，将由粒径为 200nm 的锡纳米颗粒制成的 Sn/C 复合材料嵌入煅烧的聚苯乙烯（PS）树脂中，其在 C/13 的循环倍率下显示出 500mAh g^{-1} 的稳定容量[43]。通过将（四乙基）锡渗入 PS 树脂中来制备纳米复合材料。将粒径为 10 ~ 100nm 的锡纳米颗粒嵌入碳基体中制成的相似的复合材料在 0.8C 下、200 次循环后可提供约 500mAh g^{-1} 的容量，这相当于复合材料理论容量的 96%[3]。图 4.10 显示了纳米复合材料的 TEM 照片和电池性能。通过将（三丁基苯基）锡渗入有机间苯二酚 - 甲醛凝胶中制备复合材料。该复合材料还显示出良好的倍率性能：1.5C 时容量为 410mAh g^{-1}；2C 时容量为 350mAh g^{-1}；5C 时容量为 200mAh g^{-1}[3]。

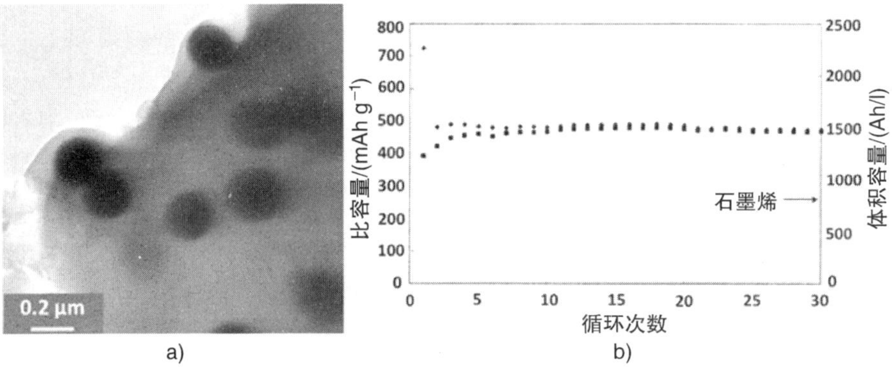

图 4.9 a）对应于 Sn: C 组成为 1:1 的浸渍有四乙基锡的聚苯乙烯树脂在 600℃下超高压氩气气氛中热处理 5h 后获得的 Sn/C 复合材料的 TEM 照片 b）相同复合材料的循环次数与容量的函数关系（电流速率：100mA cm^{-2}；电势：0.02 ~ 1.2V）（经电化学学会许可转载[43]）

如图 4.11a 所示，由 Hassoun 和 Scrosati 制备的 Sn/C 复合材料已经在具有 Li_2S/C 复合材料正极和凝胶电解质的完全锂硫电池中进行了测试[44]。如图

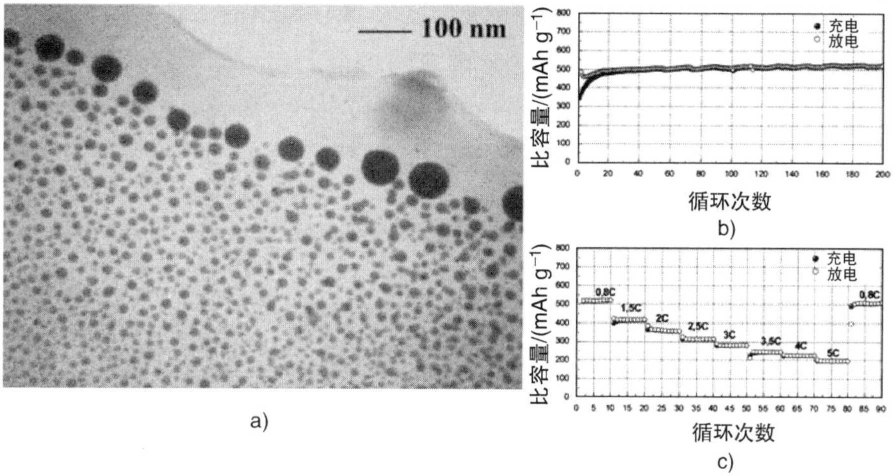

图 4.10 a) Sn/C 复合材料的 TEM 照片 b) 具有 Sn/C 复合电极和锂金属作为反电极的半电池（电池以 0.8C 速率循环） c) 半电池在不同速率下的循环图（经 John Wiley&Sons，Inc. 许可转载[3]）

4.11b 所示，当两个电极具有相同质量的活性材料时，在 C/20 下 35 个循环之后，获得了约 500mAh g^{-1}的容量。在 C/5 的较高速率下，获得了约 170mAh g^{-1}的容量，如图 4.11c 所示。

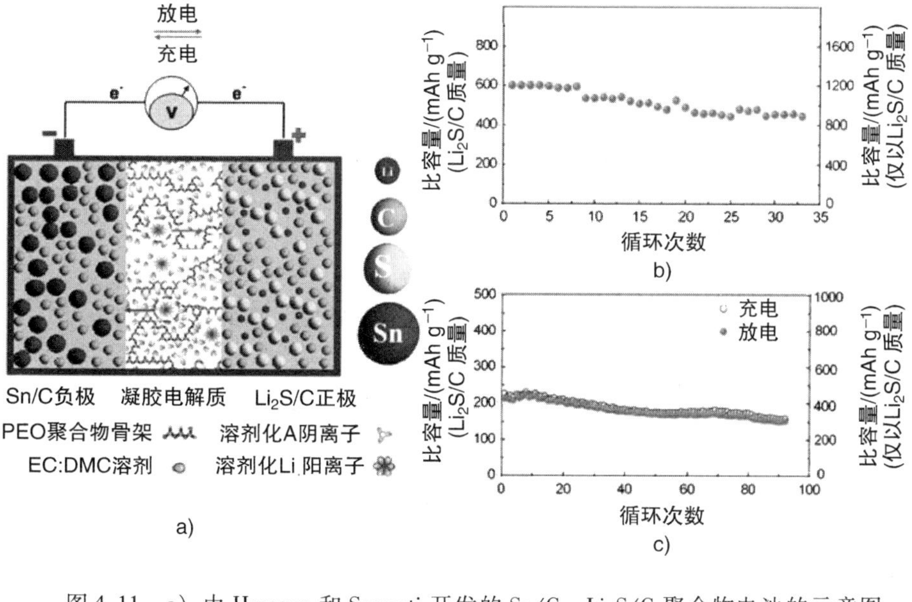

图 4.11 a) 由 Hassoun 和 Scrosati 开发的 Sn/C − Li_2S/C 聚合物电池的示意图。电池由 Sn/C 复合材料负极、聚（环氧乙烷）基凝胶聚合物电解质和 Li_2S/C 正极[44]组成 b) 在 C/20（0.2～4V）下的全电池的循环图 c) 在 C/5（0.2～4.6V）下的全电池的循环图。操作温度为 25℃。容量仅以 Li_2S/C 的质量和 Li_2S 的活性材料质量表示（经 John Wiley&Sons，Inc. 许可转载[44]）

调整合金化反应中的体积膨胀的另一种策略是使用泡沫状结构，正如 Morishita 等人[45]研发的。MgO 模板溶解留下的自由体积为体积膨胀提供了空间。在 C/20 下获得了 500mAh g^{-1}的稳定容量。然而，由于在表面上氧化的锡以及聚合物产生的非石墨碳，使其在第一次循环中观察到很大的不可逆容量。可惜在上面的报道中没有倍率性能的测试。Nara 等人[46]使用电沉积介孔锡负极获得了良好的倍率性能：1C 时容量为 650mAh g^{-1}；2C 时容量为 550mAh g^{-1}；10C 时容量为 350mAh g^{-1}（见图 4.12）。

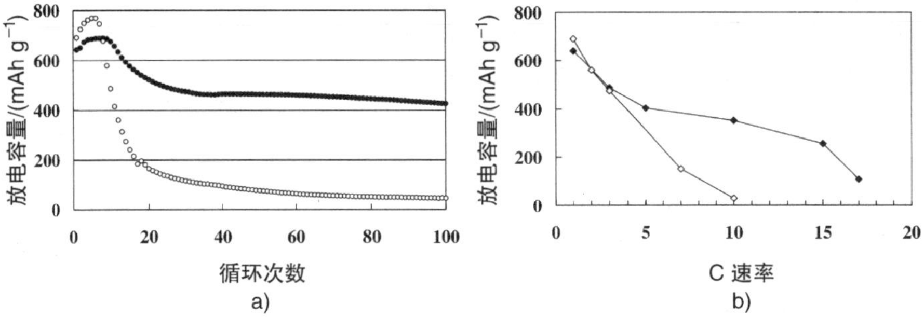

图 4.12 介孔 Sn（●）和致密 Sn 负极（○）的放电容量。在 Li/Li^+ 的 0.01 ~ 1V 的电位范围内，充放电电流密度为 994mA g^{-1}（1C 速率）。用传统水浴电沉积的介孔 Sn 负极（■）和致密 Sn 负极（□）的第一次循环的放电容量。在 Li/Li^+ 的 0.01 ~ 1V 的电势范围内，充电－放电电流密度在 0.994 ~ 16.9A g^{-1}（1 ~ 17C 速率）变化（转载自化学快报[46]，版权所有©2011，经日本化学学会许可）

将质量分数为 37.6% 的锡封进碳纳米管（CNT）内部制成的复合材料中使用相同的自由空间概念，获得了约 500mAh g^{-1}的非常稳定的容量[47]。该容量值约为复合材料理论容量的 100%。Yu 等人使用类似的方法将 66% 的锡封进 CNT 内部制成复合材料[48]。在 C/2 下 140 次循环后获得 650mAh g^{-1}的容量，其约为复合材料理论容量的 84%。这种材料还表现出良好的倍率性能，其在 2C 下具有 570mAh g^{-1}的容量，在 10C 下具有 295mAh g^{-1}的容量，分别为理论容量的 74% 和 38%。Sn 纳米颗粒也可以封装在石墨烯结构中（更多信息，请参见第 6 章）。

处理在锡和锂的合金化/脱合金化反应过程中发生的体积变化的另一个有效的方法是制备由活性和非活性元素以及一些石墨碳制成的非晶态纳米复合材料，如 Sn－Mn－C[49]、Sn－Fe－C[50－52]、Sn－Co－C[53－55]、Sn－Ni－C[56]或Sn－Cu－C[57,58]。非活性元素和石墨的紧密混合物充当基质以调整锡与锂的反应期间的体积变化。就性能和倍率性能而言，最吸引人的复合材料是 Sn－Co－C 复合材料。钴相对碳来说是不活跃的，只是用来防止碳化物的形成。通过磁控溅射制备的成分为 $Sn_{0.42}Co_{0.34}C_{0.24}$ 的物质在 C/12 下获得了 600mAh g^{-1}的稳定可逆容量[59]。Ferguson 等人通过高能球磨法制备的具有不同组成的 $Sn_{0.30}Co_{0.30}C_{0.40}$

在 C/5 下获得了 450mAh g^{-1} 的容量（见图 4.13）[60]。使用高能球磨制备的 $Sn_{0.31}Co_{0.28}C_{0.41}$，也显示出速率 C/14 ~ C/4 时的 500mAh g^{-1}的稳定容量和在 1C 下高达 250 ~ 200mAh g^{-1}的稳定容量[55,61]。碳含量较低时，组成为 $Sn_{0.40}Co_{0.40}C_{0.20}$的物质，在 C/4 下获得 400mAh g^{-1}的可逆容量[54]。其他团队也获得了类似的数据[62-64]。在这种情况下即使不使用氧化物，在第一次循环中通常可观察到约 150mAh g^{-1}的不可逆容量，这归因于 Sn-Co 合金在第一次脱合金化反应后的结构重组[61]。考虑到非活性钴的质量，在 C/4 下 $Sn_{0.31}Co_{0.28}C_{0.41}$负极的实测质量容量约为 350mAh g^{-1}，略高于石墨负极。然而，当考虑体积容量时，Sn/Co 的密度为 14.3gcm^{-3}，获得的容量增加 650% ~600%[65]。

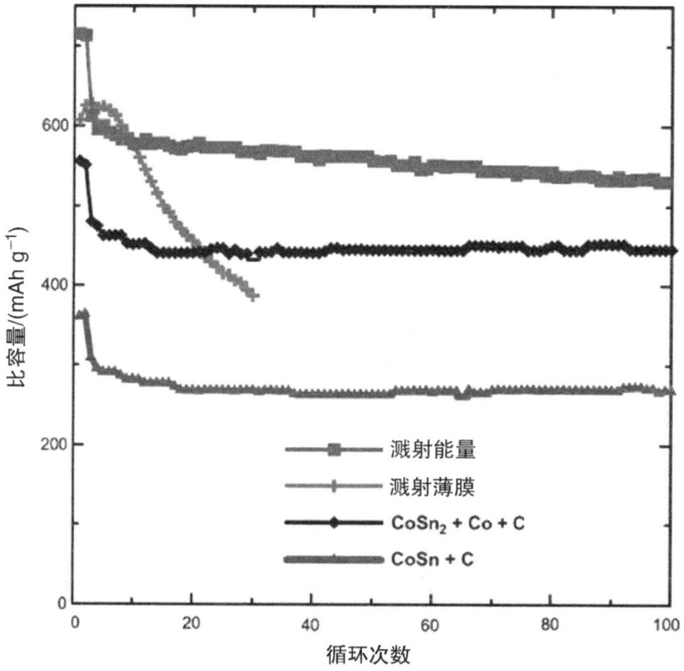

图 4.13　溅射和磨碎材料的比容量与循环次数的关系。还包括直接沉积在铜箔上（作为薄膜循环）的溅射膜的数据。在前两个循环中以 C/10 的速率在 0.005 ~ 2.5V 对电池充电和放电。以 C/5 的速率在 0.005 ~ 1.2V 进行以下循环。在 30℃下进行测试（转载自电化学通信[60]，版权所有© 2011，经 Elsevier 许可）

最近，Sony 对这种锡基非晶 Sn-Co-C 复合负极很感兴趣[66-69]，并已经将这种叫做 Nexelion 的新一代锂离子电池商业化。18650 由 $LiCoO_2$ 正极和混合电解质制成，它提供 3.5Ah 的容量。与传统电池相比，它们的容量增加了约 30%。这种电池显示出良好的倍率性能和温度性能[66,67]。其他公司如 Panasonic 也在走相同的路[70]（见图 4.14）。

图4.14 使用锡化合物作为负极材料的18650 Nexelion™ Sony电池的图像[66]

4.4 小结与展望

在本章中，回顾了锡、锡合金和二氧化锡用作下一代锂离子电池负极材料的研究进展。而对锡的兴趣是显而易见的，因为其在地壳中含量丰富并且当其与锂发生电化学合金反应时可提供非常高的容量。然而，电极体积伴随着该反应有较大变化，对电池性能非常不利。对于氧化锡，由于其在与锂反应之前还原为元素锡，导致容量的大幅损失，问题更加严重。在本章中，总结了各种方法来克服或减轻这些问题以达到高可逆容量。已经证明，使用纳米颗粒或纳米结构的氧化锡或氧化锡和碳质材料的纳米复合材料可以产生约700mAh g^{-1}的可逆容量。对于元素锡，发现形成具有自由空间的纳米复合材料或将锡封进纳米结构中以调整体积变化是成功的方法。由Sony公司采用的Sn–Co–C非晶纳米复合材料比石墨提供高出30%的容量，是最成功的策略，并且已用于商业锂离子电池中。使用纳米技术原理制造更好的材料已被证明是成功的，并且可以推广到具有更高容量的其他锂合金金属中。

参考文献

1. Nazri G-A, Pistoia G (2004) Lithium batteries: science and technology. Kluwer, Boston, 708 p
2. Hatchard TD, Dahn JR (2004) In situ XRD and electrochemical study of the reaction of lithium with amorphous silicon. J Electrochem Soc 151(6):A838–A842
3. Derrien G, Hassoun J, Panero S, Scrosati B (2007) Nanostructured Sn-C composite as an advanced anode material in high-performance lithium-ion batteries. Adv Mater 19(17):2336–2340
4. Brousse T, Crosnier O, Santos-Peña J, Sandu I, Fragnaud P, Schleich DM (2002) Recent progress in the development of tin-based negative electrodes for Li-ion batteries. In: Kumagai N, Komaba S (eds) Materials chemistry in lithium batteries. Research Signpost, Kerala
5. Hassoun J, Derrien G, Panero S, Scrosati B (2008) A nanostructured Sn-C composite lithium battery electrode with unique stability and high electrochemical performance. Adv Mater 20(16):3169–3175
6. Chan CK, Peng H, Liu G, McIlwrath K, Zhang XF, Huggins RA, Cui Y (2008) High-performance lithium battery anodes using silicon nanowires. Nat Nanotechnol 3(1):31–35
7. Dey AN (1971) Electrochemical alloying of lithium in organic electrolytes. J Electrochem Soc 118(10):1547–1549
8. Huggins RA (2009) Advanced batteries: materials science aspects. Springer, New York

9. Hamon Y, Brousse T, Jousse F, Topart P, Buvat P, Schleich DM (2001) Aluminum negative electrode in lithium ion batteries. J Power Sources 97–98:185–187
10. Rao BML, Francis RW, Christopher HA (1977) Lithium-aluminum electrode. J Electrochem Soc 124(10):1490–1492
11. Callister WD (2007) Materials science and engineering: an introduction, 7th edn. Wiley
12. CRC Handbook of Chemistry and Physics (2010–2011). CRC Press. http://www.hbcpnetbase.com. Accessed in January 2012
13. Lewis RB, Timmons A, Mar RE, Dahn JR (2007) In situ AFM measurements of the expansion and contraction of amorphous Sn-Co-C films reacting with lithium. J Electrochem Soc 154(3): A213–A216
14. Kim C, Noh M, Choi M, Cho J, Park B (2005) Critical size of a nano SnO_2 electrode for Li-secondary battery. Chem Mater 17(12):3297–3301
15. Courtel FM, Bertin E, Saari D, Abu-Lebdeh Y, Davidson IJ (2010) Use of water soluble binders for nano-SnO_2 and nano-SnO_2/carbon composite anodes. In: The 15th international meeting on lithium batteries – IMLB 2010. ECS, Montreal, 27 June –2 July 2010
16. Chou S-L, Wang J-Z, Zhong C, Rahman MM, Liu H-K, Dou S-X (2009) A facile route to carbon-coated SnO2 nanoparticles combined with a new binder for enhanced cyclability of Li-ion rechargeable batteries. Electrochim Acta 54(28):7519–7524
17. Courtney IA, Dahn JR (1997) Key factors controlling the reversibility of the reaction of lithium with SnO_2 and Sn_2BPO_6 glass. J Electrochem Soc 144(9):2943–2948
18. Ng SH, dos Santos DI, Chew SY, Wexler D, Wang J, Dou SX, Liu HK (2007) Polyol-mediated synthesis of ultrafine tin oxide nanoparticles for reversible Li-ion storage. Electrochem Commun 9(5):915–919
19. Chen Y-C, Chen J-M, Huang Y-H, Lee Y-R, Shih HC (2007) Size effect of tin oxide nanoparticles on high capacity lithium battery anode materials. Surf CoatTechnol 202(4–7):1313–1318
20. Wang Y, Su F, Lee JY, Zhao XS (2009) Crystalline carbon hollow spheres, crystalline carbon/SnO_2 hollow spheres, and crystalline SnO_2 hollow spheres: synthesis and performance in reversible Li-ion storage. Chem Mater 18(5):1347–1353
21. Subramanian V, Burke WW, Zhu H, Wei B (2008) Novel microwave synthesis of nanocrystalline SnO_2 and its electrochemical properties. J Phys Chem C 112(12):4550–4556
22. Courtel FM, Baranova EA, Abu-Lebdeh Y, Davidson IJ (2010) In situ polyol-assisted synthesis of nano-SnO_2/carbon composite materials as anodes for lithium-ion batteries. J Power Sources 195(8):2355–2361
23. Du N, Zhang H, Chen B, Ma X, Huang X, Tu J, Yang D (2009) Synthesis of polycrystalline SnO_2 nanotubes on carbon nanotube template for anode material of lithium-ion battery. Mater Res Bull 44(1):211–215
24. Yang R, Gu Y, Li Y, Zheng J, Li X (2010) Self-assembled 3-D flower-shaped SnO_2 nanostructures with improved electrochemical performance for lithium storage. Acta Mater 58(3):866–874
25. Kim H, Cho J (2008) Hard templating synthesis of mesoporous and nanowire SnO_2 lithium battery anode materials. J Mater Chem 18:771–775
26. Yim C-H, Baranova EA, Courtel FM, Abu-Lebdeh Y, Davidson IJ (2011) Synthesis and characterization of macroporous tin oxide composite as an anode material for Li-ion batteries. J Power Sources 196(22):9731–9736
27. Li J, Zhao Y, Wang N, Guan L (2011) A high performance carrier for SnO_2 nanoparticles used in lithium ion battery. Chem Commun 47(18):5238–5240
28. Chen JS, Cheah YL, Chen YT, Jayaprakash N, Madhavi S, Yang YH, Lou XW (2009) SnO_2 nanoparticles with controlled carbon nanocoating as high-capacity anode materials for lithium-ion batteries. J Phys Chem C 113(47):20504–20508
29. Du Z, Yin X, Zhang M, Hao Q, Wang Y, Wang T (2010) In situ synthesis of SnO_2/graphene nanocomposite and their application as anode material for lithium ion battery. Mater Lett 64(19):2076–2079
30. Yao J, Shen X, Wang B, Liu H, Wang G (2009) In situ chemical synthesis of SnO_2-graphene nanocomposite as anode materials for lithium-ion batteries. Electrochem Commun 11(10):1849–1852

31. Wang Z, Zhang H, Li N, Shi Z, Gu Z, Cao G (2010) Laterally confined graphene nanosheets and graphene/SnO_2 composites as high-rate anode materials for lithium-ion batteries. Nano Res 3(10):748–756
32. Paek S-M, Yoo E, Honma I (2009) Enhanced cyclic performance and lithium storage capacity of SnO_2/graphene nanoporous electrodes with three-dimensionally delaminated flexible structure. Nano Lett 9(1):72–75
33. Wang X, Zhou X, Yao K, Zhang J, Liu Z (2011) A SnO_2/graphene composite as a high stability electrode for lithium ion batteries. Carbon 49(1):133–139
34. Huang H, Kelder EM, Chen L, Schoonman J (1999) Preparation and structure of silicon doped tin oxide composites using an advanced ultrasonic spray method. Solid State Ion 120(1–4):205–210
35. Schoonman J (2003) Nanoionics. Solid State Ion 157(1–4):319–326
36. Courtney IA, McKinnon WR, Dahn JR (1999) On the aggregation of tin in SnO composite glasses caused by the reversible reaction with lithium. J Electrochem Soc 146(1):59–68
37. Kim J-H, Jeong G-J, Kim Y-W, Sohn H-J, Park CW, Lee CK (2003) Tin-based oxides as anode materials for lithium secondary batteries. J Electrochem Soc 150(11):A1544–A1547
38. Wang J, Raistrick ID, Huggins RA (1986) Behavior of some binary lithium alloys as negative electrodes in organic solvent-based electrolytes. J Electrochem Soc 133(3):457–460
39. Anani A, Crouch-Baker S, Huggins RA (1987) Kinetic and thermodynamic parameters of several binary lithium alloy negative electrode materials at ambient temperature. J Electrochem Soc 134(12):3098–3102
40. Kavan L, Prochazka J, Spitler TM, Kalbac M, Zukalova M, Drezen T, Gratzel M (2003) Li insertion into $Li_4Ti_5O_{12}$ (spinel). J Electrochem Soc 150(7):A1000–A1007
41. Takami N, Satoh A, Hara M, Ohsaki T (1995) Structural and kinetic characterization of lithium intercalation into carbon anodes for secondary lithium batteries. J Electrochem Soc 142(2):371–379
42. Guyomard D, Tarascon JM (1992) Li metal-free rechargeable $LiMn_2O_4$/carbon cells: their understanding and optimization. J Electrochem Soc 139(4):937–948
43. Kim I-s, Blomgren GE, Kumta PN (2004) Sn/C composite anodes for Li-ion batteries. Electrochem Solid State Lett 7(3):A44–A48
44. Hassoun J, Scrosati B (2010) A high-performance polymer tin sulfur lithium ion battery. Angew Chem Int Ed 49(13):2371–2374
45. Morishita T, Hirabayashi T, Okuni T, Ota N, Inagaki M (2006) Preparation of carbon-coated Sn powders and their loading onto graphite flakes for lithium ion secondary battery. J Power Sources 160(1):638–644
46. Nara H, Fukuhara Y, Takai A, Komatsu M, Mukaibo H, Yamauchi Y, Momma T, Kuroda K, Osaka T (2008) Cycle and rate properties of mesoporous tin anode for lithium ion secondary batteries. Chem Lett 37(2):142–143
47. Wang Y, Wu M, Jiao Z, Lee JY (2009) Sn@CNT and Sn@C@CNT nanostructures for superior reversible lithium ion storage. Chem Mater 21(14):3210–3215
48. Yu Y, Gu L, Zhu C, van Aken PA, Maier J (2009) Tin nanoparticles encapsulated in porous multichannel carbon microtubes: preparation by single-nozzle electrospinning and application as anode material for high-performance Li-based batteries. J Am Chem Soc 131(44):15984–15985
49. Beaulieu LY, Dahn JR (2000) The reaction of lithium with Sn-Mn-C intermetallics prepared by mechanical alloying. J Electrochem Soc 147(9):3237–3241
50. Mao O, Dunlap RA, Dahn JR (1999) Mechanically alloyed Sn-Fe(-C) powders as anode materials for Li-ion batteries: I. The Sn_2Fe-C system. J Electrochem Soc 146(2):405–413
51. Mao O, Dahn JR (1999) Mechanically alloyed Sn-Fe(-C) powders as anode materials for Li-ion batteries: II. The Sn-Fe system. J Electrochem Soc 146(2):414–422
52. Mao O, Dahn JR (1999) Mechanically alloyed Sn-Fe(-C) powders as anode materials for Li-ion batteries: III. Sn_2Fe:$SnFe_3C$ active/inactive composites. J Electrochem Soc 146(2):423–427
53. Dahn JR, Mar RE, Abouzeid A (2006) Combinatorial Study of $Sn_{1-x}Co_x$ ($0 < x < 0.6$) and

$[Sn_{0.55}Co_{0.45}]_{1-y}C_y$ ($0 < y < 0.5$) alloy negative electrode materials for Li-ion batteries. J Electrochem Soc 153(2):A361–A365
54. Hassoun J, Ochal P, Panero S, Mulas G, Bonatto Minella C, Scrosati B (2008) The effect of CoSn/$CoSn_2$ phase ratio on the electrochemical behaviour of $Sn_{40}Co_{40}C_{20}$ ternary alloy electrodes in lithium cells. J Power Sources 180(1):568–575
55. Hassoun J, Mulas G, Panero S, Scrosati B (2007) Ternary Sn-Co-C Li-ion battery electrode material prepared by high energy ball milling. Electrochem Commun 9(8):2075–2081
56. Mukaibo H, Sumi T, Yokoshima T, Momma T, Osaka T (2003) Electrodeposited Sn-Ni alloy film as a high capacity anode material for lithium-ion secondary batteries. Electrochem Solid State Lett 6(10):A218–A220
57. Wolfenstine J, Campos S, Foster D, Read J, Behl WK (2002) Nano-scale Cu_6Sn_5 anodes. J Power Sources 109(1):230–233
58. Thorne JS, Sanderson RJ, Dahn JR, Dunlap RA (2010) Combinatorial study of the Sn-Cu-C system for Li-ion battery negative electrode materials. J Electrochem Soc 157(10): A1085–A1091
59. Todd ADW, Mar RE, Dahn JR (2007) Tin-transition metal-carbon systems for lithium-ion battery negative electrodes. J Electrochem Soc 154(6):A597–A604
60. Ferguson PP, Todd ADW, Dahn JR (2008) Comparison of mechanically alloyed and sputtered tin-cobalt-carbon as an anode material for lithium-ion batteries. Electrochem Commun 10(1):25–31
61. Hassoun J, Panero S, Mulas G, Scrosati B (2007) An electrochemical investigation of a Sn-Co-C ternary alloy as a negative electrode in Li-ion batteries. J Power Sources 171(2):928–931
62. Huang L, Cai J-S, He Y, Ke F-S, Sun S-G (2009) Structure and electrochemical performance of nanostructured Sn-Co alloy/carbon nanotube composites as anodes for lithium ion batteries. Electrochem Commun 11(5):950–953
63. Chen Z, Qian J, Ai X, Cao Y, Yang H (2009) Preparation and electrochemical performance of Sn-Co-C composite as anode material for Li-ion batteries. J Power Sources 189(1):730–732
64. Lee S-I, Yoon S, Park C-M, Lee J-M, Kim H, Im D, Doo S-G, Sohn H-J (2008) Reaction mechanism and electrochemical characterization of a Sn-Co-C composite anode for Li-ion batteries. Electrochim Acta 54(2):364–369
65. Mashimo T, Tashiro S (1994) Synthesis of the WC-type tantalum nitride by mechanical alloying. J Mater Sci Lett 13(3):174–176
66. Sony Corporation (2011) Sony, the market for notebook PC; development of a tin-based amorphous anode, for high-capacity rechargeable lithium-ion battery 3.5 Ah: the "Nexelion" (trans). Available from http://www.sony.co.jp/SonyInfo/News/Press/201107/11-078/
67. Inoue H (2006) High capacity negative-electrode materials next to carbon; Nexelion. In: International meeting on lithium batteries, Biarritz
68. Mizutani S, Inoue H (2005) Negative active material and method for production thereof, non-aqueous electrolyte secondary cell using the same. Patent number: 2005-0208378
69. Kawakami S, Asao M (2005) Electrode material for anode of rechargeable lithium battery, electrode structural body using said electrode material, rechargeable lithium battery using said electrode structural body, process for producing said electrode structural body, and process for producing said rechargeable lithium battery. Patent number: 6,949,312
70. PanasonicNewsBureau (2009) Panasonic develops high-capacity lithium-ion battery cells that can power laptops and electric vehicles. Available from http://panasonic.co.jp/corp/news/official.data/data.dir/en091225-3/en091225-3.html. Accessed January 2012

第 5 章 超越夹层：锂离子电池的纳米级转换负极材料

Fabrice M. Courtel、Hugues Duncan 和 Yaser Abu - Lebdeh

摘要：过渡金属氧化物具有很高的比容量，因此在锂离子电池中作为负极使用比石墨碳具有更大的优势。过渡金属氧化物与锂进行电化学反应的机制非常独特，并且被称为“转化”来区分它与其他机制，如嵌入、插入以及合金化等。在本章中，评估了多种过渡金属氧化物在锂离子电池中的行为以及它们的结构和性质之间的关系对电池性能的影响。研究发现影响过渡金属氧化物电化学反应活性的关键因素是纳米尺寸效应，从根本上来说是纳米颗粒和纳米复合物的形成。

5.1 简介

近几年锂电池在便携式电子设备、插电式混合动力汽车和其他电动汽车上的应用非常广泛，人们对于高能量的锂电池需求越来越大。尽管许多新的高电压或者更安全的正极材料例如碳包覆 $LiFePO_4$[1-3]、$LiNi_{1/3}Co_{1/3}Mn_{1/3}O_2$[4,5] 和 $LiNi_{0.8}Co_{0.15}Al_{0.05}O_2$[5,6] 已经成功研发并且商业化，但是石墨碳负极（也称为阳极）的替代并没有那么成功。石墨有很强的电子导电性（σ_a：2.6×10^4S cm^{-1}，σ_c：2×10^2S cm^{-1}[7]），价格便宜，具有较高的存储容量并且循环寿命长。但是，石墨碳的理论质量比容量 372mAh g^{-1}、理论体积比容量 830mAh mL^{-1}，限制了它的使用。最近，索尼公司开始研究 Sn - Co - C 合金复合物正极[8-15]，并且正在制造新一代的锂离子电池 Nexelion™[16]。相比于石墨电池，这种电池具有更高的质量比容量和体积比容量，但是长期可逆性较低。Sony 报告他们的新电池比传统电池容量增大了 30%，并且有很好的倍率性能和良好的温度性能[8]。其他的，例如东芝公司，选用了一种更安全零应变插入式负极材料纳米 $Li_4Ti_5O_{12}$[18-21]（LTO）输出电压为 2.4V 的超级充电电池。LTO 有很好的循环寿命并且具有很高的倍率性能支持快速充放电，这对插入式混合电动车应用有很大的帮助。另外，它的锂脱嵌电压（1.5V 相对于 Li/Li^+）非常高，比其他负极材料更安全。事实上，锂镀层不存在危险，并且可假定没有 SEI 形成。然而它的缺点是理论比容量低（175mAh g^{-1}/612mAh mL^{-1}），并且锂嵌入电压高。对于普通负极而言，另一个选择是使用元素尤其是纳米尺寸的并且能和铝、硅、锡形成合金；它们能够提供很高的比容量通常为 1000 ~ 4000mAh g^{-1} (2700 ~ 9800mAh mL^{-1})。然而，其非锂化状态及其锂化状态之间存在大的体积变化：LiAl 为 100%[23-25]、Li_xSi (x = 3.5 或 4.2) 为 300 - 400%[23,26-29]、$Li_{4.4}Sn$ 为 260%[23,30,31]。这产生了机械应力导致的裂纹，导致电极的分解和锂离子电池的失效[32]。制备纳米颗粒[29]或者纳米复合物[33]通常可以降低这个问题发生的概率，因为它们提供更快的应力释放，进而可以容纳体积变化，常用的黏合剂有羧甲基纤维素钠[34]或苯乙烯 - 丁二烯橡胶[35]。此外，人们普遍认为用离子性聚合物黏合剂代替传统的 PVDF，电池的负极材料在循环期间更容易发生大的体积变化。这样的锂离子电池性能更加优异，因为锂离子从电解质向活性物质的颗粒可以更好地传输，黏合剂可以更均匀地覆盖在颗粒表面，并形成更均匀的 SEI[36]。在过去 10 年中，过渡金属氧化物（TMO）、硫化物（TMS）、氮化物（TMN）、磷化物（TMP）或氟化物（TMF）（也称为 TMX）已经表明其用于下一代负极材料的潜在可能。尽管事实上 TMX 具有最低的氧化价态的过渡金属（例如 Fe^{2+}、Mn^{2+}），缺少锂嵌入的间隙位置，而且这些 3d 过渡金属（TM）也不会与锂形成合金，但是它们恰巧对锂而言是活性的[37,38]。如图 5.1 所示，过渡金属氧化物的容量范围为 650 ~ 1000mAh g^{-1} (3300 ~ 5000mAh mL^{-1})，比石墨高出 2 ~ 3 倍。然而，这些材料的脱锂电位比石墨更高，Li/Li^+ 电位为 1.2 ~ 2.5V。

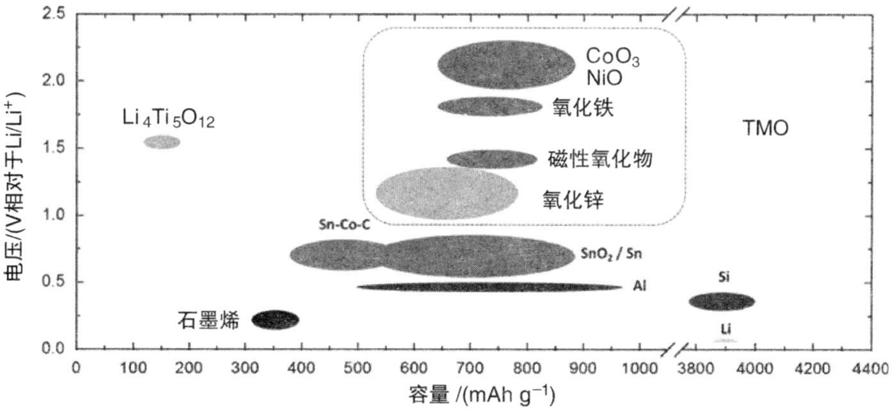

图 5.1　负极材料的脱锂电压与相对质量比容量关系图

本章揭示了过渡金属氟化物可逆锂化和脱锂的过程和影响其性能的关键因素，例如容量、倍率性能、容量保持能力。讨论主要集中于过渡金属氧化物中的氧化铬到氧化锌，并从简单氧化物到混合氧化物例如尖晶石 AB_2O_4。本章最后一部分小结了包括上述介绍的其他过渡金属氟化物。

5.2 锂化和脱锂机制

TMO 用作锂离子的负极材料是近年来开始的，但用作正极材料已经不是很新的研究了：Li－CuO 原电池从 1980 年开始就使用了[39,40]，并且最近 CuO 被用作正极材料[41]。在室温下，简化的和不可逆的反应如式（5.1）所示，Cu_2O 作为中间体：

$$CuO + 2Li^+ + 2e^- \rightarrow Cu + Li_2O \tag{5.1}$$

该试验电池相对于 Li/Li^+ 的电压约为 1.5V[39]。尽管在 1981 年已经证明了在 420℃时，Fe_2O_3/Fe_3O_4 与锂的反应是可逆的[42]，但直到 2000 年，Poizot 等人才证明该反应在室温下也是可逆的[37]。

不同于石墨、钛酸锂、正极材料和 Li^+ 经过可逆嵌入/插入反应，绝大多数氟化物和 Li^+ 发生可逆转化反应。对于嵌入/插入过程，每个金属少于一个电子发生转移（$LiCoO_2 \approx 0.52$，$LiFePO_40 = 1$，$Li_4Ti_5O_{12} = 0.6$，石墨 $= 0.17$），而对于转化反应，每个金属通常会有两个以上的电子发生转移。如式（5.2）所示，在转化反应的锂化过程中，过渡金属氧化物被还原到金属态并形成可分解的Li_2O基质：

$$MO_x + 2xLi^+ + 2xe^- \leftrightarrow M + xLi_2O \tag{5.2}$$

如图 5.2 所示，第一锂化后，会形成嵌入 Li_2O 基体的金属纳米颗粒（通常为 1～5nm）复合物[37]。在脱锂的过程中，会形成金属氧化物的纳米颗粒（一般为 1～5nm），但是并不一定具有和起始氧化物相同的晶体结构。SnO_2[43] 和 Sb_2O_3[44] 发生的转化反应相同，然而在这些情况下，Li_2O 基体是不可分解的，并且随后的锂和锡或锂和锑会发生可逆的合金化反应。不是只有 TMO 和锂会发生可逆转化反应，实际上 TMS、TMN、TMP、TMF 也会发生相同的反应。该反应可概括为

$$MX_y + zLi^+ + ze^- \leftrightarrow M + zLiX_{y/z}\ (y = z\ X = F;\ y = z/2\ X = O,\ S;\ y = z/3\ X = N,\ P) \tag{5.3}$$

使用锂金属作为对电极，半电池的理论电池电压（E）可以通过金属氧化物纳米颗粒形成的吉布斯自由能计算，可分解的 Li_2O 基体的吉布斯自由能（ΔG_f）可通过能斯特方程计算得出，如式（5.4）所示（E 也被称为电动势，emf）：

$$\Delta G_f = -nFE \tag{5.4}$$

式中，n 是电子交换的数量；F 是法拉第常数；E 是理论电池电压，也称为电动势（emf）。

ΔG_f很容易使用式（5.5）得出：

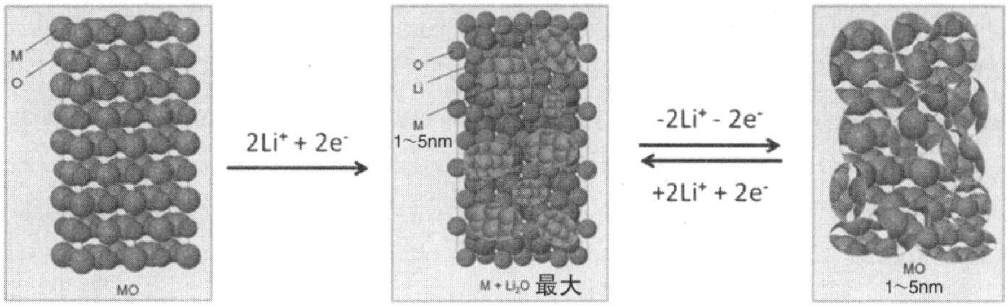

图 5.2　Li^+ 与 MO 的可逆转换反应

$$\Delta G_f = n\Delta G_f^o(Li_2O) - n\Delta G_f^o(MO) \tag{5.5}$$

各种金属氧化物（TMS、TMN、TMF）的理论半电池电压和它们的理论比容量见表 5.1[45]。

表 5.1　吉布斯自由能方程估算的理论半电池电压（E 或 emf）以及几种 TMO 的理论比容量

金属氧化物	E 或 emf /（V 相对于 Li/Li^+）	理论比容量/（$mAh\ g^{-1}$）
MgO	−0.00354	1330
Al_2O_3	0.180	1577
TiO_2（金红石型）	0.608	1342
TiO_2（锐钛矿型）	0.625	1342
SiO_2	0.694	1784
V_2O_3	0.945	1073
MnO	1.032	756
Cr_2O_3	1.085	1058
ZnO	1.252	659
Mn_2O_3	1.431	1018
FeO	1.61	746
Fe_2O_3	1.631	1007
MnO_2	1.708	1233
CoO	1.802	715
NiO	1.954	718
Cu_2O	2.147	375
CuO	2.248	674

这些数值假定金属不与锂合金化，这是除了硅、铝、镁和锌以外的所有金属的情况。此外应该知道，能斯特方程只能准确用于块体材料，这意味着使用纳米

粒子时很重要的表面/界面能贡献被忽视了。考虑到后者会改变，emf 仅为 100mV[45,46]。尽管 Al_2O_3、TiO_2 和 SiO_2 显示正的 emf，所以它们的转化反应应该是自发的，但存在阻止反应发生的动力学限制。这些氧化物或者不与锂反应，例如 MgO 和 Al_2O_3，或经历一个插入反应，例如 TiO_2。

半电池中电极的工作电位（U）主要由 emf 确定，并且也受锂化或脱锂超电势（η）的影响，等式如下：

$$U = \mathrm{emf} \pm \eta \text{（－如果锂化；＋如果脱锂）} \tag{5.6}$$

对于与锂反应的过渡金属氧化物，由于固相反应（锂化和脱锂）是慢动力学过程，所以可观察到较大的超电势。因此，通常需要大的电势窗口，通常相对于 Li/Li^+ 为 10mV ~ 3V。由于这些动力学限制，只有 emf 相对于 Li/Li^+ 大于 1V 的金属氧化物，已经被实验证明在锂金属电沉积到金属氧化物发生之前被还原[45]。

TMX，处于其最低氧化态的金属（例如 MnO、FeO、CoO、NiO、Cu_2O、ZnO）可直接进行可逆转化反应。然而，在更高氧化态的情况下，特别是对于表现出离子特征的化合物（即 TMO 和 TMF）或由于空位产生的共价特征（即 TMP），将在可逆转化反应[38]之前发生锂离子嵌入。锂离子嵌入引起的还原反应将 TM 转化为较低氧化态，并且常常达到最低（或最稳定）氧化状态时发生可逆转化反应。有一些遵循这一规则的材料实例：MnO_2[47]、Co_3O_4[48,49]、Mn_3O_4[50]、CuO[51]、CuS[52]、Cu_3P[53]、NiP_3[54]、Fe_2O_3[55]和 FeP[56]。

TMO 的可逆转化反应的关键是在第一次锂化期间形成 TM 纳米颗粒并嵌入和均匀分布在 Li_2O 基质中。图 5.3 和图 5.4 显示了在半电池条件下典型的电压（MnO、CoO、NiO 和 FeO）与负极材料不同的带电状态的关系曲线。

MnO、FeO、CoO 和 NiO 都经历可逆的转化反应，除了锂化的位置和脱锂平台外电压分布非常相似。如图 5.3 所示，MnO 表现出第一锂化平台相对 Li/Li^+ 为 0.2V，其中 MnO 颗粒分解成纳米颗粒锰嵌入到 Li_2O 基质中。在这种特殊情况下，通过在 800℃氩气下分解乙酸锰制备 MnO 颗粒。工作电极组成为 80% 的氧化锰、5% 的石墨、5% 的超级碳和 10% 羧甲基纤维素钠。对于 CoO，由 100 ~ 200nm 良好结晶的 CoO 颗粒聚集成 1 ~ 2mm 的颗粒（见图 5.4a 和 b），在第一次锂化之后（相对于 Li/Li^+ 0.9V 的平台）颗粒完全崩解，然后由钴纳米颗粒组成分散在 Li_2O 中（图 5.4c 和 d）。但是，初始晶粒的整体形状被保留。还观察到碳包覆的 Fe_3O_4 纳米纺锤[57]和三维有序介孔（3 - DOM）的 Cr_2O_3[58]也保持初始形状。如图 5.3 中的方案所示，电极材料被凝胶层（也称为有机层、聚合物层、固体电解质界面）覆盖，图 5.4c 上的空三角形显示出了该层。如前所述，可以观察到 TMO 具有大的过电位；对于 MnO，约为 0.8V，而对于 CoO，约为 0.9V。如 Poizot 等人解释的，他们认为 TM 纳米颗粒的尺寸限制增强了对 Li_2O

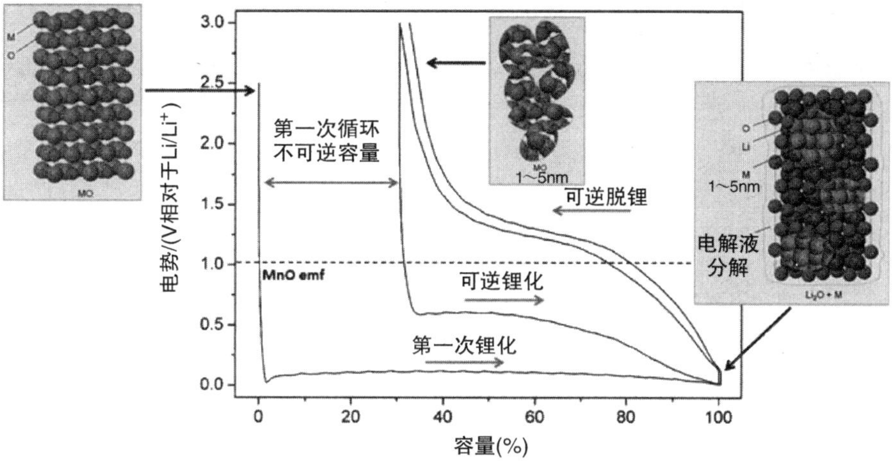

图 5.3　锂金属对电极与 TMO 工作电极制成的半电池的典型电压曲线（也适用于 TMS、TMN、TMP 和 TMF）。半电池是在 75mA g 下在 10mV ~3V 循环。图中只显示了前两个循环

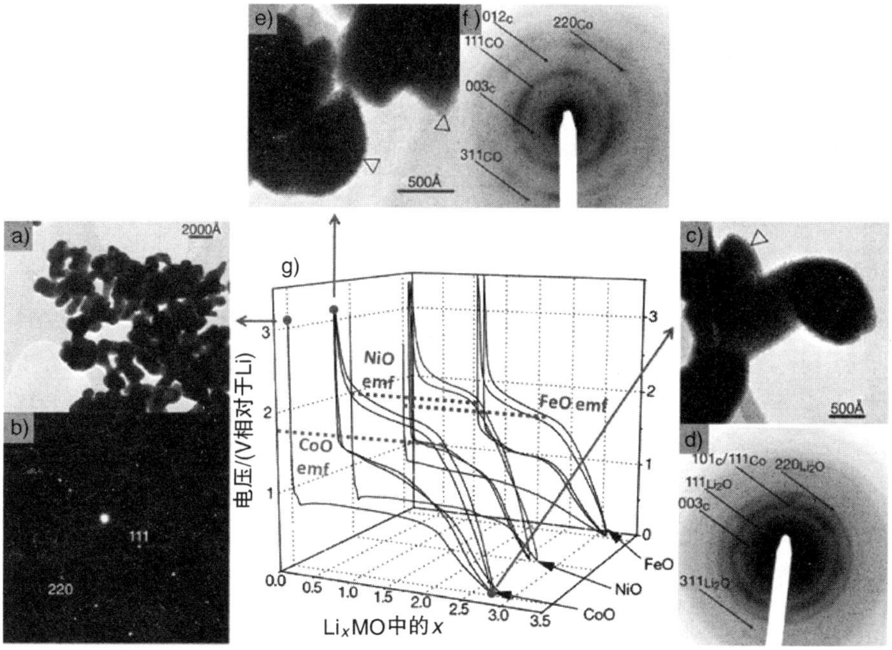

图 5.4　a）未循环的 CoO 电极的 TEM 照片　b）相应的 SAED 图（在逆空间中沿［22 −4］方向获得）　c）CoO 电极完全锂化 TEM 照片　d）对应的 SAED 图（负极）　e）脱锂 CoO 电极的 TEM 照片　f）对应的 SAED 图（负片），hkl 符号中的下标 c 是指碳　g）锂金属对电极和 CoO、NiO 和 FeO 工作电极组成的半电池的电压曲线，循环电压范围为 0.01 ~3V，倍率为 C /5（转载自 Macmillan Publishers Ltd：Nature，［37］，版权©2011）

基体分解[37]的电化学活性；Maier 将这种现象解释为受限空间的表面能[59]增加引起的纳米效应。TM 颗粒的氧化不会发生在微米尺度[37]；颗粒必须是纳米级的并且与 Li_2O 紧密接触才能使这种已经很慢的固态氧化反应发生[23]。如图 5.3 所示，MnO 的脱锂平台也表现出电极极化；其相对于 Li/Li^+ 为 1.0 ~ 1.4V。对于 CoO 来说，平台位置比较高，其相对于 Li/Li^+ 为 1.8 ~ 2.1V。通常，脱锂平台不受循环次数的影响，因为金属 - Li_2O 复合物在第一次锂化之后已经处于纳米级别。如图 5.4e 和 f 所示，在脱锂结束时，获得 TMO 纳米颗粒。在大多数情况下，后续锂化平台显示出低很多的过电位，因为还原的纳米颗粒（1 ~ 5nm）相比较大的颗粒（≈100nm）容易降低过电位。对于 MnO 来说，第二次锂化的过电位仅为 0.4V。然而如图 5.3 和图 5.4 所示，还原和氧化过电位是影响电池效率滞后很大的原因。在 TMX 中也观察到了类似的影响。表 5.2 总结了不同的过渡金属氧化物锂化和脱锂的电压，其中 TM 从铬到锌（包括锌，虽然它是一种后过渡金属）。

表 5.2 从 Cr 到 Zn 过渡金属氧化物的电动势、氧化电势、还原电势以及理论能量

过渡金属	相	EMF③[45] /V	第一次还原电势 /(V 相对于 Li/Li^+)	第二次还原电势 /(V 相对于 Li/Li^+)	氧化电势 /(V 相对于 Li/Li^+)	每个金属中的 Li 的数目	理论比容量[45] /(mAh g^{-1})
Cr	Cr_2O_3	1.085	0.15[60]	0.3 ~ 0.15①[60]	0.8 ~ 1.9②[60]	3	1058
Mn	MnO_2	1.708	0.4①[61]	0.4 ~ 0.6②[61]	0.5 ~ 1.4②[61]	4	1233
	Mn_2O_3	1.431	1.4/0.35①[50]	0.6②[50]	1.0 ~ 1.4②[50]	3	1018
	Mn_3O_4	–	1.1/0.4①[50]	0.6[50]	1 ~ 1.4②[50]	2.7	1008
	MnO	1.032	0.2[here]	0.5 ~ 0.6②[here]	1.0 ~ 1.4②[here]	2	756
Fe	Fe_2O_3	1.631	1.5/0.75①[62]	1.0/1.5①[62]	1.5 ~ 2.0②[62]	3	1007
	Fe_3O_4	–	0.7[63]	0.8/1.0[63]	1.5 ~ 2.0②[63]	2.7	926
	FeO	1.61	0.6 ~ 0.7[37]	0.9 ~ 1.1[37]	1.5 ~ 1.8②[37]	2	746
Co	Co_3O_4	–	1.0[48]	1.25[48]	2.1[48]	2.7	891
	CoO	1.802	1.0[37]	1.2 ~ 1.8②[37]	2.0 ~ 2.3②[37]	2	715
Ni	NiO	1.954	0.6[64]	1.0 ~ 1.4②[64]	1.5 ~ 2.2②[64]	2	718
Cu	CuO	2.248	2.2/1.5/0.8[65]	2.2/1.5/0.8[66]	1.0 ~ 1.5/2.4[65]	2	674
	Cu_2O	2.147	1.1 ~ 1.2[67]	0 ~ 1.5②[67]	1.5②/2.5[68]	1	375
Zn	ZnO	1.252	0.3 ~ 0.4[69]	0.9 ~ 0.5②[70]	从 1.2[70]	2	659

① 2 平台。

② 斜率。

③ EMF：电动势。

材料表面处的凝胶层的组成和性质随锂化状态而变化，当材料锂化时通常变厚，这使得该层不稳定[50,59-61]。此外该层随着循环时间和温度的升高而增长[23]。有趣的是，这个不稳定层一定程度上通过界面带电机制[45,46,72]能够可逆地存储锂。CoO [23] 和其他过渡金属氧化物如 $ZnMn_2O_4$[73] 发现了这种存储能力。该现象通过温度的增加或者长期循环[23,73]而增强。

尽管“纳米”是 TMO（和 TMX）转换反应可逆性的关键，这些电极材料的容量保持率对材料的粒度和形貌非常敏感。如 Poizot 等人观察到的对于 CoO 而言，最佳粒径为 2μm；而对于 Cu_2O，其为 1μm[37]。对于球形颗粒 Co_3O_4，微晶尺寸在 40 ~ 60nm 似乎是最佳的[74,75]。图 5.5 显示了通过共沉淀法制备的[73]过渡金属氧化物尖晶石 $ZnMn_2O_4$ 的电池性能。在这种特殊情况下，由尺寸为 75 ~ 150nm 的 $ZnMn_2O_4$ 颗粒制备的电极显示，经过 70 次循环后[73]最高和最稳定容量为 690mAh g^{-1}。

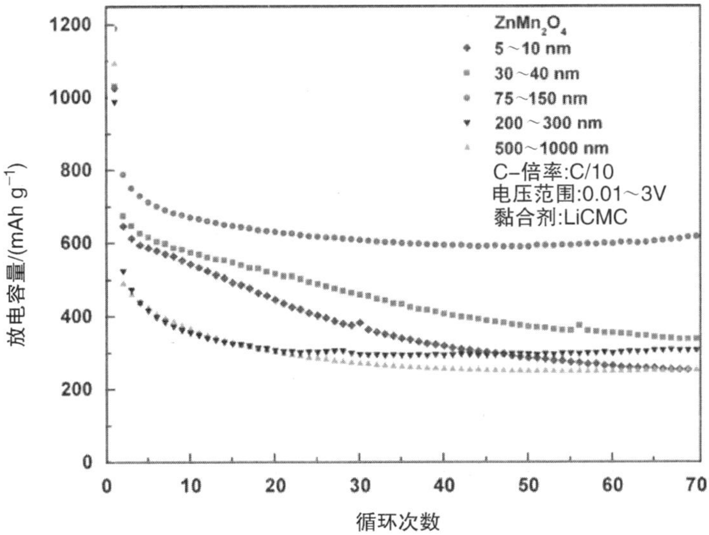

图 5.5　由不同颗粒尺寸的 $ZnMn_2O_4$ 组成的 $ZnMn_2O_4$ 电极放电能力与循环次数的关系（通过 TEM 或者 SEM 测试颗粒大小），锂羧甲基纤维素作为黏合剂，以 C/10 的倍率循环在半电池中进行测试

最近，Maier 提出了一种纳米级[76]界面离子存储的新机制。这通过研究纳米 RuO_2（30 ~ 200nm）存储机制来研究锂离子电池，在非常高的库仑效率时（98%）其最高容量达到 1110mAh g^{-1}[72]。研究结果表明，在 C/5 倍率下锂离子可以在 Ru/Li_2O 纳米复合材料（0 ~ 1.2V）界面处存储，存储容量达到 120mAh g^{-1}。在嵌入反应形成 $LiRuO_2$ 之前首先通过转化形成 Ru/Li_2O 纳米复合材料。在充电期间观察到 SEI（5nm）形成，类似于其他金属氧化物（例如

CoO)，但是在这种情况下不太可能，因为它的形成或溶解应该在高于 1.2V 的电位下发生[77]。在 M/Li_2O 界面的存储有一种解释是在本质上是锂离子占据 Li_2O 中靠近边界的间隙位，由电子在金属表面进行补偿。Ti/Li_2O 纳米复合材料也采用类似的机制，如开头 ab 计算所示[77]。

5.3 金属氧化物

本节介绍了与锂发生可逆转化反应的过渡金属氧化物的性质和性能。过渡金属氧化物从氧化铬到锌氧化物，并且所有电势都是相对于 Li/Li^+ 给出。

5.3.1 铬

根据 Maier 等人报道的电动势计算[45]，Cr_2O_3是第一个来自周期表的与锂发生转化反应的 TMO[60]，但也意味着它是最难被还原的。第一次锂化显示的平台在 0.15V 处，随后的锂化平台在 0.3V，脱锂电位为 0.8 ~ 1.9V[60]。尽管 Cr_2O_3 具有大的理论比容量为 1058mAh g^{-1}，但是微颗粒总是显示非常差的容量保持率。尺寸范围为 500nm ~ 1.5μm 的颗粒显示第一放电容量为 1100mAh g^{-1}，略高于理论容量。不幸的是，第二个循环显示的比容量为 250mAh g^{-1}或更小[60]。甚至通过使用水热法制备的纳米颗粒（50nm）不足以显著提高容量保持和电极的长期性能[60]。起初 Dupont 等人认为，这种低容量似乎是由于转化反应机理造成的，按如下进行：$Cr_2O_3 \rightarrow CrO \leftrightarrow Cr \leftrightarrow CrO$[78]。采用脉冲激光沉积技术制备产生 50nm 和更大尺寸的 Cr_2O_3颗粒。在这种情况下，第一次循环后没有观察到 Cr_2O_3 结晶相。然而，其他小组观察到脱锂后 Cr_2O_3恢复[60]。值得一提的是对于 Cr_2O_3 而言，主要问题是其电导率差（约 2×10^{-7}S cm^{-1}）[71]。这种现象适用于所有带隙范围 3 ~4eV 表现出典型绝缘体或半导体行为的过渡金属氧化物[79]。此外，在纳米颗粒的表面上形成非常厚且不稳定的凝胶状层（30 ~ 90nm）是造成 250mAh g^{-1}容量损失的原因[60]。这些问题已经通过硬碳包覆碳/Cr_2O_3纳米复合材料得到解决，它提供了 80% 的可逆性。研究发现，经过第一次循环的容量值为 800mAh g^{-1}（每克复合物），经过 20 次循环后的可逆容量为 650mAh g^{-1}[60,80]。然而，长期循环性能尚未有报道。掺杂是另一条可以克服低电子传导性的路径。预先用 2% 的 Ni 掺杂的碳包覆的 Cr_2O_3纳米颗粒已经显示几乎 90% 的可逆性，初始容量为 900mAh g^{-1}，并且经过 20 次循环[71]后可逆容量为 800mAh g^{-1}。掺杂使电子电导率从 2×10^{-7} S cm^{-1}增加到 3×10^{-4} S cm^{-1}，碳涂层通过减小其厚度（从 30 ~ 90nm 到 15 ~ 30nm）改善了凝胶状层的稳定性[60,71]。最近，人们成功制备了拥有 10nm 壁厚和 10nm 孔的 3 - DOM Cr_2O_3，但不幸的是，低导电性和没有碳包覆导致非常差的性能[58]。已经研究了其他方法，例如制造 100 ~ 200nm 薄膜[81]或直接在不锈钢上生长 500nm 的 Cr_2O_3/Mn - Fe - Cr - O 多孔薄膜[78,81]。然而，这些方法大大降低了电极的容量密度。

5.3.2　锰

4 种不同的锰氧化物可用作锂离子电池的负极材料，范围从 Mn^{4+} 到 Mn^{2+}：MnO_2[47]、Mn_2O_3[82,83]、Mn_3O_4[83,84]和 MnO[50,61,86-89]。见表 5.2，它们都表现出很高的理论容量，从 MnO_2 理论容量 1233mAh g^{-1}到 MnO 理论容量 755mAh g^{-1}，比石墨容量大 2 ~ 4 倍。锰是一种有潜力的金属；它不是太昂贵，储量丰富，无毒。此外，脱锂电位（氧化）相比其他过渡金属氧化物（见表 5.2）电位是相当低的。然而，锰的主要问题是第一次循环后的不可逆容量太低。跟 Cr_2O_3 一样，锰氧化物也是比较难还原的过渡金属氧化物；通常需要的电势为 0.2 ~ 0.4V[38]。Fang 等人做了一个有趣的实验，他们对比了 4 种具有相同形貌的氧化锰纳米棒所表现出来的性能，直径范围为 100 ~ 200nm[50]。图 5.6 显示了这 4 种氧化物的 SEM 照片和电压分布。不可逆容量分别是，MnO_2 为 71.8%、Mn_2O_3 为 58.26%、Mn_3O_4 为 52.7% 和 MnO 为 45%。

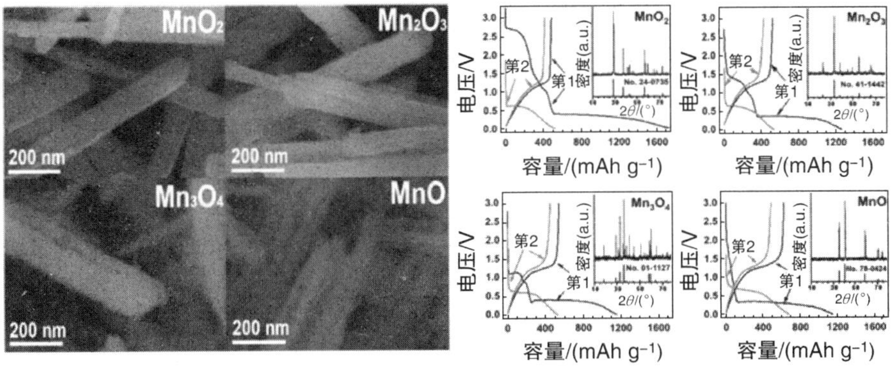

图 5.6　以相同方法合成的 MnO_2、Mn_2O_3、Mn_3O_4 和 MnO 纳米棒的 a）SEM 照片 b）电压分布（转载自 Electrochemistry Communications：版权©2011，得到 Elsevier 允许）

如前所述，MnO_2 在还原成锰金属之前要经过锂嵌入的过程，按以下路径进行：$Mn \leftrightarrow MnO_2 \rightarrow LiMnO_2 \rightarrow Li_2MnO_2 \rightarrow Mn$[50,90]。由于一些反应的不可逆性可以解释大的不可逆容量产生的原因。在进一步被还原之前，Mn_2O_3是不可逆的，被还原成 Mn_3O_4。MnO_2 和 Mn_2O_3通常不会表现出良好的容量保持率。第三种锰氧化物，Mn_3O_4，在被还原成金属锰之前经过一个插入反应：$Mn_3O_4 \rightarrow LiMn_3O_4 \rightarrow$

MnO↔Mn。经过不同的插入步骤后，所有的锰氧化物在0.2～0.4V平台之间表现出相同的第一还原电压，属于典型的转化反应。使用锰氧化物的优点是低的转化反应氧化平台电压，范围为1.0～1.4V；这允许更高的输出电压。在文献中[50,84]已经报道Mn_3O_4与锂有两种不同的可逆过程。根据Fang等人的研究发生第一次锂的嵌入后形成$LiMn_3O_4$，如式（5.7）所示，与锂的第二反应则得到MnO，如式（5.8）所示。很明显，一旦生成MnO，式（5.7）和式（5.8）就是不可逆的了。如式（5.9）所示，从MnO开始发生可逆转化反应，后者的观察已经通过高分辨TEM和选区电子衍射（SAED）的测量[50]证实。Gao等人提出第二种路径，他们认为式（5.10）所示的反应是完全可逆的[84]：

$$Mn_3O_4 + Li^+ + e^- \rightarrow LiMn_3O_4 \tag{5.7}$$

$$LiMn_3O_4 + Li^+ + e^- \rightarrow 3MnO + Li_2O \tag{5.8}$$

$$MnO + 2Li^+ + 2e^- \leftrightarrow Mn + Li_2O \tag{5.9}$$

$$Mn_3O_4 + 8Li^+ + 8e^- \leftrightarrow 3Mn + 4Li_2O \tag{5.10}$$

正如预期的那样，MnO表现出最低的不可逆容量[50]。然而由于转化反应的高可逆性，人们可以期待一个非常低的不可逆容量。MnO通常在第一次循环后有超过1100mAh g^{-1}的容量[50,61,86-89]，比其理论容量高很多。像Cr_2O_3一样，这是由于锰纳米颗粒上厚凝胶状层的形成引起的。可逆容量约为第一次循环后容量的65%～70%，这对应于MnO的理论容量。有或没有碳添加剂MnO通常都表现出良好的容量保持性。Zhong等人报道了MnO/C复合材料的可逆容量[91]为650mAh g^{-1}。

5.3.3 铁

铁的氧化物非常有吸引力，因为铁的成本低廉，具有环境友好性，而且实验氧化电位为1.8V，这比钴或镍的氧化物低得多。3种不同的铁氧化物可作为锂离子电池负极材料，价态可以从Fe^{3+}到Fe^{2+}转变，即Fe_2O_3、Fe_3O_4和FeO。在20世纪80年代，Thackeray和Coetzer发现，420℃时Fe_2O_3和Fe_3O_4与Li/Al合金在LiCl－KCl熔盐混合物中可发生可逆反应[42]。在这个过程中，$\alpha-Fe_2O_3$和Fe_3O_4全部被还原为Fe。当在室温下放电低至1V时，在Fe_2O_3和Fe_3O_4中初始嵌入锂，会生成锂化后的相$Li_xFe_2O_3$和$Li_xFe_3O_4$（$0 \leqslant x \leqslant 2$）[92]。最近证实当放电到5mV，在室温下可以充分还原铁的氧化物[37]。FeO只能通过传统的可逆转换反应：$FeO + 2Li^+ + 2e \leftrightarrow Fe + Li_2O$；第一次的锂化发生在0.6～0.7V，并且首次放电容量[37]为1150mAh g^{-1}。氧化平稳电压约为1.6V，还原电压平台约在1V附近（见表5.2）。FeO具有可逆容量745mAh g^{-1}，循环50次后衰减到300mAh g^{-1}。当Fe_2O_3和Fe_3O_4嵌脱锂时可观察到额外的1～3V的电压平台。FeO没有被广泛研究，相反已经有很多人对 Fe_2O_3 和 Fe_3O_4 作为锂离子电池负极材料感兴趣。大量的研究用于控制铁氧化物颗粒的大小和形貌。据报道，微米级铁氧化物显示较低的容量保持率[57,93]。例如，对于 Fe_2O_3，合成了纳米棒[94,95]、纳米片[96]，并合成了纳米管[62]，而对于 Fe_3O_4，制备并测试了纳米线[97]和纳米纺锤[57]。在这两种情况下，这些纳米材料包覆碳时可以获得最稳定的容量，事实依据是固体电解质界面（SEI）生长在碳上而不是材料本身。首次放电 1300mAh g^{-1} 后，碳包覆氧化铁纳米管循环 150 次后产生稳定的容量为 700mAh g^{-1}，而未包覆碳的纳米管容量[62]为 450mAh g^{-1}。在碳包覆 Fe_3O_4 纳米线中观察到同样的现象，经过 50 次循环后稳定的可逆容量为 800mAh g^{-1}，而未包覆碳的 Fe_3O_4 纳米线性能表现更差，经过 50 次循环后可逆容量[97]为 400mAh g^{-1}。

最近人们研究了另一种方法，即直接在石墨烯（薄片化石墨）上生长 Fe_3O_4 纳米颗粒，可以获得良好的稳定性[98]。高导电性的石墨烯可以作为电子导体[99]，也为 Fe_3O_4 纳米颗粒提供支撑。据报道第一次放电容量 1400mAh g^{-1} 和第二次放电容量为 900mAh g^{-1}，随着循环增加略有增加。这种材料的倍率性能也非常好，在略高于 C（1050mAh g^{-1}）的倍率下拥有超过 600mAh g^{-1} 的容量。使用单壁碳纳米管（SWCNT）复合电极被证明可提高 Fe_3O_4 的循环性能[91]。复合材料通过在 SWCNT 存在下还原 FeOOH 纳米棒前驱体以产生 Fe_3O_4，并制备仅含 5% 的 SWCNT 的不含黏合剂的电极。据报道其有极高的容量，达到 1000mAh g^{-1} 以上。

5.3.4 钴

钴的氧化物 CoO 和 Co_3O_4 对锂均有活性[23,37]。它们的理论容量超过 700mAh g^{-1}：CoO 为 700mAh g^{-1}；Co_3O_4 为 890mAh g^{-1}。像其他 TMO 一样，钴氧化物经过与锂的可逆转换反应。第一次还原反应发生在约 1V，随后发生在 1.2~1.8V[17,38]。氧化发生的电位范围为 2.2~2.4V[37]，电位太高，是这种特殊金属氧化物的主要缺点。用在完整的锂离子电池中，将导致低的输出电池电压。Badway 等人发现 $Co_3O_4/LiCoO_2$ 电池只有 2V[100]的输出电压。然而，由于钴氧化物提供了一个普遍高且稳定的容量，它是具有吸引力的过渡金属氧化物之一。大颗粒（大于 2μm）的 CoO 和 Co_3O_4 可提供高且稳定的容量[38]，而纳米钴氧化物的性能将在很大程度上取决于它们的形貌。Co_3O_4 纳米线[101]、纳米管[102]、纳米针[103]和中空微球[104]在低循环倍率时达到 700mAh g^{-1} 以上稳定的容量。CoO 纳米线[105]在 1C 时也可以获得 700mAh g^{-1} 以上的容量。但 Co_3O_4 纳米片[106]的容量具有大幅下降或因热处理的不同而发生大的变化。Co_3O_4 与石墨烯片的复合材料可用于防止金属氧化物颗粒团聚和石墨烯片的堆叠[107]。金属氧化物在氧化石墨烯片上原位生长，然后将其还原生成均匀分布的 Co_3O_4 纳米颗粒。这导致 30 个循环后可获得稳定的容量 800mAh g^{-1}。

5.3.5 镍

NiO 已被报道可作为锂离子电池的负极材料。它通过常规的可逆转换与锂反应：$NiO + 2Li^+ + 2e^- \leftrightarrow Ni + Li_2O$[37,64,108]。首次嵌锂过程发生在约 0.6V，而随后的锂化平台从 1V 倾斜到 1.4V。像氧化钴一样，由于 NiO 较高的脱锂电压（1.5～2.2V），将提供一个低电压，因此通常具有较低的吸引力。此外，NiO 除非是纳米结构[64,113,114]，否则显示非常差的容量保持率[108-112]。由 30～100nm 的纳米颗粒制成的薄膜显示出第一放电容量范围为 800～850mAh g^{-1}，可逆容量在 100 个循环后为 450～500mAh g^{-1}，循环速率为 10～80μA cm^{-2}[113]。具有 100nm 高度且小于 40nm 厚的 NiO 纳米壁可获得一些最好的性能，在 1.25C（900mA g^{-1}）倍率下 80 次循环后容量为 640mAh g^{-1}[64]。然而，在第一循环后发生约 40% 的不可逆容量损失。介孔碳包裹的 NiO 纳米复合材料也有类似的数据[115]。

5.3.6 铜

正如本章前面提到的，铜氧化物早在 1980 年已被用作为锂电池的正极[39,40]，最近被用作锂离子电池的正极[41]。Poizot 等人在 2000 年时对铜氧化物作为负极进行研究，两相 CuO 和 Cu_2O 已被发现是对锂活性的[37]。与锰氧化物一样，铜氧化物通常表现出大的不可逆容量，大约为第一次放电容量的30%～50%。此外，由于铜的分子量高和较低的氧化数，氧化铜相比其他过渡金属氧化物具有较低的理论比容量：CuO 理论容量为 674mAh g^{-1}；Cu_2O 理论容量为 375mAh g^{-1}。Grugeon 等人研究证明，纳米尺寸的材料并不总是提供最好的性能；微米大小的 CuO 和 Cu_2O 相比 150nm 颗粒可提供更稳定的容量（400mAh g^{-1}）[116]。然而，通常情况下，纳米 CuO 和 Cu_2O 相比微米颗粒具有更好的容量保持率。例如，直径为 100nm 的纳米线首次放电容量为 1040mAh g^{-1}，循环 100 次后可逆容量为 650mAh g^{-1}，相当于 37% 的不可逆容量[117]。CuO 纳米带提供了类似的结果，在 C/4 下 280 次循环后可逆容量为 600mAh g^{-1}，不可逆性约为 31%[118]。良好的速率容量也报道过：在 C/3.4 时容量为 507mAh g^{-1}，在 C/1.7 时容量为 417mAh g^{-1}，在 C/0.85 时容量为 332mAh g^{-1}。然而，应注意这些数值，因为电极密度只有 0.4mg cm^{-2}[118]，100nm 海胆状纳米结构的 CuO 也被进行了研究[65]。在 C/4.5 时 50 个循环后获得 600mAh g^{-1}的稳定容量，不可逆容量仅为第一放电容量的 25%。

由于 Cu^{+1}氧化态存在，CuO 表现出不同于其他 TMO 的性能。它首先通过一个插入机制达到混合氧化态，即 $Cu^{2+}_{1+x}Cu^{+}_{x}O_{(1-x)/2}$ （$0<x<0.4$）到 Cu_2O，然后发生传统的可逆转换反应。图 5.7 显示了 CuO 负极的典型电压曲线。

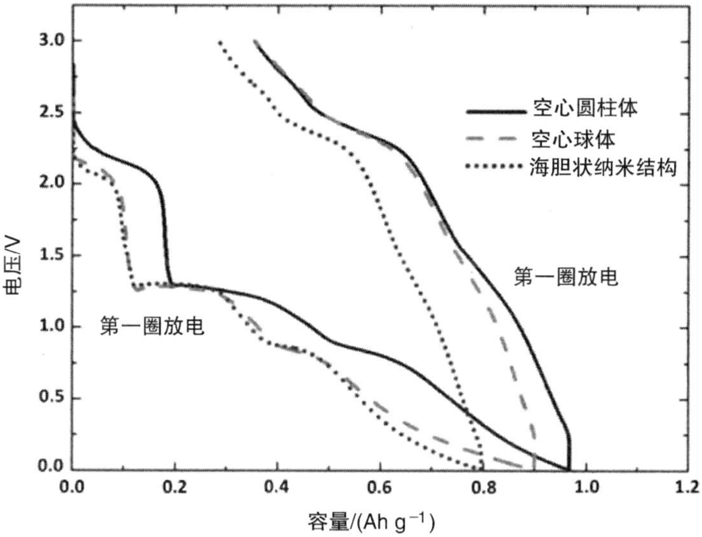

图 5.7　CuO 电压型空心纳米结构（得到 John Wiley & Sons，Inc. 许可[65]）

5.3.7　锌

锌是后过渡金属，并且像 TMO 一样，ZnO 具有无空隙的纤锌矿结构，它不允许任何锂插入。像大多数 TMO，ZnO 通过可逆转化反应与锂反应[119]。但是，作为后过渡金属氧化物，ZnO 表现非常不同，因为原位制备的锌纳米颗粒进一步与锂反应形成 ZnLi 合金[120-122]。大多数合金与锂反应类似，锌颗粒在此期间经历大的体积变化过程，约为 163%[119]。这种膨胀是造成前几个循环容量不可逆的原因。通常，观察到循环时可逆容量范围为 350[123] ~ 500mAh g^{-1}[119] 或更低[73]，并且具有非常差的容量保持率。

5.4　混合氧化物：AB_2O_4

人们研究了包含两种 TMO 并具有尖晶石样结构的几种化合物，其中 A 具有 +2 的氧化态，B 具有 +3 的氧化态，3 个系列亚锰酸盐（AMn_2O_4）、铁氧体（AFe_2O_4）和钴酸盐（ACo_2O_4）。

总的来说，它们的性能非常接近简单氧化物的性能（即 Mn_3O_4、Fe_3O_4 和 Co_3O_4）。有趣的是，人们会期望两个锂化平台对应于两种过渡金属，但是 Lavela 等人实验观察 $Mn_xCo_{3-x}O_4$ 系列（$x=0$、1、1.5 或 2）和 Mn_2O_3的第一次锂化时只发现一个平台[124]。图5.8显示了本系列第一锂化平台的电位。似乎电压是由过渡金属的含量控制的。正如所料，Mn_2O_3显示最低的电压平台，然后随着更多的钴被添加到尖晶石中，电压平台向更高的值偏移。这很容易解释，因为锰氧化物（0.3V[83]）比钴氧化物（0.9～1.1V[100,125]）更难以还原。$Co_{3-x}Fe_xO_4$（x=0、1或2）观察到相同的现象[125]。脱锂之后，尖晶石结构从未恢复。相反，观察到单一的TMO的混合，如Sharma[126]所证实的$ZnCo_2O_4$研究。之后观察到两个电压平台。

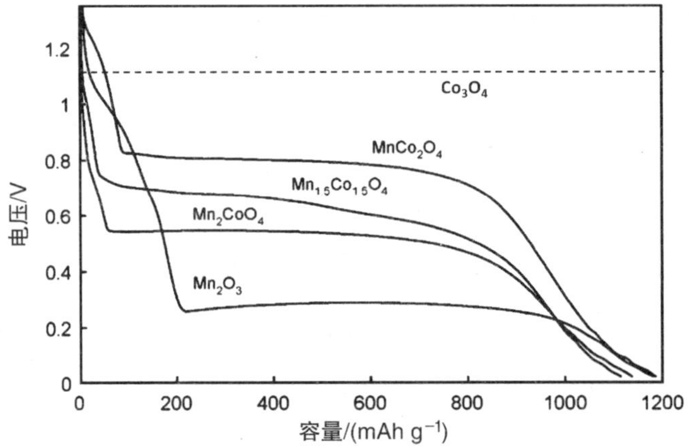

图5.8 $Mn_xCo_{3-x}O_4$尖晶石系列（x = 1、1.5或2）和Mn_2O_3的第一锂化的电压分布，通过乙醇脱水方法制备的沉淀凝胶状柠檬酸盐前驱体在800℃退火24h制备。电池以1C倍率放电（转载自电化学学报[124]。版权所有©2011，得到Elsevier许可。Co_3O_4电压平台参考文献［125］）

5.4.1 AMn_2O_4

锰基氧化物非常有研究价值，因为它们的脱锂电压平台很低；其范围为1.0～1.4V（见图5.1）。但是，由于在Mn/Li_2O复合材料的纳米颗粒上形成不稳定的凝胶状层而显示出大的不可逆性。Pasero等人首次研究这种亚锰酸盐系列，主要研究了非化学计量$Co_{0.4}Mn_{2.6}O_4$的循环性能。它提供了低但稳定的容量，经过10次循环后为400mAh g^{-1}，不可逆性约为60%[127]。可惜没有进行关于颗粒尺寸或长期循环的研究。作者最近报道了$NiMn_2O_4$（10nm）和$CoMn_2O_4$（200～500nm）[73]纳米颗粒的性能。结果显示$NiMn_2O_4$纳米颗粒只有前4个周期性能好。观察到预测的不可逆容量为210mAh g^{-1}，这是由于Mn^0被氧化成Mn^{2+}而不是Mn^{3+}。尽管第2次和第4次放电之间的容量保持得非常好，不幸的是经过20次循环后[73]，快速降低为200mAh g^{-1}以下。这种剧烈的容量衰减归因于镍的纳米颗粒与电解质的不良反应，导致厚的有机物SEI的生成，不允许锂离子行进通过。根据循环伏安曲线可观察到，第 10 次循环后镍的还原和氧化峰强度急剧减少。$CoMn_2O_4$ 纳米颗粒显示更好的容量，第一次放电容量为 975mAh g^{-1}，经过 50 次循环后可逆容量为 330mAh g^{-1}。然而，容量保持仍然是个问题[73]。

在使用后过渡金属锌时，观察到了一个附加的容量。考虑到较低的锌和锰纳米颗粒的氧化电位：分别为 1.2V 和 1.5V[73]，$ZnMn_2O_4$ 是一个很好的选择。这些值可能会增加电池的输出电压。此外，它们的价格和毒性比镍和钴低，它们能源丰富并且环境友好。有 3 个小组报道 $ZnMn_2O_4$[73,128]。第一个报道，通过聚合物热解法合成，得到的纳米颗粒（30 ~ 60nm）超过 50 次[128,129]循环后显示 626mAh g^{-1}的容量值。在第二个报道中，通过煅烧 Zn – Mn 柠檬酸盐络合物前驱体可以获得纳米片状 $ZnMn_2O_4$ 颗粒，提供的容量值在 100mA g^{-1}时为 650mAh g^{-1}[130]。在第三个报道中，通过沉淀的锌和锰草酸盐分解法制备 $ZnMn_2O_4$ 颗粒。可以发现，有必要研究颗粒的大小对电池性能的影响（见图 5.5）。经过 70 个循环的最佳粒径范围为 75 ~ 150nm 的 $ZnMn_2O_4$ 颗粒可提供的容量为 690mAh g^{-1}，大约 88% 的容量保持率。该材料也被观察具有良好的倍率性能：在 3C 时为 170mAh g^{-1}。

5.4.2　AFe_2O_4

尽管铁具有比锰高的氧化电位，AFe_2O_4 系列（A = Co、Ni、Cu、Zn）中的一些成员已显示出有研究价值的性能。然而，这些化合物还具有 35% ~60%[125,131 – 134]较大的不可逆容量。$CoFe_2O_4$ 的[131]容量值为 600 ~ 800mAh g^{-1}，$NiFe_2O_4$ 的容量值[131,133]为 600mAh g^{-1}或更少，$CuFe_2O_4$ 的容量值[134]为 550mAh g^{-1}。即使额外的容量是通过添加锌得到的，$ZnFe_2O_4$ 的纳米颗粒（100 ~300nm）显示出稳定的可逆容量只有 615mAh g^{-1}，不可逆容量达到 46%[135]。

5.4.3　ACo_2O_4

由于含有钴，化合物 ACo_2O_4（A = Mn、Fe、Ni、Cu、Zn）系列展现比其他两个尖晶石系列[126]高的脱锂电位。该系列的第一个组成，$MnCo_2O_4$ 没有显示好的性能，经过 50 个循环后容量只有 400mAh g^{-1}，不可逆性为 65%[124]。根据制备方法不同，$FeCo_2O_4$ 经过 50 次循环后表现相当好的容量保持，容量数值范围为 630 ~ 750mAh g^{-1}，不可逆性分别为 45% 和 35%[125,136]。$NiCo_2O_4$/C 纳米复合材料（10 ~20nm）经过 50 次循环后可提供的容量为 715mAh g^{-1}，随着循环次数的增加显示出明显的衰减，约 40% 的不可逆性[137]。$CuCo_2O_4$ 纳米粒子（10 ~ 20nm）经过 50 次循环后容量稳定为 745mAh g^{-1}，只有 38%[138]的不可逆性。该系列的最后一种组成，由于含锌会有额外的容量。$ZnCo_2O_4$ 纳米粒子（15 ~20nm）

循环60次后表现出非常稳定的容量为900mAh g^{-1}，不可逆容量仅为25%[126]。其他报道也获得非常稳定的容量值：$ZnCO_2O_4$纳米片[139]容量值为750mAh g^{-1}，$ZnCo_2O_4$ 纳米线（直径 100 ~ 300nm）高达 1200mAh g^{-1}，但只有 20 个周期[140]。

5.5 TMX X = S、N、P 和 F

在前面的内容中，已经表明，脱嵌锂电位可以通过改变过渡金属进行调控。另一种可能性是使用混合氧化物，如 AB_2O_4尖晶石其中 A、B 代表两种不同的过渡金属。在这种情况下，电压可改变，但只在发生第一锂化反应过程中，如图5.8 所示。对于后续的脱嵌过程，活性物质是由两种氧化物的混合物组成的，后者在两个不同电位进行反应。改变脱嵌锂电位的另一种办法是改变阴离子。前面的部分集中在氧化物，而这部分将讨论氟化物、硫化物、氮化物和磷化物，分别被称为 TMF、TMS、TMN 和 TMP。它们跟氧化物与锂反应方式相同，分别形成LIF、Li_2S、Li_3N 和 Li_3P 基质。对于相同的过渡金属，以下趋势通常在观察不同TMX 锂化电位时观察到：TMF > TMS > TMO > TMN > TMP。这种趋势实际上与M - X键的极化有关，从 M - F 到 M - P 时 M - X 键的极化降低。

由于金属 - 氟化学键的离子性很高，TMF 具有非常高的氧化还原电位。大多数过渡金属和氟电负性差的范围为2.1~2.5，这使得 TMF 作为正极比负极更有吸引力，特别是 FeF_3。较高的还原电位与金属 - 氟化学键的较高离子性有关，即使用钛和钒[59]也可能进行转化反应，这对于 TMO 来说是不可能的。FeF_3是其中显示最高理论容量的 TMF 之一（712mAh g^{-1}），它也提供最佳的电池性能[141]。其他 TMF，如 NiF_2、CuF_2、CoF_2和 MnF_2以及 MnF_3不具有良好的长期容量保持率[45,69]。

TMS 最初被用作原电池的正极材料（例如 TiS_2、FeS_2）[142-144]。最近，研究发现 TMS 在一定程度上是可逆的，也可以进行转换反应。见表5.2 和表5.3，一般来说 TMS 比 TMO 的氧化电位更高，这意味着金属的还原更容易，但是氧化更困难。例如，MnS 的第一锂化电压平台在0.7V，对于 MnO 为0.2V。对于锂硫电池[145,146]，TMS（Li_2S）的主要问题是硫物质在碳酸盐电解质中的溶解，这意味着在每次放电时会危害反应的可逆性。当使用全固态电池或聚合物电解质时有更好的性能，例如聚环氧乙烷：锂盐，80℃[147]。

TMN 通常比氧化物电位低[148,149]。据报道，TMN 也可以从钒开始经历可逆的转化反应过程。TMN 具有高的首次放电容量，然而它们都没有很好的容量保持，除了 CoN 容量超过700mAh g^{-1}[150]。

表 5.3　TMF、TMS、TMN 和 TMP 的电动势、还原电位和氧化电位以及理论容量的汇总表

过渡金属 X	相	电动势②[45]/V	第一次还原电势/(V 相对于 Li/Li⁺)	第二次还原电势/(V 相对于 Li/Li⁺)	氧化电势/(V 相对于 Li/Li⁺)	每个金属中的 Li 数目	理论比容量[45]/(mAh g^{-1})
Ti	TiF_3[59]	1.396	1.5/0.5～1.0	1.0～1.2	1.7～2.2	3	767
	TiS_2	1.233	—	—	—	4	957
V	VF_3[59]	1.863	0.3	1.8/1.0/0.1	0.1/2.5	3	745
	VN	—	—	—	—	3	1239
Cr	CrF_3[141]	—	1.7	1.9	2.6	3	738
	CrN[156]	—	①	①	1/2.7①	3	1218
Mn	MnF_2	1.919	—	—	—	2	577
	MnF_3	2.647	—	—	—	3	719
	MnS[157]	1.144	—	0.7	1.2	2	616
	MnS_2	1.692	—	—	—	4	900
	Mn_4N	0.083	—	—	—	0.75	459
	Mn_5N_2	0.176	—	—	—	1.2	531
	MnP_4[151]	—	0.65/0.1	0.78/0.1	1.2/1.56	12	1798
Fe	FeF_2	2.664	—	—	—	2	571
	FeF_3[141]	2.742	3.0/2.0	2.1/3.1	2.8/3.3	3	712
	FeS	1.747	—	—	—	2	610
	FeS_2[158]	1.861	1.5	2.0/1.5①	1.9/2.5①	4	893
	Fe_4N	0.432	—	—	—	0.75	339
	Fe_3N[148]	—	2.0/1.8	0.9	1.5～2.2①	1	443
	FeP[56]	—	0.1	0.5/0.2	1	3	926
	FeP_2[56,153]	—	0.25	0.7	1.1	6	1365
Co	CoF_2	2.854	—	—	—	2	553
	CoF_3	3.617	—	—	—	3	694
	$CoS_{0.9}$[52]	—	1.1	1.4	2	1.8	545
	CoS_2[159]	1.898	1.6/1.4①	1.9/1.4①	2/2.3	4	871
	Co_3S_4	1.644	—	—	—	2.7	703
	CoN[150]	—	0.6/0.25①	0.8/0.3①	0.7 和以上①	3	1103
	Co_3N[148]	0.326	1.1/0.8①	1.5～1.7①	2.1	1	421
	CoP[154]	—	从 0.9 和以下①	0.6	1	3	894

（续）

过渡金属X	相	电动势②[45]/V	第一次还原电势/（V相对于Li/Li⁺）	第二次还原电势/（V相对于Li/Li⁺）	氧化电势/（V相对于Li/Li⁺）	每个金属中的Li数目	理论比容量[45]/（mAh g^{-1}）
Co	CoP_3[155]	—	0.3	0.7	1.1	9	1588
Ni	NiF_2[45]	2.964	1.5	2.5①	1.4/3.2	2	554
	NiS[52]	—	0.8～1.2	1.8/1.4	2.8/2	2	591
	NiS_2[160]	—	1.3～1.7①	1.8/1.4	2.1	4	873
	Ni_3N[161]	—	0.55	0.7～1.7①	1.5/2.1①	1	423
	NiP_2[152]	—	0.2～0.5①	0.7	1.2	6	1332
	NiP_3[54]	—	0.6	0.75	1.2	9	1590
Cu	CuF_2[45]	3.553	2.1/1.2	0～3①	0～4①	2	528
	CuS[52]	1.998	2.1/1.6	2.1/1.6①	2.3	2	561
	Cu_2S	1.827	—	—	—	1	337
	Cu_3N[162]	—	0.5和更少①	—	1.7	1	393
	CuP_2[163]	—	0.6	0.8	1.1	6	1284
Zn	ZnF_2	2.404	—	—	—	3	778

① 斜率。

② EMF：电动势。

TMP可能是继TMO之后未来最有研究价值的TMX负极材料，因为它们表现出了TMX中最低的脱锂电位。金属－磷键显示了非常强的共价键特性，这比离子键更难打破[151,152]。事实上，只有从锰开始的过渡金属才能被还原。此外，由于它们的高磷含量和每个磷原子可吸收3个锂离子，它们表现出高的理论容量（见表5.3）。见表5.3，MnP_4显示最佳电位和1798mAh g^{-1}的高理论容量。不幸的是Gillot等人[145]研究发现转化反应过程的效率非常低。FeP和FeP_2表现出非常低的脱锂电位约1.1V。它们第一次锂化时几乎达到了它们的理论容量值，超过900mAh g－1[56,153]。在C/10循环100次后，FeP仍显示出300mAh g^{-1}的容量[56]。CoO显示出超过2V的非常高的脱锂电势，其磷化物对应物CoP和CoP_3显示出低得多的脱锂电势约1.1V[154,155]。CoP_3第一锂化几乎达到其理论容量，然而容量保持仍然是一个问题。如图5.9和图5.10所示，NiP_2和NiP_3也是有研究价值的，特别是因为它们的低脱锂电位（1.2V，见表5.3）以及它们的平的锂化和脱锂平台[54,152]。此外，它们的理论比容量超过1300mAh g^{-1}。在第一次锂化过程中，NiP_2达到理论值，经过10个循环后仍具有850mAh g^{-1}的容量，同时在高达1C倍率下也显示良好的倍率性能[152]。

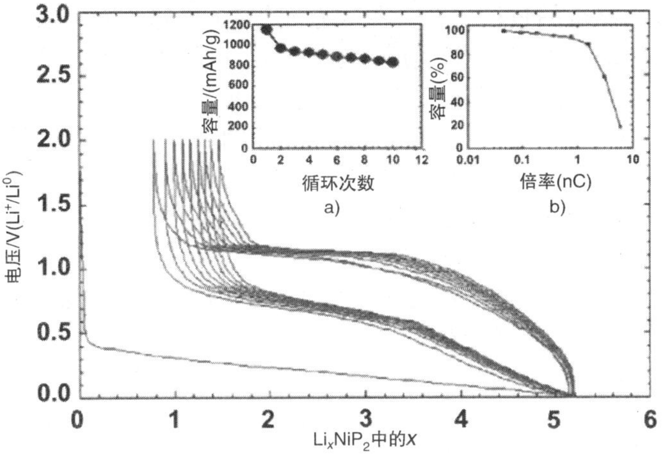

图 5.9　泡沫 - NiP_2/Li 电池在 C/10 时从 2V 至 0V 的电压曲线，内图（a）C/2 速率下相应的容量保持率和（b）泡沫 - NiP_2 电极的倍率性能，由于与锂金属相关的电流密度的原因，锂离子型配置使用 $LiFePO_4$ 作为正极（转载自文献［152］，版权所有© 2011，美国化学学会）

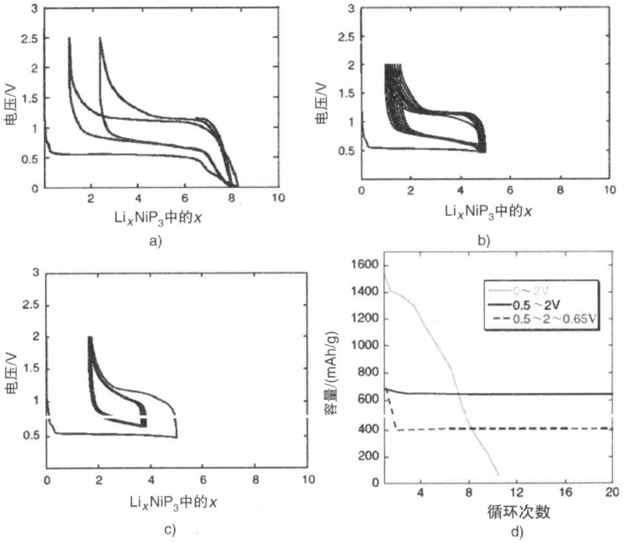

图 5.10　以 C/10 倍率循环的 NiP_3/Li 电池的电压分布

（引自 Springer Science + Business Media：Ionics[52] © 2011）

a）0～2.5V　b）0.5～2V　c）0.5～2～0.65V　d）对于 NiP_3/Li 的 C/10 速率下的容量保持率，在 0～2V（灰线）、0.5～2V（黑线）、在 0.5～2V 第一次放电以及在 2～0.65V 进行后面的循环（虚线）

5.6　小结与展望

由于对高能量密度的锂离子电池的需求越来越大，世界各地的研发实验室正在积极寻找高比容量的负极材料。在这方面 TMO 引起了大家浓厚的兴趣。TMO（和 TMX）含有低氧化数的过渡金属，与锂发生不寻常的反应。它们进行可逆的转换反应，每一个 TM 原子至少有 2 个电子或更多的电子交换。这种反应也涉及 Li_2O 基体的可逆形成和分解。反应是可逆的只是因为 TMO 被还原成过渡金属纳米颗粒和 Li_2O 的混合物。这种可逆的固相反应不在宏观尺度发生。本章还发现，颗粒尺寸和起始物料颗粒形貌是电池性能的关键，每个 TMO 都有一个最佳的粒径和形貌。在充电和放电电位分布曲线之间观察到的大的滞后是过渡金属氧化物的主要问题之一。然而它在第一次锂化后得到改善，因为第二锂化电势高于第一锂化电势。负极的脱锂电位对于 LIB 是至关重要的，因为它将设置电池输出电压；脱锂电位值越低，电池输出电压越高。TMO 一般显示高脱锂电压。调整这个电压平台的一种方法是改变过渡金属，最低的是铬和锰约为 1.4V，铁约为 1.8V。另一种方法是使用两种不同的过渡金属混合的 TMO，如 $CoMn_2O_4$，以获得电压平均值。这个策略适用于第一次锂化，但是由于随后会生成两种氧化物的混合物，因此对于随后的锂化/脱锂过程不适用。最后一个策略通过将氧变成氟、硫、氮和磷可以改变电压平台。TMF 显示最高的脱锂电位，用作负极更有研究价值。TMP 提供最低的脱锂电位，因此是所有 TMX 中最有潜力拥有最高输出电压。

参考文献

1. Ravet N, Goodenough J, Besner S, Simoneau M, Hovington P, Armand M (1999) Improved iron based cathode material. In: Electrochemical society meeting abstracts, 99(2):Abstract #127
2. Huang H, Yin SC, Nazar LF (2001) Approaching theoretical capacity of $LiFePO_4$ at room temperature at high rates. Electrochem Solid State Lett 4(10):A170–A172
3. Armand M, Gauthier M, Magnan J-F, Ravet N (2002) Method for synthesis of carbon-coated redox materials with controlled size. Patent number: WO 02/27823, PCT/CA01/01349
4. Yabuuchi N, Ohzuku T (2003) Novel lithium insertion material of $LiCo_{1/3}Ni_{1/3}Mn_{1/3}O_2$ for advanced lithium-ion batteries. J Power Sources 119–121:171–174
5. Belharouak I, Lu W, Vissers D, Amine K (2006) Safety characteristics of Li$(Ni_{0.8}Co_{0.15}Al_{0.05})O_2$ and $Li(Ni_{1/3}Co_{1/3}Mn_{1/3})O_2$. Electrochem Commun 8(2):329–335
6. Weaving JS, Coowar F, Teagle DA, Cullen J, Dass V, Bindin P, Green R, Macklin WJ (2001) Development of high energy density Li-ion batteries based on $LiNi_{1-x-y}Co_xAl_yO_2$. J Power Sources 97–98:733–735
7. Primak W, Fuchs LH (1954) Electrical conductivities of natural graphite crystals. Phys Rev 95(1):22
8. Inoue H (2006) High capacity negative-electrode materials next to carbon; Nexelion. In: International meeting on lithium batteries, Biarritz
9. Mizutani S, Inoue H (2005) Negative active material and method for production thereof, non-aqueous electrolyte secondary cell using the same. Patent number: 2005-0208378
10. Kawakami S, Asao M (2005) Electrode material for anode of rechargeable lithium battery, electrode structural body using said electrode material, rechargeable lithium battery using said electrode structural body, process for producing said electrode structural body, and process for producing said rechargeable lithium battery. Patent number: 6,949,312
11. Dahn JR, Mar RE, Abouzeid A (2006) Combinatorial study of $Sn_{1-x}Co_x$ ($0 < x < 0.6$) and $[Sn_{0.55}Co_{0.45}]_{1-y}C_y$ ($0 < y < 0.5$) alloy negative electrode materials for Li-ion batteries. J Electrochem Soc 153(2):A361–A365

12. Hassoun J, Ochal P, Panero S, Mulas G, Bonatto Minella C, Scrosati B (2008) The effect of CoSn/$CoSn_2$ phase ratio on the electrochemical behaviour of $Sn_{40}Co_{40}C_{20}$ ternary alloy electrodes in lithium cells. J Power Sources 180(1):568–575
13. Hassoun J, Mulas G, Panero S, Scrosati B (2007) Ternary Sn-Co-C Li-ion battery electrode material prepared by high energy ball milling. Electrochem Commun 9(8):2075–2081
14. Ferguson PP, Todd ADW, Dahn JR (2008) Comparison of mechanically alloyed and sputtered tin-cobalt-carbon as an anode material for lithium-ion batteries. Electrochem Commun 10(1):25–31
15. Hassoun J, Panero S, Mulas G, Scrosati B (2007) An electrochemical investigation of a Sn-Co-C ternary alloy as a negative electrode in Li-ion batteries. J Power Sources 171(2):928–931
16. SonyCorporation (2011) Sony, the market for notebook PC; development of a tin-based amorphous anode, for high-capacity rechargeable lithium-ion battery 3.5Ah: the "Nexelion" (trans). Accessed January, 2012. Available from http://www.sony.co.jp/SonyInfo/News/Press/201107/11-078/
17. Ohzuku T, Ueda A, Yamamoto N (1995) Zero-strain insertion material of $Li[Li_{1/3}Ti_{5/3}]O_4$ for rechargeable lithium cells. J Electrochem Soc 142(5):1431–1435
18. Amatucci GG, Badway F, Pasquier AD, Zheng T (2001) An asymmetric hybrid nonaqueous energy storage cell. J Electrochem Soc 148(8):A930–A939
19. Thackeray MM, Goodenough JB (1985) Solid state cell wherein an anode, solid electrolyte and cathode each comprise a cubic-close-packed framework structure. Patent number: 4,504,371
20. Guerfi A, Sévigny S, Lagacé M, Hovington P, Kinoshita K, Zaghib K (2003) Nano-particle $Li_4Ti_5O_{12}$ spinel as electrode for electrochemical generators. J Power Sources 119–121:88–94
21. Plitz I, DuPasquier A, Badway F, Gural J, Pereira N, Gmitter A, Amatucci GG (2006) The design of alternative nonaqueous high power chemistries. Appl Phys Mater Sci Process 82(4):615–626
22. Du Pasquier A (2008) Nanosized titanium oxides for energy storage and conversion. In: Eftekhari A (ed) Nanostructured materials in electrochemistry. Wiley-VCH, Weinheim, pp 387–408
23. Nazri G-A, Pistoia G (2004) Lithium batteries: science and technology. Kluwer, Boston, 708 pages
24. Hamon Y, Brousse T, Jousse F, Topart P, Buvat P, Schleich DM (2001) Aluminum negative electrode in lithium ion batteries. J Power Sources 97–98:185–187
25. Rao BML, Francis RW, Christopher HA (1977) Lithium-aluminum electrode. J Electrochem Soc 124(10):1490–1492
26. Li J, Lewis RB, Dahn JR (2007) Sodium carboxymethyl cellulose. Electrochem Solid State Lett 10(2):A17–A20
27. Kasavajjula U, Wang C, Appleby AJ (2007) Nano- and bulk-silicon-based insertion anodes for lithium-ion secondary cells. J Power Sources 163(2):1003–1039
28. Chan CK, Peng H, Liu G, McIlwrath K, Zhang XF, Huggins RA, Cui Y (2008) High-performance lithium battery anodes using silicon nanowires. Nat Nanotechnol 3(1):31–35
29. Yang J, Winter M, Besenhard JO (1996) Small particle size multiphase Li-alloy anodes for lithium-ion batteries. Solid State Ion 90(1–4):281–287
30. Derrien G, Hassoun J, Panero S, Scrosati B (2007) Nanostructured Sn-C composite as an advanced anode material in high-performance lithium-ion batteries. Adv Mater 19(17):2336–2340
31. Nara H, Fukuhara Y, Takai A, Komatsu M, Mukaibo H, Yamauchi Y, Momma T, Kuroda K, Osaka T (2008) Cycle and rate properties of mesoporous tin anode for lithium ion secondary batteries. Chem Lett 37(2):142–143
32. Balbuena PB, Wang Y (2004) Lithium-ion batteries: solid-electrolyte interphase. Imperial College Press, London

33. Li H, Huang X, Chen L, Wu Z, Liang Y (1999) A high capacity nano-Si composite anode material for lithium rechargeable batteries. Electrochem Solid State Lett 2(11):547–549
34. Beattie SD, Larcher D, Morcrette M, Simon B, Tarascon JM (2008) Si electrodes for Li-ion batteries – a new way to look at an old problem. J Electrochem Soc 155(2):A158–A163
35. Buqa H, Holzapfel M, Krumeich F, Veit C, Novák P (2006) Study of styrene butadiene rubber and sodium methyl cellulose as binder for negative electrodes in lithium-ion batteries. J Power Sources 161(1):617–622
36. Kovalenko I, Zdyrko B, Magasinski A, Hertzberg B, Milicev Z, Burtovyy R, Luzinov I, Yushin G (2011) A major constituent of brown algae for use in high-capacity Li-ion batteries. Science 334(6052):75–79
37. Poizot P, Laruelle S, Grugeon S, Dupont L, Tarascon JM (2000) Nano-sized transition-metal oxides as negative-electrode materials for lithium-ion batteries. Nature 407:496–499
38. Cabana J, Monconduit L, Larcher D, Palacín MR (2010) Beyond intercalation-based Li-ion batteries: the state of the art and challenges of electrode materials reacting through conversion reactions. Adv Mater 22:E170–E192
39. Iijima T, Toyoguchi Y, Nishimura J, Ogawa H (1980) Button-type lithium battery using copper oxide as a cathode. J Power Sources 5(1):99–109
40. Novák P (1985) CuO cathode in lithium cells–II. Reduction mechanism of CuO. Electrochim Acta 30(12):1687–1692
41. Li T, Ai XP, Yang HX (2011) Reversible electrochemical conversion reaction of Li_2O/CuO nanocomposites and their application as high-capacity cathode materials for Li-ion batteries. J Phys Chem C 115(13):6167–6174
42. Thackeray MM, Coetzer J (1981) A preliminary investigation of the electrochemical performance of α-Fe_2O_3 and Fe_3O_4 cathodes in high-temperature cells. Mater Res Bull 16(5):591–597
43. Brousse T, Crosnier O, Santos-Peña J, Sandu I, Fragnaud P, Schleich DM (2002) Recent progress in the development of tin-based negative electrodes for Li-ion batteries. In: Kumagai N, Komaba S (eds) Materials chemistry in lithium batteries. Research Signpost, Kerala
44. Li H, Huang X, Chen L (1999) Anodes based on oxide materials for lithium rechargeable batteries. Solid State Ion 123(1–4):189–197
45. Li H, Balaya P, Maier J (2004) Li-storage via heterogeneous reaction in selected binary metal fluorides and oxides. J Electrochem Soc 151(11):A1878–A1885
46. Jamnik J, Maier J (2003) Nanocrystallinity effects in lithium battery materials: aspects of nano-ionics. Part IV. Phys Chem Chem Phys 5(23):5215–5220
47. Thackeray MM (1997) Manganese oxides for lithium batteries. Prog Solid State Chem 25(1–2):1–71
48. Binotto G, Larcher D, Prakash AS, Herrera Urbina R, Hegde MS, Tarascon JM (2007) Synthesis, characterization, and Li-electrochemical performance of highly porous Co_3O_4 659 powders. Chem Mater 19(12):3032–3040
49. Larcher D, Sudant G, Leriche J-B, Chabre Y, Tarascon J-M (2002) The electrochemical reduction of Co_3O_4 in a lithium cell. J Electrochem Soc 149(3):A234–A241
50. Fang X, Lu X, Guo X, Mao Y, Hu Y-S, Wang J, Wang Z, Wu F, Liu H, Chen L (2010) Electrode reactions of manganese oxides for secondary lithium batteries. Electrochem Commun 12(11):1520–1523
51. Debart A, Dupont L, Poizot P, Leriche J-B, Tarascon JM (2001) A transmission electron microscopy study of the reactivity mechanism of tailor-made CuO particles toward lithium. J Electrochem Soc 148(11):A1266–A1274
52. Débart A, Dupont L, Patrice R, Tarascon JM (2006) Reactivity of transition metal (Co, Ni, Cu) sulphides versus lithium: the intriguing case of the copper sulphide. Solid State Sci 8(6):640–651
53. Crosnier O, Nazar LF (2004) Facile reversible displacement reaction of Cu_3P with lithium at low potential. Electrochem Solid State Lett 7(7):A187–A189

54. Boyanov S, Gillot F, Monconduit L (2008) The electrochemical reactivity of the NiP_3 skutterudite-type phase with lithium. Ionics 14(2):125–130
55. Larcher D, Masquelier C, Bonnin D, Chabre Y, Masson V, Leriche J-B, Tarascon J-M (2003) Effect of particle size on lithium intercalation into α-Fe_2O_3. J Electrochem Soc 150(1): A133–A139
56. Boyanov S, Bernardi J, Gillot F, Dupont L, Womes M, Tarascon JM, Monconduit L, Doublet ML (2006) FeP: another attractive anode for the Li-ion battery enlisting a reversible two-step insertion/conversion process. Chem Mater 18(15):3531–3538
57. Zhang W-M, Wu X-L, Hu J-S, Guo Y-G, Wan L-J (2008) Carbon coated Fe_3O_4 nanospindles as a superior anode material for lithium-ion batteries. Adv Funct Mater 18(24):3941–3946
58. Dupont L, Laruelle S, Grugeon S, Dickinson C, Zhou W, Tarascon JM (2008) Mesoporous Cr_2O_3 as negative electrode in lithium batteries: TEM study of the texture effect on the polymeric layer formation. J Power Sources 175(1):502–509
59. Li H, Richter G, Maier J (2003) Reversible formation and decomposition of LiF clusters using transition metal fluorides as precursors and their application in rechargeable Li batteries. Adv Mater 15(9):736–739
60. Hu J, Li H, Huang X (2005) Cr_2O_3-based anode materials for Li-ion batteries. Electrochem Solid State Lett 8(1):A66–A69
61. Sun B, Chen Z, Kim H-S, Ahn H, Wang G (2010) MnO/C core-shell nanorods as high capacity anode materials for lithium-ion batteries. J Power Sources 196(6):3346–3349
62. Liu J, Li Y, Fan H, Zhu Z, Jiang J, Ding R, Hu Y, Huang X (2010) Iron oxide-based nanotube arrays derived from sacrificial template-accelerated hydrolysis: large-area design and reversible lithium storage. Chem Mater 22(1):212–217
63. Wang G, Liu T, Xie X, Ren Z, Bai J, Wang H (2011) Structure and electrochemical performance of Fe_3O_4/graphene nanocomposite as anode material for lithium-ion batteries. Mater Chem Phys 128(3):336–340
64. Varghese B, Reddy MV, Yanwu Z, Lit CS, Hoong TC, Subba Rao GV, Chowdari BVR, Wee ATS, Lim CT, Sow C-H (2008) Fabrication of NiO nanowall electrodes for high performance lithium ion battery. Chem Mater 20(10):3360–3367
65. Park JC, Kim J, Kwon H, Song H (2009) Gram-scale synthesis of Cu_2O nanocubes and subsequent oxidation to CuO hollow nanostructures for lithium-ion battery anode materials. Adv Mater 21(7):803–807
66. Gao XP, Bao JL, Pan GL, Zhu HY, Huang PX, Wu F, Song DY (2004) Preparation and electrochemical performance of polycrystalline and single crystalline CuO nanorods as anode materials for Li ion battery. J Phys Chem B 108(18):5547–5551
67. Xiang J, Tu J, Huang X, Yang Y (2008) A comparison of anodically grown CuO nanotube film and Cu_2O film as anodes for lithium ion batteries. J Solid State Electrochem 12(7):941–945
68. Xiang JY, Tu JP, Yuan YF, Huang XH, Zhou Y, Zhang L (2009) Improved electrochemical performances of core-shell Cu_2O/Cu composite prepared by a simple one-step method. Electrochem Commun 11(2):262–265
69. Liu J, Li Y, Ding R, Jiang J, Hu Y, Ji X, Chi Q, Zhu Z, Huang X (2009) Carbon/ZnO nanorod array electrode with significantly improved lithium storage capability. J Phys Chem C 113(13):5336–5339
70. Lee J-H, Hon M-H, Chung Y-W, Leu I-C (2010) The effect of TiO_2 coating on the electrochemical performance of ZnO nanorod as the anode material for lithium-ion battery. Appl Phys A Mater Sci Process 102(3):545–550
71. Hu J, Li H, Huang X, Chen L (2006) Improve the electrochemical performances of Cr_2O_3 anode for lithium ion batteries. Solid State Ion 177(26–32):2791–2799
72. Balaya P, Li H, Kienle L, Maier J (2003) Fully reversible homogeneous and heterogeneous Li storage in RuO_2 with high capacity. Adv Funct Mater 13:621–625

73. Courtel FM, Duncan H, Abu-Lebdeh Y, Davidson IJ (2011) High capacity anode materials for Li-ion batteries based on spinel metal oxides AMn_2O_4 (A = Co, Ni, and Zn). J Mater Chem 21(27):10206–10218
74. Yuan Z, Huang F, Feng C, Sun J, Zhou Y (2003) Synthesis and electrochemical performance of nanosized Co_3O_4. Mater Chem Phys 79(1):1–4
75. Oh SW, Bang HJ, Bae YC, Sun Y-K (2007) Effect of calcination temperature on morphology, crystallinity and electrochemical properties of nano-crystalline metal oxides (Co_3O_4, CuO, and NiO) prepared via ultrasonic spray pyrolysis. J Power Sources 173(1):502–509
76. Maier J (2007) Mass storage in space charge regions of nano-sized systems (nano-ionics. Part V). Faraday Discuss 134:51–56
77. Balaya P, Bhattacharyya AJ, Jamnik J, Zhukovskii YF, Kotomin EA, Maier J (2006) Nano-ionics in the context of lithium batteries. J Power Sources 159(1):171–178
78. Dupont L, Grugeon S, Laruelle S, Tarascon JM (2007) Structure, texture and reactivity versus lithium of chromium-based oxides films as revealed by TEM investigations. J Power Sources 164(2):839–848
79. Anisimov VI, Korotin MA, Kurmaev EZ (1990) Band-structure description of Mott insulators (NiO, MnO, FeO, CoO). J Phys Condens Matter 2(17):3973–3987
80. Jiang L-Y, Xin S, Wu X-L, Li H, Guo Y-G, Wan L-J (2010) Non-sacrificial template synthesis of Cr_2O_3-C hierarchical core/shell nanospheres and their application as anode materials in lithium-ion batteries. J Mater Chem 20(35):7565–7569
81. Grugeon S, Laruelle S, Dupont L, Chevallier F, Taberna PL, Simon P, Gireaud L, Lascaud S, Vidal E, Yrieix B, Tarascon M (2005) Combining electrochemistry and metallurgy for new electrode designs in Li-ion batteries. Chem Mater 17(20):5041–5047
82. Liu X, Yasuda H, Yamachi M (2005) Solid solution of nickel oxide and manganese oxide as negative active material for lithium secondary cells. J Power Sources 146(1–2):510–515
83. Cai Y, Liu S, Yin X, Hao Q, Zhang M, Wang T (2010) Facile preparation of porous one-dimensional Mn_2O_3 nanostructures and their application as anode materials for lithium-ion batteries. Physica E 43(1):70–75
84. Gao J, Lowe MA, Abruna HD (2011) Spongelike nanosized Mn_3O_4 as a high-capacity anode material for rechargeable lithium batteries. Chem Mater 23(13):3223–3227
85. Wang H, Cui L-F, Yang Y, Sanchez Casalongue H, Robinson JT, Liang Y, Cui Y, Dai H (2010) Mn_3O_4-graphene hybrid as a high-capacity anode material for lithium ion batteries. J Am Chem Soc 132(40):13978–13980
86. Yu XQ, He Y, Sun JP, Tang K, Li H, Chen LQ, Huang XJ (2009) Nanocrystalline MnO thin film anode for lithium ion batteries with low overpotential. Electrochem Commun 11(4):791–794
87. Zhong K, Xia X, Zhang B, Li H, Wang Z, Chen L (2010) MnO powder as anode active materials for lithium ion batteries. J Power Sources 195(10):3300–3308
88. Zhong K, Zhang B, Luo S, Wen W, Li H, Huang X, Chen L (2010) Investigation on porous MnO microsphere anode for lithium ion batteries. J Power Sources 196(16):6802–6808
89. Liu J, Pan Q (2010) MnO/C nanocomposites as high capacity anode materials for Li-ion batteries. Electrochem Solid State Lett 13(10):A139–A142
90. Ren Y, Armstrong AR, Jiao F, Bruce PG (2010) Influence of size on the rate of mesoporous electrodes for lithium batteries. J Am Chem Soc 132(3):996–1004
91. Zhong K, Xia X, Zhang B, Li H, Wang Z, Chen L (2010) MnO powder as anode active materials for lithium ion batteries. J Power Sources 195(10):3300–3308
92. Thackeray MM, David WIF, Goodenough JB (1982) Structural characterization of the lithiated iron oxides $Li_xFe_3O_4$ and $Li_xFe_2O_3$ ($0 < x < 2$). Mater Res Bull 17(6):785–793
93. Ban C, Wu Z, Gillaspie DT, Chen L, Yan Y, Blackburn JL, Dillon AC (2010) Nanostructured Fe_3O_4/SWNT electrode: binder-free and high-rate Li-ion anode. Adv Mater 22(20): E145–E149

94. Song Y, Qin S, Zhang Y, Gao W, Liu J (2010) Large-scale porous hematite nanorod arrays: direct growth on titanium foil and reversible lithium storage. J Phys Chem C 114(49):21158–21164
95. Tartaj P, Amarilla JM (2011) Iron oxide porous nanorods with different textural properties and surface composition: preparation, characterization and electrochemical lithium storage capabilities. J Power Sources 196(4):2164–2170
96. Chun L, Wu X, Lou X, Zhang Y (2010) Hematite nanoflakes as anode electrode materials for rechargeable lithium-ion batteries. Electrochim Acta 55(9):3089–3092
97. Muraliganth T, Vadivel Murugan A, Manthiram A (2009) Facile synthesis of carbon-decorated single-crystalline Fe_3O_4 nanowires and their application as high performance anode in lithium ion batteries. Chem Commun 47:7360–7362
98. Zhou G, Wang D-W, Li F, Zhang L, Li N, Wu Z-S, Wen L, Lu GQ, Cheng H-M (2010) Graphene-wrapped Fe_3O_4 anode material with improved reversible capacity and cyclic stability for lithium ion batteries. Chem Mater 22(18):5306–5313
99. Zhu Y, Murali S, Cai W, Li X, Suk JW, Potts JR, Ruoff RS (2010) Graphene and graphene oxide: synthesis, properties, and applications. Adv Mater 22:3906–3924
100. Badway F, Plitz I, Grugeon S, Laruelle S, Dolle M, Gozdz AS, Tarascon JM (2002) Metal oxides as negative electrode materials in Li-ion cells. Electrochem Solid State Lett 5(6): A115–A118
101. Li Y, Tan B, Wu Y (2008) Mesoporous Co_3O_4 nanowire arrays for lithium ion batteries with high capacity and rate capability. Nano Lett 8(1):265–270
102. Du N, Zhang H, Chen BD, Wu JB, Ma XY, Liu ZH, Zhang YQ, Yang DR, Huang XH, Tu JP (2007) Porous Co_3O_4 nanotubes derived from $Co_4(CO)_{12}$ clusters on carbon nanotube templates: a highly efficient material for Li-battery applications. Adv Mater 19(24):4505–4509
103. Lou XW, Deng D, Lee JY, Archer LA (2008) Thermal formation of mesoporous single-crystal Co_3O_4 nano-needles and their lithium storage properties. J Mater Chem 18(37):4397–4401
104. Wang X, Wu X-L, Guo Y-G, Zhong Y, Cao X, Ma Y, Yao J (2010) Synthesis and lithium storage properties of Co_3O_4 nanosheet-assembled multishelled hollow spheres. Adv Funct Mater 20(10):1680–1686
105. Jiang J, Liu J, Ding R, Ji X, Hu Y, Li X, Hu A, Wu F, Zhu Z, Huang X (2009) Direct synthesis of CoO porous nanowire arrays on Ti substrate and their application as lithium-ion battery electrodes. J Phys Chem C 114(2):929–932
106. Wang J, Du G, Zeng R, Niu B, Chen Z, Guo Z, Dou S (2010) Porous Co_3O_4 nanoplatelets by self-supported formation as electrode material for lithium-ion batteries. Electrochim Acta 55(16):4805–4811
107. Wu Z-S, Ren W, Wen L, Gao L, Zhao J, Chen Z, Zhou G, Li F, Cheng H-M (2010) Graphene anchored with Co_3O_4 nanoparticles as anode of lithium ion batteries with enhanced reversible capacity and cyclic performance. ACS Nano 4(6):3187–3194
108. Wang Y, Qin Q-Z (2002) A nanocrystalline NiO thin-film electrode prepared by pulsed laser ablation for Li-ion batteries. J Electrochem Soc 149(7):A873–A878
109. Hosono E, Fujihara S, Honma I, Zhou H (2006) The high power and high energy densities Li ion storage device by nanocrystalline and mesoporous Ni/NiO covered structure. Electrochem Commun 8(2):284–288
110. Needham SA, Wang GX, Liu HK (2006) Synthesis of NiO nanotubes for use as negative electrodes in lithium ion batteries. J Power Sources 159(1):254–257
111. Wang H, Pan Q, Wang X, Yin G, Zhao J (2009) Improving electrochemical performance of NiO films by electrodeposition on foam nickel substrates. J Appl Electrochem 39(9):1597–1602
112. Liu L, Li Y, Yuan S, Ge M, Ren M, Sun C, Zhou Z (2009) Nanosheet-based NiO microspheres: controlled solvothermal synthesis and lithium storage performances. J Phys Chem C 114(1):251–255

113. Nuli Y-N, Zhao S-L, Qin Q-Z (2003) Nanocrystalline tin oxides and nickel oxide film anodes for Li-ion batteries. J Power Sources 114(1):113–120
114. Pan Q, Liu J (2009) Facile fabrication of porous NiO films for lithium-ion batteries with high reversibility and rate capability. J Solid State Electrochem 13(10):1591–1597
115. Cheng M-Y, Hwang B-J (2010) Mesoporous carbon-encapsulated NiO nanocomposite negative electrode materials for high-rate Li-ion battery. J Power Sources 195(15):4977–4983
116. Grugeon S, Laruelle S, Herrera-Urbina R, Dupont L, Poizot P, Tarascon J-M (2001) Particle size effects on the electrochemical performance of copper oxides toward lithium. J Electrochem Soc 148(4):A285–A292
117. Chen LB, Lu N, Xu CM, Yu HC, Wang TH (2009) Electrochemical performance of polycrystalline CuO nanowires as anode material for Li ion batteries. Electrochim Acta 54(17):4198–4201
118. Ke F-S, Huang L, Wei G-Z, Xue L-J, Li J-T, Zhang B, Chen S-R, Fan X-Y, Sun S-G (2009) One-step fabrication of CuO nanoribbons array electrode and its excellent lithium storage performance. Electrochim Acta 54(24):5825–5829
119. Wang H, Pan Q, Cheng Y, Zhao J, Yin G (2009) Evaluation of ZnO nanorod arrays with dandelion-like morphology as negative electrodes for lithium-ion batteries. Electrochim Acta 54(10):2851–2855
120. Dey AN (1971) Electrochemical alloying of lithium in organic electrolytes. J Electrochem Soc 118(10):1547–1549
121. Xiao L, Yang Y, Yin J, Li Q, Zhang L (2009) Low temperature synthesis of flower-like $ZnMn_2O_4$ superstructures with enhanced electrochemical lithium storage. J Power Sources 194(2):1089–1093
122. Wang J, King P, Huggins RA (1986) Investigations of binary lithium-zinc, lithium-cadmium and lithium-lead alloys as negative electrodes in organic solvent-based electrolyte. Solid State Ion 20(3):185–189
123. Zhang CQ, Tu JP, Yuan YF, Huang XH, Chen XT, Mao F (2007) Electrochemical performances of Ni-coated ZnO as an anode material for lithium-ion batteries. J Electrochem Soc 154(2):A65–A69
124. Lavela P, Tirado JL, Vidal-Abarca C (2007) Sol-gel preparation of cobalt manganese mixed oxides for their use as electrode materials in lithium cells. Electrochim Acta 52(28):7986–7995
125. Lavela P, Ortiz GF, Tirado JL, Zhecheva E, Stoyanova R, Ivanova S (2007) High-performance transition metal mixed oxides in conversion electrodes: a combined spectroscopic and electrochemical study. J Phys Chem C 111(38):14238–14246
126. Sharma Y, Sharma N, Subba Rao GV, Chowdari BVR (2007) Nanophase $ZnCo_2O_4$ as a high performance anode material for Li-ion batteries. Adv Funct Mater 17(15):2855–2861
127. Pasero D, Reeves N, West AR (2005) Co-doped Mn_3O_4: a possible anode material for lithium batteries. J Power Sources 141(1):156–158
128. Xiao L, Yang Y, Yin J, Li Q, Zhang L (2009) Low temperature synthesis of flower-like $ZnMn_2O_4$ superstructures with enhanced electrochemical lithium storage. J Power Sources 194(2):1089–1093
129. Yang Y, Zhao Y, Xiao L, Zhang L (2008) Nanocrystalline $ZnMn_2O_4$ as a novel lithium-storage material. Electrochem Commun 10(8):1117–1120
130. Deng Y, Tang S, Zhang Q, Shi Z, Zhang L, Zhan S, Chen G (2011) Controllable synthesis of spinel nano-$ZnMn_2O_4$ via a single source precursor route and its high capacity retention as anode material for lithium ion batteries. J Mater Chem 21(32):11987–11995
131. Lavela P, Tirado JL (2007) $CoFe_2O_4$ and $NiFe_2O_4$ synthesized by sol-gel procedures for their use as anode materials for Li ion batteries. J Power Sources 172(1):379–387
132. Chu Y-Q, Fu Z-W, Qin Q-Z (2004) Cobalt ferrite thin films as anode material for lithium ion batteries. Electrochim Acta 49(27):4915–4921

133. Alcántara R, Jaraba M, Lavela P, Tirado JL, Jumas JC, Olivier-Fourcade J (2003) Changes in oxidation state and magnetic order of iron atoms during the electrochemical reaction of lithium with $NiFe_2O_4$. Electrochem Commun 5(1):16–21
134. Bomio M, Lavela P, Tirado JL (2007) Fe Mössbauer spectroscopy and electron microscopy study of metal extraction from $CuFe_2O_4$ electrodes in lithium cells. Chemphyschem 8:1999–2007
135. Sharma Y, Sharma N, Rao GVS, Chowdari BVR (2008) Li-storage and cyclability of urea combustion derived $ZnFe_2O_4$ as anode for Li-ion batteries. Electrochim Acta 53(5):2380–2385
136. Sharma Y, Sharma N, Subba Rao GV, Chowdari BVR (2008) Studies on spinel cobaltites, $FeCo_2O_4$ and $MgCo_2O_4$ as anodes for Li-ion batteries. Solid State Ion 179(15–16):587–597
137. NuLi Y, Zhang P, Guo Z, Liu H, Yang J (2008) $NiCo_2O_4$/C nanocomposite as a highly reversible anode material for lithium-ion batteries. Electrochem Solid State Lett 11(5): A64–A67
138. Sharma Y, Sharma N, Rao GVS, Chowdari BVR (2007) Lithium recycling behaviour of nano-phase-$CuCo_2O_4$ as anode for lithium-ion batteries. J Power Sources 173(1):495–501
139. Qiu Y, Yang S, Deng H, Jin L, Li W (2010) A novel nanostructured spinel $ZnCo_2O_4$ electrode material: morphology conserved transformation from a hexagonal shaped nanodisk precursor and application in lithium ion batteries. J Mater Chem 20(21):4439–4444
140. Du N, Xu Y, Zhang H, Yu J, Zhai C, Yang D (2011) Porous $ZnCo_2O_4$ nanowires synthesis via sacrificial templates: high-performance anode materials of Li-ion batteries. Inorg Chem 50(8):3320–3324
141. Plitz I, Badway F, Al-Sharab J, DuPasquier A, Cosandey F, Amatucci GG (2005) Structure and electrochemistry of carbon-metal fluoride nanocomposites fabricated by solid-state redox conversion reaction. J Electrochem Soc 152(2):A307–A315
142. Gabano JP, Dechenaux V, Gerbier G, Jammet J (1972) D-size lithium cupric sulfide cells. J Electrochem Soc 119(4):459–461
143. Whittingham MS (1978) Chemistry of intercalation compounds: metal guests in chalcogenide hosts. Prog Solid State Chem 12(1):41–99
144. Henriksen GL, Jansen AN (2002) Lithium batteries. In: Linden D, Reddy TB (eds) Handbook of batteries. McGraw-Hill, New York
145. Ellis BL, Lee KT, Nazar LF (2010) Positive electrode materials for Li-ion and Li-batteries. Chem Mater 22(3):691–714
146. Ji X, Lee KT, Nazar LF (2009) A highly ordered nanostructured carbon-sulphur cathode for lithium-sulphur batteries. Nat Mater 8(6):500–506
147. Han S-C, Kim K-W, Ahn H-J, Ahn J-H, Lee J-Y (2003) Charge-discharge mechanism of mechanically alloyed NiS used as a cathode in rechargeable lithium batteries. J Alloys Compd 361(1–2):247–251
148. Fu Z-W, Wang Y, Yue X-L, Zhao S-L, Qin Q-Z (2004) Electrochemical reactions of lithium with transition metal nitride electrodes. J Phys Chem B 108(7):2236–2244
149. Huggins RA (2002) Alternative materials for negative electrodes in lithium systems. Solid State Ion 152–153:61–68
150. Das B, Reddy MV, Malar P, Osipowicz T, Subba Rao GV, Chowdari BVR (2009) Nanoflake CoN as a high capacity anode for Li-ion batteries. Solid State Ion 180(17–19):1061–1068
151. Gillot F, Monconduit L, Doublet ML (2005) Electrochemical behaviors of binary and ternary manganese phosphides. Chem Mater 17(23):5817–5823
152. Gillot F, Boyanov S, Dupont L, Doublet ML, Morcrette M, Monconduit L, Tarascon JM (2005) Electrochemical reactivity and design of NiP_2 negative electrodes for secondary Li-ion batteries. Chem Mater 17(25):6327–6337
153. Silva DCC, Crosnier O, Ouvrard G, Greedan J, Safa-Sefat A, Nazar LF (2003) Reversible lithium uptake by FeP_2. Electrochem Solid State Lett 6(8):A162–A165
154. Zhang Z, Yang J, Nuli Y, Wang B, Xu J (2005) CoP_x synthesis and lithiation by ball-milling for anode materials of lithium ion cells. Solid State Ion 176(7–8):693–697

155. Pralong V, Souza DCS, Leung KT, Nazar LF (2002) Reversible lithium uptake by CoP_3 at low potential: role of the anion. Electrochem Commun 4(6):516–520
156. Sun Q, Fu Z-W (2007) An anode material of CrN for lithium-ion batteries. Electrochem Solid State Lett 10(8):A189–A193
157. Zhang N, Yi R, Wang Z, Shi R, Wang H, Qiu G, Liu X (2008) Hydrothermal synthesis and electrochemical properties of alpha-manganese sulfide submicrocrystals as an attractive electrode material for lithium-ion batteries. Mater Chem Phys 111(1):13–16
158. Montoro LA, Rosolen JM (2003) Gelatin/DMSO: a new approach to enhancing the performance of a pyrite electrode in a lithium battery. Solid State Ion 159(3–4):233–240
159. Yan JM, Huang HZ, Zhang J, Liu ZJ, Yang Y (2005) A study of novel anode material CoS_2 for lithium ion battery. J Power Sources 146(1–2):264–269
160. Takeuchi T, Sakaebe H, Kageyama H, Sakai T, Tatsumi K (2008) Preparation of NiS_2 using spark-plasma-sintering process and its electrochemical properties. J Electrochem Soc 155(9): A679–A684
161. Wang Y, Fu Z-W, Yue X-L, Qin Q-Z (2004) Electrochemical reactivity mechanism of Ni_3N with lithium. J Electrochem Soc 151(4):E162–E167
162. Pereira N, Dupont L, Tarascon JM, Klein LC, Amatucci GG (2003) Electrochemistry of Cu_3N with lithium. J Electrochem Soc 150(9):A1273–A1280
163. Wang K, Yang J, Xie J, Wang B, Wen Z (2003) Electrochemical reactions of lithium with CuP_2 and $Li_{1.75}Cu_{1.25}P_2$ synthesized by ballmilling. Electrochem Commun 5(6):480–483

第6章　锂离子电池用石墨烯基复合负极材料

Nathalie Lavoie、Fabrice M. Courtel、Patrick R. L. Malenfant 和 Yaser Abu - Lebdeh

摘要：石墨烯已经作为一种新型的具有优异性能且颇具前景的材料出现，并在广泛的技术领域拥有诸多潜在的应用。由于其巨大的不可逆容量，不能单独使用，但能够与其他活性材料形成复合材料作为锂离子电池的负极材料。过渡金属氧化物、硅以及锡凭借高理论容量已被探索作为活性负极材料来取代石墨。然而，这些材料在循环过程中有巨大的体积变化并导致电池失效。为了解决这个问题，不得不加入添加剂来减小体积变化。近年来，石墨烯已经被用来做这些材料的封装剂。本章将会综述开发石墨烯组成的复合材料作为一种新型的纳米级负极材料与锂反应并且提供高容量所取得的进展。

6.1　简介

全球在气候变化和能源安全的持续关注驱动下正朝着低碳的“清洁能源”的方向发展。需要新的技术来解决清洁能源的产生、分布、存储和系统管理。智能电网的实施、可再生能源的整合、和可持续的交通运输将需要多种跨学科的创新。能源存储，特别是电化学储能，将会在电动汽车的引进和持续增加的间歇性可再生能源的电网的稳定性上发挥整合作用。锂离子电池技术，如能量密度、成本、可靠性和寿命周期方面的许多技术挑战仍然存在。解决能量密度的一个方法是用复合负极与锂反应，从而提供比石墨高 2 ~3 倍的容量。本章将重点关注最近在开发石墨烯作为一种新型的与锂反应的纳米级负极材料，并提供高容量的进展工作。

2010 年，诺贝尔物理学奖颁给了 Andre Geim 和 Konstantin Novoselov，因为他们在石墨烯[1]上做出了开创性的工作。石墨烯是用来描述一张单片 2D 的 sp^2 杂化碳[2]的名称。石墨烯在 3D 堆垛可以形成石墨，而 2D 卷筒形式可以形成纳米管；它也可以被包装成巴基球（0D）（见图 6.1）。

石墨具有令人印象非常深刻的电导率（约为 10^4 S cm^{-1}）、热导率（约为 3000W mK^{-1}）[4 -9]和一个良好的锂离子扩散系数（10^{-10} ~ 10^{-7} $cm^2 s^{-1}$[10 -12]），这些特性使它成为潜在的优异的锂离子电池负极材料。石墨烯在机械完整性上同样十分优异。此外，剥离的石墨烯叠片可以提供模块化的方式来探索分层碳的锂储量以及分层碳/金属基纳米复合材料的锂储量（见图 6.2）。例如，复合石墨烯电极可以通过纳米金属或纳米金属氧化物（0D、1D、2D）与锂反应而分散到石墨烯片层之间制成，这样就提供了一种新颖的方法来显著提高其质量比容量和体积比容量。

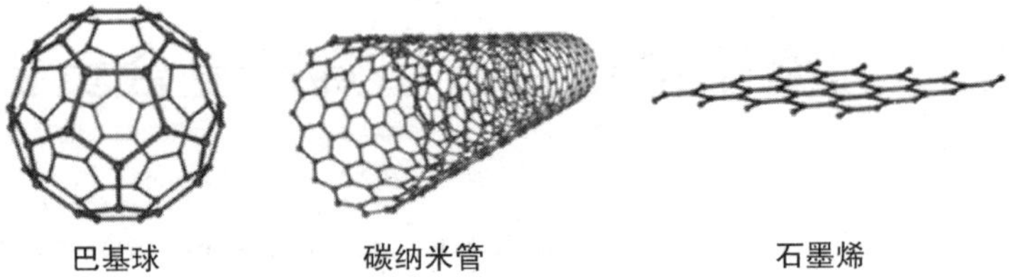

图 6.1　碳的种类[3]

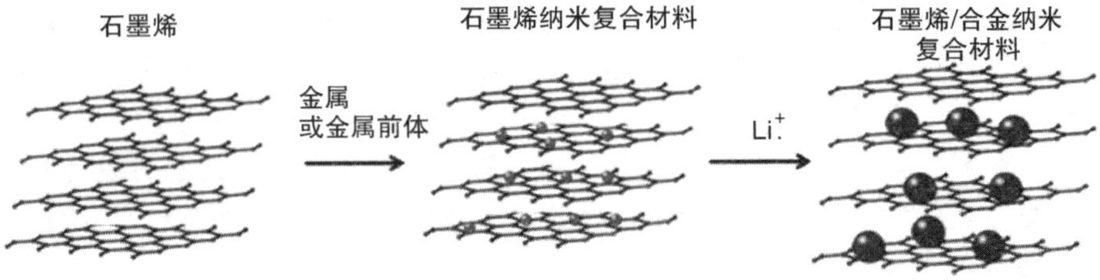

图 6.2　石墨烯－金属/氧化物纳米复合材料电极

石墨烯薄片可以通过从大量可利用的石墨升级加工制成。或者，用很多其他方法也可以氧化和剥片石墨来制备氧化石墨烯（GO）[4-9]。通过这些途径，原材料可以用不同的方式加工成石墨烯纸或石墨烯薄片（见图 6.3），而石墨烯纸或薄片可以用于制备石墨烯/金属复合材料。凭借高电导率（约为 10^xS cm^{-1}[15]）和良好的力学性能，石墨烯纸可以提供一种层状的碳电极材料而可能不需要黏合剂或其他添加剂。这将最大化活性物质含量，简化制造工艺，降低最终产品的成本。同时由于更开放的结构，相比较石墨而言，锂离子的迁移率可能也被大大提高了，然而更大的表面积倾向于产生更高的不可逆容量，因此为了实际应用，这个问题必须要解决[16]。多壁纳米管/单壁纳米管（MWNT/SWNT）作为锂离子电池中石墨的替代已经取得了令人鼓舞的结果，然而在商业化进程中，许多挑战限制了它们的使用，这些挑战也需要解决[17,18]。尤其是，提供适当规模和纯度等性质一致（金属含量、管径、管螺旋性）的单壁碳纳米管必须具备，这样可以在关键节点降低成本。与此相反的是，已经建立起来的大规模的石墨供应加上可扩展的制备石墨烯的方法使得石墨烯纸的制备成为可能，然而仍需证明其经济可行性。到目前为止，使用石墨烯作为活性负极材料的一些为数有限的结果已经公布，同时关于石墨烯/金属或石墨烯/金属氧化物纳米复合材料的相关报道也已发表。本章将回顾这两个领域的进展情况。

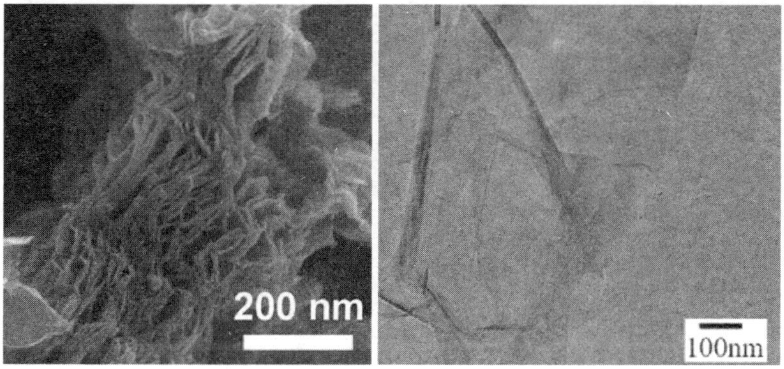

a)　　　　　　　　b)

图 6.3　石墨烯纸

a）转载自得到许可的参考文献［13］。版权所有© 2009 美国化学学会和石墨烯单片

b）转载自得到许可的参考文献［14］。版权所有© 2011 Elsevier

6.2　石墨烯负极材料

碳基负极材料已经被广泛研究，自从 Dahn[19] 的开创性工作以来，在嵌锂机制的理解上也已取得了很大的进展。一些综述对有序和无序碳基材料作为锂电池负极的研究进行了总结[20,21]，因此在此不再讨论这一领域。以下将重点讨论基于石墨烯的负极材料，其中石墨烯被用作活性物质。在以下示例中，石墨烯或者是从石墨剥离，或者还原氧化石墨烯 GO（RGO）或者通过解压缩的碳纳米管来获得石墨烯纳米带（GNR）。

Guo 等人从人造石墨的氧化、快速膨胀和超声波处理合成石墨烯。他们在半电池中测试石墨烯样品，并获得了在一次循环后高达约 1250mAh g^{-1}的不可逆容量和 30 次循环后 672mAh g^{-1}的可逆容量[22]。

图 6.4 显示了前 3 次循环的充放电曲线。在第一次循环中，石墨烯材料在 0.7V 达到平稳状态，这是由于固体电解质界面（SEI）的形成，SEI 是一个由于电解质分解在电极表面形成的层状物。SEI 的形成导致了大的不可逆容量。

凭借固有的很高的比表面积，石墨烯纸已被证明在第一个周期内更易于发生不可逆的锂的嵌入。正如 Wang 等人所示，通过还原氧化石墨烯所制成的石墨烯纸可以产生 680mAh g^{-1}放电容量，然而在第二个周期，容量骤降至 84mAh g^{-1}[23]。而将石墨纸在 800℃下 N_2环境中退火 1h，会更进一步去除含氧官能团，并在 10 次循环后可提供 301mAh g^{-1}的可逆放电容量。这种性能仍然是明显劣于商用石墨性能的。

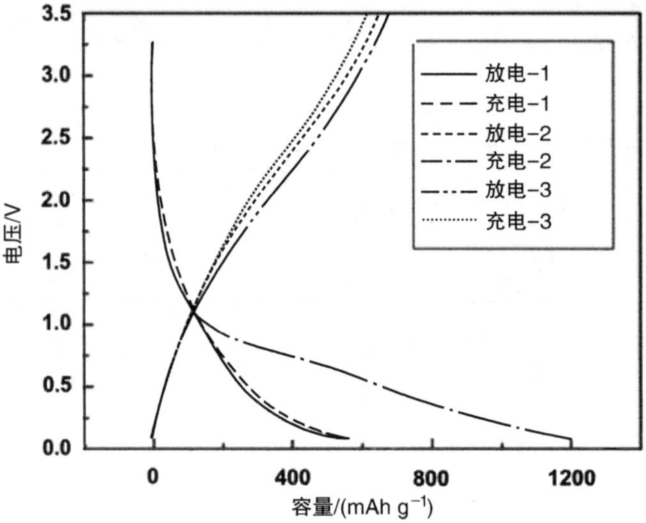

图 6.4　石墨烯纳米片前 3 次充放电曲线
（转载自得到许可的参考文献［22］。版权所有© 2011 Elsevier）

Abouimrane 等人也有类似的发现，采用改进的 Hummers 方法制备 GO，随后用肼还原法制备非退火石墨烯纸，并在半电池中评估其性能[24]。如图 6.5 所示，这种石墨烯纸具有 84mAh g^{-1}（电流密度为 50mA g^{-1}）的初始可逆容量，而负极采

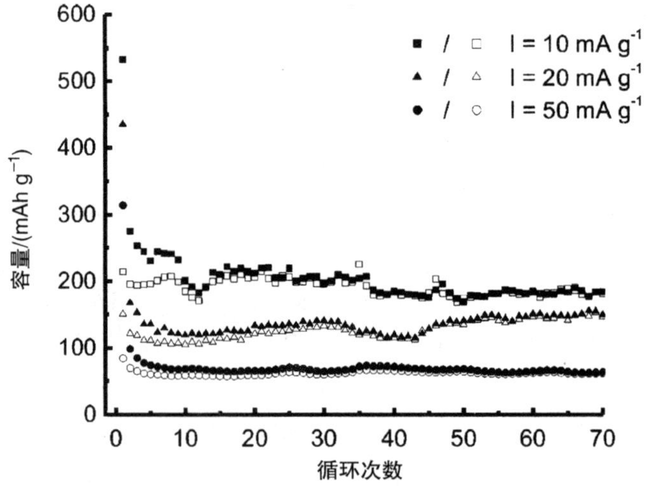

图 6.5　锂/石墨烯纸半电池在不同电流密度下的循环性能。每种电流密度下的充放电容量分别由空心图形和实心图形代表（转载自得到许可的参考文献［24］。版权所有© 2011 美国化学学会）

用石墨烯粉，聚偏氟乙烯（PVDF）作为黏结剂，可以拥有288mAh g^{-1}的可逆容量。上述文献也探讨了不同电流密度下，用无黏结剂石墨烯纸制成半电池的性能。在10mA g^{-1}、20mA g^{-1}和50mA g^{-1}的电流密度下，初始可逆容量分别为214mA g^{-1}、151mA g^{-1}和84mAh g^{-1}。在70次循环后，容量大约是190mA g^{-1}、150mA g^{-1}和55mAh g^{-1}。容量损失很大一部分是由于SEI的形成，由于石墨烯纸具有更高的比表面积，因此相比石墨而言，容量损失更明显。

最近Bhardwaj等人开发了将MWNT解压缩成细长条状GNR的方法[25]。GNR相比MWNT表现出更高的首次充放电容量。然而，对于氧化石墨烯纳米带（ox－GNR）而言，不可逆充电容量高达1400mAh g^{-1}，放电容量为820mAh g^{-1}。仅仅显示了14次循环，并且显示每个周期3%容量损失，这些电池衰减速度极快，不可能使循环能力得到提高。ox－GNR可以通过退火（900℃；H_2/Ar；15min）获得GNR。这些条状GNR制备的电池在经过14个循环周期后所具有的大约775mAh g^{-1}的不可逆容量以及大约200mAh g^{-1}的可逆容量，仍远低于石墨的性能。

Yoo等人采取了一个有趣的方法去研究石墨烯作为负极活性材料进行锂存储，在这种方法中，富勒烯和碳纳米管（CNT）作为间隔层通过增加片间距从而增强锂离子存储能力[26]。在这些实验中石墨烯纳米片有10～20层（3～7nm厚）。电压曲线清楚地表明，锂在石墨烯/CNT或石墨烯/富勒烯的嵌入过程是不一样的。而且，石墨烯、石墨烯/CNT和石墨烯/富勒烯的可逆容量分别是540mAh g^{-1}、730mAh g^{-1}和784mAh g^{-1}。这些值都很高，但是仅仅显示了20个周期，如前所述，在哪个速率下电池容量衰减具有更重要的研究意义。目前尚不清楚，如果采用CNT和富勒烯来增加d间距是否像用聚并苯半导体（PAS）所观察到的一样能提高对锂的存储，因为Yoo的结果与GNR所研究得到的结果非常相似[27]。

通过氧化石墨制备的石墨烯片被发现具有高的容量，其次是快速热膨胀系数[28]。如图6.6所示，经过40次循环，电流密度为100～1000mA g^{-1}，可逆容量保持在848mAh g^{-1}。此外，此石墨烯在高电流密度的500mA g^{-1}下还可提供优良的倍率性能，同时保持718mAh g^{-1}可逆比容量。Wan等人研究了石墨烯氧化物还原温度的影响[29]。在第一个周期的石墨烯薄片的不可逆容量随退火温度（300℃，2137mAh g^{-1}；600℃，1523mAh g^{-1}和800℃，1167mAh g^{-1}）的升高而降低。这可能是由于较低的退火温度有利于石墨烯在其广阔的表面上获得了大量的锂嵌入活性位点。在100次循环周期后，3个电池的容量更加接近，变化从300℃容量为478mAh g^{-1}到800℃约350mAh g^{-1}。

十分重要的是要注意这些高容量与一些报道结果并不一致，这些报道表明石墨烯作为负极活性材料，其容量通常＜200mAh g^{-1}。石墨烯的性质高度依赖于加工处理方法、缺陷密度和比表面积，以及一些关键属性诸如电导率，会严重地影响

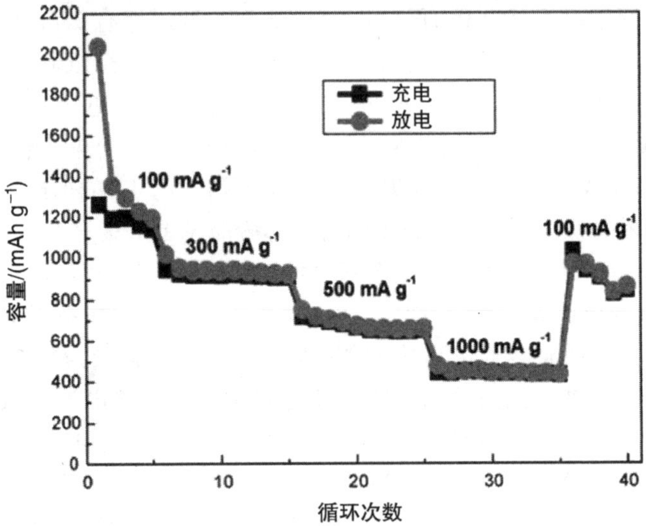

图 6.6　石墨烯片在电流密度为 100 ~ 1000mA g^{-1}下的循环性能
（转载自得到许可的参考文献［28］。版权所有© 2010 Elsevier）

锂离子存储容量。因此，急需进行石墨烯对锂离子存储机理方面的研究，这应该是一个富有成果的领域（见表 6.1）。

表 6.1　石墨烯作为锂离子电池负极材料

GO	不可逆容量 /（mAh g^{-1}）	可逆容量 /（mAh g^{-1}）	循环次数	电流密度 /（mA g^{-1}）	电压范围/（V 相对于 Li/Li$^+$）	参考文献
用肼还原 GO	680	84	50	50	0 ~ 3.0	[23]
用肼还原 GO	310	50	70	50	0 ~ 3.0	[24]
解开多壁碳纳米管拉链法得到 ox − GNR，然后用 H_2 还原以得到 GNR	ox − GNR 1400 GNR 775	ox − GNR 500 GNR 200	14	0.1 mA cm^{-2} （≈C/10）	0 ~ 3.5	[25] [14]
用肼还原 OGS		290	20	50	0.01 ~ 3.5	[26]
在 1050℃下剥离 GO 几分钟	2035	848	40	100	0.01 ~ 3.5	[28]
1050℃下快速加热 GO 400W 下超声搅拌 4h	1233	502	30	0.2 mA cm^{-2}	0 ~ 3.5	[22]
在 Ar 气氛下热还原 GO	2137	478	100	200	0.01 ~ 3.0	[29]
声波降解天然石墨、过二硫酸铵、过氧化氢，然后再微波辐射	580	420	50	0.1C	0.01 ~ 3.0	[30]

6.3　石墨烯复合负极

碳/金属复合物是由能够与锂形成合金的金属制成的，是非常有望提高锂离子电池的容量的，然而在文献中的报道是混杂的[20,31-34]。事实上，下一代产品已经开始冲击便携式电子应用市场，厂商声称使用这种合金能提高 30% 的电池容量，但是这些电池并没有充分地利用合金的潜力［Miyaki，Y. 美国专利，专利号：US 6，908，709 B2（2005）］。尽管用基于合金的负极（例如由于正极材料容量限制）能获得最大理论容量，但这是不切实际的，在新的负极材料方面还大有可为，这些负极材料在长周期使用条件下可以获得 600～1000mAh g^{-1} 的可逆容量。因此，改进提高可以承受巨大体积膨胀（高达 400%[35]）并能承受合金化/去合金化过程所产生的机械应力的材料必须要开发出来。文献指出，黏合剂[36]、纳米结构材料[37-41]、石墨/金属复合材料[42]对于反复的合金化/去合金化加工引起的机械不稳定性是一种可行的解决方案。

石墨烯作为分布于石墨烯表面或石墨烯层之间的活性纳米结构金属或金属氧化物的支撑材料，其巨大的表面积（2600m^2g^{-1}）[43]以及良好的机械强度[44]和电导率[45]令人难以抗拒。本节将讨论石墨/金属或石墨/金属氧化物纳米复合材料的制备，或者是通过机械混合制备，或者通过在相应的有机金属前驱体存在的条件下通过石墨烯片的堆积制备。基本原理是这种材料的纳米结构将提供必要的手段限制其纳米颗粒的团聚，同时容纳大体积的膨胀，而这种膨胀会发生在循环过程中，因为要维持机械完整性和导电性用以支撑长期循环。

6.3.1　石墨烯/硅基材料

硅已经被开发作为锂离子电池负极材料，因为其具有较高的理论容量（4200mAh g^{-1}和 9805mAh mL^{-1}）、存储量大[46-48]。硅与锂通过以下的合金化/去合金化反应：

$$\mathrm{Si} + x\mathrm{Li}^{+} + xe^{-} \leftrightarrow \mathrm{SiLi}_x \quad 0 \leqslant x \leqslant 4.4(4200\mathrm{mAh\ g^{-1}}) \tag{6.1}$$

最大到 4.4，锂能与硅形成合金并能达到 4200mAh g^{-1} 最大容量。然而，这个大容量是与循环中[35,49,50]发生的 300%～400% 大体积的变化相伴随的。后者产生的机械应力会导致裂纹，最终导致电极解体和电池的失效[51]。解决这个问题的所有策略都表现出了它们的局限性：使用纳米粒子、纤维素基黏合剂、复合材料和纳米结构[37-41]。石墨烯/硅纳米复合材料可能是一种较好的减轻大体积变化影响的方案，因为在其中硅纳米颗粒被捕集在石墨烯片之间。几个研究小组致力于研究开发这些纳米复合材料，采用用石墨烯或 GO 与商业硅纳米颗粒混合。表 6.2 总结了世界各地不同研究组制备复合材料的制备工艺、配比和不同的容量值。

表 6.2 石墨烯/Si 复合纳米材料的制备方法和容量

石墨烯/GO	复合材料的制备	C/Si 质量比	颗粒尺寸	不可逆容量 可逆容量 /(mAh g^{-1})	循环次数	电流密度/(mA g^{-1})	电压范围/(V 相对于 Li/Li^{+})	参考文献
石墨烯 Kovtyukhova 方法	GO 和悬浮 Si 纳米颗粒（超声处理） 在 700℃ Ar/H_2 下热处理	约为 40/60	20 ~ 25nm	1750 800	300	80 ~ 1000	0. 005 ~ 1. 5	[52]
GO 经过改进的 Hummers 方法制备	GO 和悬浮 Si 纳米颗粒（搅拌） 在 500℃ Ar 下热处理	约为 40/60	50nm	约为 2500 约为 750	30	300	0. 005 ~ 1. 2	[14]
石墨烯热处理处理的石墨	石墨烯片和纳米硅机械混合	约为 33/67	50nm	3500 2300	30	300	0. 005 ~ 1. 2	[14]
用溶剂热法制备石墨烯	石墨烯和纳米硅机械混合	50/50	约为 40nm	2158 1168	30	100	0. 02 ~ 1. 2	[53]
用液相剥离方法制备石墨烯	用化学蚀刻方法制备硅纳米线 石墨烯和硅纳米线机械混合	50/50	长度：10μm 直径：100nm	3646 2470	20	105	0. 005 ~ 0. 8	[54]
GO 用经过改进的 Hummers 方法制备 用超声阳离子剥离方法	纳米硅颗粒和 GO 在水中的悬浮颗粒（超声处理） 过滤悬浮颗粒以得到自保持薄膜 薄膜在 700℃ Ar 下热还原	33/67	100 ~ 200nm	1650 1040	30	50	0. 05 ~ 1. 5	[55]

两组研究人员通过机械混合制备复合材料 GO 和硅纳米粒子的复合材料[14,52]。如图 6.7 所示，Lee 等人获得石墨烯/硅纳米纸[52]。后者是通过退火（700℃，Ar/N_2，1h）GO 纳米复合纸和硅纳米颗粒（20 ~ 25nm）来制备的[52]。在 50mA g^{-1}电流密度下，能够获得 1750mAh g^{-1}的首次放电容量，几乎没有首次不可逆容量。每个周期只有 0.5% 的容量衰减，这种纳米复合材料在放电循环 200 次后容量仍能良好地保持在 1000mAh g^{-1}[52]。

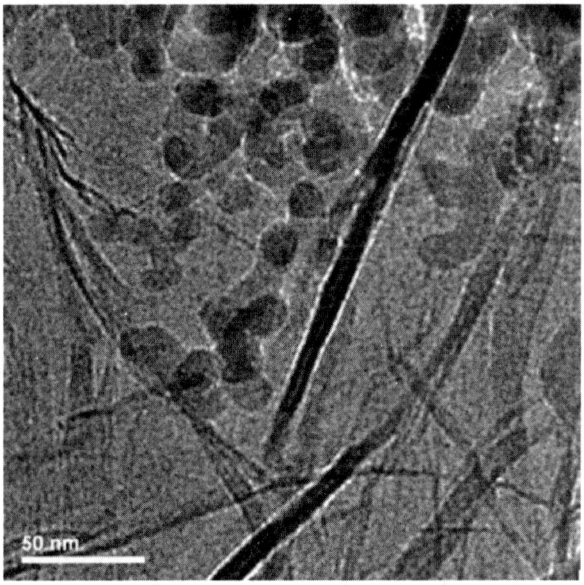

图 6.7　石墨烯/硅纳米复合纸的 TEM 照片[52]（皇家化学学会许可转载）

Xiang 等人也通过 GO 和硅纳米颗粒（50nm）的复合，在 500℃ 氩气中退火 1h 来制备石墨烯/硅纳米复合材料[14]。3 种不同的石墨烯与硅的配比分别是 1∶1、1∶2、1∶3，命名为 SG1、SG2、SG3。从图 6.8 显示的 TEM 照片可知，硅纳米颗粒在石墨烯片层之间有很好的分散性。

图 6.9 显示了原始硅纳米颗粒和 3 个不同的纳米复合材料（SG1、SG2 和 SG3）的循环性能。纳米复合材料比原始的硅纳米颗粒表现出了更好的性能。填充在石墨烯片间的硅纳米颗粒通过保持硅粒子和导电通道之间的电接触，有助于减轻体积变化的影响。此外，经测试后发现纯硅负极很易破碎，而纳米复合负极并不会。尽管如此，这些样品的不可逆容量区间范围为 600 ~ 750mAh g^{-1}。经过 30 次循环后样品 SG2 和 SG3 在 300mA g^{-1} 电流密度下显示的容量是 700 ~ 800mAh g^{-1}，大约为初始容量的 70% ~ 80%。

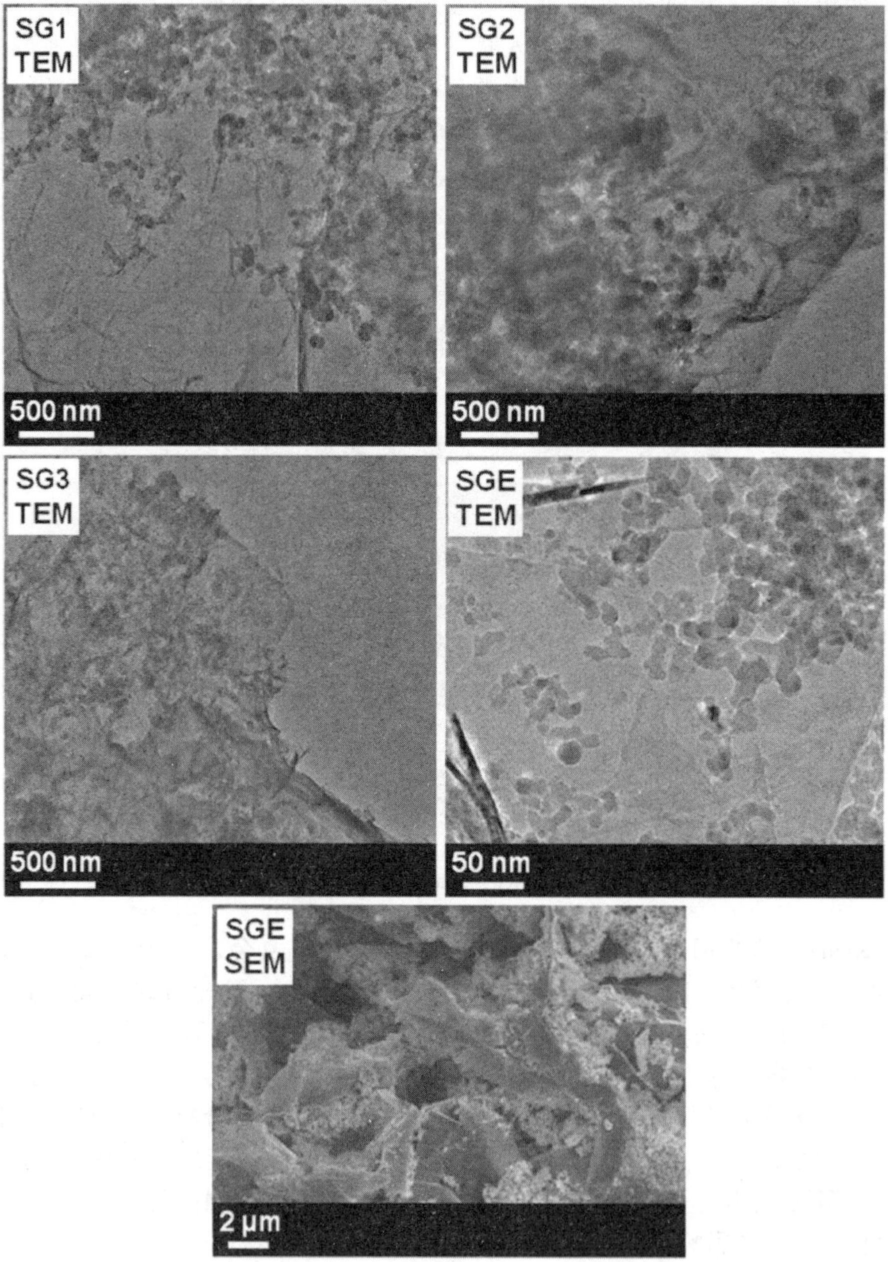

图 6.8 石墨烯/硅复合物 SG1、SG2、SG3 和 SGE 的 TEM 照片以及 SGE 的 SEM 照片（转载自得到许可的参考文献［14］。版权所有© 2011 Elsevier）

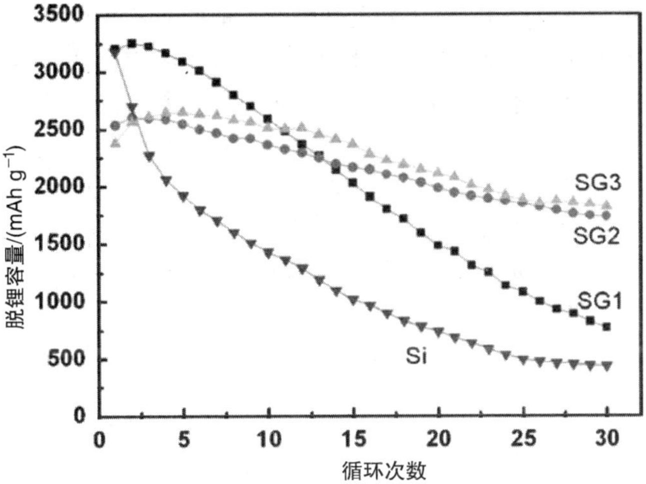

图 6.9　原始硅纳米颗粒与石墨烯/硅纳米复合材料的循环性能，复合材料中石墨烯硅比值分别为 1∶1（SG1）、1∶2（SG2）和 1∶3（SG3）。容量用复合材料的重量计算
（转载自得到许可的参考文献［14］。版权所有© 2011 Elsevier）

Xiang 等人采用膨胀石墨制备石墨烯/硅纳米复合物[14]。膨胀石墨迅速加热到 1050℃，然后按照 1∶2 的比例与硅纳米颗粒进行机械混合（SGE 样品）。从样品 SGE 的 TEM 和 SEM 照片（见图 6.8）可知，硅纳米颗粒占据了膨胀石墨烯的孔洞位置[14]。值得一提的是，对 SGE 样品进行超声处理会导致一些硅纳米颗粒与石墨烯片的分离[14]。如图 6.10 所示，这种改进的方法会获得比 SG2 和 SG3 高的容量值（1800mAh g^{-1}）。

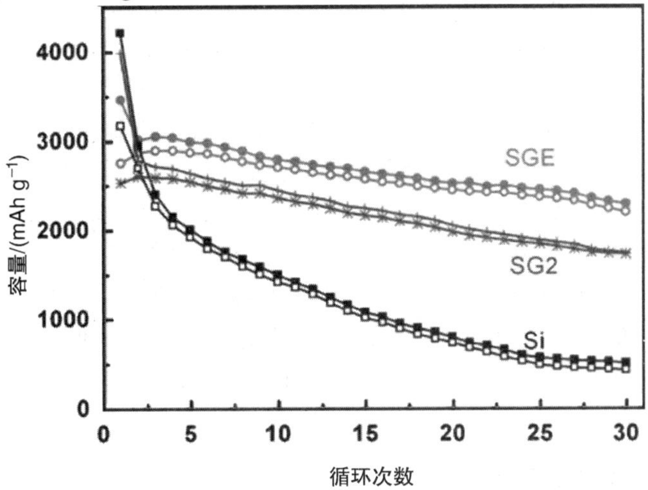

图 6.10　原始硅纳米颗粒与石墨烯/硅纳米复合材料的循环性能，复合材料中石墨烯与硅比为 1∶2（SG2 和 SGE）。容量用复合材料的重量计算
（转载自得到许可的参考文献［14］。版权所有© 2011 Elsevier）

另一个有用的研究是由 Chou 等人进行的。他们对比研究了石墨烯/硅纳米复合材料与纯石墨烯和纯硅纳米颗粒的性能[53]。采用溶剂热法[56]合成石墨烯，纳米复合材料通过机械混合已制备的石墨烯与硅纳米颗粒（约为 40nm）制成。性能对比研究结果如图 6. 11 所示。循环获得的数据清楚地表明，由于发生在循环中体积的巨大变化，硅纳米颗粒无法维持稳定的容量，20 次循环后的容量已经低于 500mAh g^{-1}。当纳米粒子分散在石墨烯基时，可以观察到更好的容量保持率，纳米复合材料锂电池在 100mA g^{-1}下 20 次循环后容量仍有 1400mAh g^{-1}[53]。

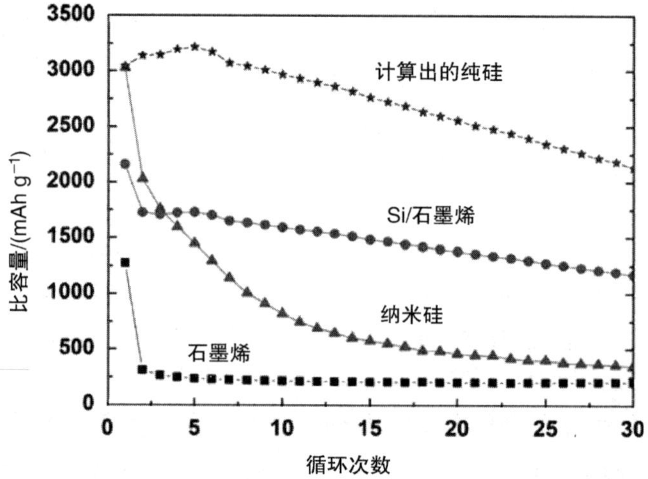

图 6. 11 原始的石墨烯（方块）、硅纳米颗粒（三角形）、石墨烯/硅纳米复合材料（实心原点）电极和从石墨烯/硅复合材料计算出的纯硅贡献值（星形）的循环性能（转载自得到许可的参考文献［53］。版权所有© 2011 Elsevier）

最近 Cui 等人对纳米结构的硅阵列，如硅纳米线，进行了研究[57]。由于其更好的耐应变性以及导线之间的真空区，纳米线可以更好地适应循环过程中的体积变化。Wang 等人最近制备的单晶硅纳米线，在添加石墨烯后显著提高了硅纳米线的可逆容量[54]。如图 6. 12a 所示，石墨烯/硅纳米线的复合物在经过 20 个循环后显示具有 2470mAh g^{-1}的充电容量，这个值要高于炭黑/硅纳米线纳米复合材料（1256mAh g^{-1}）。石墨烯纳米复合物的比容量也得到了增强，例如，在 2C 电流密度下可以获得 C/10 放电容量的 75%（见图 6. 12b），这是由于石墨烯添加剂有利的电荷输运性质导致的。在作出任何结论之前，更长时间的循环数据也是必要的，因为通常这些硅基型负极往往在循环 30 ~ 50 时发生致命性的失效。

6. 3. 2 石墨烯/锡基材料

和硅一样，锡也是一种可与锂通过合金化/去合金化发生可逆反应的类金属物。合金化/去合金化反应过程如下：

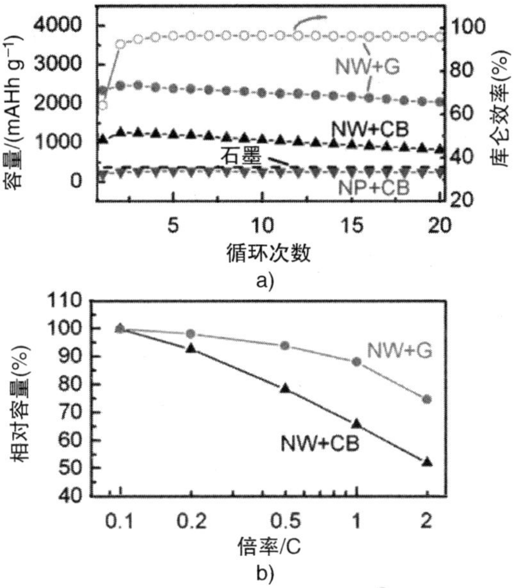

图6.12 a）循环20个周期的电荷容量和库仑效率。NW：硅纳米线，G：石墨烯，CB：炭黑，NP：硅纳米颗粒 b）0.1C～2C的倍率容量，与固定至0.1C的放电率（转载自得到许可的参考文献［54］。版权所有© 2011 美国化学学会）

$$Sn + xLi^{+} + xe^{-} \leftrightarrow SnLi_x 0 \leqslant x \leqslant 4.4(993mAh\ g^{-1}) \quad (6.2)$$

每摩尔锡最多与4.4mol的锂反应，可以获得高达993mAh g^{-1}（7313mAh mL^{-1}）的容量。然而，如硅一样，在循环过程中，锡会发生巨大的体积变化，大约为260%[35]。机械应力通常会导致裂纹和电极的解体。在电池循环期间为防止粉化，有提议讲，尽量减少颗粒大小并使用黏合剂，这样可以更好地消除和容纳体积的变化，如羧甲基纤维素钠（NaCMC）[42]或苯乙烯丁二烯橡胶[58]。其他的方法就是使用惰性基质诸如过渡金属等与锡（铁、铜、钴、锰等）形成合金[59]，如 Li_2O 在 SnO_2[60]的情况下，甚至是碳纳米管和石墨烯等基质[61]。

氧化锡（SnO_2）通过两步与锂反应：第一步是不可逆还原成锡并内嵌在 Li_2O基体中；第二步是锡与锂可逆性的合金化反应[62]，如下面的方程所示：

$$4Li^{+} + SnO_2 + 4e \rightarrow Sn + 2Li_2O(707mAh\ g^{-1}) \quad (6.3)$$

$$Sn + xLi^{+} + xe^{-} \leftrightarrow SnLi_x 0 \leqslant x \leqslant 4.4(783mAh\ g^{-1}SnO_2) \quad (6.4)$$

结果是，Li_2O 基质阻止了剧烈的体积变化并保持锡金属以纳米尺寸形式存在。即使 Li_2O 的存在有助于减轻锡与锂合金反应发生的体积膨胀，但它通常无法阻止电极的退化。此外，还原 SnO_2 成锡金属的过程也会产生 707mAh g^{-1}的不可逆容量，此容量大约是电极容量的一半。石墨烯/SnO_2和石墨烯/锡纳米复合材料的制备工作已经被用来研究降低循环过程中发生的体积变化带来的负面影响（见表6.3）。

表 6.3 石墨烯/SnO_2和石墨烯 –/Sn – 基复合纳米材料的制备方法和容量

活性材料 石墨烯/GO 来源	复合材料的制备	C/SnO_2 C/Sn 质量比	颗粒 尺寸 /nm	不可逆容量 可逆容量 /(mAh g^{-1})	循环 次数	电流 密度 /(mA g^{-1})	电压范围 /(V 相对于 Li/Li^+)	参考 文献
SnO_2 GO 经过改进的 Hummers 方法制备	– GO 和 $SnCl_2$ 在乙二醇和水中 – 氩气中 500℃ 回流	22/78	2 ~ 4	约为 1800 665	50	50	0.005 ~ 2.0	[63]
SnO_2 GO 经过改进的 Hummers 方法制备	– GO 和 $SnCl_2$ 加入柠檬酸和 $NaBH_4$ – 120℃ 加热	60/40	4 ~ 6	1420 520	100	55	0.1 ~ 3.0	[64]
SnO_2 在 NH_3 – He 混合气体中电弧放电蒸发石墨制备石墨烯[65]	– $SnCl_4$ 水溶液中加入 NaOH 溶液 – 上述溶液与石墨烯的乙二醇溶液混合 – 加入 H_2SO_4 – 400℃ 氩气中退火		约为 4	约为 675 403	60	130450、 1400、6000、 8000、450	0.05 ~ 3.0	[61]
SnO_2 GO 经过改进的 Hummers 方法制备	– $SnCl_4$ 与 NaOH 水解 – 石墨烯与 SnO_2 在乙二醇中混合 – 400℃ 氩气中退火	40/60	约为 5.4	约为 1900 570	30	50	0.05 ~ 2.0	[13]
SnO_2 化学剥离石墨	– GO 和 HCl 在水中 – 加入 $SnCl_2$ – 400℃ 氩气中退火	2.4/97.6	3 ~ 5	约为 875 约为 590	50	400	0.01 ~ 2.0	[66]

（续）

活性材料 石墨烯/GO 来源	复合材料的制备	C/SnO_2 C/Sn 质量比	颗粒 尺寸 /nm	不可逆容量 可逆容量 /(mAh g^{-1})	循环 次数	电流 密度 /(mA g^{-1})	电压范围 /(V 相对于 Li/Li^+)	参考 文献
Sn@C 热剥离氧化石墨	- 石墨烯分散于乙二醇中 - $SnCl_4$ 与 NaOH 水解 - 混合两种溶液 - 180℃水热处理碳包覆 - 800℃氮气/氢气中退火	46.9/53.1	50～200	846 660	100	100	0.01～3.0	[67]
SnO_2 GO 经过改进的 Hummers 方法制备	- GO 和 $SnCl_2$ 在异丙醇中 - 超声 30min - 500℃氮气中退火	25/75	20	1700 775	50	100	0.005～3.0	[68]
SnO_2 GO 经过改进的 Hummers 方法制备	- GO，尿素和 $SnCl_4$ 在水中 - 超声 30min - 微波 60s - 肼的加入 - 微波 60s - 500℃氮气中退火	20/80	100～200	2140 650	30	50	0.005～2.0	[69]
SnS_2 GO 经过改进的 Hummers 方法制备	- 半胱氨酸和 $SnCl_4$ 溶解于水中 - GO 的加入 - 180℃水热 - 过滤并洗涤		弯曲纳米片 直径约为 2μm	1664 920	50	100	0.01～1.5	[70]

通常是用氧化锡与石墨烯复合[13,61,63,64,66]，到目前为止，只有一篇文献报道了用元素锡与石墨烯复合。在氧化锡的情况下，通常会发现比较大的首次不可逆容量，主要是由于 SnO_2 不可逆地被还原成 Sn，同时还存在石墨烯的不可逆容量。如图 6.13b 所示，石墨烯/SnO_2 纳米复合物最初的放电容量是1800mAh g^{-1}，50 个循环后不可逆放电容量是 665mAh g^{-1}[63]，刚制备的石墨烯 100 次循环后的容量为 380mAh g^{-1}。图 6.13a 所示的是 2 ~ 4nm 的 SnO_2 纳米颗粒均匀分散在石墨烯片上形成的 TEM 照片。将 $SnCl_2$ 和 GO 在 190°条件下在乙烯乙二醇中回流，然后在通氩气的条件下 500℃退火 2h 可以制得纳米复合材料。

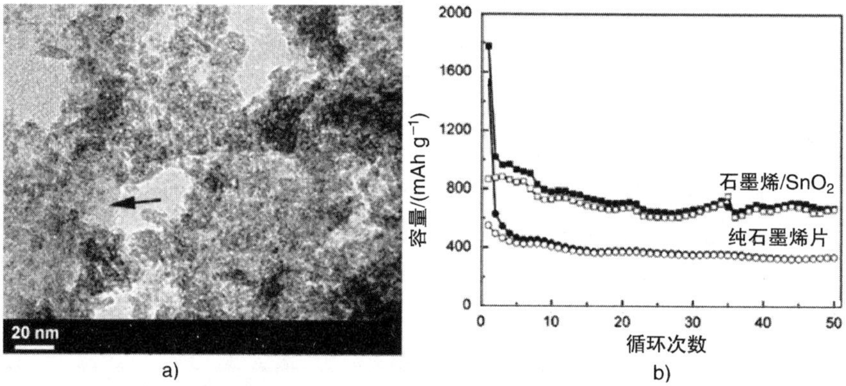

图 6.13 a）石墨烯/SnO_2纳米复合材料的 TEM 照片[63] b）石墨烯/SnO_2纳米复合材料和纯石墨烯片的放电（实心）和充电（空心）容量与循环次数的关系（转载自得到许可的参考文献［63］。版权所有© 2011 Elsevier）

Yao 等人还进行了一项有趣的研究。他们证明了石墨烯/SnO_2纳米复合材料相比纯 SnO_2纳米颗粒和纯石墨烯的优势。图 6.14a ~ d 显示了 4 张石墨烯/SnO_2

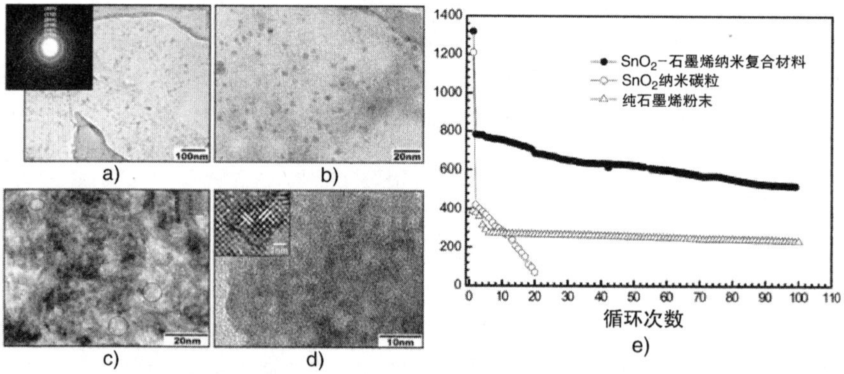

图 6.14 a）石墨烯/SnO_2纳米复合材料低放大倍数下的 TEM 照片 b）石墨烯/SnO_2纳米复合材料高分辨率 TEM 照片 c）石墨烯/SnO_2纳米复合材料的 HRTEM 照片 d）石墨烯/SnO_2纳米复合材料晶格分辨 HRTEM 照片 e）SnO_2/石墨烯纳米复合电极、纯 SnO_2纳米颗粒电极和纯石墨烯电极的循环性能（转载自得到许可的参考文献［64］。版权所有© 2011 Elsevier）

纳米复合材料TEM照片，石墨烯/SnO_2纳米复合材料是采用$SnCl_2$为前驱体，$NaBH_4$作为还原剂制备的[64]。纳米复合材料由4~6nm的SnO_2均匀分布在石墨烯片上组成。图6.14c、d显示了石墨烯/SnO_2纳米复合材料的HRTEM显微照片以及晶格分辨的HRTEM照片，其中纳米SnO_2和石墨烯纳米片清晰可见。内插图是一个SnO_2纳米颗粒的原子分辨晶格照片。从照片中可以区分两个相互垂直的晶面：（110）和（200）晶面。如前所述，所有含SnO_2的电极，可以观察到巨大的首次不可逆容量范围区间为500~900mAh g^{-1}。100个循环周期后，纳米复合材料显示的容量是520mAh g^{-1}，而纯SnO_2纳米颗粒的容量在循环20次后下降非常迅速，容量会小于50mAh g^{-1}。对照实验表明，单独的石墨烯循环100次后获得的容量小于300mAh g^{-1}。

石墨烯以其高的电子导电性而著称，为获得高倍率性能使用的活性材料通常为不良的电子导体，石墨烯的高电导性正好是有益的补充。Wang等人测量了石墨烯/SnO_2纳米复合材料的倍率性能[61]。他们在NH_3/He的气氛中通过电弧放电蒸发石墨制备GNS。以$SnCl_4$水解制备SnO_2纳米颗粒，将由此产生的水溶胶与分散在乙二醇中的GNS相混合。然后将沉淀的粉末进行退火（400℃，Ar，2h）[61]。

图6.15a、b显示纳米复合材料的TEM照片，与前面的示例类似，4nm SnO_2纳米颗粒均匀地分散在GNS上。

图6.15c显示了不同电流密度下纳米复合材料的倍率性能。其性能令人印象深刻：在130mA g^{-1}下，观察到一个稳定的约515mAh g^{-1}的容量，而在电流密度高达8000mA g^{-1}的条件下，测得了约100mAh g^{-1}的容量值。

另外两篇文献报道了石墨烯/SnO_2纳米复合材料作为负极材料的使用和合成[13,66]。一是用GO和$SnCl_2$制备的，在循环过程中，发现石墨烯与SnO_2的最优配比为1:3.2，此最优的配比在电流密度为400mA g^{-1}下，充放电循环50次后容量约为590mAh g^{-1}[66]。更令人惊奇的是，同时获得了一个相对较低的不可逆容量。图6.16显示了该复合材料的SEM和TEM照片。Paek等人用化学还原GO并在乙二醇中原位还原$SnCl_4$制成SnO_2纳米颗粒（约为5nm），然后退火（400℃，Ar，2h）[13]。这种材料的TEM照片显示SnO_2纳米粒子很好地分散在石墨烯片之间（见图6.17）。Paek等人也对纯SnO_2纳米颗粒、石墨以及石墨烯的性能进行了对比研究[13]。石墨和石墨烯在循环30次后展现出略高于250mAh g^{-1}的容量，而纯SnO_2纳米颗粒在15个循环后的容量几乎为零。石墨烯与SnO_2配比为1:1.5的复合材料产生约1900mAh g^{-1}的首次不可逆容量，而两次循环后可以获得810mAh g^{-1}的可逆容量，循环速率为50mA g^{-1}时，循环30次后可以获得570mAh g^{-1}的可逆容量（见图6.18）。

阻止SnO_2用于商用锂离子电池的主要问题是与其第一次锂化反应相关的且

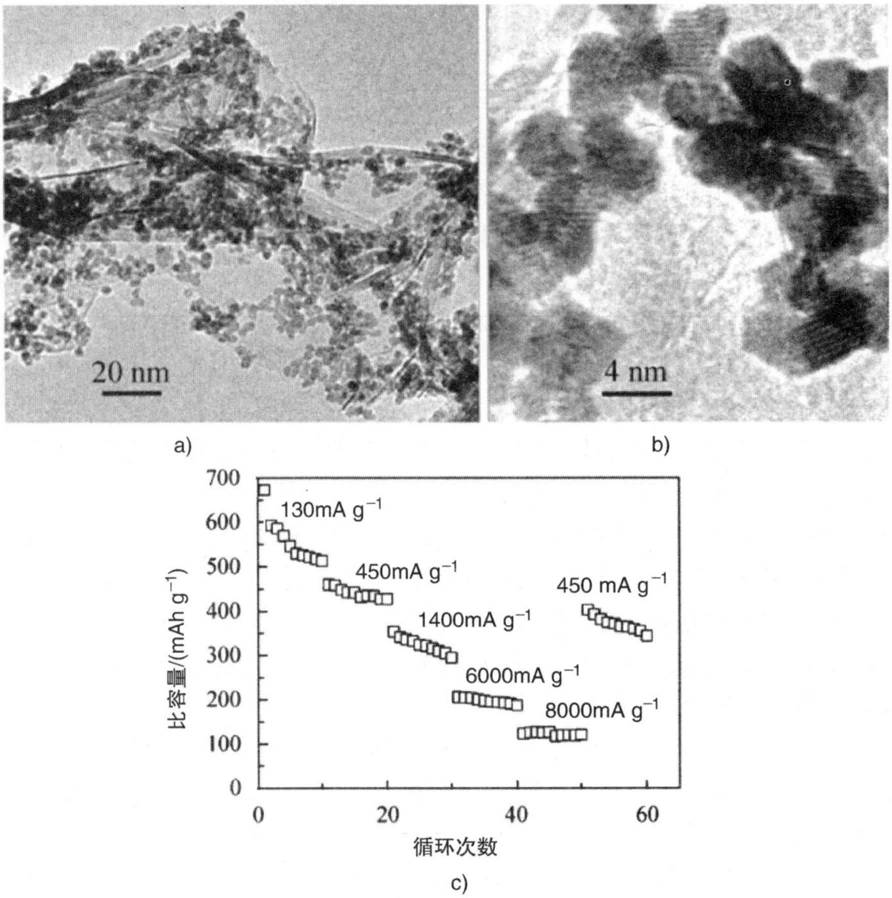

图 6.15 石墨烯/SnO_2 复合材料的 TEM 照片

（转载自得到许可的参考文献［61］。版权所有© 2010 Springer）

a）低倍放大倍率（左上） b）高倍放大倍率（右上） c）石墨烯/SnO_2复合材料在不同充电－放电电流密度下的循环性能（下）

无法避免的不可逆容量，而此不可逆容量大约是 SnO_2 理论容量的一半。从这个意义上讲，元素 Sn（理论容量为 993mAh g^{-1}或 7313mAh mL^{-1}）会更有研究兴趣。石墨烯/Sn 纳米材料可由分散的石墨烯和碳包覆的 SnO_2 经过还原（800℃，N_2/10% H_2，12h）制得。如图 6.19a 所示，可以得到石墨烯和碳包覆的 Sn 纳米复合材料。经过半电池测试，100 次循环后的容量是 660mAh g^{-1}（100mA g^{-1}），并拥有良好的倍率性能（见图 6.19b）[67]。类似的，Wang 等人通过用 $NaBH_4$ 化学还原制备由 GNS 和 Sn 纳米粒子组成的纳米复合材料[71]。在经过 100 次循环后，可以观察到 Sn 纳米颗粒很好地分散在 GNS 之间，同时具有 508mAh g^{-1}的容量（55mA g^{-1}）。纳米复合材料的性能要优于纯石墨烯和原始 Sn 粉末。然而，

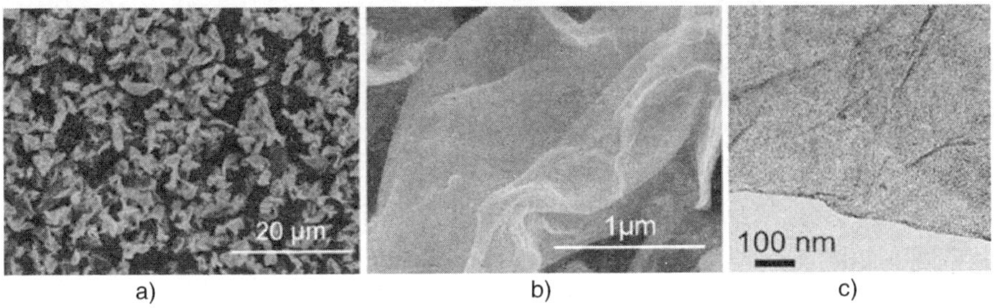

图 6.16　喷雾干燥石墨烯/SnO_2纳米复合材料的 SEM 和 TEM 照片

（转载自得到许可的参考文献［66］。版权所有© 2011 Elsevier）

a）低放大倍率 SEM 照片　b）高放大倍率 SEM 照片　c）高放大倍率 TEM 照片

同时可观察到大的首次不可逆容量（$450mAh\ g^{-1}$）。最终，由 GNS（10～20 层）和碳包覆的 Sn－Sb 纳米颗粒（50～150nm）组成的复合材料提供了一个令人印象深刻的在 2C（$1600mA\ g^{-1}$）大约 $700mAh\ g^{-1}$的容量保持率[72]。

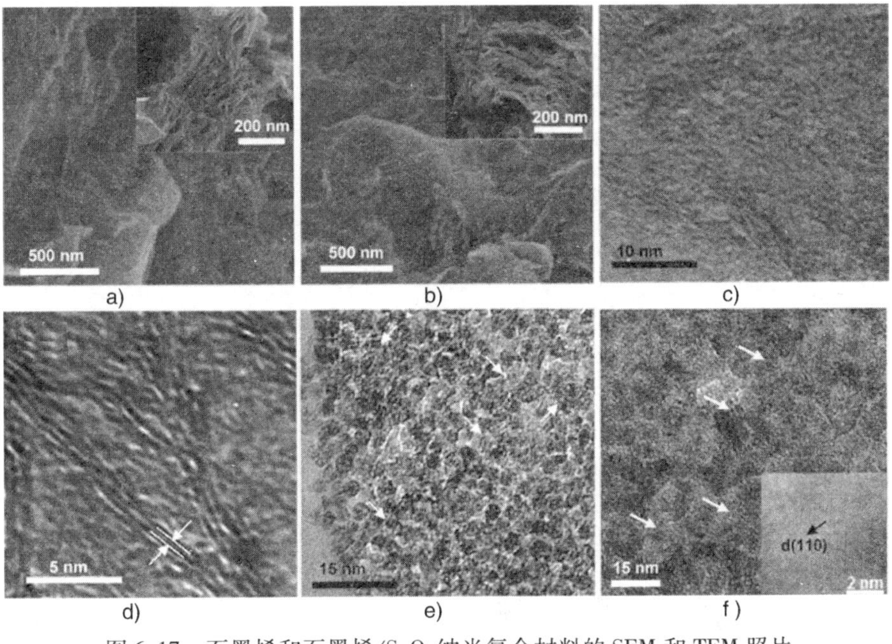

图 6.17　石墨烯和石墨烯/SnO_2纳米复合材料的 SEM 和 TEM 照片

（转载自得到许可的参考文献［13］。版权所有© 2009 美国化学学会）

a）石墨烯 SEM 照片　b）石墨烯/SnO_2纳米复合材料横截面的 SEM 照片　c）石墨烯 TEM 照片

d）石墨烯（高倍率）TEM 照片　e）石墨烯/SnO_2 纳米复合材料 TEM 照片

f）热处理后的石墨烯/SnO_2 纳米复合材料 TEM 照片，白色箭头表示石墨烯纳米片

Chant 等人制备了 SnS_2/石墨烯复合材料，并在锂离子电池中进行了测试[70]。SnS_2用跟 SnO_2同样的方式来和 Li^+反应产生 Li_2S 和 $SnLi_x$［式（6.3）和

式（6.4）]。作者相信，既然 SnS_2 结构和形态类似于石墨烯，那么在纳米复合材料的制备上它应当比 SnO_2 颗粒更兼容，同时能有更好的循环稳定性和高容量。SnS_2/石墨烯的 SEM 照片如图 6.20 所示。图中显示了一种由弯曲纳米片组成的三维结构。锂离子电池复合材料的性能于此进行了评价。SnS_2/石墨烯复合材料的第一次放电容量为 1664mA g^{-1}，经过 50 次循环后下降到 920mA g^{-1} 并且很稳定（见图 6.20）。

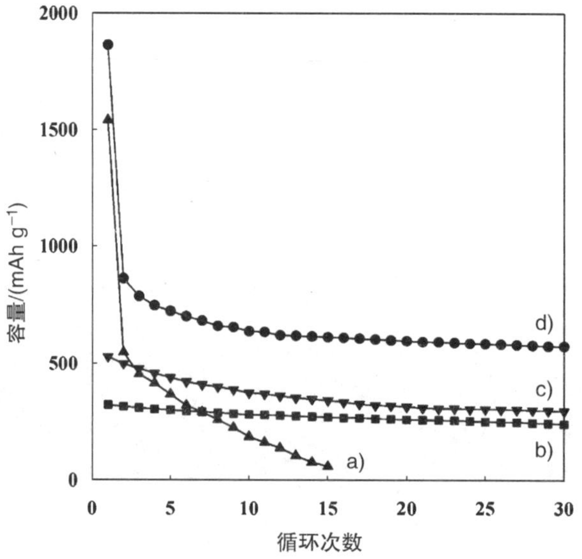

图 6.18　循环性能（转载自得到许可的参考文献［13］。版权所有© 2009 美国化学学会）

a）纯 SnO_2 纳米粒子　b）石墨　c）石墨烯　d）石墨烯/SnO_2 纳米复合材料

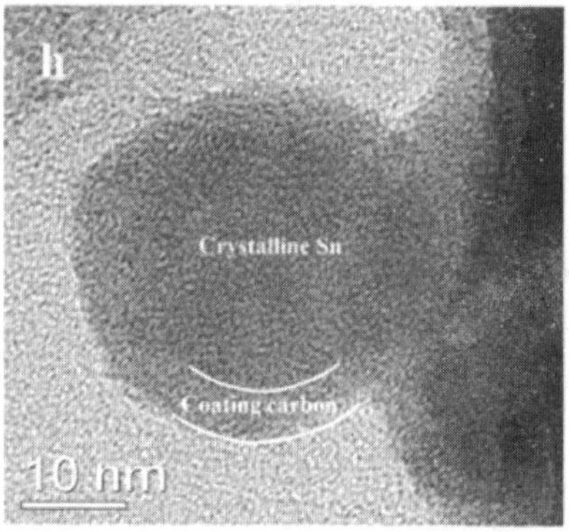

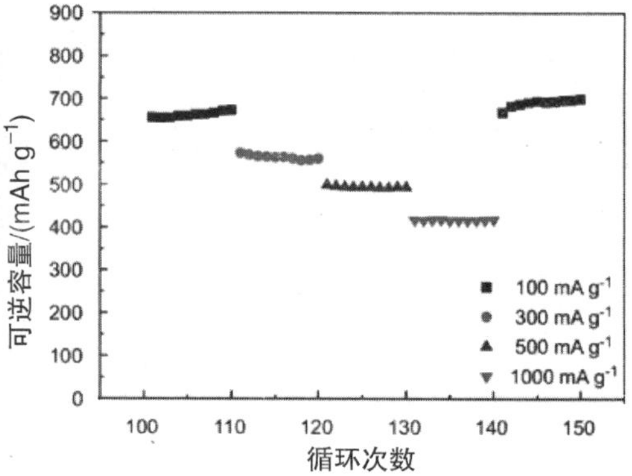

图 6.19　碳包覆的 Sn 纳米颗粒固定在石墨烯上的 TEM 照片（左）；碳包覆的石墨烯/Sn 纳米复合材料的倍率性能（右）（转载自得到许可的参考文献［67］。版权所有© 2011 Elsevier）

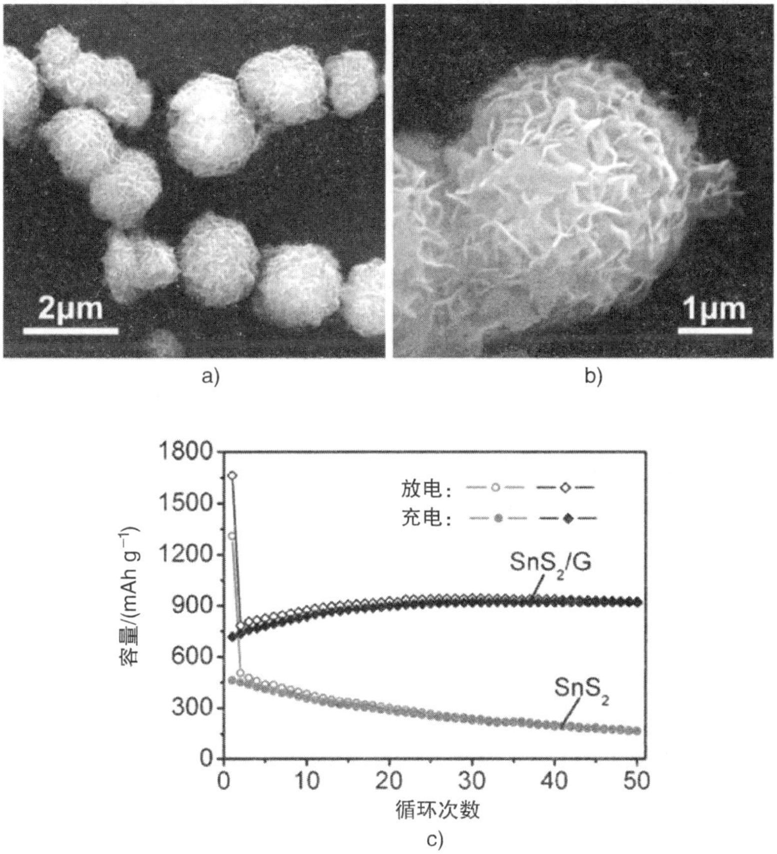

图6.20　a）和b）SnS_2/石墨烯复合材料的SEM图像　c）SnS_2/石墨烯复合材料在100mA g^{-1}的循环性能（Power Sources期刊许可转载，doi：10.1016/j.jpowsour.2011.10版权© 2011 Springer）

6.4　石墨烯/TMO材料（Mn、Fe、Co和Cu）

在2000年，Poizot等人率先引入过渡金属氧化物（TMO）作为锂离子电池负极材料这一概念[73]。TMO具备提供大的理论容量的优势，范围通常介于600～1000mAh g^{-1}[35]，转化成体积容量为3000～5000mAh mL^{-1}（假设平均密度约为5g mL^{-1}[74]）。它们与锂进行非常规反应，经过一个转化反应把TMO转化成金属纳米粒子嵌入到Li_2O基质中，如以下示例：

$$NiO + 2Li^+ + 2e^- \leftrightarrow Ni + Li_2O(718mAh\ g^{-1}) \qquad (6.5)$$

然而，与SnO_2的情况不同，在第一锂化过程中形成的Li_2O基质在这种情况下是可以基于脱锂而分解的，而金属纳米颗粒被氧化返回进入到 TMO 纳米颗粒里。这种固态氧化只在纳米量级尺度发生。有人认为金属纳米粒子的尺寸限制增强了它们分解 Li_2O 基质的电化学活性[73]，在 LiF 过渡金属氟化物（TMF）体系中也可以观察到类似的现象[75]。

然而，TMO 锂离子电池的使用也受到他们自身固有的低电导率所限制（例如，Mn_3O_4：2×10^{-7}S cm^{-1}[76]，Cr_2O_3：1.8×10^{-7}S cm^{-1}[77]）。这种限制通常适用于所有表现出典型的绝缘体或半导体行为的 TMO，实际上它们显示出的带隙的区间范围是 3 ~4eV[78]。石墨烯凭借其可调的表面积、机械柔性以及可以弥补 TMO 低导电性的高导电率，进而提高容量保持率[79-82]等特性能够成为潜在的极佳的基质。已经开展了从锰氧化物到铜氧化物的 TMO 与石墨烯在纳米复合材料方面的研究，下面将关注它们的电池性能。

6.4.1 石墨烯/锰氧化物

对锂离子电池来说，锰氧化物是相当具有吸引力的材料，一是其丰度高[48]，二是其成本低，但更重要的是与其他 TMO 相比[83]，其氧化电位很低（1.2 ~1.3V 相对于 Li/Li^+）。负极氧化电势（或脱锂电势）对电池来讲非常重要，因为它将决定电池的输出电压：电势越低，输出电压越大。表 6.4 概述了世界各地的几个研究小组制备石墨烯/氧化锰纳米复合材料的方法以及性能。

Mn_3O_4与锂两种不同的可逆反应过程已经在文献中报道了[84,85]。按照 Fang 等人的观点，锂的第一次嵌入会生成 $LiMn_3O_4$，如式（6.6）所示。与锂的第二次反应则会得到 MnO，如式（6.7）所示。现已证明一旦生成 MnO，式（6.6）和式（6.7）就不再是可逆反应了。从 MnO 开始，发生可逆转化反应，如式（6.8）所示，这个结果已经通过高分辨率 TEM 和选区电子衍射（SAED）测量所证实[84]。第二种反应过程也被 Gao 等人提出，他们指出由式（6.9）所示的反应是完全可逆的[85]：

$$Mn_3O_4 + Li^+ + e^- \rightarrow LiMn_3O_4 \tag{6.6}$$

$$LiMn_3O_4 + Li^+ + e^- \rightarrow 3MnO + Li_2O \tag{6.7}$$

$$MnO + 2Li^+ + 2e^- \leftrightarrow Mn + Li_2O \tag{6.8}$$

$$Mn_3O_4 + 8Li^+ + 8e^- \leftrightarrow 3Mn + 4Li_2O \tag{6.9}$$

锰氧化物低的固有电导率（2×10^{-7}S cm^{-1}）限制了其在锂离子电池中的使用[76]。Wang 等人[79]和 Lavoie 等人[80]通过制备石墨烯/Mn_3O_4纳米复合材料改善了这一问题，同时 Xing 等人[81]和 Yu 等人[82]对石墨烯/MnO_2纳米复合材料进行了研究。

表 6.4 石墨烯/氧化锰基纳米复合材料的制备方法和容量值

TMO 和石墨烯/GO 来源	复合材料的制备	C/TMO 质量比	颗粒尺寸 /nm	不可逆容量 可逆容量 /(mAh g^{-1})	循环次数	电流密度 /(mA g^{-1})	电压范围 /(V 相对于 Li/Li^+)	参考文献
Mn_3O_4	- GO 和 MnAc 在 MF/H_2 (10:1) 80℃	10/90	10~20	1300 810	5	40	0.1~3.0	[79]
GO 经过改进的 Hummers 方法制备	- 水热 180℃							
Mn_3O_4	- 石墨烯，MnOOH、钠十二烷基硫酸钠悬浮在水中	35/65	200~450	(a)约为 1180 约为 680 (b)约为 1370 约为 720	100	75	0.01~3.0	[80]
a) 减少氢气气氛下经过改进的 Hummers 方法制备 b) 商业石墨烯	- 混合物超声 20min，过滤并水洗 - 在氩气气氛下 450℃ 退火 1h							
MnO_2	- 水中石墨烯和十二烷基硫酸钠	N/A	N/A	1400 635.5	30	C/10	0.05~3.0	[81]
钠和乙醇溶剂热反应制备石墨烯	- 添加 Na_2SO_4 和 $KMnO_4$ - 沉淀洗涤和干燥							
MnO_2	- 利用 $KMnO_4$ 水热反应制备 MnO_2 NT	50/50	长度：1000	1250 495	40	100	0.01~3.0	[82]
GO 经过改进的 Hummers 方法制备	- 电极层的组装		直径：70~80 墙厚度：30					

Wang 等人制备了一种纳米复合材料，这种材料是由直接长在 RGO 上的 Mn_3O_4纳米颗粒（约为 10～15nm）组成的。当循环在 $40mA\ g^{-1}$条件下时，这种纳米复合材料可逆容量为 $810mAh\ g^{-1}$；当循环速率较高时，在 $400mA\ g^{-1}$条件下循环 40 次后仍可保留 $730mAh\ g^{-1}$的容量（参照图 6.21a）。同时可以观察到大约 $400mAh\ g^{-1}$的初始不可逆容量，这也意味着约 30% 的容量损失。很有意思的是看到 Mn_3O_4的电导率远低于钴或铁的氧化物[76]，但是石墨烯的纳米复合结构似乎能够解决这个限制，如图 6.21b 所示，部分原因可能是由于 Mn_3O_4颗粒的纳米级尺寸以及石墨烯高的电导率[86]。作者制备了类似的复合材料，原材料是石墨烯片或 RGO 和 Mn_3O_4针[80]。作者展示了使用石墨烯复合材料相比于纯的 Mn_3O_4针的优势。当半电池在 $75mA\ g^{-1}$条件下循环 100 次后，使用石墨烯片（XGM－5）时能获得 $720mAh\ g^{-1}$的容量，而用 RGO 能获得 $675mAh\ g^{-1}$的容量（见图 6.22）。

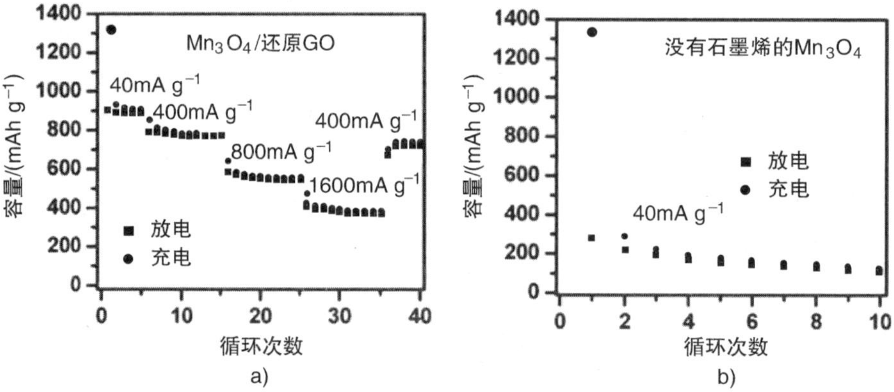

图 6.21 石墨烯/Mn_3O_4和锂组成的半电池的电化学特征。具体的容量是基于 Mn_3O_4/石墨烯纳米复合材料中 Mn_3O_4的质量

（转载自得到许可的参考文献［79］。版权所有© 2010 美国化学学会）

a）在不同的电流密度下石墨烯/Mn_3O_4纳米复合材料的容量保持率

b）在 $40mA\ g^{-1}$的电流密度下没有石墨烯的 Mn_3O_4纳米粒子的容量保持率

正如参考文献［84］所描述的，MnO_2具有众所周知的很大的不可逆容量，原因之一是锰表面上会形成厚的 SEI；另一个原因是锰的起始氧化态为 +4。Xing 等人报道在 C/20 循环 30 次后其容量为 $718mAh\ g^{-1}$[81]，可观察到约 50% 的不可逆容量。Yu 等人对 MnO_2纳米管和用 MnO_2纳米管与石墨烯组成的多孔纳米复合物做了性能对比研究[82]。他们清楚地证明了石墨烯作为导电基质的优点。当在 $100mA\ g^{-1}$下循环 40 次后，纳米复合材料具有 $500mAh\ g^{-1}$的容量，而纯 MnO_2纳米管只有约 $150mAh\ g^{-1}$的容量。

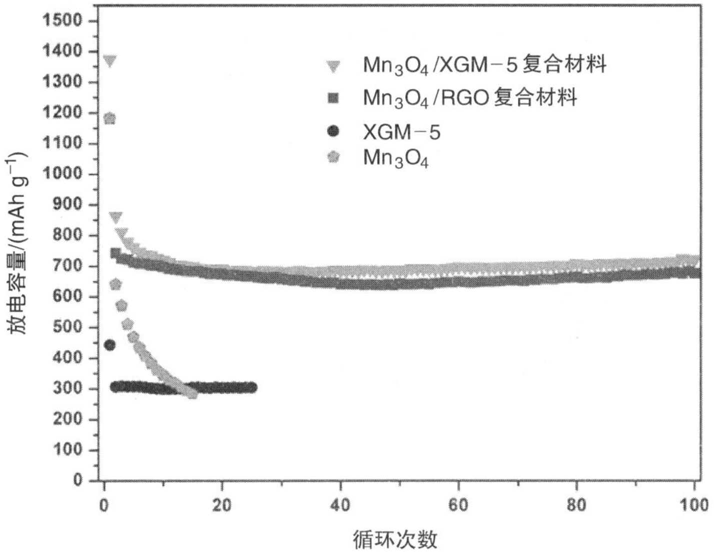

图 6.22　Mn_3O_4/石墨烯复合材料（0.01 ~ 3.0V）、XGM－5（0.005 ~ 2V）和 Mn_3O_4（0.01 ~ 3 V）在 75mAh g^{-1}下的循环性能[80]（Elsevier 许可转载）。

6.4.2　石墨烯/铁氧化物

氧化铁是一个最有趣的 TMO。铁氧化物对于 Li/Li^+ 的氧化电势大约为 1.8V，后者比氧化锰高一点但比氧化钴低。铁在自然界中储量非常丰富[48]，而且相当便宜。除此之外，铁的理论容量很高，约为 1000mAh g^{-1}，同时比其他 TMO 的不可逆容量要低[87]。但和许多其他材料一样，铁氧化物的问题之一是在循环过程中由于体积变化而发生的粉化。直到现在石墨烯/FeO 纳米复合材料仍无法制备，然而石墨烯/Fe_2O_3[88,89]和石墨烯/Fe_3O_4[90-95]的研究已经有报道。表 6.5 总结了这些石墨/铁氧化物纳米复合材料的制备方法和性能。铁氧化物与锂的电化学反应如下：

$$Fe_3O_4 + 8e^- + 8Li^+ \leftrightarrow 3Fe^0 + 4Li_2O \quad 926\text{mAh g}^{-1} \tag{6.10}$$

$$Fe_2O_3 + 6e^- + 6Li^+ \leftrightarrow 2Fe^0 + 3Li_2O \quad 1007\text{mAh g}^{-1} \tag{6.11}$$

两种石墨烯/Fe_2O_3纳米复合材料被报道。第一个是用被肼还原的 GO 和 Fe_2O_3纳米颗粒（60nm）经由微波辅助法制成[88]。如图 6.23 所示，Zhu 等人证明了原位制备的石墨烯/Fe_2O_3纳米复合材料比纯 Fe_2O_3颗粒或石墨烯和 Fe_2O_3颗粒机械混合更有优势。他们报道的首次放电容量是 1693mAh g^{-1}，并拥有约为 30% 的不可逆容量。经过 50 个周期后纳米复合材料显示放电容量为 1027mAh g^{-1}，而

表 6.5　石墨烯/氧化铁基纳米复合材料的制备方法和容量值

TMO 和石墨烯/GO 来源	复合材料的制备	C/TMO 质量比	颗粒尺寸 /nm	不可逆容量 可逆容量 /(mAh g^{-1})	循环次数	电流密度 /(mA g^{-1})	电压范围 /(V 相对于 Li/Li^+)	参考文献
Fe_2O_3 CO 经过改进的 Hummer 方法制备	- $FeCl_3$ 和尿素溶解于水中 - 加入 GO 超声分散 - 加入肼 - 微波 2min	20/80	60	1693 1027	50	100	0.005~3.0	[88]
Fe_2O_3 GO 经过 H_2 热还原制备石墨烯	- $FeCl_3$、抗坏血酸、PEG-6000、尿素溶于水中 - 加入石墨烯超声 - 120℃水热	30/70	2000~5000	1800 660	100	160	0.005~3.0	[89]
Fe_3O_4 GO 经过改进的 Hummer 方法制备	- 石墨烯、$(NH_4)_2Fe(SO_4)\cdot 6H_2O$、$NH_4Fe(SO_4)_2\cdot 12H_2O$ 溶解于水中 - 添加 NH_4OH - Ar 中退火 600℃	5.5/94.5	15~30	1237 857	20	46.3	0.002~2.8	[90]
Fe_3O_4 GO 经过改进的 Hummers 方法制备	- $FeCl_2$ 和 GO 溶解于水中 - 加入 NaOH、比酸、肼 - 150℃水热	38/62	3~15	1100 650	100	100	0.0~3.0	[91]

（续）

TMO 和石墨烯/GO 来源	复合材料的制备	C/TMO 质量比	颗粒尺寸 /nm	不可逆容量 可逆容量 /(mAh g^{-1})	循环次数	电流密度 /(mA g^{-1})	电压范围 /(V 相对于 Li/Li^{+})	参考文献
Fe_3O_4 在 N_2 下通过快速热膨胀制备石墨烯	– Fe（NO_3）$_3$、乙二醇、石墨烯 – 超声 6h – 添加 NH_4OH – 180℃水热	22.7/77.3	12.5	1400 1048	90	100	0.01～3.0	[92]
Fe_3O_4 GO 经过改进的 Hummers 方法制备	– GO、Fe（NO_3）$_3$ 尿素、抗坏血酸溶解在水中 – 微波加热器回流 1h – Ar 中 600℃退火	N/A	20～70	1350 650	50	C/10	0.0～3.0	[93]
Fe_3O_4 在 Ar 和 H_2 中热还原石墨烯	– 石墨烯和 $FeCl_3$ 溶解于水中 – 超声 1h – Ar 中 600℃退火	13.3/86.7	100～500	约为 1400 1026	30	35	0～3.0	[94]
Fe_3O_4 在 H_2 中热还原 GO 制备石墨烯	– Fe（NO_3）$_3$、NaAc、PEG–2000 在乙二醇中 – 添加石墨烯 – 180℃水热	30/70	100～200	2315 771	50	200	0.005～3.0	[95]

机械混合复合物容量低于150mAh g^{-1}。第二种混合物是由 Wang 等人[89]用被 H_2 还原的 GO 和 Fe_2O_3 团聚物（2～5μm）通过水热法制备而成，同时进行了和第一种复合物相似的测试。比容量是基于 RGO/Fe_2O_3 复合材料中 Fe_2O_3 的质量而测定的。

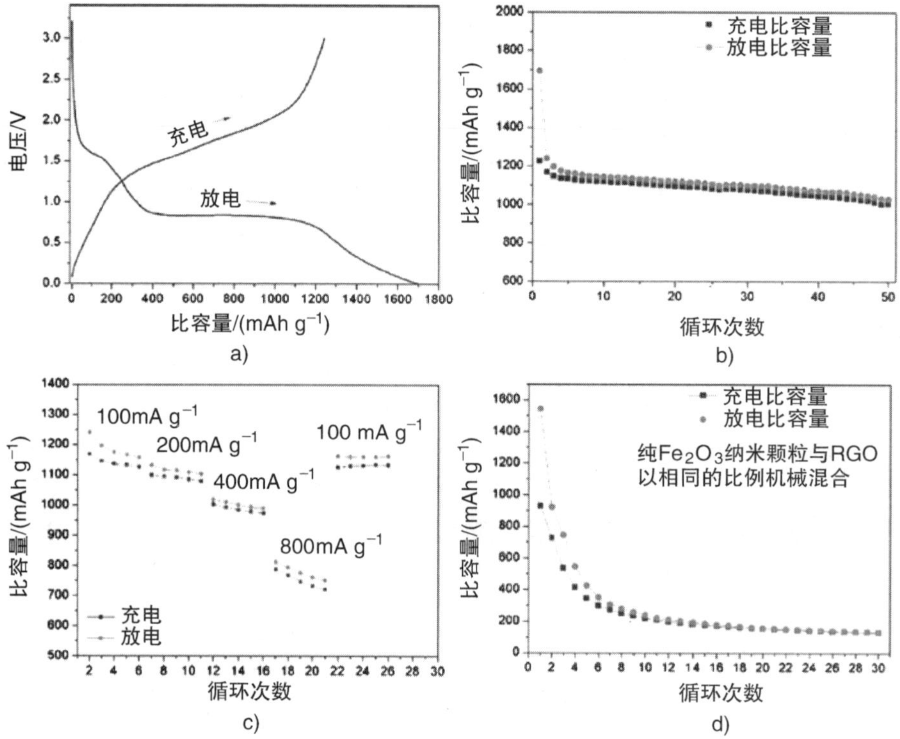

图 6.23　RGO/Fe_2O_3 的复合材料的电化学性能

（转载自得到许可的参考文献［88］。版权所有© 2011 美国化学学会）

a）RGO/Fe_2O_3 复合材料在 100mA g^{-1} 的电流密度下首次循环充放电曲线

b）RGO/Fe_2O_3 复合材料在 100mA g^{-1} 的电流密度下的循环性能

c）RGO/Fe_2O_3 复合材料在 0.005～3.0V 范围内随电流密度变化的倍率性能

d）RGO/纯 Fe_2O_3 纳米颗粒与 RGO 片在 100mA g^{-1} 的电流密度下的容量保持率

一个有趣的对石墨烯/Fe_3O_4 纳米复合材料的研究是由 Zhou 等人实施的并获得了一个非常高的可逆容量[94]。在这个研究中，纺锤状 FeOOH（约为 200nm）用于制备石墨烯/FeOOH 的前体复合物。然后在 600℃ 的氩气中退火并生成石墨烯/Fe_3O_4 的纳米复合材料（见图 6.24a～d）。该复合材料在第一周期约为 30% 的不可逆容量，循环 30 次后（在 35mA g^{-1}）具有 1026mAh g^{-1} 的可逆容量；100 次循环后获得 580mAh g^{-1} 的可逆容量（在 700mA g^{-1}）。对循环后的氧化铁颗粒大小的分析表明，在石墨烯复合物中，氧化铁颗粒的尺寸几乎不变，而没有石墨烯存在的氧化铁颗粒碎化明显，粒径降低50%。

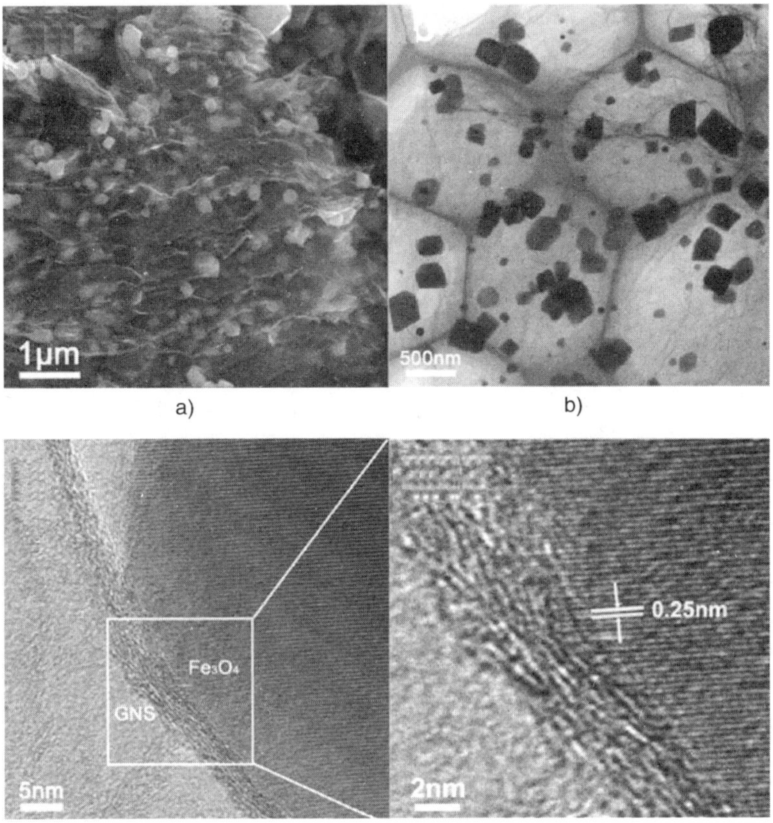

图6.24　a）石墨烯/Fe_3O_4纳米复合材料横截面的SEM照片

b）石墨烯/Fe_3O_4的纳米复合材料的TEM照片

c）石墨烯/Fe_3O_4的纳米复合材料的高分辨率TEM照片

d）c）图中方形区域详细的界面结构

（转载自得到许可的参考文献［94］。版权所有© 2010 美国化学学会）

其他组也观察到了类似的现象[90-93,95]。例如Wang等人报道了一种在电流密度200mA g^{-1}下循环50次后拥有可逆容量771mAh g^{-1}的纳米复合材料[95]。Li等人进行了比仅制作半电池更深入的研究，他们实际上用石墨烯/Fe_3O_4纳米复合材料作负极、$LiNi_{1/3}Mn_{1/3}Co_{1/3}O_2$[90]作正极制作了一个全电池。全电池在1.2～3.2V循环，如图6.25a和b所示，电池显示的工作电位范围在1.6～2.8V。基于负极重量，这个电池在C/10和C/5循环10次后测量容量为80mAh g^{-1}（见图6.25c和d）。

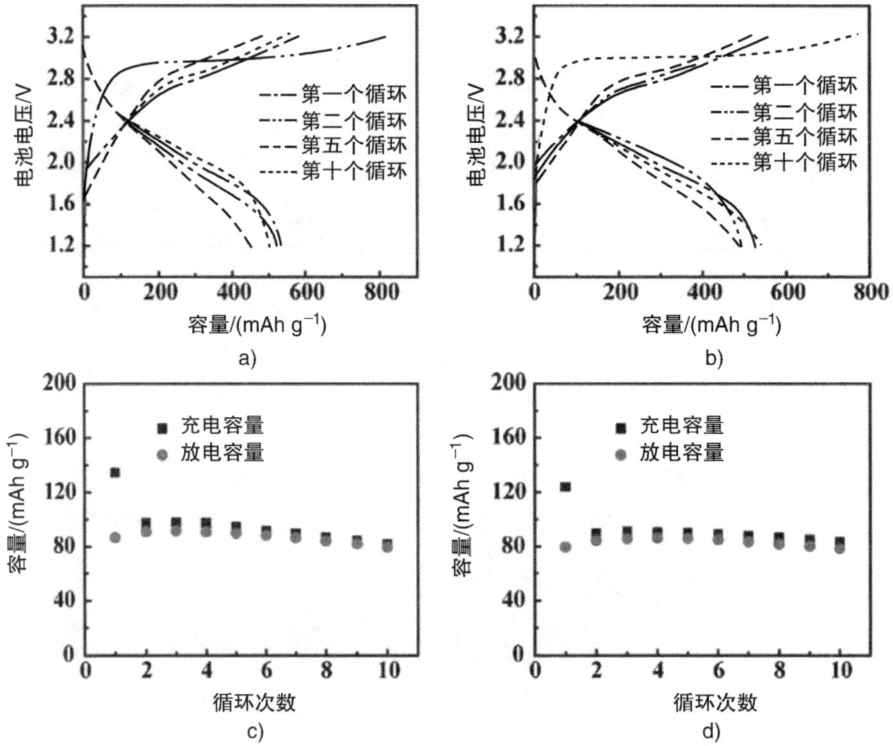

图 6.25　石墨烯/Fe_3O_4 – $LiNi_{1/3}Mn_{1/3}Co_{1/3}O_2$/全电池的电压曲线（a0.1C 和 b0.2C）。比容量计算基于石墨烯/Fe_3O_4 纳米复合材料的质量。石墨烯/Fe_3O_4 – $LiNi_{1/3}Mn_{1/3}Co_{1/3}O_2$/全电池的循环性能曲线（c0.1C 和 d0.2C）。基于 $Li\ Ni_{1/3}Mn_{1/3}Co_{1/3}O_2$ 正极重量（转载自得到许可的参考文献［90］。版权所有© 2011，PCCP Owner Societies 转载许可）

6.4.3　石墨烯/Co_3O_4

Co_3O_4一直是研究最多的 TMO 之一，因为其具有高储锂能力和引人注目的性能[73]。其与锂的电化学转化反应是 $Co_3O_4 + 8Li^+ \leftrightarrow 4Li_2O + 3Co$。然而，体积变化巨大以及在锂化过程中颗粒的团聚导致了其循环受限[96,97]。将 Co_3O_4 封装在碳材料里（如石墨烯）成为一种减少电极[98-105]毁坏的方法。表 6.6 总结了世界各地几个研究小组关于石墨烯/Co_3O_4纳米复合材料的制备方法和性能的研究工作。

表 6.6 石墨烯/Co_3O_4基纳米复合材料的制备方法和容量值

石墨烯/GO 来源	复合材料的制备	C/TMO 质量比	颗粒尺寸 /nm	不可逆容量 可逆容量 /(mAh g^{-1})	循环次数	电流密度 /(mA g^{-1})	电压范围 /(V 相对于 Li/Li^+)	参考文献
石墨烯由 H_2 还原法制备	- 石墨烯、$Co(NO_3)_2$、NH_4OH - 在 Ar 中搅拌 - 450℃ 空气中退火	24.6/75.4	10 ~ 30	1097 935	30	50	0.01 ~ 3.0	[98]
GO 经过改进的 Hummers 方法制备	- GO 和 CoPc 通过超声波在水中分散 - 水合肼还原 GO - 800℃ 空气中退火 - 400℃ 空气中氧化	34/66	20 ~ 30	1200 754	30	74	0.01 ~ 3.0	[99]
GO	- GO 和 $CoCl_2$ 在水中超声波处理 - NaOH 和 H_2O_2 的加入 - 100℃ 水热 - $NaBH_4$ 的加入 - 120℃ 水热	10/90	10 ~ 50	941 740	60	200	0.001 ~ 3.0	[100]
GO 经过改进的 Hummers 方法制备	- 在 EtOH 中：$Co(NO_3)_2$ 和乌洛托品 - GO 的分散 - 在密封的玻璃管中 180℃ 微波 5min	46.2/53.8	片 100 × 1000	约为 2250 约为 1065	30	89	0.005 ~ 3.0	[101]
GO 经过改进的 Hummers 方法制备	- 制备 APS 改性的 Co_3O_4 纳米粒子 - 在悬浮液中加入 GO - 用肼还原	8.5/91.5	> 500	1700 1000	130	74	0.01 ~ 3.0	[102]
GO 经过改进的 Hummers 方法制备	- GO 和 CoAc 在水中 - NH_4OH 和肼的加入 - 200℃ Ar 中退火	30/70	5	1550 800	42	200	0.001 ~ 3.0	[103]

（续）

石墨烯/GO来源	复合材料的制备	C/TMO质量比	颗粒尺寸/nm	不可逆容量 可逆容量/(mAh g^{-1})	循环次数	电流密度/(mA g^{-1})	电压范围/(V相对于Li/Li^+)	参考文献
GO经过改进的Hummers方法制备	- GO和$Co(NO_3)_2$在水中 -170℃水热 - 350℃空气中退火	107/89.3	厚度3~5	1250 700	100	180	0.1~3.0	[104]
GO经过改进的Hummers方法制备	- GO和$CoCl_2$在水中 -$NaBH_4$的加入 -在100℃回流 -在空气中200℃下退火	45.4/54.6	15~25	1433 650	50	55	0.1~3.0	[105]
GO经过改进的Hummers方法制备	- GNS通过超声波/剥离获得 - $CoSO_4 \cdot 7H_2O$，尿素溶解在醇-水中 -加入GNS和25% $NH_3 \cdot H_2O$溶液 - 在120℃加热12h -过滤并干燥 - 在N_2下450℃煅烧3h	20/80	棒状直径30nm长度1~2μm	1303 约为1310	40	100	0.01~3.0	[106]

Wu等人报道了石墨烯/Co_3O_4纳米复合材料的研究。通过石墨烯/Co（OH）$_2$前体在空气中450℃退火，得到的纳米复合材料是由3层或更少[98]的石墨烯片之间分散良好的Co_3O_4纳米颗粒（10~30nm）组成。正如图6.26a TEM照片所示，Co_3O_4纳米颗粒均匀地附着于石墨烯片。图6.26b显示了纳米复合材料与纯石墨烯和纯Co_3O_4纳米颗粒的性能对比。不可否认的是，石墨烯提高了Co_3O_4的性能，一是减少了循环中颗粒的团聚，二是更好地适应体积变化，三提高改善了电极的导电性和力学性能。因此在50mA g^{-1}电流密度下循环30次后获得了935mAh g^{-1}的可逆容量，库仑效率为98%。30次循环后没有与石墨烯复合的纯Co_3O_4电极的容量为184mAh g^{-1}。有趣的是，单独的石墨烯电极提供638mAh g^{-1}

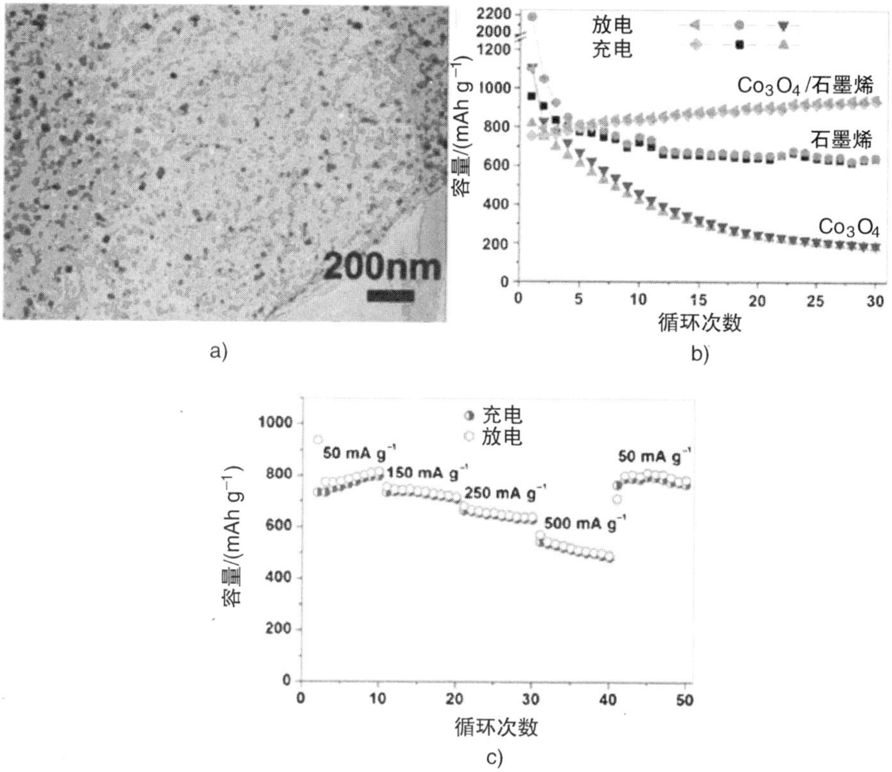

图6.26　a）石墨烯/Co_3O_4纳米复合材料的TEM照片　b）石墨烯、Co_3O_4纳米颗粒和石墨烯/Co_3O_4纳米复合材料的循环性能　c）在50～500mA g^{-1}的电流密度下石墨烯/Co_3O_4纳米复合材料的倍率性能（转载自得到许可的参考文献［98］。版权所有© 2011 美国化学学会）

的容量，但是不可逆容量很大。高倍率的研究显示，在500 mA g^{-1}条件下可以获得>500mAh g^{-1}的容量（见图6.26c）。由于Co_3O_4纳米粒子分散的状态不如Wu等人实验的结果[98]，Yang等人获得的性能略逊一筹[99]。其他4个研究小组也获得了类似的结果[100, 103－105]。

见表6.6，更好的结果是由Chen和Wang使用Co_3O_4片（0.1μm×1μm）制成的复合材料而获得的。但是，这种良好的性能一直是与大的不可逆容量（大约为1200mAh g^{-1}）[101]关联在一起的。Yang等人使用石墨烯封装Co_3O_4颗粒获得的[102]性能研究令人震惊。在74mA g^{-1}条件下，130次循环后观察到约1000mAh g^{-1}的稳定容量。尽管测量到其首次不可逆容量大约为500mAh g^{-1}，但是其性能还是令人印象深刻。可以认为，将Co_3O_4颗粒限制在石墨烯片层间抑制了纳米颗粒的团聚并且更好地容纳了循环时发生的体积变化。此外，它也降低了碳含量（增加容量），并保持了一个整体电极的高导电性[102]。

6.4.4 石墨烯/NiO 和石墨烯/CuO

石墨烯/NiO 和石墨烯/CuO 是最后两个被研究的石墨烯/TMO 纳米复合材料。NiO 通过传统的可逆转化反应与锂反应，如式（6.12）。CuO 与锂的反应稍有不同，如式（6.13）和式（6.14）。循环过程中先发生插入反应，然后是可逆转换反应（见第 5 章有详细介绍）。表 6.7 总结了制备方法和这些复合材料的性能。

$$NiO + 2Li^+ + 2e^- \rightarrow Ni^0 + Li_2O \qquad 718mAh\ g^{-1} \tag{6.12}$$

$$Cu^{II}O + xLi^+ + xe^- \rightarrow [Cu^{II}_{1-x}Cu^{I}_{x}]O_{1-x/2} + x/2\ Li_2O_{(0\leqslant x\leqslant 1)} \qquad 674mAh\ g^{-1} \tag{6.13}$$

$$Cu_2^{I}O + 2Li^+ + 2e^- \rightarrow 2Cu^0 + Li_2O \qquad 674mAh\ g^{-1} \tag{6.14}$$

只有一种石墨烯/NiO 纳米复合材料在文献中有报道。它是由石墨烯纳米片（GNS）和 NiO 纳米片[107]组成的。Zou 等人做了一个 GNS 和 NiO 纳米片的“三明治”，如图 6.27b 和 c 所示。当把这种复合材料与纯 NiO 纳米片或者纯 NiO 纳米颗粒进行对比时，可以看到复合材料改善了容量保持率，这主要是由于导电性的提高以及在 Li^+ 传输上短的路径长度。有报告说 NiO 纳米片电导率是 $2.14\times10^{-5}\ S\ cm^{-1}$，而纳米复合材料是 $1.36\times10^{-3}\ S\ cm^{-1}$。容量的性能令人印象深刻，然而人们应该谨慎地看待这些数值，因为 C 与 NiO 的比值相当高：77.2∶22.8。如图 6.27g 所示，在 71.8 mA g^{-1}（C/10）电流密度下 40 个循环后获得的容量是 1050mAh g^{-1}。这种纳米复合材料也显示出良好的倍率性能，在 C、2C 和 5C 的容量分别为 870mAh g^{-1}、660mAh g^{-1} 和 500mAh g^{-1}（见图 6.27h）。

表 6.7 石墨烯/NiO 和石墨烯基/CuO 基纳米复合材料的制备方法和容量值

TMO 和石墨烯/GO 来源	复合材料的制备	C/TMO 质量比	颗粒尺寸/nm	不可逆容量 可逆容量/(mAh g^{-1})	循环次数	电流密度/(mA g^{-1})	电压范围/(V 相对于 Li/Li^+)	参考文献
NiO GO 经过改进的 Hummers 方法制备	- 在水中：NiAc、六次甲基四胺和十六烷基三甲基溴 - 石墨烯的加入 - 120℃水热 - 360℃ 空气中退火	77.2/22.8	厚度(500～2000)×(30～50)	1750 1050	40	71.8	0.005～3.0	[107]
CuO 电弧放电法制备石墨烯	- 石墨烯和 CuAc 分散在水和 EtOH 中 - NH_4OH 的加入 - 回流 2h	26/74	1500 纳米盘 厚度 25	850 650	100	65	0.01～3.0	[108]

（续）

TMO 和石墨烯/GO 来源	复合材料的制备	C/TMO 质量比	颗粒尺寸/nm	不可逆容量 可逆容量 /(mAh g^{-1})	循环次数	电流密度 /(mA g^{-1})	电压范围 /(V 相对于 Li/Li^+)	参考文献
CuO	– 快速热处理和超声波制备 GNS	35/65	50	1248 743	50	50	0.01 ~ 3.0	[109]
通过改进的 Staudenmaier 方法制备石墨烯[9]	– GNS 和 Cu$(NO_3)_2 \cdot 3H_2O$ 分散在 EtOH 中和超声波处理 1h – 在 $NaBH_4$ 溶液中还原 Cu/石墨烯 – 在空气中 300℃ 氧化成 CuO – HNP/石墨烯							
CuO GO 经过改进的 Hummers 方法制备	– GO 分散在 H_2O 和 DMF 中 – 在 90℃ 加热 – CuAc 的加入 – 在 90℃ 加热 – 180℃ 水热 – 在 50℃ 肼还原 GO – GNS 在水中分散	12/88	30	817 423	50	67	0.02 ~ 3.0	[110]
CuO GO 经过改进的 Hummers 方法制备	– $CuCl_2$ 水溶液 60℃ 加热 – NaOH 的加入 – 过滤	46/54	20 ~ 30	约为 2150 约为 750	40	70	0.01 ~ 3.0	[111]

CuO 相比于其他的 TMO 由于其较低的容量（674mAh g^{-1}），被研究的兴趣并不大，同时和 NiO 一样它具有较高的脱锂电势（超过 2V 相对于 Li/Li^+）。然而，它成本低并且对环境无害、安全。截至目前，以下 4 篇文献报道了石墨烯/CuO 纳米复合材料的电池性能[108-111]。其中的一篇是由 Wang 等人报道的（通过电弧放电法制备石墨烯[65,112]），他们的报道早于石墨烯/CuO 纳米复合材料

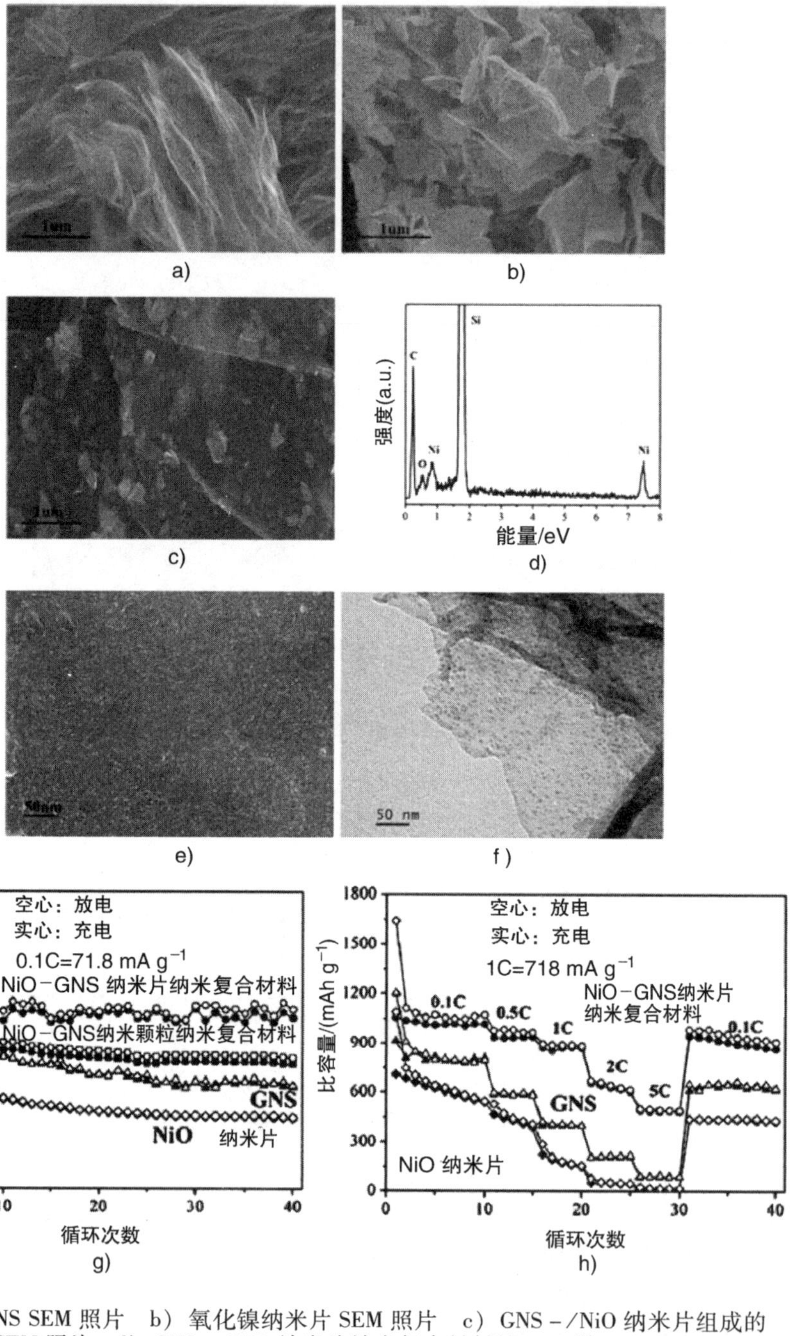

图 6.27 a) GNS SEM 照片 b) 氧化镍纳米片 SEM 照片 c) GNS－/NiO 纳米片组成的纳米复合材料 SEM 照片 d) GNS－/NiO 纳米片纳米复合材料的 EDS 谱 e) GNS－/NiO 纳米颗粒组成的纳米复合材料的 SEM 照片 f) GNS、NiO 纳米片和 GNS－/NiO 纳米片和 GNS－/NiO 纳米颗粒纳米复合材料的电化学性能 g) 0.1C 循环性能 h) 循环倍率逐步增加条件下的循环性能（转载自得到许可的参考文献［107］。由皇家化学学会授权转载）

的制备[108]。图 6.28 示出了由石墨烯片和 1.5μm 海胆状 CuO 团簇（25nm 纳米片组成）组成的复合材料的 SEM 照片。图 6.28 所示为 CuO/石墨烯复合材料、纯 CuO 和石墨烯的循环数据。该结果清楚地显示了纳米复合材料性能要优于纯 CuO 海胆状团簇材料。在 65mA g^{-1}下 100 次循环后可以达到一个稳定的容量 650mAh g^{-1}。Lu 等人也证明了纯 CuO 的优势，其在 70mA g^{-1}40 次循环后拥有约为 750mAh g^{-1}的容量[111]。Mai 等人通过使用 30nm 的 CuO 纳米颗粒组成的纳米复合材料也得到了类似的性能和结果[110]。Zhou 等人通过用 50nm CuO 纳米空心纳米颗粒组成的复合材料也得到了相似的结果[109]。

a)

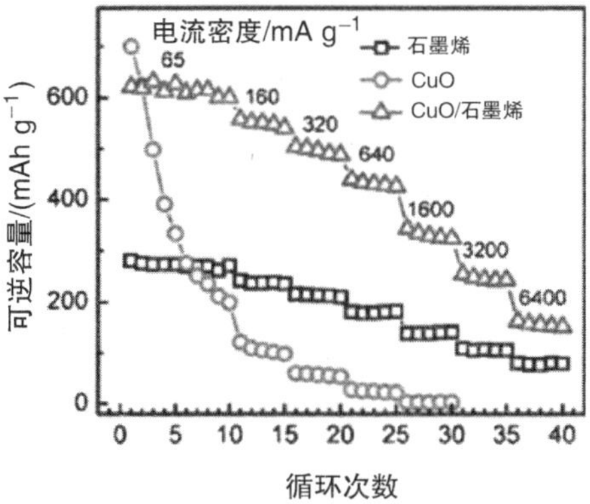

b)

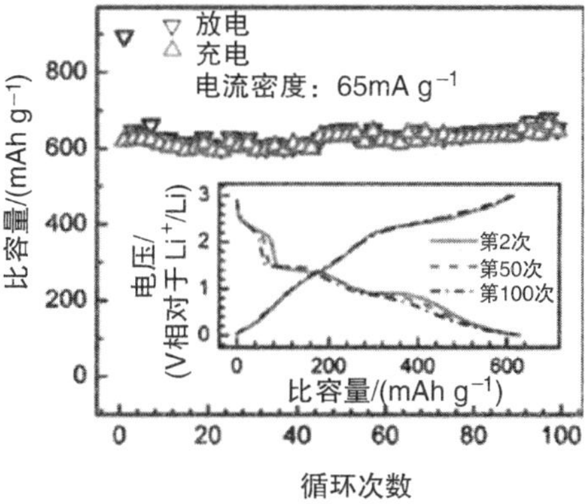

c)

图 6.28 a）石墨烯/CuO 纳米复合材料的 SEM 照片 b）石墨烯/CuO 纳米复合材料、石墨烯和 CuO 在不同电流密度下的比容量 c）充放电的 CuO/石墨烯在电流密度 65mA g^{-1}下 100 个循环后的充放电曲线，以及第 2、第 50、第 100 次的充放电电压曲线（转载自得到许可的参考文献［108］。由皇家化学学会授权转载）

6.5 小结和展望

过渡金属氧化物、硅、锡和氧化锡已经被研究用来取代锂离子电池里面的石墨负极材料，因为它们有高的理论容量。然而这些材料在循环中往往伴随着大的体积变化，从而引发机械应力导致裂纹，最终电极崩解失效。石墨烯可以用来封装这些材料的纳米粒子，起到缓解大体积膨胀的效果。低的固有导电性也限制了这些材料的使用。石墨烯的机械柔性和高导电性使其可以作为一个好的基体来弥补一些 TMO 的低电导率，并能改善提高容量保持。

本章概述了开发石墨烯作为一种新型的锂反应并能提供高容量纳米材料载体的工作。通常情况下，石墨烯负极并不是能用来代替石墨的有前途的材料，因为其高的不可逆容量和低的容量。当石墨烯用作硅、锡或过渡金属氧化物等材料的载体时，它绝对有助于改善并提高容量维持，但是这些材料的长期稳定性仍需要改进提高以适用于商业应用。石墨烯的制备方法和颗粒源极大地影响着复合材料的容量。需要进行更深入的研究去寻找能提供令人满意的容量以及容量保持率的最佳组合。

参考文献

1. Novoselov KS, Geim AK, Morozov SV, Jiang D, Zhang Y, Dubonos SV, Grigorieva IV, Firsov AA (2004) Electric field effect in atomically thin carbon films. Science 306:666–669
2. Allen MJ, Tung VC, Kaner RB (2010) Honeycomb Carbon: A Review of Graphene. Chem Rev 110:132–145
3. Ströck M (2006) WikimediaCommons. http://commons.wikimedia.org/wiki/File:Eight_Allotropes_of_Carbon.png
4. Brodie BC (1859) On the atomic weight of graphite. Philos Trans Roy Soc Lond 149:249–259
5. Dreyer DR, Park S, Bielawski CW, Ruoff RS (2010) The chemistry of graphene oxide. Chem Soc Rev 39:228–240
6. Park S, Ruoff RS (2009) Chemical methods for the production of graphenes. Nat Nanotechnol 4:217–224
7. Hummers WS, Offeman RE (1958) Preparation of graphitic oxide. J Am Chem Soc 80:1339–1339
8. Marcano DC, Kosynkin DV, Berlin JM, Sinitskii A, Sun Z, Slesarev A, Alemany LB, Lu W, Tour JM (2010) Improved synthesis of graphene oxide. ACS Nano 4:4806–4814
9. Staudenmaier L (1898) Verfahren zur Darstellung der Graphitsäure. Berichte der deutschen chemischen Gesellschaft 31:1481–1487
10. Takami N, Satoh A, Hara M, Ohsaki T (1995) Structural and kinetic characterization of lithium intercalation into carbon anodes for secondary lithium batteries. J Electrochem Soc 142:371–379
11. Funabiki A, Inaba M, Ogumi Z, Yuasa S-i, Otsuji J, Tasaka A (1998) Impedance study on the electrochemical lithium intercalation into natural graphite powder. J Electrochem Soc 145:172–178
12. Guo H-j, Li X-h, Zhang X-m, Wang H-q, Wang Z-x, Peng W-j (2007) Diffusion coefficient of lithium in artificial graphite, mesocarbon microbeads, and disordered carbon. New Carbon Mater 22:7–10

13. Paek S-M, Yoo E, Honma I (2009) Enhanced cyclic performance and lithium storage capacity of SnO_2/graphene nanoporous electrodes with three-dimensionally delaminated flexible structure. Nano Lett 9:72–75
14. Xiang H, Zhang K, Ji G, Lee JY, Zou C, Chen X, Wu J (2011) Graphene/nanosized silicon composites for lithium battery anodes with improved cycling stability. Carbon 49:1787–1796
15. Fuhrer MS, Lau CN, MacDonald AH (2010) Graphene: materially better carbon. MRS Bull 35:289–295
16. Hu Y-S, Adelhelm P, Smarsly BM, Hore S, Antonietti M, Maier J (2007) Synthesis of hierarchically porous carbon monoliths with highly ordered microstructure and their application in rechargeable lithium batteries with high-rate capability. Adv Funct Mater 17:1873–1878
17. Wallace GG, Chen J, Li D, Moulton SE, Razal JM (2010) Nanostructured carbon electrodes. J Mater Chem 20:3553–3562
18. Landi BJ, Ganter MJ, Cress CD, DiLeo RA, Raffaelle RP (2009) Carbon nanotubes for lithium ion batteries. Energy Environ Sci 2:638–654
19. Dahn JR, Zheng T, Liu Y, Xue JS (1995) Mechanisms for lithium insertion in carbonaceous materials. Science 270:590–593
20. Liang M, Zhi L (2009) Graphene-based electrode materials for rechargeable lithium batteries. J Mater Chem 19:5871–5878
21. Kaskhedikar NA, Maier J (2009) Lithium storage in carbon nanostructures. Adv Mater 21:2664–2680
22. Guo P, Song H, Chen X (2009) Electrochemical performance of graphene nanosheets as anode material for lithium-ion batteries. Electrochem Commun 11:1320–1324
23. Wang C, Li D, Too CO, Wallace GG (2009) Electrochemical properties of graphene paper electrodes used in lithium batteries. Chem Mater 21:2604–2606
24. Abouimrane A, Compton OC, Amine K, Nguyen ST (2010) Non-annealed graphene paper as a binder-free anode for lithium-ion batteries. J Phys Chem C 114:12800–12804
25. Bhardwaj T, Antic A, Pavan B, Barone V, Fahlman BD (2010) Enhanced electrochemical lithium storage by graphene nanoribbons. J Am Chem Soc 132:12556–12558
26. Yoo E, Kim J, Hosono E, Zhou H-s, Kudo T, Honma I (2008) Large reversible Li storage of graphene nanosheet families for use in rechargeable lithium ion batteries. Nano Lett 8:2277–2282
27. Yata S, Kinoshita H, Komori M, Ando N, Kashiwamura T, Harada T, Tanaka K, Yamabe T (1994) Structure and properties of deeply Li-doped polyacenic semiconductor materials beyond C_6Li stage. Synth Met 62:153–158
28. Lian P, Zhu X, Liang S, Li Z, Yang W, Wang H (2010) Large reversible capacity of high quality graphene sheets as an anode material for lithium-ion batteries. Electrochim Acta 55:3909–3914
29. Wan L, Ren Z, Wang H, Wang G, Tong X, Gao S, Bai J (2011) Graphene nanosheets based on controlled exfoliation process for enhanced lithium storage in lithium-ion battery. Diamond Relat Mater 20:756–761
30. Shanmugharaj AM, Choi WS, Lee CW, Ryu SH (2011) Electrochemical performances of graphene nanosheets prepared through microwave radiation. J Power Sources 196:10249–10253
31. Magasinski A, Dixon P, Hertzberg B, Kvit A, Ayala J, Yushin G (2010) High-performance lithium-ion anodes using a hierarchical bottom-up approach. Nat Mater 9:353–358
32. Derrien G, Hassoun J, Panero S, Scrosati B (2007) Nanostructured Sn-C Composite as an advanced anode material in high-performance lithium-ion batteries. Adv Mater 19:2336–2340
33. Kim H, Han B, Choo J, Cho J (2008) Three-dimensional porous silicon particles for use in high-performance lithium secondary batteries. Angew Chem Int Ed 47:10151–10154
34. Zhang T, Fu L, Gao J, Yang L, Wu Y, Wu H (2006) Core-shell Si/C nanocomposite as anode material for lithium ion batteries. Pure Appl Chem 78:1889–1896

35. Nazri G-A, Pistoia G (2004) Lithium batteries: science and technology. Kluwer, Boston/Dordrecht/New York/London, p 708
36. Inoue H (2006) High capacity negative-electrode materials next to carbon; Nexelion. In: International meeting on lithium batteries, Biarritz
37. Kim H, Cho J (2008) Superior lithium electroactive mesoporous Si@Carbon core-shell nanowires for lithium battery anode material. Nano Lett 8:3688–3691
38. Park M-H, Kim MG, Joo J, Kim K, Kim J, Ahn S, Cui Y, Cho J (2009) Silicon nanotube battery anodes. Nano Lett 9:3844–3847
39. Cui L-F, Yang Y, Hsu C-M, Cui Y (2009) Carbon − silicon core − shell nanowires as high capacity electrode for lithium ion batteries. Nano Lett 9:3370–3374
40. Chan CK, Patel RN, O'Connell MJ, Korgel BA, Cui Y (2010) Solution-grown silicon nanowires for lithium-ion battery anodes. ACS Nano 4:1443–1450
41. Cui L-F, Ruffo R, Chan CK, Peng H, Cui Y (2009) Crystalline-amorphous core − shell silicon nanowires for high capacity and high current battery electrodes. Nano Lett 9:491–495
42. Beattie SD, Larcher D, Morcrette M, Simon B, Tarascon JM (2008) Si electrodes for Li-ion batteries—a new way to look at an old problem. J Electrochem Soc 155:A158–A163
43. Stoller MD, Park S, Zhu Y, An J, Ruoff RS (2008) Graphene-based ultracapacitors. Nano Lett 8:3498–3502
44. Fasolino A, Los JH, Katsnelson MI (2007) Intrinsic ripples in graphene. Nat Mater 6:858–861
45. Novoselov KS, Geim AK, Morozov SV, Jiang D, Katsnelson MI, Grigorieva IV, Dubonos SV, Firsov AA (2005) Two-dimensional gas of massless Dirac fermions in graphene. Nature 438:197–200
46. Larcher D, Beattie S, Morcrette M, Edstrom K, Jumas J-C, Tarascon J-M (2007) Recent findings and prospects in the field of pure metals as negative electrodes for Li-ion batteries. J Mater Chem 17:3759–3772
47. Obrovac MN, Christensen L (2004) Structural changes in silicon anodes during lithium insertion/extraction. Electrochem Solid State Lett 7:A93–A96
48. CRC Handbook of Chemistry and Physics, 91st ed. CRC Press (2011–2012) http://www.hbcpnetbase.com. Accessed December 2011
49. Li J, Christensen L, Obrovac MN, Hewitt KC, Dahn JR (2008) Effect of Heat Treatment on Si Electrodes Using Polyvinylidene Fluoride Binder. J Electrochem Soc 155:A234–A238
50. Kasavajjula U, Wang C, Appleby AJ (2007) Nano- and bulk-silicon-based insertion anodes for lithium-ion secondary cells. J Power Sources 163:1003–1039
51. Balbuena PB, Wang Y (2004) Lithium-Ion Batteries: Solid-Electrolyte Interphase. Imperial College Press, London
52. Lee JK, Smith KB, Hayner CM, Kung HH (2010) Silicon nanoparticles-graphene paper composites for Li ion battery anodes. Chem Commun 46:2025–2027
53. Chou S-L, Wang J-Z, Choucair M, Liu H-K, Stride JA, Dou S-X (2010) Enhanced reversible lithium storage in a nanosize silicon/graphene composite. Electrochem Commun 12:303–306
54. Wang X-L, Han W-Q (2011) Graphene Enhances Li Storage Capacity of Porous Single-Crystalline Silicon Nanowires. ACS Appl Mater Interfaces 2:3709–3713
55. Tao H-C, Fan L-Z, Mei Y, Qu X (2011) Self-supporting Si/reduced graphene oxide nanocomposite films as anode for lithium ion batteries. Electrochem Commun 13(12):1332–1335
56. Choucair M, Thordarson P, Stride JA (2009) Gram-scale production of graphene based on solvothermal synthesis and sonication. Nat Nano 4:30–33
57. Chan CK, Peng H, Liu G, McIlwrath K, Zhang XF, Huggins RA, Cui Y (2008) High-performance lithium battery anodes using silicon nanowires. Nat Nano 3:31–35
58. Buqa H, Holzapfel M, Krumeich F, Veit C, Novák P (2006) Study of styrene butadiene rubber and sodium methyl cellulose as binder for negative electrodes in lithium-ion batteries. J Power Sources 161:617–622
59. Besenhard JO, Yang J, Winter M (1997) Will advanced lithium-alloy anodes have a chance in lithium-ion batteries? J Power Sources 68:87–90

60. Brousse T, Crosnier O, Santos-Peña J, Sandu I, Fragnaud P, Schleich DM (2002) Recent progress in the development of tin-based negative electrodes for Li-ion batteries. In: Kumagai N, Komaba S (eds) Materials chemistry in lithium batteries. Research Signpost, Kerala
61. Wang Z, Zhang H, Li N, Shi Z, Gu Z, Cao G (2010) Laterally confined graphene nanosheets and graphene/SnO_2 composites as high-rate anode materials for lithium-ion batteries. Nano Res 3:748–756
62. Courtney IA, Dahn JR (1997) Electrochemical and in situ x-ray diffraction studies of the reaction of lithium with tin oxide composites. J Electrochem Soc 144:2045–2052
63. Du Z, Yin X, Zhang M, Hao Q, Wang Y, Wang T (2010) In situ synthesis of SnO_2/graphene nanocomposite and their application as anode material for lithium ion battery. Mater Lett 64:2076–2079
64. Yao J, Shen X, Wang B, Liu H, Wang G (2009) In situ chemical synthesis of SnO_2-graphene nanocomposite as anode materials for lithium-ion batteries. Electrochem Commun 11:1849–1852
65. Li N, Wang Z, Zhao K, Shi Z, Gu Z, Xu S (2010) Large scale synthesis of N-doped multi-layered graphene sheets by simple arc-discharge method. Carbon 48:255–259
66. Wang X, Zhou X, Yao K, Zhang J, Liu Z (2011) A SnO_2/graphene composite as a high stability electrode for lithium ion batteries. Carbon 49:133–139
67. Liang S, Zhu X, Lian P, Yang W, Wang H (2011) Superior cycle performance of Sn@C/graphene nanocomposite as an anode material for lithium-ion batteries. J Solid State Chem 184:1400–1404
68. Zhao B, Zhang G, Song J, Jiang Y, Zhuang H, Liu P, Fang T (2011) Bivalent tin ion assisted reduction for preparing graphene/SnO_2 composite with good cyclic performance and lithium storage capacity. Electrochim Acta 56:7340–7346
69. Zhu X, Zhu Y, Murali S, Stoller MD, Ruoff RS (2011) Reduced graphene oxide/tin oxide composite as an enhanced anode material for lithium ion batteries prepared by homogenous coprecipitation. J Power Sources 196:6473–6477
70. Chang K, Wang Z, Huang G, Li H, Chen W, Lee JY (2012) Few-layer SnS2/graphene hybrid with exceptional electrochemical performance as lithium-ion battery anode. J Power Sources 201:259–266
71. Wang G, Wang B, Wang X, Park J, Dou S, Ahn H, Kim K (2009) Sn/graphene nanocomposite with 3D architecture for enhanced reversible lithium storage in lithium ion batteries. J Mater Chem 19:8378–8384
72. Chen S, Chen P, Wu M, Pan D, Wang Y (2010) Graphene supported Sn-Sb@carbon core-shell particles as a superior anode for lithium ion batteries. Electrochem Commun 12:1302–1306
73. Poizot P, Laruelle S, Grugeon S, Dupont L, Tarascon JM (2000) Nano-sized transition-metal oxides as negative-electrode materials for lithium-ion batteries. Nature 407:496–499
74. Banerjee B, Lahiry S (1983) Superparamagnetism in γ-Mn_2O_3–α-Fe_2O_3–α-Mn_2O_3 system. Phys Status Solidi 76:683–694
75. Li H, Richter G, Maier J (2003) Reversible formation and decomposition of LiF clusters using transition metal fluorides as precursors and their application in rechargeable Li batteries. Adv Mater 15:736–739
76. Dhaouadi H, Madani A, Touati F (2010) Synthesis and spectroscopic investigations of Mn_3O_4 nanoparticles. Mater Lett 64:2395–2398
77. Hu J, Li H, Huang X, Chen L (2006) Improve the electrochemical performances of Cr_2O_3 anode for lithium ion batteries. Solid State Ion 177:2791–2799
78. Anisimov VI, Korotin MA, Kurmaev EZ (1990) Band-structure description of Mott insulators (NiO, MnO, FeO, CoO). J Phys Condens Matter 2:3973–3987
79. Wang H, Cui L-F, Yang Y, Sanchez Casalongue H, Robinson JT, Liang Y, Cui Y, Dai H (2010) Mn_3O_4-graphene hybrid as a high-capacity anode material for lithium ion batteries. J Am Chem Soc 132:13978–13980

80. Lavoie N, Malenfant PRL, Courtel FM, Abu-Lebdeh Y, Davidson IJ (2012) High gravimetric capacity and long cycle life in Mn_3O_4/graphene platelet/LiCMC composite lithium ion batteries anodes. J Power Sources 213:249–254
81. Xing L, Cui C, Ma C, Xue X (2011) Facile synthesis of α-MnO_2/graphene nanocomposites and their high performance as lithium-ion battery anode. Mater Lett 65:2104–2106
82. Yu A, Park HW, Davies A, Higgins DC, Chen Z, Xiao X (2011) Free-standing layer-by-layer hybrid thin film of graphene-MnO_2 nanotube as anode for lithium ion batteries. J Phys Chem Lett 2(15):1855–1860
83. Courtel FM, Duncan H, Abu-Lebdeh Y, Davidson IJ (2011) High capacity anode materials for Li-ion batteries based on spinel metal oxides AMn_2O_4 (A = Co, Ni, and Zn). J Mater Chem 21:10206–10218
84. Fang X, Lu X, Guo X, Mao Y, Hu Y-S, Wang J, Wang Z, Wu F, Liu H, Chen L (2010) Electrode reactions of manganese oxides for secondary lithium batteries. Electrochem Commun 12:1520–1523
85. Gao J, Lowe MA, Abruna HD (2011) Spongelike nanosized Mn_3O_4 as a high-capacity anode material for rechargeable lithium batteries. Chem Mater 23:3223–3227
86. Zhu Y, Stoller MD, Cai W, Velamakanni A, Piner RD, Chen D, Ruoff RS (2010) Exfoliation of graphite oxide in propylene carbonate and thermal reduction of the resulting graphene oxide platelets. ACS Nano 4:1227–1233
87. Ban C, Wu Z, Gillaspie DT, Chen L, Yan Y, Blackburn JL, Dillon AC (2010) Nanostructured Fe_3O_4/SWNT electrode: binder-free and high-rate Li-ion anode. Adv Mater 22:E145–E149
88. Zhu X, Zhu Y, Murali S, Stoller MD, Ruoff RS (2011) Nanostructured reduced graphene oxide/Fe_2O_3 composite as a high-performance anode material for lithium ion batteries. ACS Nano 5:3333–3338
89. Wang G, Liu T, Luo Y, Zhao Y, Ren Z, Bai J, Wang H (2011) Preparation of Fe_2O_3/graphene composite and its electrochemical performance as an anode material for lithium ion batteries. J Alloys Compd 509:L216–L220
90. Ji L, Tan Z, Kuykendall TR, Aloni S, Xun S, Lin E, Battaglia V, Zhang Y (2011) Fe_3O_4 nanoparticle-integrated graphene sheets for high-performance half and full lithium ion cells. Phys Chem Chem Phys 13:7170–7177
91. Wang J-Z, Zhong C, Wexler D, Idris NH, Wang Z-X, Chen L-Q, Liu H-K (2011) Graphene-encapsulated Fe_3O_4 nanoparticles with 3D laminated structure as superior anode in lithium ion batteries. Chem Eur J 17:661–667
92. Lian P, Zhu X, Xiang H, Li Z, Yang W, Wang H (2010) Enhanced cycling performance of Fe_3O_4-graphene nanocomposite as an anode material for lithium-ion batteries. Electrochim Acta 56:834–840
93. Zhang M, Lei D, Yin X, Chen L, Li Q, Wang Y, Wang T (2010) Magnetite/graphene composites: microwave irradiation synthesis and enhanced cycling and rate performances for lithium ion batteries. J Mater Chem 20:5538–5543
94. Zhou G, Wang D-W, Li F, Zhang L, Li N, Wu Z-S, Wen L, Lu GQ, Cheng H-M (2010) Graphene-wrapped Fe_3O_4 anode material with improved reversible capacity and cyclic stability for lithium ion batteries. Chem Mater 22:5306–5313
95. Wang G, Liu T, Xie X, Ren Z, Bai J, Wang H (2011) Structure and electrochemical performance of Fe_3O_4/graphene nanocomposite as anode material for lithium-ion batteries. Mater Chem Phys 128:336–340
96. Li Y, Tan B, Wu Y (2008) Mesoporous Co_3O_4 nanowire arrays for lithium ion batteries with high capacity and rate capability. Nano Lett 8:265–270
97. Yao W-L, Wang J-L, Yang J, Du G-D (2008) Novel carbon nanofiber-cobalt oxide composites for lithium storage with large capacity and high reversibility. J Power Sources 176:369–372
98. Wu Z-S, Ren W, Wen L, Gao L, Zhao J, Chen Z, Zhou G, Li F, Cheng H-M (2010) Graphene anchored with Co_3O_4 nanoparticles as anode of lithium ion batteries with enhanced reversible capacity and cyclic performance. ACS Nano 4:3187–3194

99. Yang S, Cui G, Pang S, Cao Q, Kolb U, Feng X, Maier J, Müllen K (2010) Fabrication of cobalt and cobalt oxide/graphene composites: towards high-performance anode materials for lithium ion batteries. ChemSusChem 3:236–239
100. Li B, Cao H, Shao J, Li G, Qu M, Yin G (2011) Co_3O_4@graphene composites as anode materials for high-performance lithium ion batteries. Inorg Chem 50:1628–1632
101. Chen SQ, Wang Y (2010) Microwave-assisted synthesis of a Co_3O_4-graphene sheet-on-sheet nanocomposite as a superior anode material for Li-ion batteries. J Mater Chem 20:9735–9739
102. Yang S, Feng X, Ivanovici S, Müllen K (2010) Fabrication of graphene-encapsulated oxide nanoparticles: towards high-performance anode materials for lithium storage. Angew Chem Int Ed 49:8408–8411
103. Kim H, Seo D-H, Kim S-W, Kim J, Kang K (2010) Highly reversible Co_3O_4/graphene hybrid anode for lithium rechargeable batteries. Carbon 49:326–332
104. Zhu J, Sharma YK, Zeng Z, Zhang X, Srinivasan M, Mhaisalkar S, Zhang H, Hng HH, Yan Q (2011) Cobalt oxide nanowall arrays on reduced graphene oxide sheets with controlled phase, grain size, and porosity for Li-ion battery electrodes. J Phys Chem C 115:8400–8406
105. Wang B, Wang Y, Park J, Ahn H, Wang G (2011) In situ synthesis of Co_3O_4/graphene nanocomposite material for lithium-ion batteries and supercapacitors with high capacity and supercapacitance. J Alloys Compd 509:7778–7783
106. Tao L, Zai J, Wang K, Zhang H, Xu M, Shen J, Su Y, Qian X (2012) Co_3O_4 nanorods/graphene nanosheets nanocomposites for lithium ion batteries with improved reversible capacity and cycle stability. J Power Sources 202:230–235
107. Zou Y, Wang Y (2011) NiO nanosheets grown on graphene nanosheets as superior anode materials for Li-ion batteries. Nanoscale 3:2615–2620
108. Wang B, Wu X-L, Shu C-Y, Guo Y-G, Wang C-R (2010) Synthesis of CuO/graphene nanocomposite as a high-performance anode material for lithium-ion batteries. J Mater Chem 20:10661–10664
109. Zhou J, Ma L, Song H, Wu B, Chen X (2011) Durable high-rate performance of CuO hollow nanoparticles/graphene-nanosheet composite anode material for lithium-ion batteries. Electrochem Commun 13(12):1357–1360
110. Mai YJ, Wang XL, Xiang JY, Qiao YQ, Zhang D, Gu CD, Tu JP (2011) CuO/graphene composite as anode materials for lithium-ion batteries. Electrochim Acta 56:2306–2311
111. Lu LQ, Wang Y (2012) Facile synthesis of graphene supported shuttle- and urchin-like CuO for high and fast Li-ion storage. Electrochem Commun 14(1):82–85
112. Hashimoto A, Suenaga K, Urita K, Shimada T, Sugai T, Bandow S, Shinohara H, Iijima S (2005) Atomic correlation between adjacent graphene layers in double-wall carbon nanotubes. Phys Rev Lett 94:045504

第7章 锂离子电池的纳米尺度和纳米结构的正极材料

Hugues Duncan、Ali Abouimrane 和 Yaser Abu－Lebdeh

摘要：目前，研究者对改善锂离子电池正极材料的性能以满足更多应用（包括大多数家用电子产品、电动汽车和大型能量存储）的能量和功率需求存在极大的兴趣。传统上，大多数正极材料的倍率性能本质上局限于晶体结构内的缓慢离子扩散，对于少数材料而言，由于较差的电子电导率使问题加剧。纳米结构化和纳米尺度化正极材料已被证明是克服该问题非常有用的方法，不仅提高了电池的倍率性能，而且使一些材料具有电化学活性。在本章中，通过总结纳米材料的创新设计和合成方法及其在锂离子电池中的表征和性能，来回顾本主题中的最新进展，重点关注橄榄石（$LiFePO_4$）和尖晶石（$LiMn_2O_4$）及其 Ni 取代基纳米材料。

7.1 简介

层状氧化物材料是已被深入研究并用作商业锂离子电池正极材料的微米尺寸的颗粒。这些材料在倍率性能方面存在一些限制，并且需要结构或形貌改性以使它们可用于高功率应用。减小颗粒的尺寸或将材料的结构设计为亚微米尺度是改善电极材料的性能的一种选择[1]，原因如下：

1）与微米级颗粒相比，Li^+离子和电子传输扩散路径长度的减少可以增加充电和放电速率，特别是对于具有 1D 扩散的材料，例如橄榄石，正如 Malik 等人[2]证明的 $LiFePO_4$的结构缺陷可能阻碍扩散过程。

2）短路径长度允许利用具有低电子导电性的材料。

3）在电极和电解质之间存在增加的接触（表面）面积，这可以改善充电和放电速率。

4）由于纳米材料具有更快的应力松弛和延长电池循环寿命的优点，因此与块状材料相比，纳米材料将更好地适应由 Li^+嵌入/脱出引起的体积变化。

然而，作为锂离子电池正极材料使用还有一些缺点：

1）增强的表面积增加了电解质和（带电的）正极材料之间的反应速率，这可导致电池性能更快速地劣化。在一些情况下，高表面积可诱导差的结晶性，从而导致 Li^+的存储位点减少。例如，对于纳米尺度的 $LiCoO_2$，发现当其颗粒尺寸从块状减小到 8nm 时，库仑效率和可逆容量降低[3]。

2）纳米颗粒降低了材料的密度，这给电极和电池的设计和制造带来了更多的挑战。

本章将探讨纳米尺寸和纳米结构的正极材料，重点是合成方法，可用于获得确定的形貌和优化的性能。将详细研究橄榄石和尖晶石两类从纳米颗粒的使用中受益的材料。

7.2　橄榄石（$LiMPO_4$）正极材料

橄榄石（$LiMPO_4$）（M = Fe，Mn，Co）作为锂电池正极材料的使用由 Pahdi 等人[4]首次报道。$LiFePO_4$已经是迄今为止研究最多和最有前途的材料。它可以提供 170mAh g^{-1}的高理论容量，在 3.4V 放电和 3.6V 充电呈现的平坦电压曲线表明两相共存的状态。混合的锂锰铁磷酸盐（Li（Mn，Fe）PO_4）是一种天然矿物，锂铁矿[5]。最初，由于该材料的电子导电性低，在 10^{-9} S cm^{-1}的范围内观察到低容量[6]。Padhi 的关于 $LiFePO_4$第一次报告显示出在 2.1mA g^{-1}（即 C/80）的充电倍率下放电容量能达到约 125mAh g^{-1}。然而，通过球磨和引入碳涂层[7]减小颗粒尺寸可使性能显著增加。在 80℃下使用 PEO – Li 盐电解质，在 1C 倍率（175mA g^{-1}）下达到了接近 170mAh g^{-1}理论容量的容量。有证据表明 140nm 的纳米颗粒可以在不向颗粒添加碳涂层的情况下显示出良好的电化学活性（在 5C 倍率下为 147mAh g^{-1}）[8]。

对于高功率应用的纳米尺度 $LiFePO_4$的详细综述是第 8 章的主题。因此，本章将集中讨论特定纳米结构对性能的影响，并讨论 $LiMPO_4$系列的其他成员。

7.2.1　锂扩散

$LiMPO_4$ 在 Pmna 空间群中结晶。PO_4四面体被 FeO_6八面体包围，并且锂离子占据平行于沿［010］方向取向的 b 轴[9]的通道，如图 7.1 所示。因此，存在于这些通道中的任何缺陷将阻碍锂离子扩散。本研究还报道了基于第一原理计算方法得出的，锂快速通过 1D 通道，在通道之间交叉的可能性很小[10]。

7.2.2　合成方法

7.2.2.1　$LiFePO_4$的合成方法

考虑到小颗粒尺寸和碳包覆对于 $LiFePO_4$良好性能的重要性，已经重点强调开发可以控制形貌并获得良好碳包覆的合成方法。固相合成方法首先用于制备 $LiFePO_4$。将 Li_2CO_3、Fe（$CH_3COOH)_2$和（$NH_4)_2HPO_4$前驱体彻底混合并在氩

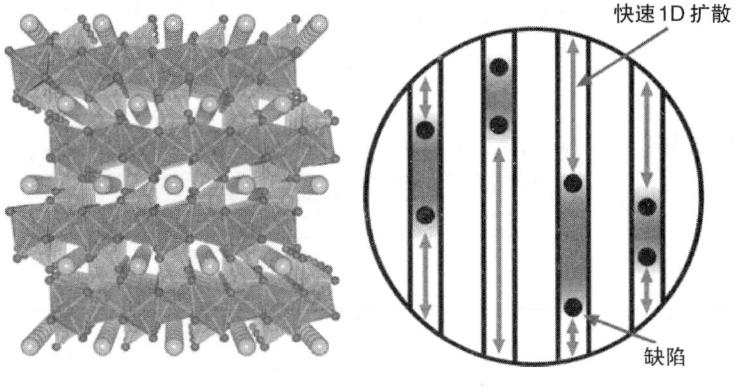

a)　　b)

图 7.1　a) 沿 [010] 取向的 1D Li^+ 扩散通道的 $LiFePO_4$ 的晶体结构　b) 1D 通道中的固定点缺陷阻碍 Li^+ 扩散的示意图（转载自得到许可的参考文献 [2]，版权所有© 2009 美国化学学会）

气气氛中、800℃下烧结 24h[4,11]。然而，添加碳前驱体，即蔗糖，和球磨对观察显著的电化学活性来说是必不可少的[7]。采用碳酸盐基电解液（PC：DMC 中有 1M $LiPF_6$）在室温下可以达到 160mAh g^{-1} 的容量[11]。另一种方法是基于通过 $FePO_4$ 和 Li_2CO_3 前驱体熔铸合成 $LiFePO_4$ 锭[12]。将该材料在盘磨机中粉碎，产生 20～100μm 的颗粒，随后进行行星式研磨以获得 10μm 的颗粒，最后球磨以产生 200～400nm 的颗粒。当行星式研磨 PMAAO 碳包覆的颗粒时会表现出快速容量衰减，在 60℃，C/4 倍率下容量从 112mAh g^{-1} 经 40 个循环后衰减到 80mAh g^{-1}，纳米研磨颗粒表现出更好的循环性能，在相同条件下，其初始容量为 153mAh g^{-1}，经 40 个循环后为 151mAh g^{-1}。一方面，这些“自上而下”的方法，特别是熔体铸造，是可扩展的，并且可用于生产大量的材料，但是它们对材料的纳米结构提供较少的控制。另一方面，“自下而上”的方法，如水热、溶剂热和离子热，其中的前驱体和溶剂可用于控制颗粒的生长和形貌，可以更容易合成给定形貌的纳米材料。

Yang 等人[13]首次报道了通过 $FeSO_4$、H_3PO_4 和 LiOH 在 120℃下、在水热反应釜中反应几小时合成 $LiFePO_4$ 的水热合成方法。该材料的形貌是直径约为 3μm 的微米片。每个氧化还原反应，碳包覆的 $LiFePO_4$ 可以可逆地嵌入 0.6 个锂离子。Jin 和 Hu[14]使用相同的方法，改变反应温度和反应后热处理温度，在 C/10 倍率下容量达到了 167mAh g^{-1}。Dokko 等人[15]通过研究 pH 值的影响得出结论：酸性溶液（pH 值为 3.5）中，容易生成在 bc 晶面大面的针状颗粒。弱酸性溶液（pH 值为 4～6.5）容易生成 ac 晶面的片状晶体，并且在高于 7.2 的 pH 值下有利于随机取向。图 7.2 显示了在 pH 值 为 3.5、5.1 和 7.2 下制备的纳米材料的 TEM 照片。最佳电化学性能是沿着 ac 晶面的片状晶体，因为它减小了沿着 b 轴的扩散长度。对于 pH 值为5.1时合成的材料，其在C/10倍率下达到了160mAh g^{-1}的容量，而在pH值为7.2时合成的材料的容量为120mAh g^{-1}，当pH值为3.5时容量为110mAh g^{-1}。

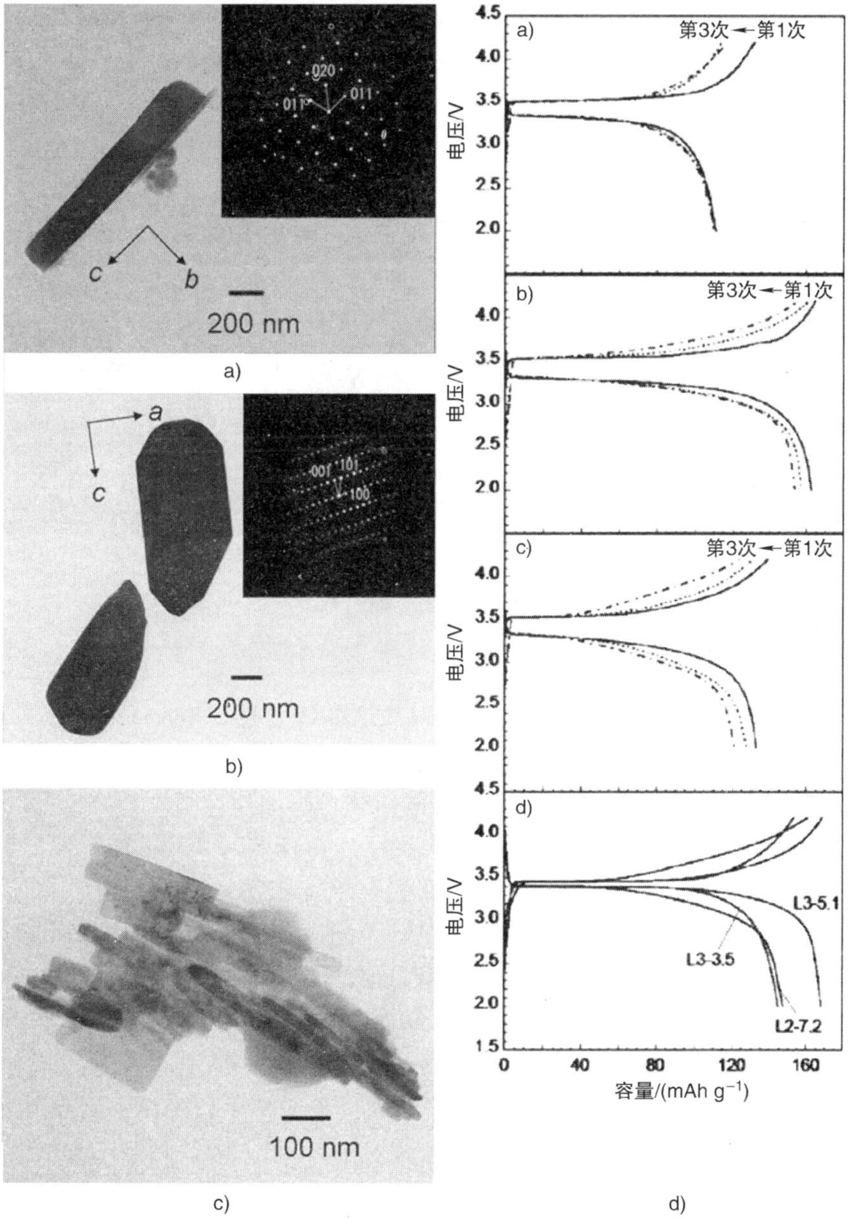

图7.2　在pH值为a3.5、b5.1和c7.2时，水热法获得的$LiFePO_4$的TEM照片（左）。在17mA g^{-1}的电流密度下测量的L3－3.5a）、L3－5.1b）和L2－7.2c）的$LiFePO_4$样品的充放电曲线（右）。d）在1.7mAg^{-1}电流密度下测量的3个样品的充电和放电曲线（转载自得到许可的参考文献［15］，由皇家化学学会授权转载）

水热法的替代方法是溶剂热法，其包括用具有高沸点的有机溶剂如四甘醇或苯甲醇代替水[16]。Yang 等人[16]使用 $FeSO_4$、H_3PO_4和 LiOH 作为前驱体，聚乙二醇 400（PEG400）作为溶剂合成了 $LiFePO_4$纳米片和微米片。Nan 等人[17]使用类似的溶剂热技术并以乙二醇作溶剂，合成了厚度为 30nm、长度为 200nm 宽度为 100nm 的 $LiFePO_4$纳米片，如图 7.3 所示。即使没有碳包覆，这些纳米片在 0.1C 倍率下容量可达到 128mAh g^{-1}，通过碳包覆其容量提高到 165mAh g^{-1}（见图 7.4）。

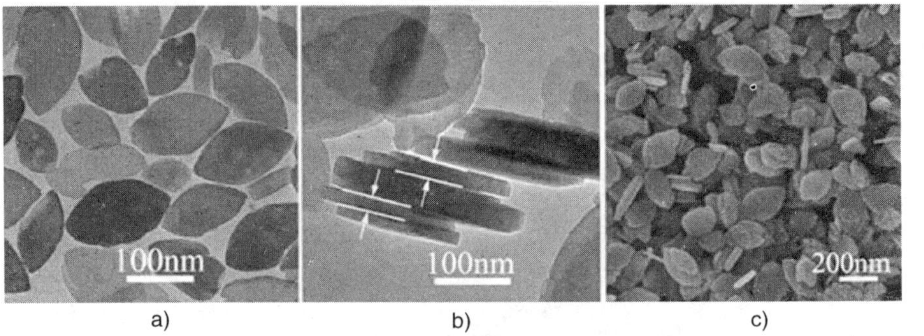

图 7.3　通过溶剂热技术制备的 $LiFePO_4$纳米片的 SEM 照片
（转载自得到许可的参考文献［17］，由皇家化学学会授权转载）

离子液体具有良好的溶剂化性质和可忽略的挥发性。Rechamet 等人[18]通过使用 1－乙基－3－甲基咪唑双（三氟甲磺酰）亚胺（EMI－TFSI）作为离子液体，$FeCl_2 \cdot 4H_2O$ 和 LiH_2PO_4作为前驱体的离子热路线合成 $LiFePO_4$。如图 7.5 所示，获得的材料具有 100～200nm 的粒径，并且在 C/10 倍率下容量达到了 150mAh g^{-1}。通过改变离子液体的长度和末端官能团，可以获得不同的取向。例如，将 EMI－TFSI 上的乙基替换为氰基－丙基可获得（101）优先取向。

7.2.2.2　其他橄榄石的合成方法：$LiMPO_4$，M＝Mn，Co，Ni

鉴于 $LiFePO_4$（3.4V）的相对较低的锂嵌入电位，目前已经努力开发提供比 $LiFePO_4$更高电压（$LiMnPO_4$和 $LiCoPO_4$分别为 4V 和 4.7V）的 $LiMnPO_4$和 $LiCoPO_4$。如在 $LiFePO_4$的情况下，晶粒尺寸和碳包覆的减少已经证明可增加可逆容量。Drezen 等人[19]通过改变煅烧温度合成具有不同晶粒尺寸的 $LiMnPO_4$。随后经干球磨和碳包覆的粒径为 140nm 的颗粒在 C/5 和 1C 倍率下的容量分别达到 115mAh g^{-1}和 80mAh g^{-1}，而对于粒径为 200nm 的颗粒在 C/5 和 1C 倍率下容量分别为 80mAh g^{-1}和 50mAh g^{-1}。使用多元醇法，Wang 等人[20]和 Martha 等人[21]获得了粒径为 30nm 的碳包覆颗粒，其在 C/5 倍率下的容量为140mAh g^{-1}，在 1C 倍率下容量为 110mAh g^{-1}。材料经 200 次循环后显示了有限的容量衰减。

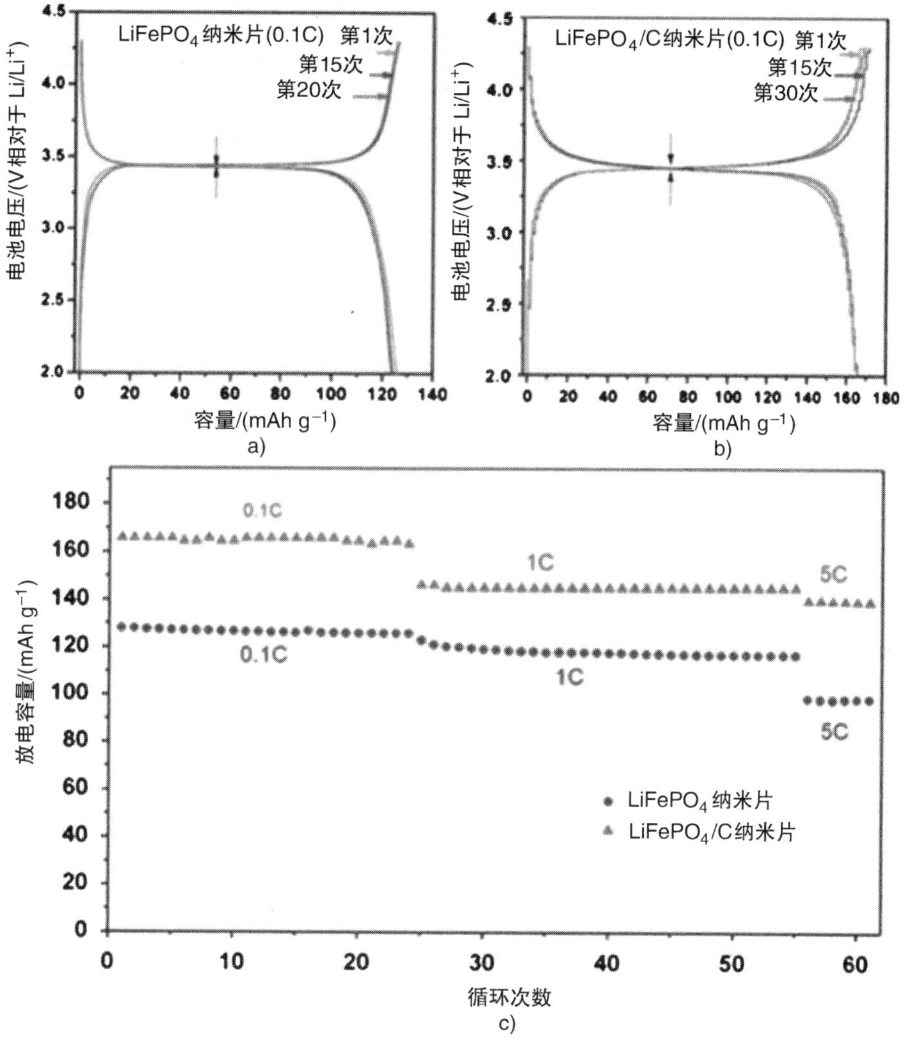

图 7.4　a）$LiFePO_4$纳米片　b）碳包覆的 $LiFePO_4$纳米片的容量电压曲线　c）$LiFePO_4$纳米片的倍率能力（转载自得到许可的参考文献［17］，由皇家化学学会授权转载）

Choi 等人[22]在熔融烃（石蜡）的固态反应中合成 $LiMnPO_4$，获得的纳米片在 C/10 倍率下达到了 130mAh g^{-1}的容量。然而，脱锂的 $LiMnPO_4$的热稳定性小于其 Fe 对应物。Chen 等人[23]进行了热稳定性研究，表明 $LiMnPO_4$在 150℃下发生氧释放，随后在 215℃下燃烧电解质，总热量为 884J g^{-1}，这与 $LiCoO_2$、$LiNi_{0.8}Co_{0.2}O_2$和 Li（$Ni_{0.8}Co_{0.15}Al_{0.05}$）$O_2$产生的热相当。相比之下，$LiFePO_4$不分解放出氧气，并且在电解质存在下放热反应的开始是在 250℃，产生的热量要低得多，为 147J g^{-1}[11]。一些 Fe 可以取代 Mn，在 $0<y<1$ 范围内生成 $LiFe_{1-y}Mn_y$

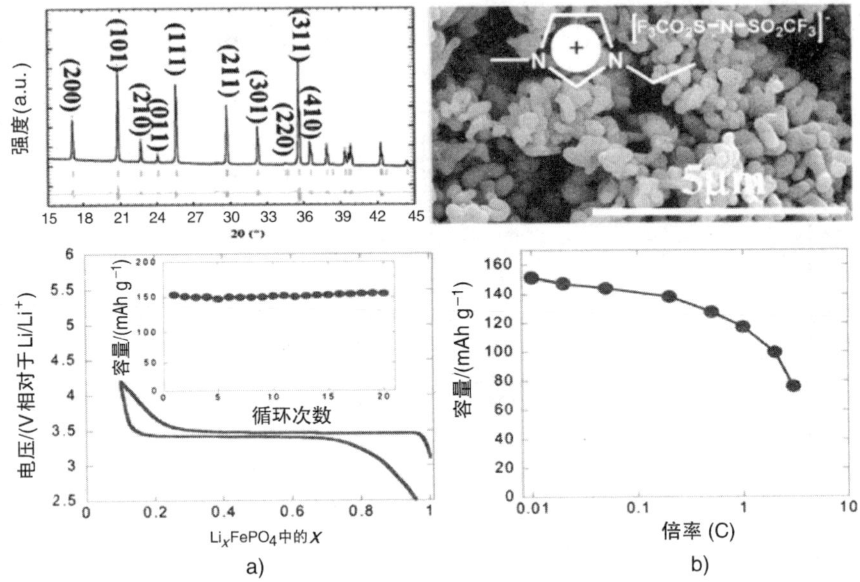

图 7.5 对于由 EMI－TFSI 离子液制成的样品，在 a 中记录了室温电压－组成曲线以及容量保持率（插图）。正电极的每平方厘米含有 7～10mg 以球磨（Spex 800 15min）$LiFePO_4$粉末和碳 SP（炭黑来自 MM，比利时）混合物以 15%～85% 的质量比制备的活性材料。使用“特征曲线”确定的这种电极的功率速率能力在 b 中示出。在 EMI－TFSI 离子液中制备并在 a 和 b 中呈现的粉末的 SEM 和 XRD 照片（转载自得到许可的参考文献［18］，版权所有© 2009 美国化学学会）

PO_4。电压分布给出两个平稳期：第一个在 3.4V，由 Fe^{2+}/Fe^{3+} 对产生；另一个在 4V，由 Mn^{2+}/Mn^{3+} 对产生。在 4V 平台处的容量与材料中的 Mn 量成正比[24]。$LiCoPO_4$很容易获得，并且与 $LiMnPO_4$ 和 $LiFePO_4$ 一样，需要碳包覆以产生令人惊奇的容量。最初，$LiCoPO_4$的容量较低，仅为 70mAh g^{-1}，对应于 0.42 Li^+[25]。然而，通过微波方法[26]合成的碳包覆的 $LiCoPO_4$在 C/10 倍率下容量达到了 144mAh g^{-1}，并在 4.8V 具有电压平台，而且在 1C 倍率下容量达到了 137mAh g^{-1}。但是，在 C/10 倍率下经 30 次循环后，其容量衰减至 72.6mAh g^{-1}。快速容量衰减归因于电池中使用的常规电解质的不稳定性，并且如果要想更大规模使用 $LiCoPO_4$，这个问题则需要解决。$LiCoPO_4$的热稳定性也是问题，在脱锂状态下，当在 200℃加热时，Li_zCoPO_4（$z=0.6$）和 $CoPO_4$将转化为 $Co_2P_2O_7$，同时释放氧气[27]。这似乎是由于 Co^{3+} 在橄榄石相中的不稳定性。尽管这两种正极材料在容量和倍率性能方面是有前途的，但其热稳定性仍然是一个问题，并且仍然需要在该方面进行研究。尝试 Fe 或 Ni 取代部分 Co 以努力改善 $LiCoPO_4$的性能。在 $LiCo_{1-x}Fe_xPO_4$的情况下，$x=0.05$、0.1，$x=0.1$ 掺杂提高了放电容量，并且 Fe 含量不影响 4.8V 处的平台。当 Ni 含量增加时，$LiNiPO_4$和 $LiCoPO_4$

的固溶体 $LiNi_{1-x}Co_xPO_4$缩短了 Co^{2+}/Co^{3+}在 4.7V 处的平台，且没有观察到由 Ni^{2+}/Ni^{3+}引起的平台[28]，相对纯 $LiCoPO_4$而言没有优势。$LiNiPO_4$具有 5.3V 的脱出电位和 5.1V 的嵌入电位，超过常规电解质的电化学稳定窗口[29]。

7.3 尖晶石正极材料

7.3.1 $LiMn_2O_4$

尖晶石结构优于层状结构，因为它允许提取所有的锂离子，同时具有较高的热稳定性（在比 $LiCoO_2$高的温度下产生氧）[30]，但是其总容量较低。与 $LiCoO_2$相比，$LiMn_2O_4$具有更环保且成本更低的优点，在某种程度上类似于 $LiFePO_4$。此外，$LiMn_2O_4$在充电状态下表现出非常低的反应性，起始温度高于 200℃ 且释放热量低[31,32]。通常，与容量为 180 ~ 200mAh g^{-1}的富镍层状氧化物相比，尖晶石的容量约为 148mAh g^{-1}。$LiMn_2O_4$在 4V 处有一个电压平台和约 120mAh g^{-1}的实际容量[33-35]。其锂扩散系数比 $LiCoO_2$ 低两个数量级：10^{-12} ~ $10^{-10}cm^2s^{-1}$[36]。虽然 $LiMn_2O_4$的容量衰减相当高，特别是在 60℃ 下循环时，由于 Mn^{+3}到 Mn^{+2}和 Mn^{+4}的歧化反应，可溶于电解质中的物质可以穿过到达负极并以金属态沉积，但富锂和镍掺杂的 $LiMn_2O_4$、$LiMn_{18.5}Li_{0.075}Ni_{0.075}O_4$和 $LiMn_{1.8}Li_{0.1}Ni_{0.1}O_4$并非如此，它们在 60℃ 下显示出优异的容量保持率以及优异的倍率性能。然而，这些物质容量相对较低：90 ~ 95mAh g^{-1}[37]。不过，用 $Li_4Ti_5O_{12}$代替石墨作为负极材料通过避开 Mn^{2+} ［0.2V］在负极沉积，进而可减小容量衰减，因为 $Li_4Ti_5O_{12}$相比于石墨具有更高的工作电压[38]。$LiMn_2O_4$作为正极材料的锂离子电池与 $Li_4Ti_5O_{12}$组装[39]，工作电位在 1.5 ~ 2.75V，在 50℃ 下以 1C 的倍率经 160 次循环后容量达到了 90mAh g^{-1}[39]。容量衰减的另一个原因是形成富锂的 Li_2MnO_4相，导致电极表面的 Jahn - Teller 变形和开裂[40]。

尖晶石 $LiMn_2O_4$在 Fd - 3m 空间群中结晶。三维晶体结构意味着 Li^+扩散也是 3D 形式。具有可控的形状、尺寸和结构的纳米结构材料的合成可以改善电池性能，然而为了实现 $LiMn_2O_4$ 材料的良好稳定性，必须有一个好的结晶度[41-43]。虽然通过溶胶 - 凝胶和燃烧法可以很容易合成纳米尺寸的 $LiMn_2O_4$，但是通常其结晶性很差，并且热处理会诱发粉体的粗化。然而，通过 β - MnO_2纳米棒锂化制备的 $LiMn_2O_4$纳米棒可以承受 700℃ 的热处理，且其可以提高结晶性而不诱导颗粒团聚。图 7.6 显示了 $LiMn_2O_4$纳米棒的 SEM 照片及其电化学性能[44]。该材料在 C/10 倍率下容量达到了 110mAh g^{-1}，与商业粉体类似，但是由于纳米棒的存在，其倍率性能与商业粉体相比得到显著改善，在 1C 倍率下容量从 50mAh g^{-1}升高到 95mAh g^{-1}。

图 7.6 a)和 b）$LiMn_2O_4$纳米棒的 SEM 照片（顶部） c）与标准 $LiMn_2O_4$（空心圆）相比，$LiMn_2O_4$纳米棒的倍率性能（黑色圆圈） d）$LiMn_2O_4$纳米棒在 1C 倍率下的充放电容量（转载自得到许可的参考文献［44］，版权所有© 2009 美国化学学会）

Shaju 等人还使用一种间苯二酚 - 甲醛技术路线制备化学计量纳米 $LiMn_2O_4$。该材料由纳米颗粒聚集而成并形成一种多孔形貌，与通过溶胶 - 凝胶法制备的材料相比，电池在室温和高温下的性能得到改善[45]。

7.3.2 $LiMn_{1.5}Ni_{0.5}O_4$

尖晶石 $LiMn_{1.5}Ni_{0.5}O_4$采用 $LiMn_2O_4$的 Fd - 3m 空间群（所谓的无序结构，因为 Mn 和 Ni 原子随机混合）或 Ni 和 Mn 原子占据特定位点的 $P4_332$ 空间群（所谓的有序结构）。锂的脱出发生在 4.7V，对应于 Ni^{2+} 至 Ni^{4+} 的氧化，并且 $LiMn_{1.5}Ni_{0.5}O_4$具有 147mAh g^{-1}的理论容量。有序结构的合成需要严格控制退火条件，并且其电子电导率比其无序对应物的要低几个数量级。有序结构的循环稳定性也较低[46]。由于这些原因，通常优先选择无序结构。然而，最近有报道称，微米级的有序 $LiMn_{1.5}Ni_{0.5}O_4$具有非常高的容量[47]。

与 $LiMn_2O_4$类似，溶胶-凝胶、燃烧、共沉淀和固相合成技术可用于制备该材料。同样与 $LiMn_2O_4$类似，$LiMn_{1.5}Ni_{0.5}O_4$的结晶度对其稳定性至关重要，因为结晶度差的材料容易导致容量的快速劣化[48]，而具有良好结晶面的材料在数百个循环内可以稳定存在[49]，如图7.7所示。然而，煅烧时间或温度的增加可导致氧损失，并且具有约4V放电容量的 Mn^{3+}的存在降低了材料的能量密度。

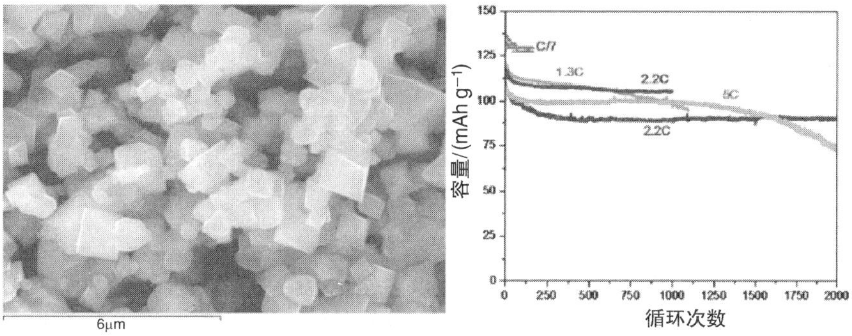

图7.7 通过共沉淀/溶胶-凝胶技术制备的 $LiMn_{1.5}Ni_{0.5}O_4$及其电化学性能

已经证明了使用 β-MnO_2纳米棒作前驱体、乙酸镍和氢氧化锂进行随后的热处理可合成结晶性能良好的 $LiMn_{1.5}Ni_{0.5}O_4$纳米棒[50,51]。得到的 $LiMn_{1.5}Ni_{0.5}O_4$纳米棒，如图7.8所示，被认定为平均直径为130nm和长度为1.2μm的 $P4_332$

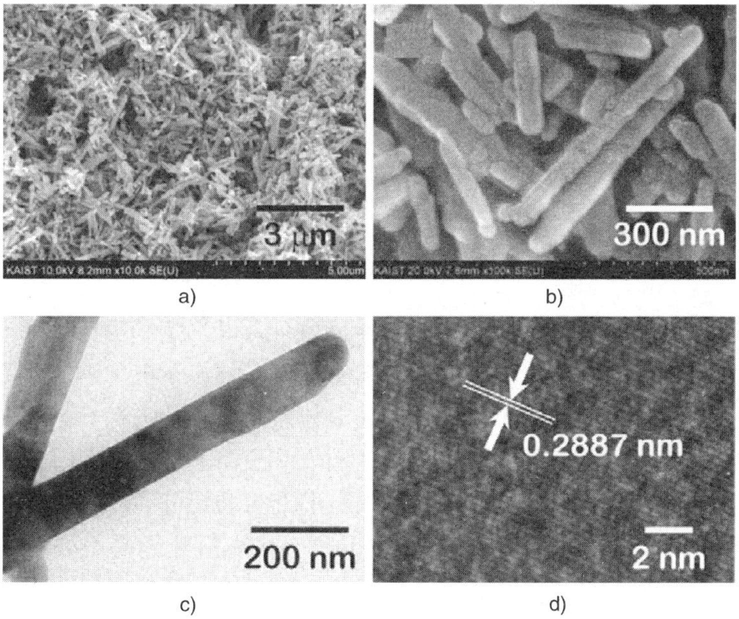

图7.8 $LiMn_{1.5}Ni_{0.5}O_4$纳米棒的FE-SEM照片（a、b）、TEM照片（c、d）（转载自Power Source杂志，参考文献［51］，经Elsevier许可）

（有序）结构。该材料在 C/2 倍率下产生 116mAh g^{-1}的容量，在 1C 倍率下产生 111mAh g^{-1}的容量，如图 7.9 所示。

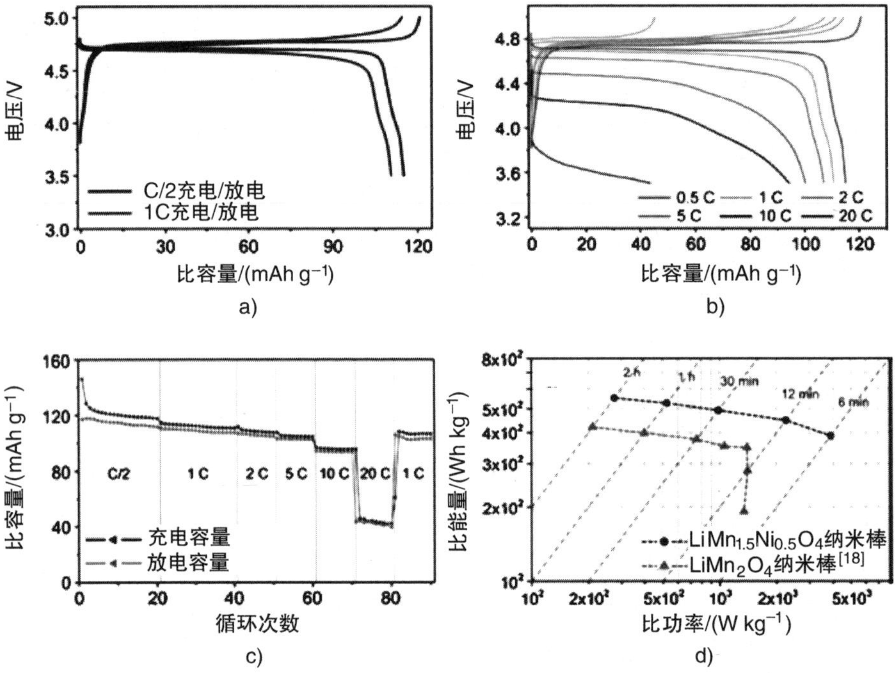

图 7.9　a）和 b）$LiMn_{1.5}Ni_{0.5}O_4$纳米棒的电压－容量曲线　c）和 d）$LiMn_{1.5}Ni_{0.5}O_4$和 $LiMn_2O_4$纳米棒的倍率性能的比较（转载自 Power Source 杂志，参考文献［51］，经 Elsevier 许可）

7.4　小结和展望

在本章中，深入讨论了制备正极纳米材料对其电化学和电池性能的优势。在橄榄石中，研究发现将颗粒尺寸减小到纳米尺度对锂离子电池的电化学活性起着至关重要的作用。此外，由于这种类型的晶体结构中的 1D 离子扩散，因此颗粒的形状与生长方向对锂离子电池中的 Li^+嵌入和良好性能的获得起到主要作用。详细讨论了使用不同的合成路线来控制颗粒的形貌和尺寸。结果表明，碳包覆对于优化 $LiFePO_4$的性能或使 $LiMnPO_4$和 $LiCoPO_4$获得活性仍是必要的。在尖晶石中，纳米尺寸的颗粒需要良好的结晶性以防止容量快速衰减。结果表明，具有良好结晶性的 $LiMn_2O_4$和 $LiMn_{1.5}Ni_{0.5}O_4$纳米棒比它们的微米尺寸对应物可产生更优异的性能。有研究清楚地证明了纳米结构化和纳米尺寸化在克服锂离子在晶体正极材料中的扩散限制和获得更好的电池性能方面具有很多帮助。这些新的设计和合成方法可以很容易地采用并制备出具有不同化学和晶体结构的性能更优异的正极材料。

参考文献

1. Pitchai R, Thavasi V, Mhaisalkar S, Ramakrishna S (2011) Nanostructured cathode materials: a key for better performance in Li-ion batteries. J Mater Chem 21(30):11040–11051
2. Malik R, Burch D, Bazant M, Ceder G (2010) Particle size dependence of the ionic diffusivity. Nano Lett 10(10):4123–4127
3. Okubo M, Hosono E, Kim J, Enomoto M, Kojima N, Kudo T, Zhou H, Honma I (2007) Nanosize effect on high-rate Li-ion intercalation in LiCoO2 electrode. J Am Chem Soc 129(23):7444–7452
4. Padhi AK, Nanjundaswamy KS, Goodenough JB (1997) Phospho-olivines as positive-electrode materials for rechargeable lithium batteries. J Electrochem Soc 144(4):1188–1194
5. Ravet N, Chouinard Y, Magnan JF, Besner S, Gauthier M, Armand M (2001) Electroactivity of natural and synthetic triphylite. J Power Sources 97–98:503–507
6. Chung S-Y, Bloking JT, Chiang Y-M (2002) Electronically conductive phospho-olivines as lithium storage electrodes. Nat Mater 1(2):123–128
7. Ravet N, Goodenough JB, Besner S, Simoneau M, Hovington P, Armand M (1999) Improved iron based cathode material. ECS meeting abstracts 99(2): Abstract #127
8. Delacourt C, Poizot P, Levasseur S, Masquelier C (2006) Size effects on carbon-free $LiFePO_4$ powders. Electrochem Solid State Lett 9(7):A352–A355
9. Fisher CAJ, Islam MS (2008) Surface structures and crystal morphologies of $LiFePO_4$: relevance to electrochemical behaviour. J Mater Chem 18(11):1209–1215
10. Morgan D, Van der Ven A, Ceder G (2004) Li conductivity in $LixMPO_4$ (M = Mn, Fe, Co, Ni) olivine materials. Electrochem Solid State Lett 7(2):A30–A32
11. Yamada A, Chung SC, Hinokuma K (2001) Optimized $LiFePO_4$ for lithium battery cathodes. J Electrochem Soc 148(3):A224–A229
12. Gauthier M, Michot C, Ravet N, Duchesneau M, Dufour J, Liang G, Wontcheu J, Gauthier L, MacNeil D (2010) Melt casting $LiFePO_4$. J Electrochem Soc 157(4):A453–A462
13. Yang S, Zavalij PY, Whittingham MS (2001) Hydrothermal synthesis of lithium iron phosphate cathodes. Electrochem Commun 3(9):505–508
14. Jin B, Gu H-B (2008) Preparation and characterization of $LiFePO_4$ cathode materials by hydrothermal method. Solid State Ionics 178(37–38):1907–1914
15. Dokko K, Koizumi S, Nakano H, Kanamura K (2007) Particle morphology, crystal orientation, and electrochemical reactivity of $LiFePO_4$ synthesized by the hydrothermal method at 443 K. J Mater Chem 17(45):4803–4810
16. Yang S, Zhou X, Zhang J, Liu Z (2010) Morphology-controlled solvothermal synthesis of $LiFePO_4$ as a cathode material for lithium-ion batteries. J Mater Chem 20(37):8086–8091
17. Nan C, Lu J, Chen C, Peng Q, Li Y (2011) Solvothermal synthesis of lithium iron phosphate nanoplates. J Mater Chem 21(27):9994–9996
18. Recham N, Dupont L, Courty M, Djellab K, Larcher D, Armand M, Tarascon J-M (2009) Ionothermal synthesis of tailor-made $LiFePO_4$ powders for Li-ion battery applications. Chem Mater 21(6):1096–1107
19. Drezen T, Kwon N-H, Bowen P, Teerlinck I, Isono M, Exnar I (2007) Effect of particle size on $LiMnPO_4$ cathodes. J Power Sources 174(2):949–953
20. Wang D, Buqa H, Crouzet M, Deghenghi G, Drezen T, Exnar I, Kwon N-H, Miners J, Poletto L, Grätzel M (2009) High-performance, nano-structured $LiMnPO_4$ synthesized via a polyol method. J Power Sources 189(1):624–628
21. Martha SK, Markovsky B, Grinblat J, Gofer Y, Haik O, Zinigrad E, Aurbach D, Drezen T, Wang D, Deghenghi G, Exnar I (2009) $LiMnPO_4$ as an advanced cathode material for rechargeable lithium batteries. J Electrochem Soc 156(7):A541–A552

22. Choi D, Wang D, Bae I-T, Xiao† J, Nie Z, Wang W, Viswanathan V, Lee Y, Zhang J-G, Graff G, Yang Z, Liu J (2010) $LiMnPO_4$ nanoplate grown via solid-state reaction in molten hydrocarbon for Li-ion battery cathode. Nano Lett 10(8):2799–2805
23. Chen G, Richardson TJ (2010) Thermal instability of Olivine-type $LiMnPO_4$ cathodes. J Power Sources 195:1221–1224
24. Molenda J, Ojczyk W, Marzec J (2007) Electrical conductivity and reaction with lithium of LiFe1-yMnyPO_4 olivine-type cathode materials. J Power Sources 174(2):689–694
25. Amine K, Yasuda H, Yamachi M (2000) Olivine $LiCoPO_4$ as 4.8 V electrode material for lithium batteries. Electrochem Solid State Lett 3(4):178–179
26. Li H, Jin J, Wei J, Zhou Z, Yan J (2009) Fast synthesis of core-shell $LiCoPO_4$/C nanocomposite via microwave heating and its electrochemical Li intercalation performances. Electrochem Commun 11(1):95–98
27. Bramnik N, Nikolowski K, M. Trotsc D, Ehrenberg H (2008) Thermal stability of $LiCoPO_4$ cathodes. Electrochem Solid State Lett 11(6):A89–A93
28. Wolfenstine J, Allen J (2004) $LiNiPO_4$-$LiCoPO_4$ solid solutions as cathodes. J Power Sources 136(1):150–153
29. Wolfenstine J, Allen J (2005) Ni3+/Ni2+ redox potential in $LiNiPO_4$. J Power Sources 142(1–2):389–390
30. Biensan Ph, Simon B, Pérès JP, de Guibert A, Broussely M, Bodet JM, Perton F (1999) On safety of lithium-ion cells. J Power Sources 81–82:906–912
31. MacNeil DD, Lu Z, Chen Z, Dahn J (2002) A comparison of the electrode/electrolyte reaction at elevated temperatures for various Li-ion battery cathodes. J Power Sources 108(1–2):8–14
32. MacNeil DD, Dahn JR (2001) The reaction of charged cathodes with nonaqueous solvents and electrolytes: II. $LiMn_2O_4$ charged to 4.2 V. J Electrochem Soc 148(11):A1211–A1215
33. Ohzuku T, Kitagawa M, Hirai T (1990) Electrochemistry of manganese dioxide in lithium nonaqueous cell. J Electrochem Soc 137(3):769–775
34. Tarascon JM, Guyomard D (1991) Li metal-free rechargeable batteries based on $Li_{1+x}Mn_2O_4$ cathodes (0 < = x < = 1) and carbon anodes. J Electrochem Soc 138(10):2864–2868
35. Tarascon J-M, Wang E, Shokoohi F, McKinnon W, Colson S (1991) The spinel phase of LiMn2O4 as a cathode in secondary lithium cells. J Electrochem Soc 138(10):2859–2864
36. Goonetilleke PC, Zheng JP, Roy D (2009) Effects of surface-film formation on the electrochemical characteristics of $LiMn_2O_4$ cathodes of lithium ion batteries. J Electrochem Soc 156 (9):A709–A719
37. Shin Y, Manthiram A (2003) High rate, superior capacity retention $LiMn_{2-2y}Li_yNi_yO_4$ spinel cathodes for lithium-ion batteries. Electrochem Solid State Lett 6(2):A34–A36
38. Amatucci G, Du Pasquier A, Blyr A, Zheng T, Tarascon J-M (1999) The elevated temperature performance of the $LiMn_2O_4$/C system: failure and solutions. Electrochim Acta 45 (1–2):255–271
39. Belharouak I, Sun Y-K, Lu W, Amine K (2007) On the safety of the $Li_4Ti_5O_{12}$/$LiMn_2O_4$ lithium-ion battery system. J Electrochem Soc 154(12):A1083–A1087
40. Thackeray M, Shao-Horn Y, Kahaian A, Kepler K, Skinner E, Vaughey J, Hackney S (1998) Structural fatigue in spinel electrodes in high voltage (4 V) Li/$LiMn_2O_4$ Cells. Electrochem Solid State Lett 1(1):7–9
41. Gao Y, Dahn JR (1996) Synthesis and characterization of $Li_{1+x}Mn_{2-x}O_4$ for Li-ion battery applications. J Electrochem Soc 143(1):100–114
42. Blyr A, Sigala C, Amatucci G, Guyomard D, Chabre Y, Tarascon J-M (1998) Self-discharge of $LiMn_2O_4$/C Li-ion cells in their discharged state. J Electrochem Soc 145(1):194–209
43. Kanamura K, Dokko K, Kaizawa T (2005) Synthesis of spinel $LiMn_2O_4$ by a hydrothermal process in supercritical water with heat-treatment. J Electrochem Soc 152(2):A391–A395
44. Kim DK, Muralidharan P, Lee H-W, Ruffo R, Yang Y, Chan C, Peng H, Huggins R, Cui Y (2008) Spinel $LiMn_2O_4$ nanorods as lithium ion battery cathodes. Nano Lett 8(11):3948–3952
45. Shaju KM, Bruce PG (2008) A stoichiometric nano-$LiMn_2O_4$ spinel electrode exhibiting high power and stable cycling. Chem Mater 20(17):5557–5562
46. Shaju KM, Bruce PG (2008) Nano-$LiNi_{0.5}Mn_{1.5}O_4$ spinel: a high power electrode for Li-ion

batteries. Dalton Trans 40:5471–5475
47. Ma X, Kang B, Ceder G (2010) High rate micron-sized ordered $LiNi_{0.5}Mn_{1.5}O_4$. J Electrochem Soc 157(8):A925–A931
48. Duncan H, Abu-Lebdeh Y, Davidson IJ (2010) Study of the cathode–electrolyte interface of $LiNi_{0.5}Mn_{1.5}O_4$ synthesized by a sol–gel method for Li-ion batteries. J Electrochem Soc 157 (4):A528–A535
49. Niketic S, Whitfield P, Davidson I (2008) Synthesis and characterization of a high performance $LiMn_{1.5}Ni_{0.5}O_4$ spinel cathode material. ECS meeting abstracts 801(5):155–155
50. Lee H-W et al (2011) Synthesis and electrochemical performance of spinel $LiNi_{0.5}Mn_{1.5}O_4$ nanorods as high voltage cathode materials for Li-ion batteries. ECS meeting abstracts 1101 (11):536
51. Lee H-W, Muralidharan P, Mari C, Ruffo R, Kim D (2011) Facile synthesis and electrochemical performance of ordered $LiNi_{0.5}Mn_{1.5}O_4$ nanorods as a high power positive electrode for rechargeable Li-ion batteries. J Power Sources 196(24):10712–10716

第 8 章　$LiFePO_4$ 纳米材料大功率应用的设计和性能

K. Zaghib、A. Mauger、J. B. Goodenough 和 C. M. Julien

摘要：$LiFePO_4$被认为是锂离子电池中最先进的正极材料，本章对 $LiFePO_4$ 的结构和理化性质进行了综述。因为杂质会污染材料，所以根据合成条件的不同可以对 $LiFePO_4$的基本性质进行改性。确定杂质成分，并组合各种分析方法定量估算出杂质的浓度。一种最佳的制备是提供不含任何杂质相的碳包覆颗粒的材料，这种材料确保了结构稳定性和电化学性能，该材料可用于混合动力电动车辆和全电动车辆供电的新一代锂二次电池的正极元件。

8.1　简介

自从被 Goodenough 的团队发现以来，磷酸橄榄石 $LiFePO_4$（LFP）被认为是用于锂可再充电电池的潜在的正极材料[1]。然而，在这个家族中，$LiFePO_4$是目前众多研究的主题，因为这种阴极材料在中等电流密度下可以实现最高容量（≈170mAh g^{-1}）[2]。此外，相对于大规模应用［例如混合动力电动车辆（HEV）］的氧化钴基材料而言，$LiFePO_4$拥有便宜且无毒的两个决定性优势。

然而，LFP 的体电子传导率相当低，这可能导致高倍率放电过程中容量的损失。为了提高电子导电性，在锂离子电池正极的生产中通常在 LFP 基质中加入碳添加剂[1,3]或在 LFP 颗粒表面包覆薄碳层[4-6]。通过添加碳可以达到电子传导率 7 个数量级的增加，例如通过喷雾热解技术在 $LiFePO_4$原料中使用蔗糖产生碳[6]。碳的添加结合了更好的电子传导率和高容量的优点。特别是，对 LFP 包覆 1% 质量分数的碳，可以获得约 160mAh g^{-1}的容量[4]。

Ravet 等人报道了两种碳包覆方法：将 $LiFePO_4$粉末与糖溶液混合在 700℃下加热，或在加热前合成添加某些有机材料的 $LiFePO_4$。虽然添加碳的方式还没有完全优化[5,7]，但该方法主要是深入研究合成以及碳沉积过程对 $LiFePO_4$的影响[8]。已知 LFP 的电化学性能对制备方法和结构性质敏感。这对于潜在的应用是一个优势，如果可以将制备方法、结构和物理性质关联起来，这就为材料优化提供了可行性。针对这个问题，首先研究了通过 3 种不同技术生长的 $LiFePO_4$ 的相关性[9]。

聚效应的证据已经建立。退火温度超过 800℃时能增加 Fe_2P 的比例[10]，但是在未被加热到这样高的温度的样品中检测到高浓度的被超级磁化的 Fe_2P 纳米颗粒[9]。一方面，Fe_2P 的存在增加了电子导电性，但是另一方面，它还降低离子导电性，与碳包覆的 LFP 相比，其容量和循环速率都降低了。因此，希望优化样品的制备，减少这种团聚效应的发生。对于避免 Fe_2P 团聚而言很容易实现，但是很难避免在无碳 LFP 中存在小浓度（1×10^{-6}每化学式）的 $\gamma-Fe_2O_3$纳米颗粒[9, 11]。然而，从炼铁工业知道氢、一氧化碳或碳可以依赖温度和其他物理参数如颗粒尺寸等不同的还原步骤还原 Fe_2O_3。几乎所有商业生产的铁都是使用大多数化学教科书上所写的高炉制备。实质上，在高温下，Fe_2O_3根据反应 $2Fe_2O_3+3C=4Fe+3CO_2$被碳还原（如焦炭）。这是历史上最重要的工业过程之一，现代工业过程的起源可追溯到 1773 年左右萨罗普郡（英格兰）的一个名为 Coalbrookdale 的小镇。尽管可以预想碳可能直接在 1000℃以上或通过形成 CO 气体还原 Fe^{3+}离子，从而避免 $\gamma-Fe_2O_3$的形成，人们仍然相信，采用有机前驱体用于 C 包覆的样品在碳沉积工艺中会产生还原性气体如氢气，而氢气是动力学上更活泼的气体，在温度 500～700℃范围内更有活性地还原 Fe^{3+}杂质。事实上，通常通过溶液法在分子尺寸水平上将有机前驱体与 LFP 材料或 LFP 化学前驱体混合，更有利于避免 $\gamma-Fe_2O_3$的形成。

本章的目的是研究最佳的 LFP 电极材料的物理化学性质。通过结构、磁性和光谱测试技术，对电极材料的结构和电子特性进行系统性研究。此外，可以利用一些高灵敏度的分析工具来检测在固相合成过程中生长的寄生杂质。这些原理被充分利用来优化磷酸铁锂化合物[1-3]，通过检测无碳和碳包覆的 LFP 样品，来研究碳对 LEP 结构性质的影响。

Li 从 $LiFePO_4$中的电化学脱出可以提供相对 Li 大约 3.5V 的（Fe^{2+}/Fe^{3+}）氧化还原电势。对于大多数 Li_xFePO_4（$0<x<1$）固溶体，一个小的一级位移结构变化会产生两相分离，并且是一条平坦的 $V-x$ 曲线。包覆有碳的纳米结构的正极颗粒，其可逆容量能够达到 160mAh g^{-1}，将 $LiFePO_4$的电化学特性与其他含 Fe 磷酸盐的电化学特性进行比较，如图 8.1 所示。该图显示了在各种磷酸盐骨架中相对于锂和铁的氧化还原对的能量。在多种条件下对优化的 $LiFePO_4$进行电化学测试，进而评估了电解液对材料的稳定性的影响以及电极处理的影响。采用 ICP、XRD 和 SEM 等技术，进行拆解分析可知，在由金属 Li、石墨或 $C-Li_4Ti_5O_{12}$组成的电池中，在隔膜 - 金属 Li 负极界面处未检测到铁物质[12, 13]。这个结果归因于优化的正极材料 $LiFePO_4$品质较高，物相纯净。

本章的结构如下：首先，在 8.2 节简要地介绍了 LFP 的合成路线和晶体化学过程。8.3 节，通过 X 射线粉末衍射（XRD）、扫描电子显微镜（SEM）、高分

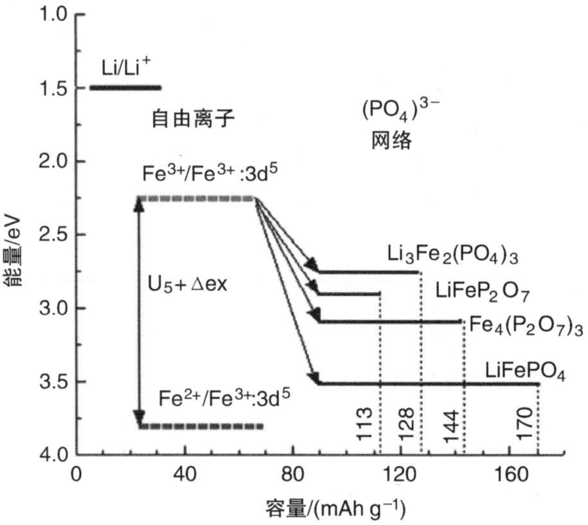

图 8.1　氧化还原对的能量相对于磷酸盐框架中的锂和铁。该图显示了每一种化合物的理论容量（经 Elsevier 许可转载）

辨透射电子显微镜（HRTEM）、傅里叶变换红外（FTIR）和拉曼散射光谱（RS）获得的数据，给出了优化的 $LiFePO_4$ 颗粒的结构和形貌。然而，这些技术不能检测浓度低于 1% 的杂质或纳米尺寸团簇。磁化曲线和电子自旋共振（ESR）是表征强铁磁性的 $\gamma-Fe_2O_3$（无论是在大小还是浓度）纳米颗粒强有力的工具，其检测限可达 ppm 级别[9,11]。在 8.4 节中，采用磁性测量技术，作了进一步研究。然而，这种技术并不能对碳化合物进行表征。主要原因有两点：首先，它们是非磁性的；其次，作为体特性探针的 FTIR 光谱的灵敏度不足以检测碳。为了进一步研究，采用拉曼光谱技术对材料进行了表征。由于光的穿透能力非常有限，能够进入 LFP 颗粒的光很少，因此拉曼光谱主要是对 LFP 表面包覆的碳材料进行表征。同时也表明了碳不会渗透到颗粒内部，而是黏在 LFP 表面形成包覆。通过一系列的测试表征，人们发现碳包覆的样品中不含有 $\gamma-Fe_2O_3$，并且 Fe^{3+} 离子的含量（如若存在）不超过剩余杂质浓度。在 8.5 节中，探究了 H_2O 对碳包覆的 $LiFePO_4$ 颗粒的影响。研究发现，无论是水热反应还是固态反应，碳包覆层的变质均取决于合成过程。当颗粒仅仅暴露于潮湿空气的情况下，由于 Li 的亲水性，会导致表面层的脱锂，而碳包覆层能够更有效地保护颗粒。再者，在暴露于潮湿空气中的合理的时间（一般为几周）周期内，这个过程仅会对表面层产生影响。此外，在该时间范围内，表面层可以再次化学锂化，并且可以干燥样品以除去水分，恢复到可逆的电化学性质。最后，8.6 节示出了优化的 LFP 颗粒的电化学性能。材料在高温下（约为 60°C）具有较好的电化学性能，这证明了其用作电动汽车（EV）供电的新一代锂二次电池正极材料的合理性。作者报导了一种安全性较好，可以在几分钟内进行充电的锂离子电池，同时其具有较长的搁置时间。将 $LiFePO_4$ 和 $Li_4Ti_5O_{12}$ 纳米颗粒分别用于正极和负极的活性物质，在这种条件下制备的"18650"电池可以提供 800mAh 的容量。在充电倍率为 10C 和放电倍率为 5C 下进行 20000 次循环后，其保持全部容量，并且在充电速率为 15C 和放电速率为 5C 下 30000 次循环后可保持 95% 容量。

8.2　LFP 的合成、路线和晶体化学

8.2.1　LFP 颗粒的制备

通过固相反应合成了几种 $LiFePO_4$ 样品。A 型 $LiFePO_4$ 样品通过将草酸铁（II）[$Fe(C_2O_4)\cdot 2H_2O$]、磷酸二氢铵[$NH_4H_2PO_4$]和碳酸锂[Li_2CO_3]按摩尔比（1:1:1）混合制备。B 型样品用 $FePO_4(H_2O)_2$ 和 Li_2CO_3 制备。在异丙醇中按照前驱体的化学计量比充分混合。干燥后，在还原气氛下将混合物在 700℃ 下加热 8h。将蔗糖和醋酸纤维加入冰桶溶液中，作为碳的前驱体，按照以下方法制备碳包覆的 C－$LiFePO_4$：将无碳 $LiFePO_4$ 粉末与碳前驱体混合。在 $LiFePO_4$ 中干添加剂对应于 5% 质量分数的碳。碳包覆层的质量大约为材料重量（C－检测器，LECO 公司，CS444）的 1%。应当指出，这种中等烧结温度的选择使存在于粉末的 Fe^{3+} 离子的量最小，因为在低于 500℃ 的烧结温度下进行 Mössbauer 实验可以检测到 Fe^{3+}，当烧结温度高于 800℃ 时，使用 X 射线可检测到大量 Fe_2O_3 和 $Li_3Fe_2(PO_4)_3$ 生成[14]。然而，从先前的工作知道[9,10]，即使在 500～800℃ 范围内的中间烧结温度，B 型 $LiFePO_4$ 也含有 Fe_2O_3 纳米颗粒，因为含量少，使得它们只能通过磁性能而被检测到。

粉末的化学均匀性和纯度对制备条件的要求十分苛刻。通过对一系列碳包覆的 LFP 样品的物理和电化学性质进行对比，进而优化作为用于电池应用的材料。因此需要严格控制合成条件以获得在高电流密度下具有良好性能的材料。原料、碳前驱体、温度和气氛的选择，对 Fe（Ⅲ）的还原以及碳包覆层的形成至关重要。

然而，碳沉积工艺的主要作用是还原 Fe^{3+}，最有可能从有机碳前驱体中通过氢气的气相还原过程来还原 Fe^{3+}。氢气可阻止生成 $\gamma-Fe_2O_3$ 纳米颗粒，其中铁处于三价态。图 8.2 总结了在锂离子电池中作为正极材料的 LFP 粉末的合成条件。虽然样品在制备过程中加热不超过 700℃，a－C 碳膜预期具有类似于在热解温度 $T_p=(830\pm30)$℃ 下制备的碳热解光致抗蚀剂的性能。这个功能对于解释

碳涂层性能至关重要，因为增加烧结温度会降低 LFP 的量，因为在材料中会出现 Fe_2O_3团簇（或甚至 Fe_2P 团簇）。另一方面，热解温度降低到 800℃以下会显著降低碳的电子传导性。碳沉积物可以被视为具有不规则厚度的膜，平均厚度为 30nm，带有空隙。

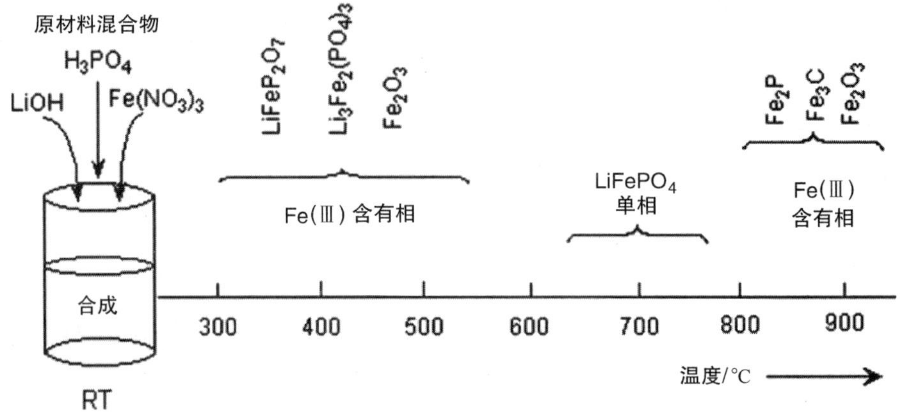

图 8.2　$LiFePO_4$粉末作为锂离子电池正极材料的合成（经 Elsevier 许可转载）

这些空隙实际上可能是有利的，因为锂可以通过它们而不必穿过碳膜，这可能是离子电导率不受涂层影响的一个原因。磁测量表明 A 型样品中存在浓度为 0.7ppm 的 $\gamma-Fe_2O_3$纳米颗粒，这样的团簇在新一代碳涂层样品中（B 型）根本观察不到。因此，本研究将证明磁性测量（M（H）和χ（T）数据的组合）有利于检测铁和/或亚铁杂质，以及用于 LFP 的质量控制。

8.2.2　$LiFePO_4$的晶体化学

磷酸锂铁矿是在磷酸盐伟晶岩和伟晶岩脉中发现的相当稀少的正磷酸盐初级矿物。其化学式为 Li（Mn，Fe）PO_4，它不同于另一种富含铁而不是锰的无机磷锂矿。两种矿物的结构相同，会形成固溶体，称为黄铁矿系列，与橄榄石同晶。因此，两者之间的物理性质的差异将与铁/锰百分比相关。这些差异最好通过比较磷酸锂铁矿族相反两边的两个成员之间的物理性质来证明，即 $LiFePO_4$和 $LiMnPO_4$。与磷酸锂铁矿和磷锰锂矿不同，$LiFePO_4$和 $LiMnPO_4$是人造陶瓷[15]。此外，磷酸锂铁矿的名字在希腊语中指“3 个家族”（指铁、锰和锂）。最近在文献中遇到的 $LiFePO_4$和磷酸锂铁矿之间的任何混乱应该避免。

磷酸锂铁矿很容易变成其他磷酸盐矿物，地质学家展示了很多用它制备其他磷酸盐矿物的可能性。但是，这意味着该材料不是非常稳定，并且难以制备质量好、结晶性好的样品。这个特性使地质学家很高兴，但对于物理学家来说是个坏消息。尽管有这个缺点，物理学家还是关注了磷酸锂铁矿系列，虽然他们的努力一直集中在化合物 $LiFePO_4$和 $LiMnPO_4$研究上，而不是它们的固溶体。它们属于 Mg_2SiO_4型橄榄石的家族，通式为 B_2AX_4[16]。

磷酸铁锂材料的晶体结构已被几个研究者研究[16-24]。作为橄榄石族的成员，$LiFePO_4$晶体属于正交体系（No. 62），空间群为 Pnma。它包括一个稍微扭曲的六方最密堆积结构，Li 和 Fe 占据一半的八面体位点，P 离子占据 1/8 的四面体位点[16]。然而，FeO_6八面体是扭曲的，降低正规八面体 O_h到 C_s的对称性。结构如图 8.3 所示，锂离子可以通过通道被脱出。共角的 FeO_6八面体在 *bc* 平面上连接在一起，而 LiO_6八面体沿着 *b* 轴方向形成共边链。四面体 PO_4基团通过与一个 FeO_6八面体共边和两个 LiO_6八面体共边，搭建了 FeO_6八面体的相邻层。

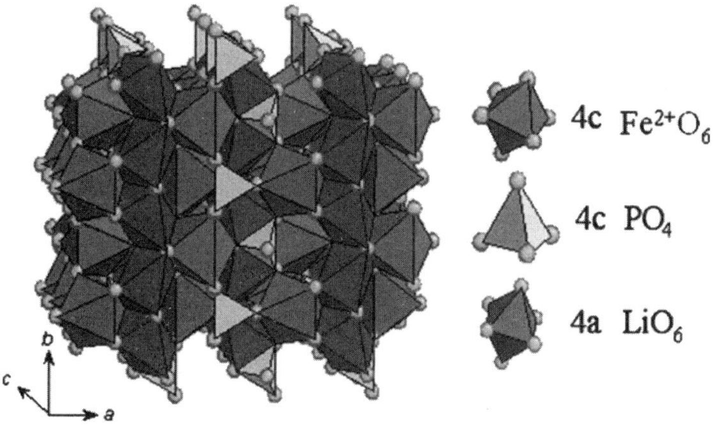

图 8.3 $LiFePO_4$橄榄石的晶体结构。角共享的 FeO_6八面体在 *bc* 平面中连接在一起，而 LiO_6八面体沿 *b* 轴形成共边链。四面体 PO_4基团通过与一个 FeO_6八面体共边和两个 LiO_6八面体共边，搭建了 FeO_6八面体的相邻层

$LiFePO_4$结构包括 3 个不等价的 O 位点。大多数橄榄石结构的原子占据 4c Wyckoff 位置，除了 O（3），它一般位于 8d 位置和 Li^+离子只占据 4a Wyckoff 位置（M1 位于反转中心）。Fe 磁性离子是二价 Fe^{2+}状态，并且仅占据 4c Wyckoff 位置（镜面中的 M2 位置），即 FeO_6单元的中心。因此，Fe 被分散开，在垂直于［001］的 $TeOc_2$层中形成彼此分离的 FeO_6八面体[20]。此外，因为晶格具有强的二维特性在 $TeOc_2$层上面有另一个层垂直前一个层，所以可以构建出 FeO_6八面体共享角的（100）层和 LiO_6八面体与 PO_4四面体的混合层[20]。磷酸铁锂材料不同于初级磷酸锂铁矿 Li（Mn，Fe）PO_4，事实上，磷酸锂铁矿只富含铁，在 M2 位点也有一些锰离子。然而，磷酸锂铁矿是天然存在的矿物，$LiFePO_4$是人造

产物。

从根本上看，人们研究的主要兴趣在于橄榄石结构所产生的效应[19]。然而，3 个橄榄石结构类可以根据磁性离子占据的位置进行分类。在 $InMn_2SiS_4$ 和 Fe_2SiS_4 中，磁性离子（Mn，Fe）位于 M1 和 M2 位点[22]，在 $NaCoPO_4$ 和 $NaFePO_4$ 中，磁性离子仅位于 M1 位点[23]。第三类关注的是磷酸橄榄石 $LiMPO_4$（M = Ni，Co，Mn，Fe）中的磁性离子位于 M2 位点，M1 位点被非磁性离子（Li^+）占据。

使用 Streltsov 等人最近测定的结构作为参考标准（见表 8.1）[18]。橄榄石结构的正交晶胞包含 28 原子（$Z = 4$）。结构参数和原子间距列在表 8.2 和表 8.3 中。Fe – O 距离的范围为 2.064 ~ 2.251Å。$LiFePO_4$ 中 Fe – Fe 的距离是大的（3.87Å），具作者所知比任何其他的铁氧化物都大。Fe 离子之间的磁相互作用被认为是 –Fe – O – Fe– 或 –Fe – O – P – O – Fe– 的一个超交换型，符合在 T_N = 52K 下观察到反铁磁排序[15]。

表 8.1　$LiFePO_4$ 材料在 Pnma（62）结构中化学计量的晶格参数

a/Å	b/Å	c/Å	单胞体积/Å^3	参考文献
10.332（4）	6.010（5）	4.692（2）	291.4（3）	[9]
10.334	6.008	4.693	291.39	[14]
10.329（0）	6.006（5）	4.690（8）	291.02	[16]
10.31	5.997	4.686	289.73	[17]
10.3298	6.0079	4.6921	291.19	[19]
10.322（3）	6.008（1）	4.690（2）	290.8（4）	[22]

表 8.2　$LiFePO_4$（Pnma）中原子的分数坐标和位点对称性

原子	x	y	z	位点对称性
Li	0	0	0	$\bar{1}$（4a）
Fe	0.28222	1/4	0.97472	m（4c）
P	0.09486	1/4	0.41820	m（4c）
O（1）	0.09678	1/4	0.74279	m（4c）
O（2）	0.45710	1/4	0.20602	m（4c）
O（3）	0.16558	0.04646	0.28478	1（8d）

表 8.3　$LiFePO_4$（Pnma）中的原子间距离　　（单位：Å）

铁氧八面体		锂氧八面体		磷氧八面体	
Fe-O（1）	1×2.204（2）	Li-O（1）	2×2.171（1）	P-O（1）	1.524（2）
Fe-O（2）	1×2.108（2）	Li-O（2）	2×2.087（1）	P-O（2）	1.538（2）
Fe-O（3）	2×2.251（1）	Li-O（3）	2×2.189（1）	P-O（3）	2×1.556（1）
Fe-O（3）	2×2.064（2）				

$LiFePO_4$晶格由围绕 Fe 3*d* 过渡金属原子的 6 个氧原子组成。在氧的晶场下由于3*d* 水平分裂成 e_g态和 t_{2g}态使主 O_h局部对称而减小到 C_s对称。如图 8.4 所示，氧原子可以大致分为轴向（O_{ax}）和赤道（O_{eq}）类型。角度 O_{ax} - Fe - O_{ax}约为 180°。在垂直于 O_{ax} - Fe - O_{ax}的平面上 O_2FeO_2大致形成剪刀结构。在赤道平面中，Fe - O 键长度相差 0.2Å，O - Fe - O 角远离 90°。显著的结构特征包括 PO_4四面体中的短 O - O 距离，并且 6 条边中有 3 条与金属八面体共享。

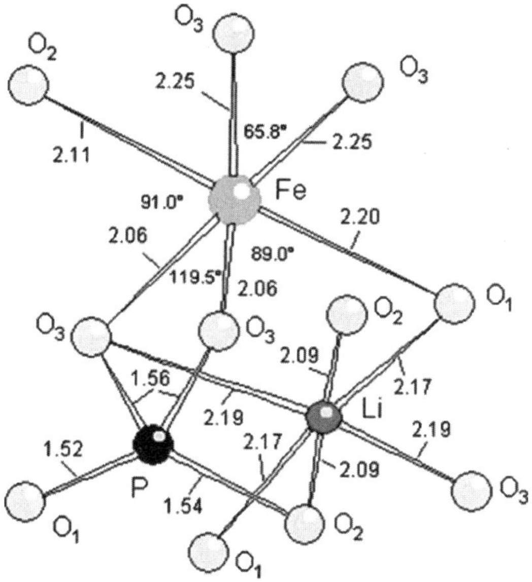

图 8.4　$LiFePO_4$橄榄石晶格中阳离子配位的示意图。存在 3 个不等价的氧原子 O_1 ~ O_3。畸变的 FeO_6八面体在氧原子的强晶场中降低了从 O_h到 C_s的对称性（原子位置上的数据来自 Streltsov 等人[18]。经 Elsevier 许可转载）

8.3　优化 $LiFePO_4$颗粒的结构和形貌

8.3.1　晶体结构

无碳和碳包覆样品的 XRD 图谱如图 8.5 所示。该无碳样品的图谱是 $LiFePO_4$

的典型特征。通过喷雾热解法引入碳，在 $2\theta=22°$ 处产生宽的无定性的峰包[6]。此宽峰，在碳包覆 $LiFePO_4$ 的 XRD 图谱中也可观察到，说明沉积碳是无定形的。另一方面，在工艺中碳的引入不会改变 $LiFePO_4$ 颗粒的结晶度，这可由在非晶态背景结晶峰的叠加证明。在两个样品中峰的位置是相同的，这意味着晶格参数不受碳的影响，可以证明碳没有渗透到 $LiFePO_4$ 内。此外，XRD 峰的宽度在两个样品中大致相同。通过 Scherrer 定律，该宽度与晶粒的尺寸 d 成反比。可以推断 $LiFePO_4$ 晶粒的尺寸，以下称为初级粒子，在两个样品中大致相同。为了更具体，对于无碳和碳包覆的样品，从 Scherrer 定律估算尺寸为 36nm 和 32nm。

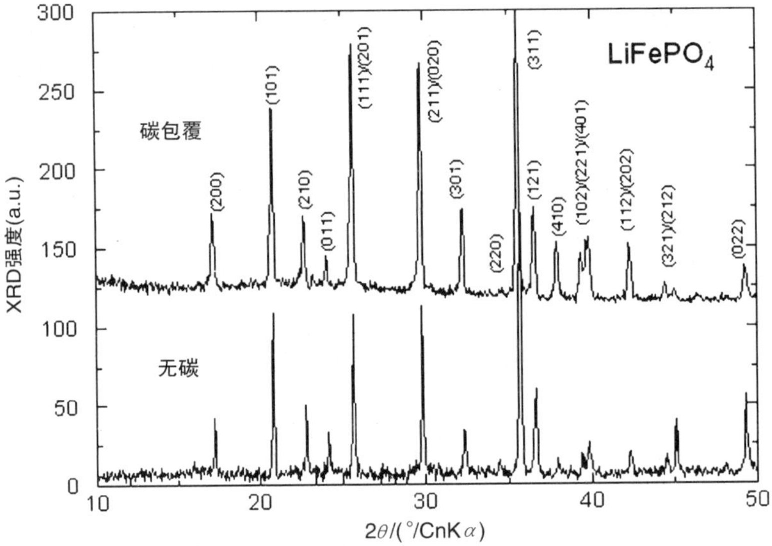

图 8.5 无碳和碳包覆的 $LiFePO_4$ 样品的 X 射线衍射图。XRD 谱线在菱面体系统 Pnma 空间群中进行了索引。XRD 特征主要由 4 个，即（101）、（111）+（201）、（211）+（020）和（311）线组成。根据 Scherrer 分析，CF 和 CC 样品的颗粒尺寸分别为 36nm 和 32nm（Elsevier 许可转载）

有两种等效的方法来索引 XRD 谱线，取决于空间群 Pnma 或 Pnmb 的选择，因此称为 a 轴或 b 轴。两者都由美国测试和材料协会（ASTM）列在 X 射线粉末衍射数据文件中（88－2092，40－1499）。这里选择了 Pnma（$a=10.33$Å，$b=6.010$Å，$c=4.693$Å）。无碳和碳包覆的样品的 XRD 图谱之间的唯一的差异是布拉格峰的相对强度。$LiFePO_4$ 的谱由 4 个，即（101）、（111）+（201）、（211）+（020）、（311）峰占主导地位。4 个峰哪一个具有最大的强度取决于样品。如在无碳情况下它可以是（211）+（020）线（ASTM 文件 40－1499[13] 有记录），或者在碳包覆的 XRD 图谱中可能是（311）线（ASTM 文件 83－2092[13] 有记录）。但是，这些差异与 Li 的扭曲有关，在过去研究的所有的 $LiFePO_4$ 材料的共同特征是这 4 条线具有可比较的强度[25]。

8.3.2　优化 $LiFePO_4$的形貌

$LiFePO_4$粉末的表面形貌和碳涂层的形状已经通过 SEM 和 HRTEM 进行了研究。碳涂层样品的典型 SEM 照片如图 8.6 a 和 b 所示。粉末由良好分散的二次粒子组成，有轻微团聚并存在少量的碎片（见图 8.6a）、b））。SEM 观察显示在样品的任何部分都是相似的图像，相对于所研究的区域来说更大的范围内也是均匀的。图 8.6a）和 b）也可以显示粒度分布，并且平均尺寸为 200nm。由 HRTEM 可观察到每个二次粒子由大量的小的一次粒子构成。碳包覆样品的 HRTEM 图像如图 8.6c）和 d）所示。它们显示多分散的初级粒子平均尺寸≤90nm，其比在 XRD 上由 Scherrer 公式推导而来的单晶晶粒的平均尺寸大 3 倍。因此，初级 $LiFePO_4$颗粒是由少数（平均 3 个）$LiFePO_4$单晶组成的。TEM 照片充分说明了

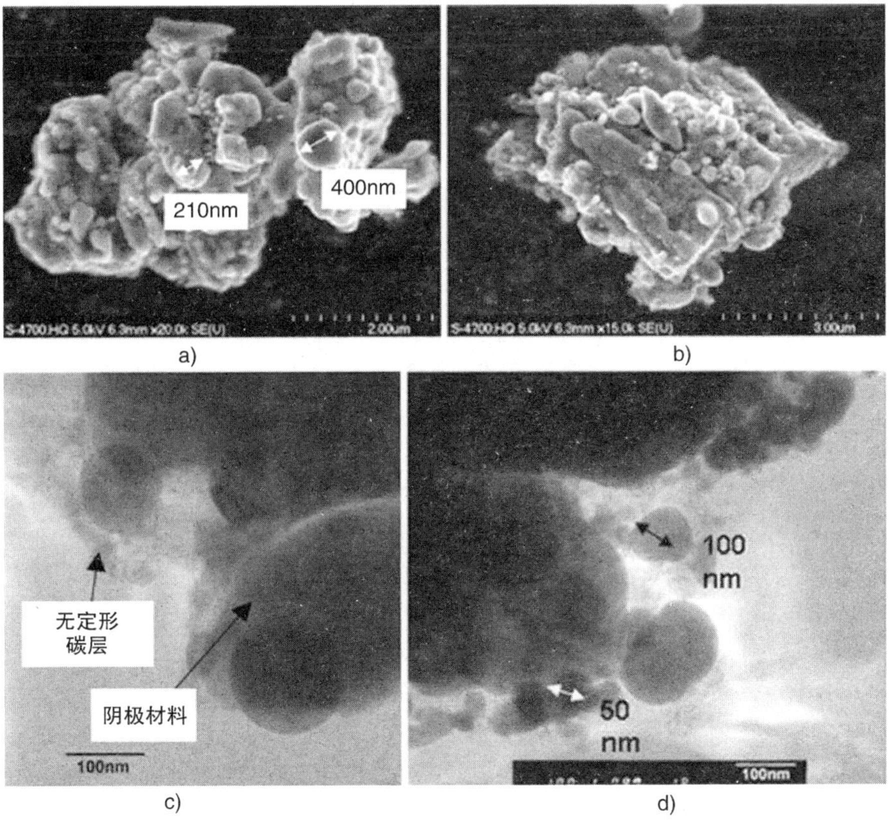

图 8.6　SEM 照片 a）和 b）显示了二次粒子的形状。有轻微的团聚和少量的碎片。晶粒尺寸的值以 nm 给出。HRTEM 照片 c）和 d）显示沉积在 $LiFePO_4$ 微晶上的无定形碳层

无定形碳层的存在（见图 8.6c）、d））。碳的网络形成出现在间隙晶界区域，这可以解释 $LiFePO_4$ 晶粒之间的电连续性。在显微照片中，$LiFePO_4$ 晶粒显示为较暗区域，而围绕初级粒子的碳涂层为灰色区域。平均厚度约为 30nm。碳膜是高度多孔的，这导致在 SEM 和 HRTEM 照片上很好地观察到微晶的不规则涂层，但是对于电子电导的重要一点是它可以连接颗粒。总结这些结果，SEM 和 HR-TEM 照片清楚地描绘了包覆 $LiFePO_4$ 微晶的碳层。XRD 和 HRTEM 数据是一致的[26]。

8.3.3 局部结构

傅里叶变换红外（FTIR）光谱可以探测块体性质[27, 28]，而拉曼散射（RS）光谱是进行表面分析的工具[29, 30]。例如，$LiFePO_4$ 上的碳的量太小而不能通过 FTIR 检测，但它可以通过 RS 实验表征[31]。$LiFePO_4$ 的振动模式主要是与磷酸和铁相关的运动，其他的模式与锂相关[32]。

样品的 FTIR 光谱如图 8.7 所示。早期的研究报道中已经确定了这种材料固有峰的位置[27, 28]。回顾一下，光谱是对材料吸收的测量，因此它们可以表征块体材料的性质，由于材料中碳的含量太小，所以不能通过这种手段来检测。这也

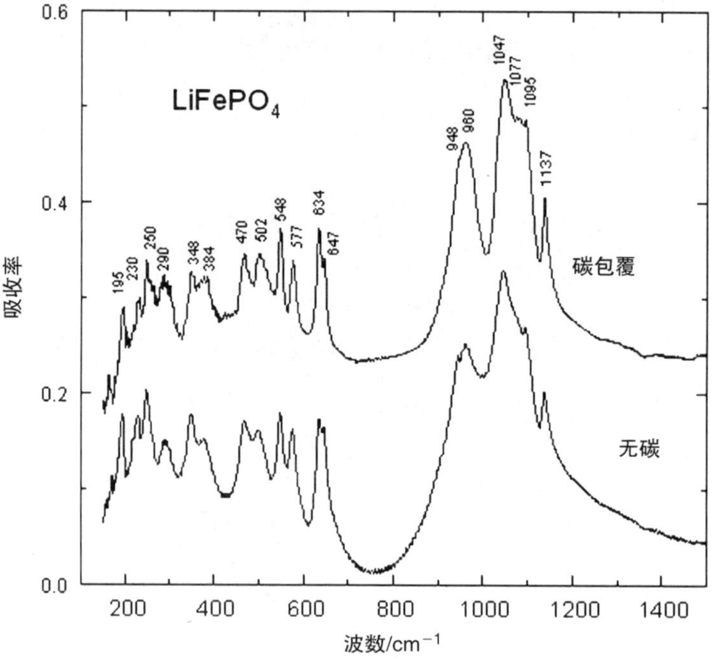

图 8.7 无碳和碳包覆的 $LiFePO_4$ 样品 FTIR 吸收光谱。峰位置以厘米标记（cm^{-1}）。红外光谱记录的 $LiFePO_4$ 粉末稀释到 IC 基质（1:300）

是为什么 FTIR 光谱只是表征 $LiFePO_4$部分特性的基本原因。所有 IR 谱带的位置与文献［27］中的表 I 中所列的一致。相对于纯 $LiFePO_4$没有观察到多余的峰。372 ~ 647cm^{-1}波段范围的峰是弯曲模式（v_2和 v_4），对应 O – P – O 对称和非对称模式，以及 Li 振动[32]。特别是，在 230cm^{-1}对应于锂离子在由 6 个最近的氧原子形成的笼内平移振动[11]。在 372 ~ 647cm^{-1}范围内的谱带对局部锂环境十分敏感。这也是光谱的一部分，在无碳和碳包覆的样品中是相同的。可以从该结果推断出锂离子“看不到”碳离子，这也可以再次证明碳未渗入到 $LiFePO_4$颗粒内部。

945 ~ 1139cm^{-1}谱带对应于（PO_4）$^{3-}$单元的拉伸模式。它们涉及 P – O 键的对称和非对称模式，其频率与自由分子的频率密切相关[32]，这说明这两种模式的频率在两个样本中是相同的。然而，无碳样品中的模式比碳包覆的样品明显更宽。这种宽化证明了声子寿命的减小，说明在无碳 $LiFePO_4$晶粒内的晶格位置存在破坏周期性的缺陷。在下一节磁性分析将允许人们识别这些缺陷，如 $\gamma-Fe_2O_3$纳米颗粒。

为了探索 $LiFePO_4$颗粒的表面性质，进行了拉曼光谱测量；拉曼光谱法测定碳的穿透深度约为 30nm[31]。这比沉积在 $LiFePO_4$颗粒表面的均匀分布的碳涂层厚度大一个数量级。因此，$LiFePO_4$光谱中碳的任何筛选效应不会出现。$LiFePO_4$内部的渗透深度未知，但它应该很小，因此拉曼检测是在光穿透深度内收集信号，基本上可以表征所有的碳和少量的 $LiFePO_4$。由于碳的量是 $LiFePO_4$的 5%，可以通过取样深度预测出碳和 $LiFePO_4$的量。拉曼光谱如图 8.8 所示。无碳和碳包覆样品在 100 ~ 1100cm^{-1}波数范围内部分光谱是相同的，并且在该范围内仅检测 $LiFePO_4$的特性谱。图 8.6 所显示的在此范围内峰的位置与已报道的结果一致[27]，这里以此报道结果作参考。最大的区别在 395cm^{-1}处，文献报道在 410cm^{-1}处[27]。该峰与强耦合的 PO_4弯曲模式 v_2和 v_4相关联。然而，不会考虑这种显著的差异，因为与 PO_4相关的所有其他峰都是相同的。特别是 PO_4的 v_4、v_1、v_3和 v_2分子内拉伸模式相应的峰位在 620cm^{-1}、209cm^{-1}、986cm^{-1}和 1058cm^{-1}处。在这个波数范围内碳包覆样品的唯一差别是拉曼线向下移动约 10cm^{-1}频率。拉曼线的这种偏移与 FTIR 谱线的偏移没有任何对比，这提供了一种表面效应的证据。拉曼线的偏移归因于与碳界面附近的第一层 $LiFePO_4$颗粒的键长增加，这归结于碳膜的黏附而诱发的应变。对于不同方式制备的样品，有报道称碳会屏蔽来自 $LiFePO_4$的信号，使得在 942cm^{-1}处只有与 $LiFePO_4$相关的能被检测到的弱的谱带[29]。这种屏蔽是不希望存在的，并且在本研究中没有观察到。

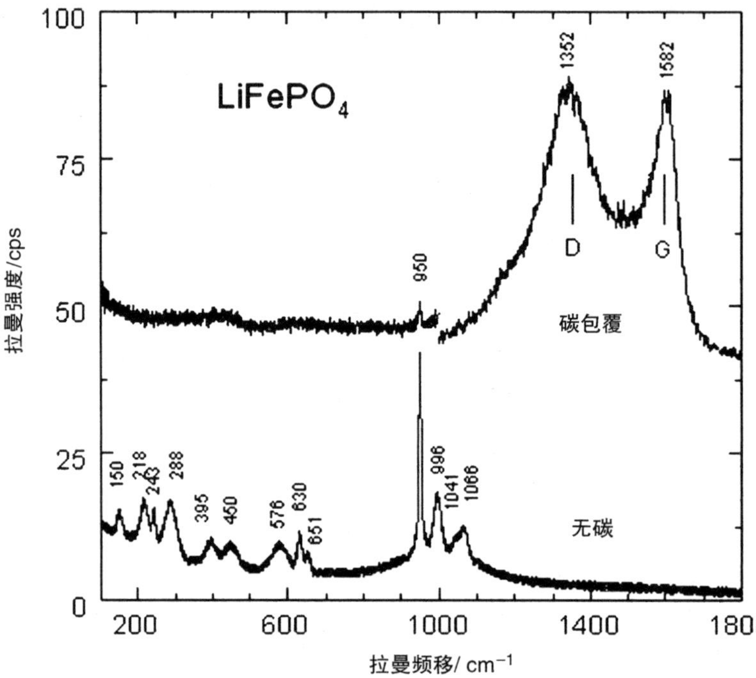

图 8.8　在无碳和碳包覆的 $LiFePO_4$ 样品拉曼光谱。光谱用 514.5nm 的激光线，光谱分辨率为 $2cm^{-1}$。$LiFePO_4$ 块体材料的 RS 的特征被 G 和 D 带的碳沉积物筛选观察（经 Elsevier 许可转载）

8.3.4　碳涂层的表征

拉曼光谱的主要区别在于较大的波数。在 $1345cm^{-1}$ 和 $1583cm^{-1}$ 处的两个宽峰被证明只存在于碳包覆的样品中，如图 8.8 所示。这些宽峰是无定形碳膜的特征峰。由于它们可以构成光学或摩擦学保护性涂层[33]，因此人们已经投入大量的工作通过各种方法沉积无定形碳膜，见参考文献［28］。不同的制备方法会影响局部黏结和中间范围有序度，因此会制备出各种各样的薄膜，包括无定形金刚石、氢化的“类金刚石”碳和等离子体聚合物[34]。所有这些薄膜在拉曼光谱中都存在这两条宽峰，与石墨光谱中的相应特征峰一致。$1583cm^{-1}$ 波数位置主要对应于 G 峰，是由石墨光学模式 E_{2g} 振动产生的。$1345cm^{-1}$ 波数位置主要对应于 D 峰，是由石墨无序振动峰产生的。无定形薄膜结构中峰位的确切位置取决于探针激光波长[35,36]，因此在文献中光谱之间的定量比较仅在使用相同波长的实验之间是可能的。Tamor 和 Vassell 比较了使用相同波长的探针激光获得近 100 个无定形碳膜（氩线）的拉曼光谱[37]。人们也注意到了这个事实，本书中所提到的所有其他可直接比较的拉曼光谱[28]，包括碳包覆的 $LiFePO_4$[29] 样品测试，也是用此探针激光波长测量的。

首先，注意到可以通过在 600cm^{-1}处其他的宽特征峰将无氢的碳膜的拉曼光谱与氢化膜区别开[38]。因为该结构在氢化碳中不存在而总是存在于无氢薄膜中，这个标准被认为是理由充分的[37]。在测试数据中，没有观察到这种结构。因此，碳是被氢化了，这实际上不奇怪，因为制备过程涉及不同的有机添加剂。然而，正如将看到的，氢气的量很少。其次，光谱呈现无定形石墨碳的特征，这意味着碳原子基本上是三配位的并由 sp^2 型杂化轨道成键，与类金刚石碳相反[39]。该结果实际上是意料之中的，因为石墨碳是唯一的可以导电的碳类型，这也是碳涂层可以有效增加材料的电子导电性的原因。下面报道了 D 和 G 带的完整分析，因为它们可以预测结构和物理性质[37]。特别地，参考文献［40］综合研究了无序石墨薄膜拉曼光谱中的 D 和 G 特征峰，而与之相关的物理性质可以在参考文献［37］中找到。

这种膜中的 D 和 G 线的分析总是通过使用高斯函数拟合 1000 ~2000cm^{-1}区域的拉曼曲线来完成的。高斯函数的变量从 2 个[37]至 4 个[28]。在这里的例子中，拉曼光谱与两个高斯函数的去卷积（一个用于 D 峰，一个用于 G 峰）结果不是很好，4 个高斯函数拟合拉曼光谱是必需的。这种拟合的结果示于图 8.9 和表 8.4。该高斯拟合的峰位是在 1344cm^{-1}、1378cm^{-1}、1569cm^{-1}和 1612cm^{-1}。这些峰与 1344cm^{-1}、1367cm^{-1}、1591cm^{-1}、1622cm^{-1}峰对应比较好[29]。在 1569cm^{-1}可以归因于石墨的 E_g模式，而在 1378cm^{-1}非常宽的主带，其在碳振动的整个光谱范围上延伸，是高度缺陷石墨的无序特征峰[41]。如果在拟合过程中

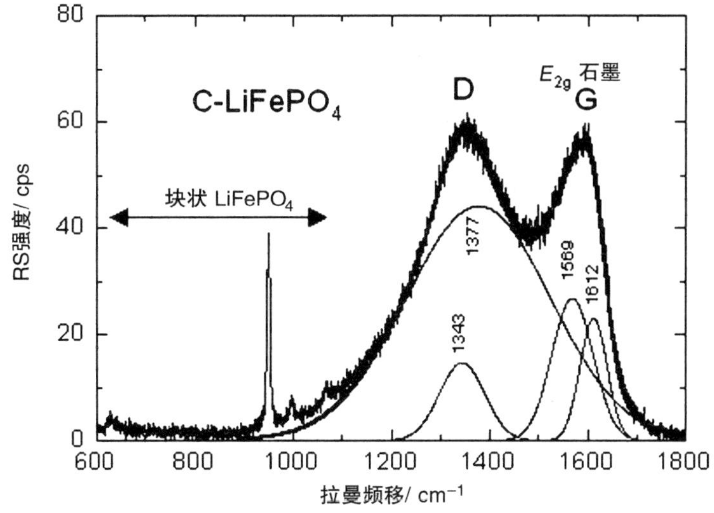

图 8.9 拟合（粗线）表示高斯拟合拉曼光谱的去卷积碳包覆的 $LiFePO_4$样品的拉曼光谱的类金刚石（D）和类石墨（G）碳结构的标记（细线，由它们的位置确定）（经 Elsevier 许可转载）

表 8.4 拉曼光谱的适合 G 和 D 峰的高斯参数

振幅	峰位/cm^{-1}	峰宽/cm^{-1}
14.6	1343.7	107.4
44.1	1377.7	347.6
26.7	1569.4	99.4
22.9	1612.7	64.6

使用两个高斯参数，只能确定结构。在光谱拟合中使用 4 个高斯参数可以确定另外两个结构，在 1612cm^{-1} 的峰是典型的严重无序碳质材料特征峰[39, 42]。1344cm^{-1}的峰也有很多疑问。这种峰在低热处理温度（低于 750℃）下制备的聚对亚苯基（PPP）碳的拉曼光谱中可以观察到[43]。对于 PPP 基碳而言，这个峰归因于醌型环间拉伸模式，是由 PPP 链转化为石墨带时环间键长度的收缩引起的，或者归因于沿着多于一个 C–C 键链方向的芳族环之间的"桥接"[43]。最初的想法是这个峰涉及初始的聚合物，因为在较高的温度（$T>750$℃）下加热的 PPP 基碳膜中没有观察到这个峰，表明在较低温度下会存在一些 PPP 残留物。然而，在通过热解光刻胶制备的碳膜中观察到相同的峰[29]，现在 C–$LiFePO_4$数据表明它与 PPP 的存在是不相关的，而是与碳转化为无序石墨过程中优先生成的芳香环相关，而与原始聚合物无关。原始聚合物不重要的事实可以通过在许多热解光致抗蚀剂中观察到峰的现象得到证明，不管热解温度如何，其可以高达 1000℃[29]。

8.3.5 碳层的质量

现在分析另一个感兴趣的参数来表征碳膜，即拉曼峰的强度。拉曼强度的比率，定义为图 8.9 中的高斯积分和表 8.4，即 $I_{1343.7}/I_{1377}=0.102$ 和 $I_{1569}/I_{1612}=1.789$。如果将这些强度与热解光刻胶测定值的强度相比较[29]，可以发现 $LiFePO_4$的碳涂层具有和旋涂沉积在硅晶片上，然后在 800～860℃温度下热解形成的碳膜相似的拉曼光谱。明显的不同是碳膜仅在 700℃下加热就可以获得。这个温度差对于碳膜的电子导电性是至关重要的，因为在热解温度 $T_p=700$℃下制备的热解碳的薄层电阻是很高的；对于更高的热解温度，电阻率显著降低，达到 $T_p=1000$℃时 $10\Omega/m^2$ 的电阻率。基于拉曼光谱的研究，人们期望碳包覆的 $LiFePO_4$中碳的导电性比在 850°C 下热解沉积的碳好，它成功地解释了在文献中已经报道的碳包覆 $LiFePO_4$的电子电导率增加的现象。顺便提及，如果 $LiFePO_4$的碳包覆工艺的效率与热解技术没有改善，将是一个完全失败的结果，因为将 $LiFePO_4$加热到 800℃以上会有先前工作提到的杂质生成，进而破坏材料。

在 1569 cm^{-1}处 G 峰的宽度是 99.3cm^{-1}，无氢碳层（a–C）的特性峰明显大于氢化无定形碳（a–C: H）的峰宽[37]。这也证明了，尽管已经提到在 LiFe-

PO_4上沉积碳中存在一些氢，但上述 H/C 值非常小。这与在温度高于 700℃下热解后 H/C 比的降低，从而引起电子电导率的显著增加的事实一致[29]。因为拉曼光谱是在更高的温度 800～860℃下获得的热解碳，H/C 值必须小。出于同样的原因，人们期望碳沉积物的硬度与 a－C 膜的硬度相当。但是，在文献中研究的碳膜较厚，因此硬度不再依赖于衬底。已经注意到了沉积物的平均厚度为 30nm，这种厚度没有大到可以保证在 $LiFePO_4$颗粒上的附着不会定量地影响a－C 膜的硬度，因为在长距离范围内应变是相互作用的，但它足够大以确保硬度的数量级不受影响。当 G 峰宽度从 $50cm^{-1}$增加到 $80cm^{-1}$时，a－C：H 膜的硬度从 0GPa 增加到 20GPa，G 峰宽 $100cm^{-1}$处 a－C 膜的硬度刚好是中间值，即 10 GPa[37]。这种硬度是小的。例如，对于"类金刚石 i－C"碳膜已经有报道硬度可以高达 80GPa。因此，将沉积在 $LiFePO_4$上的碳的硬度界定为很小。这实际上是可以预料到的，尤其是沉积碳的衬底不像硅片那样平坦，而是纳米颗粒的弯曲表面。甚至可以认为，由碳选择的这种 a－C 结构是自适应的结果，它允许在这样的表面上黏附，这在高硬度下是不可能的。

在文献［39］中使用 D/G 强度比来确定多晶碳中石墨颗粒的尺寸，有些研究往往是使用强度比来确定石墨的有序长度。然而，在文献［39］中也有容易混淆的论述。D/G 强度比给出了在没有任何无序的情况下颗粒的尺寸，并且不应该混淆了非晶材料中长程有序的损失。在无序碳中，根据光学带隙提供有关无序的信息，根据 Robertson 和 O′Reilly 定律，其允许在局部团簇内估计碳环的数量[44]。特别是，同时研究光学带隙和拉曼 D/G 比已经揭示了矛盾，D/G 强度比是由除无定形碳中石墨簇尺寸以外的因素来确定的[45－47]。这一点有时被忽略，可以找到最近 C－$LiFePO_4$的分析，其假定 D/G 强度比的降低与碳的无序度相关[29]。在相同的分析中，假定减小 D/G 强度也意味着降低 sp^3/sp^2比率。这也是没有道理的，它不可能在以石墨为主要成分的材料中估算出 sp^2和 sp^3配位碳的含量。这是因为石墨光谱固有的拉曼强度是金刚石光谱的 50 倍。因此，拉曼光谱分析是检测金刚石中残留 sp^2键的灵敏工具，但不是检测石墨碳中 sp^3键存在的可靠手段[37, 39]。在本研究的碳包覆样品中，没有研究光学间隙，但作者注意到拉曼线的宽度（不是强度）与碳的无序度有关，这表明本研究中碳是非晶的。不知道 sp^3/sp^2比率，但知道 sp^3的量很小[22,29]。此外，无序碳通常都是这样。即使在类金刚石碳膜中，四面体碳的百分比也是小的。然而，在目前的情况下，四面体碳的百分比甚至小于大多数情况，因为 D 和 G 峰的位置相当接近石墨的特征峰。

由于石墨片的弯曲会在 sp^2键中引入一些 sp^3键的特性。因此，少量的 sp^3证明了石墨片弯曲很小，即曲率半径在键长尺度上是很大的。这与图 8.4c 和 d 的 HRTEM 谱图一致，表明碳包覆在具有 30nm 典型半径的二次粒子表面，并且没有渗透到 $LiFePO_4$颗粒中。

8.4 磁性和电子特性

8.4.1 磁性

结晶良好的 $LiFePO_4$ 是反铁磁性（AF）的，奈耳（Néel）温度 T_N = 52K[17, 48, 49]。AF 的拓扑已经在中子实验中得到了确认[48, 49]，并从中确定了磁相互作用[50]。充分考虑这种结构的主要相互作用是层内超交换 Fe－O－Fe 相互作用 J_1 和两超－超交换相互作用 Fe－O－O－Fe，即层间相互作用 J_2 和层内相互作用 J_b。早期工作中设想的其他交互作用可以忽略[51]。所有的相互作用 J_1、J_2 和 J_b 都是反铁磁性的，它们的估计值如下[50]：

$$J_1 = -1.08\text{meV} \quad J_2 = -0.92\text{meV} \quad J_b = -0.4\text{meV} \tag{8.1}$$

有趣的是，最近的结果表明 FeO_4 层是强烈的反铁磁耦合。这本质上是为什么系统经历了真正的过渡到三维反铁磁排序，而 2D 磁系统由于增加的量子自旋波动而不排序。此外，J_2 和 J_b 不能引起磁相互作用的几何挫折，因为 J_b 远远小于 J_1。

图 8.10 显示了 A 型和最佳合成的 $LiFePO_4$（B 型）样品磁矩与磁场关系的等温曲线。从这些结果可以清楚地观察到磷橄榄石材料磁性能之间的差异。B－$LiFePO_4$ 样品在 $M(H)$ 曲线中显示线性变化，而对于 A 型 $LiFePO_4$ 在低磁场处观察到非线性行为。这种曲率是铁磁杂质的特征[9, 11, 52, 53]。虽然先前制备的 $LiFePO_4$ 已经证明是纳米尺寸的铁磁颗粒，但是在优化的 LFP 样品中不存在这样的团簇。这些结果说明磁化 $M(H)$ 作用是两个贡献的叠加：

$$M(H) = \chi_m H + M_{extrin} \tag{8.2}$$

本征部分 $\chi_m H$，其在所施加的磁场 H 中是线性的和非本征部分：

$$M_{extrin} = Nn\mu \pounds(\xi) \tag{8.3}$$

通过施加 H 容易饱和是由于铁磁性杂质的存在。这里，$\pounds(\xi) = \pounds(n\mu H/k_B T)$ 是 Langevin 函数，N 是磁簇数，并且每个簇由 n 个磁矩 μ 构成。T 是绝对温度，k_B 是玻尔兹曼常数。

然而，图 8.10 A 型样品分析给出了磁簇的平均距离，这个距离太大以至于颗粒之间不会产生相互作用（超顺磁模型）。当磁簇的数量 n 足够大时，铁磁颗粒之间的磁相互作用变得十分重要[9]。在高场下，M_{extrin} 饱和至 $Nn\mu$，使得该量可以通过大场磁化曲线的切线在 $H = 0$ 处交点的纵坐标获得。结果，低于 300K 时，$Nn\mu$ 不显著依赖于温度。作者的研究中，簇磁化与温度无关，这等于说，簇内的居里温度 T_c 远大于 300K。这是关于铁磁簇的性质的重要信息。特别地，根

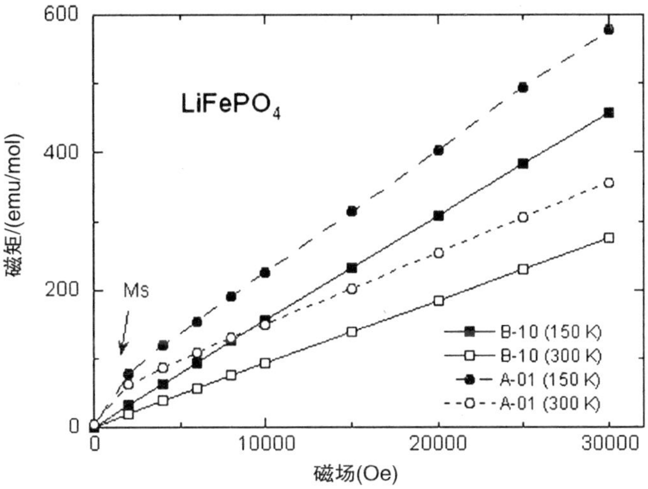

图 8.10 不同温度条件下，A 型和优化的（B 型）LiFePO$_4$样品磁矩与磁场关系的等温曲线（经 Elsevier 许可转载）

注：1emu = 0.001Am^2；1Oe = 79.5775Am^{-1}。——译者注

据这一结果，不同工艺制备的 LiFePO$_4$样品中都可以排除 Fe_2P 簇的存在，因为这些簇的居里温度只有 220K[52]。在本研究中，强的铁磁簇最可能是磁赤铁矿（$\gamma-Fe_2O_3$）。

ESR 光谱和 SQUID 磁力计的联用显示 Fe^{3+}构型中铁的含量落入残余杂质浓度范围，低于零点几 ppm。这是热效应，碳包覆，Fe^{3+}构型中铁的分数降低到低于十分之几 ppm 的残留杂质浓度[53]。其他结构性质表明碳没有渗透到 LiFePO$_4$纳米尺寸颗粒内部。

图 8.11 显示了 LiFePO$_4$样品反磁性磁化率与温度的函数关系，$\chi_m^{-1}(T)$曲线与先前的研究定量一致[17]。插图显示了在 T_N = 52K 时从反铁磁有序到顺磁范围的过渡的尖点。A 型样品由于存在亚铁磁性杂质而显示不同的磁特征。第一个结果是模糊的磁化率χ_m，因为 M/H 不同于 dM/dH。在 H = 10kOe 下使用 SQUID 测量的磁化率显示了非线性磁矩，这是由于 $\gamma-Fe_2O_3$ 的存在。最好的材料（B-20 样品）显示最低的居里常数 3.41emu K mol^{-1}。有效磁矩$\mu_{eff}=5.22\mu_B$ 接近理论值 4.90μ_B，由其高自旋组态中的 Fe^{2+}的自旋值计算得出。离开自旋值可以反映 Fe^{3+}离子的存在和/或来自 Fe^{2+}离子的轨道动量贡献[53]。

8.4.2 EPR

无碳样品吸收光谱的衍生信号在图 8.12 中说明。回想一下，在没有磁性簇

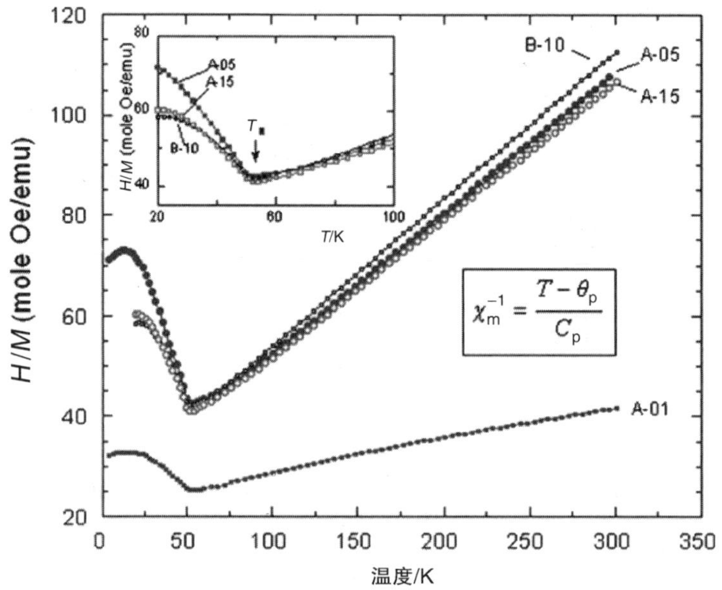

图 8.11 $LiFePO_4$样品反磁性磁化率与温度的函数关系。最好的原材料（B－10）显示最低居里常数（恒量）为 3.41emu K mol^{-1}。插图显示反铁磁性有序到顺磁性的转变尖峰在 $T_N=52K$ 时

的 $LiFePO_4$中没有检测到电子顺磁共振（EPR）信号[15]。EPR 信号是磁性团簇的证明[9,11]。对于无关联的磁性簇，期望旋磁因子的信号特性 $g=2$。在实验中使用的频率处，这样的信号集中在 $H=3300G$ 处㊀。实际上，该信号已经在包含铁磁颗粒的其他 $LiFePO_4$样品中检测到[9,11]，也在本工作中检测到并具有可比较的形状。在 3300G 处结构具有相同的宽度。此外，还在低磁场作用下检测到大信号，它与磁化曲线的强上升相关。碳包覆样品的光谱如图 8.13 所示，ESR 信号明显减弱。在 3300G 处，结构的积分强度比无碳样品小至 1%。这个现象显然与没有在碳涂层中观察到任何亚铁磁性纳米颗粒相关。这个非常小的信号是非耦合自旋的存在引起的，这可能是由于残留的杂质或缺陷导致的。结构在 3300G 处比无碳样品宽得多，这表明信号的起源是不同的。这些信号不是亚铁磁簇引起的，可能是由于一些缺陷，例如具有氧空位的不成对电子的自旋相关，或者与锂空缺相关的 Fe^{3+}离子缺陷。这种缺陷对其局部邻域非常敏感，可能解释了 ESR 线的大范围宽化。

㊀ $1G=10^{-4}T$。——译者注

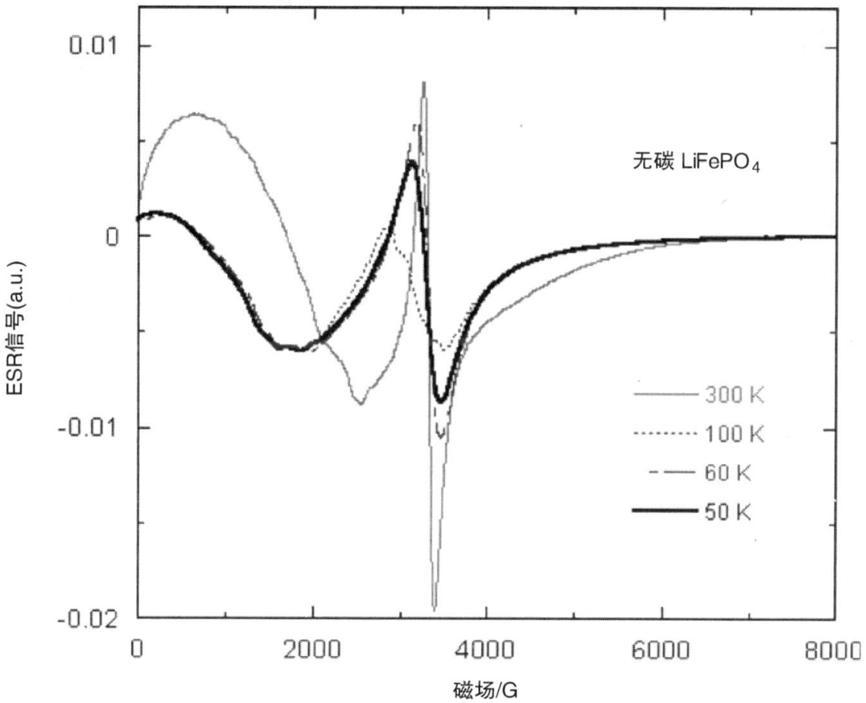

图 8.12　不同温度下无碳 LiFePO$_4$样品的 ESR 谱。注意单位是任意的，是它与图 8.11 中的相同，使得两个样品的光谱之间的相对强度由两个图中的光谱之间的纵坐标的比率给出（经 Elsevier 许可转载）

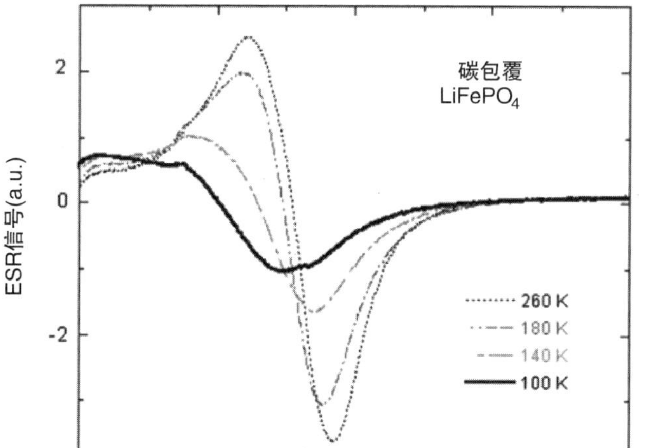

图 8.13　不同温度下碳包覆的 LiFePO$_4$样品的 ESR 谱（经 Elsevier 许可转载）

8.5 $LiFePO_4$触水老化

8.5.1 简介

众所周知几十年来所有的锂离子电池都需要防潮[53]，主要原因是锂与水反应性很强烈，产生氢氧化锂（LiOH），一种腐蚀性碱金属氢氧化物。当结晶时，它是白色吸湿材料。它也溶于水，这种性质已经用于研究水性氢氧化锂作为以$LiFePO_4$为正极的锂离子电池中潜在的电解质[54]。因为碳涂层不是Li^+离子传输的障碍（C-$LiFePO_4$成功地作为锂离子电池的正极的原因），预计与水的反应有效，这意味着从$LiFePO_4$中提取 Li 离子与水相互作用。正如作者在目前的研究中所看到的，脱锂是暴露于空气中 H_2O 的情况下观察到的唯一的效果，而且它仅影响颗粒的无序表面层。因此，可以通过拉曼光谱检测到由水分子与粉末表面Li^+离子直接反应形成的分子。

尽管锂对潮气有反应，在实验室中会将$LiFePO_4$颗粒加入水中通过分离包覆和未包覆颗粒来检验碳包覆工艺[55]。结果，将 C-$LiFePO_4$粉末滴入水中时，连接颗粒的一部分碳会浮在表面，表面上会保留一些颗粒，而主要的颗粒会下沉。最近，Porcher 等人已经确定了将 C-$LiFePO_4$颗粒暴露于水中会导致在颗粒表面形成Li_3PO_4薄层（几 nm 厚）[56]，这是 Fe 在水中迁移的结果。在目前的研究中，研究了水对碳包覆的$LiFePO_4$颗粒的影响，并分析了下沉的和浮在表面的颗粒。作者发现水会侵袭颗粒，碳涂层不能起到保护作用，因为它会分离并且不是疏水的。作者发现将$LiFePO_4$浸水之后，Fe 不是与水反应的唯一元素，还包含 P 和 Li。然而，定量分析表明，只有靠近表面的薄层与水反应。

$LiFePO_4$与 H_2O 分子之间的强相互作用不一定都能预料得到。毕竟，铁的磷酸盐处理是一个工业过程，将铁滴入具有磷化锰的热浴中，这导致在表面处会形成$FePO_4$薄层。由于磷酸铁是疏水的，可以保护铁免受氧化和腐蚀。直观表明，将$LiFePO_4$浸入水中时，在表面薄层内脱锂将导致$FePO_4$层的形成，从而保护颗粒免受其他腐蚀。然而，作者的研究表明情况稍微复杂一些。

在本节中，会展现样品浸入水中前后的特征。作者研究了浮动部分和下沉部分与浸入水中时间的函数关系，也对水溶液进行了化学分析进一步研究$LiFePO_4$遇水的反应。因为浸入水中是一个相当剧烈的反应，因此碳涂层没有机会将$LiFePO_4$表面与 H_2O 分子隔离，作者还探讨了材料仅暴露于环境空气湿度下的情况。最后，还进行了$LiFePO_4$的湿度测量及将这种材料暴露于环境大气几个月对电化学性能老化的影响。

8.5.2　LiFePO$_4$与水的反应

LiFePO$_4$会与 H_2O 反应，尤其是 SSR 样品，在水中的黄色是很明显的证据。HTR 样品似乎反应性较低，因为水保持未着色。然而，要注意这种反应与杂质相无关，因为作者知道如果杂质相存在时如何检测，一般通过磁性和 FTIR 手段来检测（参见作者之前的工作[9]和本章的参考文献）。从暴露于水分之前进行的这些分析，可以知道在这些样品中没有杂质相（除了一个样品会有残留 Fe_2O_3 外，如下所示）。

通过电感耦合质谱（ICM）分析 SSR 和 HTR - LiFePO$_4$样品浸入的液体可以获得样品与水反应的更定量的表征。为了比较，对浸在 N - 甲基吡咯烷酮（NMP）中的样品进行了相同的实验，因为这种溶剂通常用于溶解聚偏二乙烯氟化物（PVDF），其被最广泛地用作锂离子电池制造过程中电极的黏合剂。结果见表 8.5。相同量的产物和相同体积的液体（NMP 溶剂或水）被用于所有实验，因此可以定量比较结果。浸入 NMP 的液体中 P 和 Fe 离子的量可忽略不计（仅少量 ppm），因此可以断定 LiFePO$_4$不与 NMP 反应。另一方面，用水替代 NMP 的情况下，溶解在液体中的 P 和 Fe 的量增加了接近两个数量级。

表 8.5　SSR 和 HTR - LiFePO$_4$样本浸入液体的 ICM 分析

样本	在 NZMP 中浸泡 24h		在水中浸泡 24h	
	Fe（ppm）	P（ppm）	Fe（ppm）	P（ppm）
SSR	6.2	6.3	150	400
HTR	0.3	2.3	130	300

尽管 Fe 和 P 元素存在，HTR 样品浸入的水仍然透明。这个特征表明 Fe 和 P 主要属于可溶物质。如果 $PO_4{}^{3-}$磷酸根离子在溶解过程中守恒，可以设想形成磷酸锂 Li_3PO_4。然而，它在水中不溶解。体系中有不同的磷酸铁离子、铁或亚铁。正如在简介中提到的，磷酸铁 $FePO_4$是防水的，它应保持在颗粒的表面以保护它免受进一步溶解。这将在下面的物理性质分析中得到确认。磷酸亚铁 $Fe_3(PO_4)_2$会形成许多矿物 $Fe_3(PO_4)_2/nH_2O$，如板磷铁矿（$n=2.4$）和蓝铁矿（到 $n=8$）也是出乎意料的，因为溶解在水中 P 与 Fe 的浓度的比例是$[P]/[Fe]=2.5\pm0.2$，见表 8.5，而这种磷酸亚铁会降低这个比值小于 1。$[P]/[Fe]$的大比值不排除这种材料的形成，但它实际上要求 P 主要进入到可以在水溶液中形成的 3 种离子之一：氢磷酸根离子、$HPO_4{}^{2-}$和磷酸二氢根离子 $H_2PO_4{}^-$。正磷酸 H_3PO_4的排除是因为水溶液的 pH 值，其中浸没 SSR 和 HTR 样品的溶液都是碱性的，即在两种情况下为 9.5。事实上，$Fe(H_2PO_4)_2$可溶于水。此外，这种材料在铁的磷酸盐化期间形成，工业过程用于钝化铁化合物的表面。

锂与水反应形成 LiOH。此外，Li 还可以与碳反应以形成锂碳酸盐 $LiCO_3$，也是可溶的。作者也注意到 $Fe(H_2PO_4)_2$的形成会导致[P]/[Fe]=2。该值仅略小于实验值，但差值仍然超过实验的不确定性。因此应该有一个不涉及铁元素的另一种磷酸盐的残留浓度。然后，排除少量悬浮在水溶液中的 Li_3PO_4 颗粒。例如，在 HTR 的水溶液中，其中[P]/[Fe]=2.3，可以假设有一种腐蚀会满足这个比率：

$$3Fe(H_2PO_4)_2(aq)+[Li_3PO_4] \tag{8.4}$$

但是请注意，这个方程肯定不足以总结整个腐蚀过程，如式（8.4）的反应，应该还有 LiOH 的形成过程以及其他等。还要注意磷酸锂颗粒的量，如果有，必须足够小，才不会影响溶液的透明度。

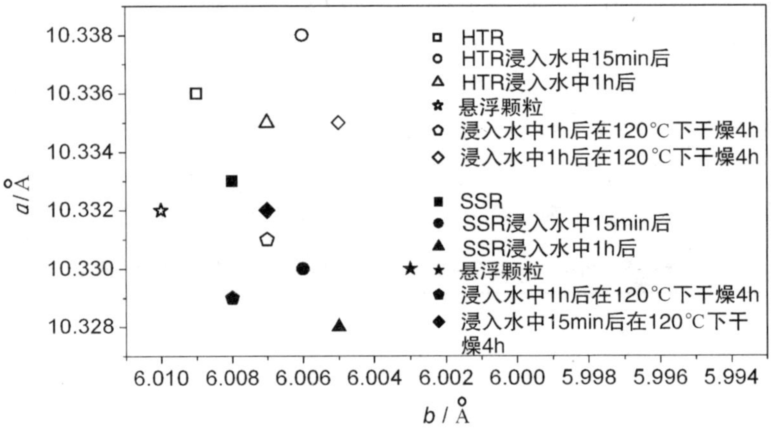

图 8.14　SSR－和 HTR－$LiFePO_4$颗粒的晶格参数 *a* 和 *b*。标记“SSR”和“HTR”的数据是在浸入水中之前获得的。其他结果是在图中所示的不同处理之后获得的。当样品标记“浮动”时，表示是对浮动部分的样本获得的结果，其余的结果针对下沉部分样品

SSR－$LiFePO_4$颗粒的 XRD 图谱表明，在水中 1h 后浮动部分和下沉部分样品的 XRD 没有显著差异。在水中浸入不同时间之后，样品的晶格参数变化也不明显，如图 8.14 所示。对于所有样品，不管在水中浸入多长时间，$a=10.333$（5）Å，$b=6.006$（4）Å，$c=4.703$（5）Å，而单位晶胞体积是 291.8（7）$Å^3$。这些参数证据表明 LFP 颗粒的主体不受水的影响，只有表面层受影响。然而，XRD 对探测这个表面层不够灵敏有两个原因：表面/体积比对于这些大颗粒而言太小并且表面层是无序的。因此，检测由于水而引起的表面的变化将需要其他类型的实验。

8.5.3 定量表征

磁性测量已被用于检测表面效应[57]。浸渍前的 SSR 样品的磁化 $M(H)$ 在场 H 高达 30kOe 时为线性，并且磁化率可简单地定义为 $\chi = M/H$。χ^{-1}（T）曲线（这里未显示）类似于已经报道的这种材料的曲线，并且在顺磁体系中满足居里 - 韦斯（Curie - Weiss）定律。对于 HTR 样品，$H > 1$kOe 的磁化曲线是线性的，但是与 SSR 情况相反，在极限 $H \to 0$ 它们外推到有限的磁化 M_0。该特征是 $\gamma-Fe_2O_3$ 杂质残留量的特征。虽然 $\gamma-Fe_2O_3$ 的量非常小（小于产品的 0.1%），这种非本征的磁化贡献必须从总磁化强度中减去，以获得本征磁化率，现在定义为 $\chi = (M - M_0)/H$，并且满足居里 - 韦斯定律。然后可推导出铁离子携带的有效磁矩 μ_{eff}。结果 SSR 和 HTR 样品的 μ_{eff} 分别为 5.38 和 5.36。不含任何 Li 空位的样品的 μ_{eff} 值与高自旋态的 Fe^{2+} 的理论值 4.9 一致，但是由于 LFP 颗粒本体中存在低浓度（低于 1%）的 Li 空位，所以 SSR 和 HTR 的值非常相近。浸入水中后，下沉部分的磁矩在 SSR 和 HTR 样品中都增加 $0.04\mu_B$，分别达到 $\mu_{eff} = 5.42$ 和 5.40。该磁矩的值可以非常快地获得。由于技术原因，样品被研究的最短时间为 15min，已经实现了测定 μ_{eff} 的极限。即使样品在水中保持较长时间（长达 1h），磁矩仍然保持为该值。在短时间限制中，μ_{eff} 的增加是样品表面处 Fe 从 Fe^{2+} 到 Fe^{3+} 氧化的标志，是表面层脱锂的证明。

为了量化这种效应，首先需要建模颗粒的尺寸分布[54]。如果 d 是等效球形颗粒的有效直径，表面/体积比在大 d 极限中近似为 $\pi d^2/(\pi d^3/6) = 6/d$（以 a 单位测量 d）。然后直接计算样品表面体积比为 r_s：

$$r_s = \int \mathrm{d}d q_e(d) r(d) \tag{8.5}$$

HTR 样品的结果为 $r_s = 5 \times 10^{-3}$。从表面 Fe^{2+} 转换为 Fe^{3+} 的分数 x，估计已经脱锂的表面层的厚度 $xa/r_s = 3.3$nm。然而，因为从磁性推导的计算没有考虑 Fe 和 P 离子在水中的溶解，所以，暴露于水而损失的层的厚度在这里稍微低估了。见表 8.5，转换 Fe 和 P 离子的量，发现 SSR 样品中 1.3% 的铁和 3% 的磷（实际上为 PO_4 离子，因为该单元非常稳定）已溶于水中。这与作者已经发现的从 Fe^{2+} 转化为 Fe^{3+} 价态的铁离子的分数 $x = 4\%$ 相当，但仍然较小。这个结果证实了暴露于水的主要影响是表面层脱锂形成 $FePO_4$ 层，可以保护颗粒避免进一步反应。

将 $LiFePO_4$ 表面暴露于水中比暴露于环境空气中对于研究时间的影响效果更好。原因很明显，与颗粒表面的相互作用的水的浓度比空气中低得多。此外，作者期望颗粒表面层的降解至少在实验进行的时间尺度上比较低，因为铁离子溶解在水溶液中，但它们不能蒸发。这是另一个原因，为什么表面层主要效应是脱锂，因为 Li 的亲水性。测量暴露于环境空气的样品的水分含量是研究这种反应的间接手段。几个样品结果如图 8.15 所示。

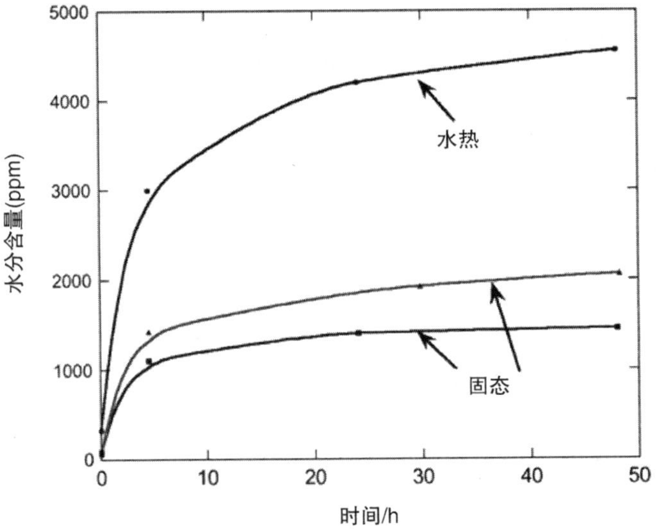

图 8.15　几个 C－$LiFePO_4$样品的水分含量与在 21℃（55% 相对湿度）环境空气中暴露的时间函数。符号是实验结果。线条只是通过数据的平滑拟合获得的引导。然而，这些样品中没有一个对应于所研究的 HTR 和 SSR 样品（转载获得皇家化学学会许可）

8.5.4　暴露于水的 LFP 样本的伏安法

在水中浸没 1h 后的 SSR 和 HTR 样品（下沉部分）的伏安法测量报告如图 8.16 所示。在这些测量中，施加初始的 3.2V 工作电位。然后，以 1.25mV/min 的速率改变电压，如图 8.16 所示：电压上升到 4V，接着降低到 2.2V，再次增加到 3.2V。除了峰值与 Fe^{2+} 相关，通过降低电压获得的曲线部分显示在 2.63V 的二级峰是氧化铁中 Fe^{3+} 的特征（相对于磷酸盐中超过 3.5V）[58]。在 SSR 和 HTR 样品中存在 Fe^{3+} 离子证实了前面提到的表面层中的脱锂。另一方面，再次增加电压时，该信号消失，伏安曲线恢复到样品暴露于水之前。因此，在 Li 插入期间表面层再次锂化，并且浸没在水中的效果被逆转。一样适用于几天的更长浸没时间。在以下实验中，将样品浸泡 63h。然后，样品在 85℃ 下干燥 48h。此外，应注意开路电压（OCV）通过浸入水中而降低了 2.3%。由于 OCV 与电池的充电状态直接相关，其可以被视为电池的脱锂速率的间接测量。实际上，这一结果完全符合从磁化测量中推导出的 4% 的脱锂率以及从物理和化学分析估计的浸渍过程中 Fe 和 P 的 1% 和 3% 损失。因此完全可以证实表面层的脱锂过程。

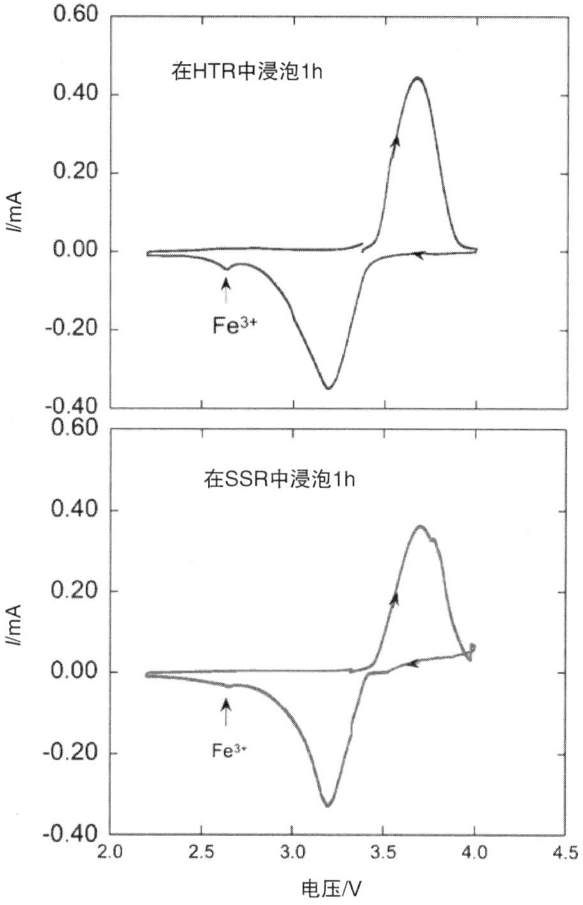

图 8.16　C－$LiFePO_4$（HTR 样品）/$LiPF_6$－EC－DEC/Li 电池在室温的电化学性能。图中显示的是浸泡前和浸泡水中 63h 后，在 85℃下干燥 48h 的样品

通过将样品暴露于环境空气中评估了水对电化学性能的影响。图 8.17 显示了不同温度下 HTR 样品在干燥气氛和环境空气（55% 相对湿度）中容量随时间变化的函数。

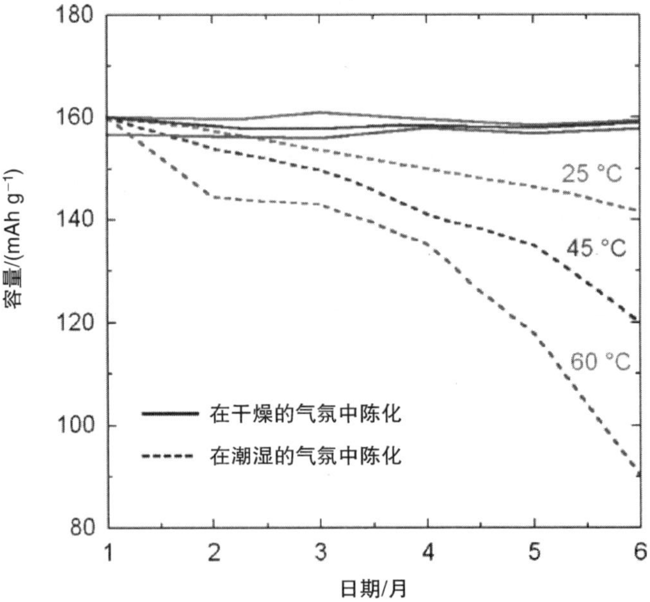

图 8.17 在 3 种不同温度下，C－$LiFePO_4$（HTR 样品）/$LiPF_6$－EC－DEC/Li 在干燥气氛和环境气氛（55% 相对湿度）下电池的容量与时间的函数。获得完整曲线（在干燥气氛中）的温度可以通过它们不重叠的事实和温度越低容量越高的性质来区分

（经 Elsevier 和皇家化学学会许可转载）

8.6 优化 $LiFePO_4$的电化学性能

8.6.1 检查分析

在这里，对于概述了优化的 B 型样品即碳包覆的（C－LFP）的高温性能。咖啡袋电池（coffee－bag cell）以 C/8 进行第一次充放电循环，随后在 C/4 下进行 12 次循环，每次充电和放电之前休息 1h。该高温试验在 60℃进行，这是研究铁在非水电解质可能溶解的适当条件。图 8.18 显示了在 60℃下经过 200 次循环（47 天）新一代的 $LiFePO_4$的 XRD 图谱。在 60℃下循环后橄榄石结构没有变化。作者观察到布拉格（Bragg）线具有和原始材料相同的强度。对于优化的电极材料，在 100 次循环中，容量损失低于 3%。

对长期循环后可能发生任何铁溶解进行仔细检测。通过 SEM 横截面（切片视图）研究了隔膜/锂（SL）界面的铁物质的分析，如图 8.19a）和 c）所示。较早一代材料的显微照片（见图 8.19a））显示在 SL 界面存在铁岛。显然，一些

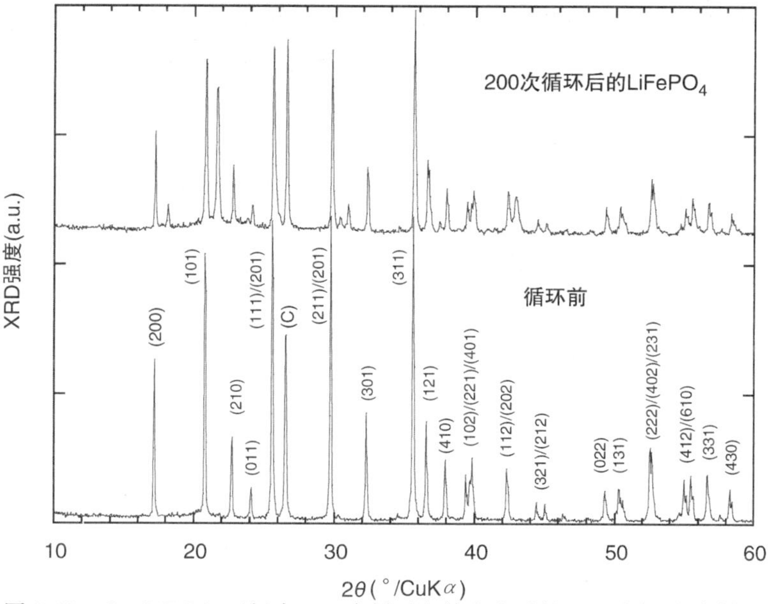

图 8.18　C-$LiFePO_4$正极在 200 次循环之前和之后的 XRD 图。注意橄榄石骨架（Pnma 空间群）在 60℃下循环后保持完整（经 Elsevier 许可转载）

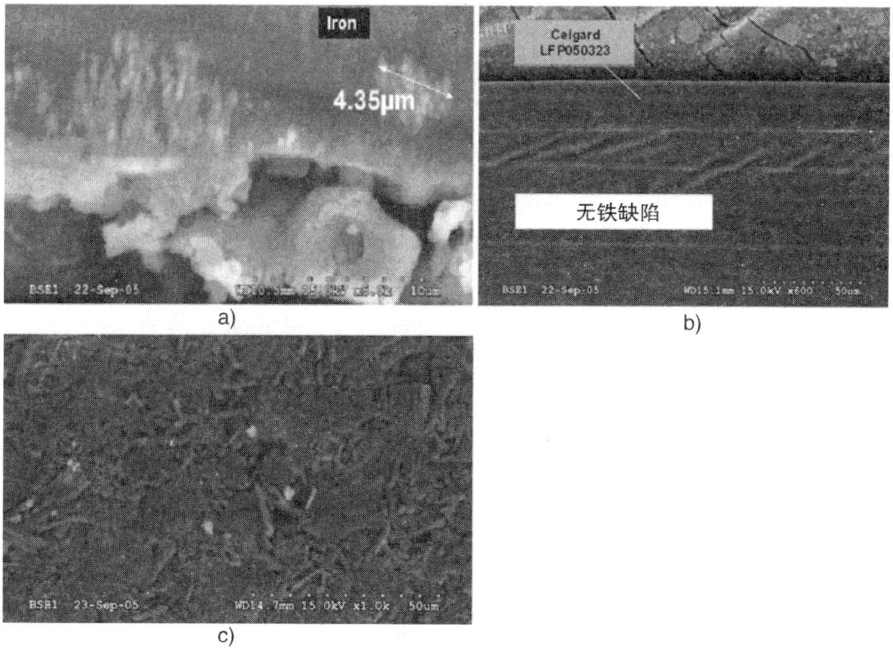

图 8.19　SL 界面的 SEM 照片

a）较早一代 $LiFePO_4$的界面处形成铁岛的图像

b）优化的 $LiFePO_4$与锂箔的表面没有检测到铁　c）锂离子石墨电极在 200 次循环后不显示铁颗粒的存在（经 Elsevier 许可转载）

铁颗粒（或离子）从 $LiFePO_4$ 正极至锂负极的电解质中迁移出来。这种迁移的净效应是 Li/$LiFePO_4$ 电池的容量保持率的大幅降低。图 8.19b）显示了锂－箔作为负极，优化的 $LiFePO_4$ 为正极的 Li 电池的显微照片。在这种情况下，在 SL 接口处没有检测到铁，100 次循环后保持完整。事实上，这种高性能是可能的，不仅因为优化合成的 $LiFePO_4$ 粉末，也是因为严格控制材料的结构质量。几种物理方法用于分析磷橄榄石结构的局部结构和电子性质。图 8.19c）显示了 200 次循环后的锂离子电池所采集的石墨的 SEM 照片。在电极表面没有观察到铁。石墨电极的 EDX 分析证实了最后的观察。如果发生铁溶解，应在石墨的 EDX 谱上明显观察到铁。此外，通过 ICP 技术对 200 次循环后锂离子电池中的电解质进行元素分析来检测铁。在电解质溶液中没有发现铁，甚至在 ppm 水平。因此，所有这些数据证明，优化 $LiFePO_4$ 材料在 60℃下是不溶的。

已知 $LiFePO_4$ 的电化学性质对其制备方式和结构性能十分敏感。如果可以充分利用制备方式与结构和物理性质的相关性，这可能是一个潜在应用的优势，因为它允许对材料进行优化。

为了解决这个问题，作者研究了在不同条件下生长的 LFP 样品之间的关系。在生长过程中不希望存在的杂质可能被引入到晶格中。例如，Fe_2P 的存在可以增加电子传导性，但另一方面，它也减少了离子导电性，使得容量和循环速率都相对于 C－$LiFePO_4$ 有所降低。此外，已经知道氢、一氧化碳或碳可以通过不同的还原步骤还原 Fe_2O_3，这取决于温度和其他物理参数如粒度。虽然预计超过 1000℃时碳可能通过生成 CO 气体还原 Fe^{3+} 离子以防止形成 γ－Fe_2O_3，也可能涉及其他因素。作者相信在作者的研究中，400～700℃的温度范围内由有机前驱体制备 C 包覆样品，碳沉积过程会产生更有动力学活性的还原性气体，如氢气来还原 Fe^{3+} 杂质。事实上，有机前驱体与 $LiFePO_4$ 材料或 $LiFePO_4$ 化学前驱体通常是通过溶液过程在分子水平混合[53]，这种制备方式也非常有利。

8.6.2 60℃时的电化学性能

图 8.20 展示了 60℃时 C－$LiFePO_4$/$LiPF_6$－EC－DEC /锂电池典型的电化学性能。充放电曲线是通过 C/4（约为 35mA g^{-1}）倍率循环在相对于 Li^0/Li^+ 的电压范围 2.2～4.0 V 获得。经过多次的充放电循环后，优化的 $LiFePO_4$ 仍然保持很好的可逆容量。第 13 次和第 97 次循环显示相似的容量为 160mAh g^{-1}。这些结果说明了碳包覆橄榄石材料的优良电化学性能。电极可以完全充电至 4V，这是最有活性的状态。这种突出的性能归因于在大电流下优化的碳包覆颗粒和结构完整性。即使在这样一个高循环倍率下，C－$LiFePO_4$ 展现出快速动力学脱锂，并实现了它的大部分理论容量（170mAh g^{-1}）。放电曲线呈现典型的电压平台（在

3.45V 相对于 Li^0/Li^+)，归因于（1 $-x$）$FePO_4+xLiFePO_4$体系的两相反应。图 8.21 显示了 $Li/LiFePO_4$电池在 25℃和 60℃下循环的 Ragone 图。从 C/12 到 6C，容量几乎保持不变，恒定在 150mAh g^{-1}，从 6C 到 25C，容量随电流密度增大而减小。10C 时电池仍具有良好的性能（134mAh g^{-1}），是 C/12 时容量的 86%。

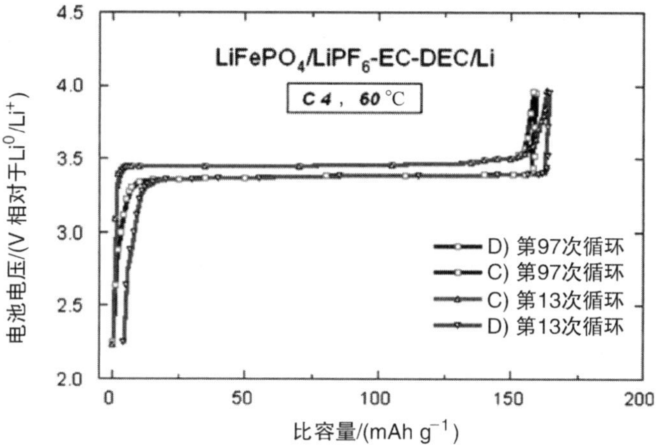

图 8.20　在 60℃下具有优化的碳包覆电极组成的 $Li/LiFePO_4$电池的充放电曲线（第 13 次和第 97 次循环）。以 C/4 倍率在电压范围 2.2～4.0V 下进行实验。第 13 次和第 97 次循环显示类似的比容量 160mAh g^{-1}（经 Elsevier 许可转载）

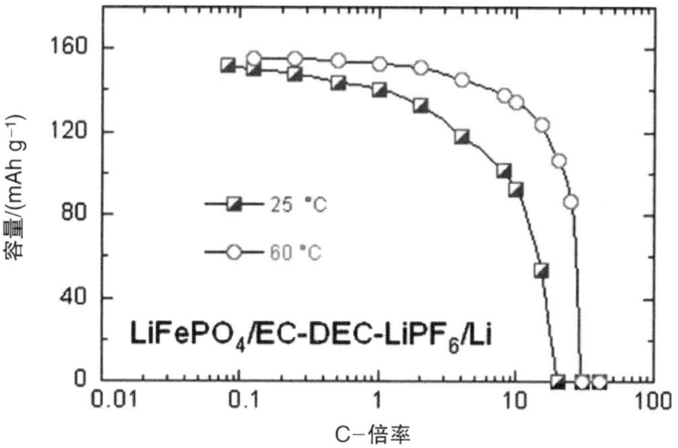

图 8.21　在 25℃和 60℃下循环的 $Li/LiFePO_4$电池的 Ragone 图（经 Elsevier 许可转载）

经过长期循环后 A 型 $LiFePO_4$和 B 型 $LiFePO_4$电极之间的比容量的比较结果

可以看出新一代的 CC－$LiFePO_4$材料在60℃时循环性能是优异的[59]。在C/4倍率和典型截止电压2.2～4.0V下经过100个循环后，可以观察到容量为常数。这种最佳性能是由于电极制备技术的改进，即碳包覆层结构和形貌的改进以及橄榄石相粒度的优化。这是控制电极性能的两个主要因素。以前探讨了$LiFePO_4$颗粒的表面性质，通过拉曼光谱显示沉积物是无序石墨型碳[26]。少量的碳（<2%质量分数）可以看作不规则厚度膜，平均厚度30nm，具有间隙。上述实验条件（约为60℃）对Fe^{2+}/Fe^{3+}氧化还原反应的动力学具有严重影响，表明这种类型的C－$LiFePO_4$电极可以在60℃下循环超过200个周期没有显著的容量损失[60]。优化粒径范围是200～300nm与平均粒径L一致，可以验证特征扩散时间$\tau = L^2/4\pi^2 D^*$[55]，其中D^*是$LiFePO_4$基质中Li^+离子的化学扩散系数（典型值为$10^{-12}cm^2 s^{-1}$），相比之下实验的放电倍率高达5C。

图8.22和图8.23显示了3种不同材料做负极时电池的循环行为，材料为锂箔、石墨、碳包覆钛酸锂C－$Li_4Ti_5O_{12}$（LTO）。这些电池在60℃的电势2.5～4.0V范围内循环。C－$LiFePO_4$/$LiPF_6$－EC－DEC/Li电池在1C放电和在C/6充电，放电容量和电化学利用率，即放电/充电比率，与循环次数的关系性能非常好（见图8.22）。石墨（见图8.23a））和C－$Li_4Ti_5O_{12}$（见图8.23b））作为负极的电池，显示的结果类似。这些锂离子电池提供的库仑效率分别为99.9%和100%。电流放电容量和初始容量之间的比例与循环次数的关系图显示，在60℃时电池具有恒定的容量保持率。循环200次后，锂、LTO、石墨为负极的电池没有显示出容量

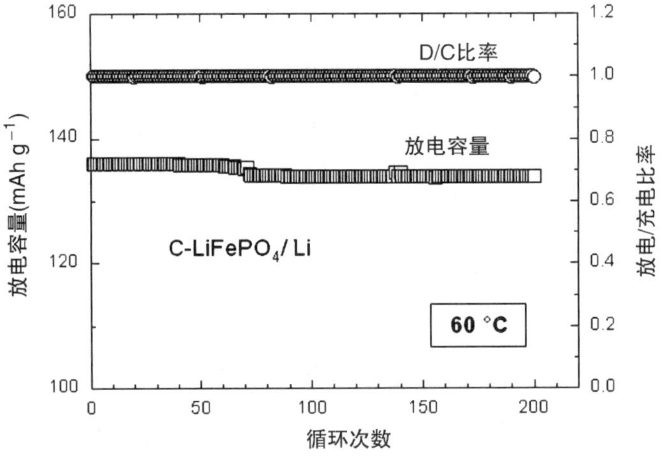

图8.22 放电容量和放电/充电比率（电化学利用率）与在60℃下C－$LiFePO_4$/$LiPF_6$－EC－DEC/Li电池的循环次数之间的关系。电池在1C下放电和在C/6处充电，电位范围为2.5～4.0V（经Elsevier许可转载）

消退。另一项研究是关于不同的策略对缓解导电性差和 $LiFePO_4$固相中扩散慢的问题的影响[25]。作者做了一个类似的研究来评估 C－$LiFePO_4$不同充放电倍率的性能。测量范围从 C/4 到 10C（基于容量为 170mAh g^{-1}）表明，在 4 C 的高倍率下，Li/CC－$LiFePO_4$电池可提供 130mAh g^{-1}的放电容量。显然，为了充分发挥 $LiFePO_4$的性能，需要对 C－$LiFePO_4$进行一些处理，如原位碳涂覆。

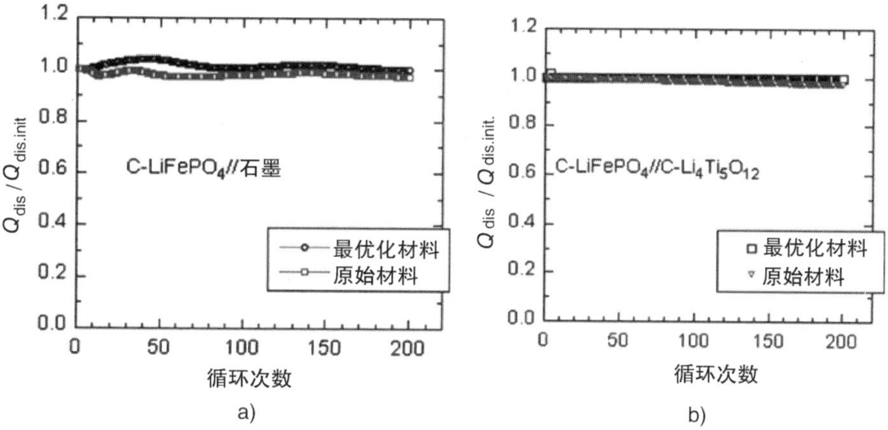

图 8.23　在 60℃，电压范围 2.5～4.0V，在 1C 下，当前放电容量与初始容量之比与循环次数的关系（经 Elsevier 许可转载）

a）石墨电极　b）C－$Li_4Ti_5O_{12}$电极

8.6.3　安全、快速充电长寿命的锂离子电池在能源领域的应用

在最近的研究中，作者已经表明锂离子电池可以在几分钟内充电，通过安全测试，并具有非常长的保质期。活性材料是分别用于正极和负极的 $LiFePO_4$和 $Li_4Ti_5O_{12}$纳米颗粒。$LiFePO_4$颗粒用 2% 质量分数的碳包覆以优化电导率，但 $Li_4Ti_5O_{12}$颗粒没有包覆碳。电解质是通常的碳酸酯溶剂，黏合剂是水溶性弹性体。在这种条件下制备的 18650 型电池可以提供 800mAh 的容量。在充电速率为 10C（6mn）和放电倍率 5C（12mn）下进行 20000 次循环后，其保持全容量，并且在充电倍率 15C（4mn）和放电倍率 5C 下 30000 次循环后可保持 95% 的容量。

$LiFePO_4$和 $Li_4Ti_5O_{12}$材料的电化学性能在半电池中分别进行测试，Li 金属作为负极，使用相同的电解质。$LiFePO_4$的电压窗口是 2～4V，$Li_4Ti_5O_{12}$的电压窗口是 1.2～2.5V。$LiFePO_4$首次库仑效率是 100%，可逆容量是 148mAh g^{-1}。$Li_4Ti_5O_{12}$，第一个库仑效率是 98%，可逆容量是 157 mAh g^{-1}。人们所熟知的在 3.4V 和 1.55V 的平台是锂分别在 $LiFePO_4$－$FePO_4$和 $Li_4Ti_5O_{12}$－$Li_7Ti_5O_{12}$两相体系中拓

扑嵌入/脱出的特征。图 8.24 中的 Ragone 图表明，两种材料的高倍率容量在高达 5C 时都很稳定。10C 时，$LiFePO_4$ 仍然提供 73% 的额定容量，相比之下 $Li_4Ti_5O_{12}$ 提供 53% 的额定容量。

采用这些产物制作 $LiFePO_4$/1mol L^{-1} $LiPF_6$ EC - DEC/$Li_4Ti_5O_{12}$ 电池（18650 型）。10C 倍率（6mn）的循环寿命如图 8.25 所示。即使经过 20000 次循环，电池没有失去其初始容量。另一个电池循环周期超过 30000 次，以更快充电倍率 15C（4mn）和相同的放电倍率 5C，容量随循环次数的增加呈现衰减（第 1 次循环为 910mAh），但在过程结束时的损失仅为 9%。基于每天一个充电 - 放电循环，这个衰减是可以忽略的（对于更频繁使用的便携式应用而言，可以持续 50 年）。值得注意的是，在这些实验中的每个周期已经实现了完全放电深度

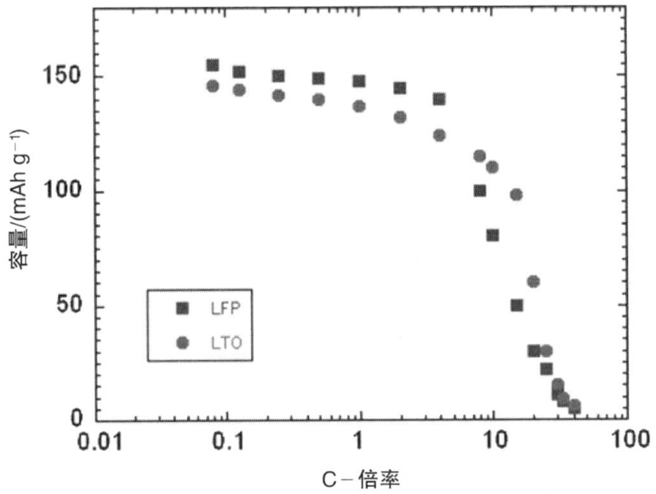

图 8.24 $LiFePO_4$/EC - DEC - 1/LFP $LiPF_6$/Li（M）和 $Li_4Ti_5O_{12}$/EC - DEC - 1 M $LiPF_6$/Li（LTO）电池的 Ragone 图

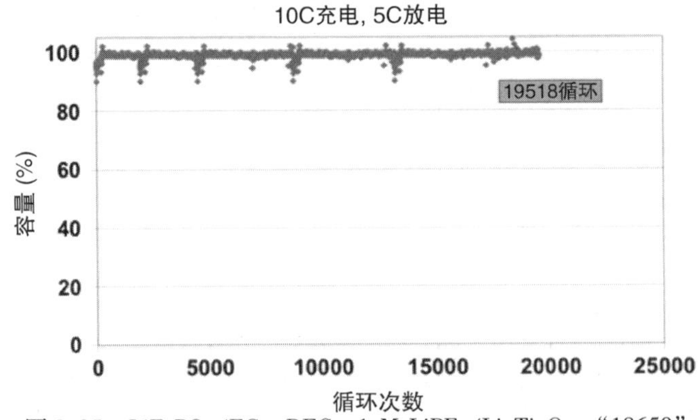

图 8.25 $LiFePO_4$/EC - DEC - 1 M $LiPF_6$/$Li_4Ti_5O_{12}$ “18650”电池的循环寿命。循环充电倍率是 10 C（6mn），放电倍率是 5C（12mn）

（DOD），据作者所知这是锂离子电池在性能上的突破，因为较差的循环寿命被认为是电池应用的主要问题。

对这些电池进行的运输期间测试，没有检测到火焰和烟雾，并且可以达到的最高温度是 72℃。为了比较，在相同的测试中，$LiCO_2$/石墨 18650 型电池已经着火并有浓烟产生，温度达到 350℃。$LiMn_2O_4$/石墨电池也在短路测试中着火。

8.7　小结与展望

本章是对固相法和水热法两种方法合成的 $LiFePO_4$进行的完整报告，遵循以下的逻辑结构：从合成开始，结晶性质，$LiFePO_4$表面的碳包覆层表征，磁性能，对水和湿度的反应，最后在室温 60℃下优化材料的电化学性能，制作锂离子全电池。

这些研究表明，通过合成，可以对基本的性质进行改性，因为杂质污染这种材料。这些杂质被确定，并且其浓度可以通过分析方法的组合进行定量估计。迄今为止最强大的技术使用的是 SQUID 磁力仪，其对检测 Fe^{3+}离子非常敏感。注意，这种铁基杂质可能源于电解质中的铁溶解，容易产生电池的短路。因此，优化的制备提供具有不含任何杂质相的碳包覆颗粒的材料，确保结构稳定性和电化学性能。通过对碳包覆颗粒进行拉曼散射光谱研究，可以估算出沉积质量，特别是其石墨化程度。

结构性能与正极材料的电化学性能相关。似乎需要严格控制合成条件以获得在高电流密度下具有良好性能的材料。

产品与水反应，但不与干燥的大气反应，这样 $LiFePO_4$粉需要存储在相对湿度为5%的干燥室，它也足以保证制造电池之前产品不老化。碳涂层不需要保护。暴露在一定的湿度下，会诱发表层脱锂。然而，暴露在湿度下几分钟内所形成的 $FePO_4$层是具有保护作用的，因此可以使损坏限制于表面层（约 3nm 厚），除非暴露在大气中的时间非常长（几个月）。

所有这些研究证明，使用 $LiFePO_4$材料作为正极材料的锂二次电池是驱动混合动力电动汽车和电动汽车的新生代。

参 考 文 献

1. Padhi K, Nanjundaswamy KS, Goodenough JB (1997) Phospho-olivines as Positive-Electrode Materials for Rechargeable Lithium Batteries. J Electrochem Soc 144:1188
2. Huang H, Yin SC, Nazar LF (2001) Approaching Theoretical Capacity of $LiFePO_4$ at Room Temperature at High Rates. Electrochem Solid State Lett 4:A170
3. Dominko D, Gaberscek M, Drofenik J, Bele M, Jamnik J (2003) Influence of carbon black distribution on performance of oxide cathodes for Li ion batteries. Electrochim Acta 48:3709

4. Ravet N, Goodenough JB, Besner S, Simoneau M, Hovington P, Armand M (1999) Improved Iron based Cathode Material. Proceedings of the 196th ECS meeting, Honolulu, extended abstract n° 127
5. Ravet N, Chouinard Y, Magnan JF, Besner S, Gauthier M, Armand M (2001) Electroactivity of natural and synthetic triphylite. J Power Sources 97:503
6. Bewlay SL, Konstantinov K, Wang GX, Dou SX, Liu HK (2004) Conductivity improvements to spray-produced $LiFePO_4$ by addition of a carbon source. Mater Lett 58:1788
7. Chen Z, Dahn JR (2002) Reducing Carbon in $LiFePO_4$/C Composite Electrodes to Maximize Specific Energy, Volumetric Energy, and Tap Density. J Electrochem Soc 149:A1184
8. Ravet N, Besner S, Simoneau M, Vallée A, Armand M, Magnan JF (2005) Electrode materials with high surface conductivity. US Patent 6,962,666; (2005) 6,855,273
9. Ait-Salah A, Mauger A, Julien CM, Gendron F (2006) Nano-sized impurity phases in relation to the mode of preparation of $LiFePO_4$. Mater Sci Eng B 129:232
10. Subramanya-Herle P, Ellis B, Coombs N, Nazar LF (2004) Nano-network electronic conduction in iron and nickel olivine phosphates. Nat Mater 3:147
11. Ait-Salah A, Dodd J, Mauger A, Yazami R, Gendron F, Julien CM (2006) Structural and magnetic properties of $LiFePO_4$ and lithium extraction effects. Z Allg Inorg Chem 632:1692
12. Zaghib K, Shim J, Guerfi A, Charest P, Striebel KA (2005) Effect of Carbon Source as Additives in $LiFePO_4$ as Positive Electrode for Lithium-Ion Batteries. Electrochem Solid State Lett 8:A207
13. Zaghib K, Armand M (2002) Electrode covered with a film obtained from an aqueous solution containing a water soluble binder, manufacturing process and uses thereof. Canadian Patent CA 2,411,695
14. Yamada A, Chung SC, Hinokuma K (2001) Optimized $LiFePO_4$ for Lithium Battery Cathodes. J Electrochem Soc 148:A224
15. Arcon D, Zorko A, Dominko R, Jaglicic Z (2004) A comparative study of magnetic properties of $LiFePO_4$ and $LiMnPO_4$. J Phys C 16:5531
16. Geller S, Durand JL (1960) Refinement of the structure of $LiMnPO_4$. Acta Crystallogr 13:325
17. Santorro RP, Newnham RE (1967) Antiferromagnetism of $LiFePO_4$. Acta Crystallogr 22:344
18. Streltsov VA, Belokoneva EL, Tsirelson VG, Hansen NK (1993) Multipole analysis of the electron density in triphylite $LiFePO_4$, using X-ray diffraction data. Acta Crystallogr B 49:147
19. Andersson AS, Thomas JO (2001) The source of first-cycle capacity loss in $LiFePO_4$. J Power Sources 97–98:498
20. Rousse G, Rodriguez-Carvajal J, Patoux S, Masquelier C (2003) Magnetic structures of the triphylite $LiFePO_4$ and its delithiated form $FePO_4$. Chem Mater 15:4082
21. Losey A, Rakovan J, Huges J, Francis CA, Dyar MD (2004) Structural variation in the lithiophilite-triphylite series and other olivine-group structures. Can Miner 42:1105
22. Junod A, Wang KQ, Triscone G, Lamarche G (1995) Specific heat, magnetic properties and critical behaviour of Mn_2SiS_4 and Fe_2GeS_4. J Magn Magn Mater 146:21
23. Moring J, Kostiner E (1986) The crystal structure of $NaMnPO_4$. J Solid State Chem 61:379
24. Nakamura T, Miwa Y, Tabuchi M, Yamada Y (2006) Structural and Surface Modifications of $LiFePO_4$ Olivine Particles and Their Electrochemical Properties. J Electrochem Soc 153: A1108
25. Striebel K, Shim J, Srinivasan V, Newman J (2005) Comparison of $LiFePO_4$ from different sources. J Electrochem Soc 152:A664
26. Ait Salah A, Mauger A, Zaghib K, Goodenough JB, Ravet N, Gauthier M, Gendron F, Julien CM (2006) Reduction Fe^{3+} of Impurities in $LiFePO_4$ from Pyrolysis of Organic Precursor Used for Carbon Deposition. J Electrochem Soc 153:A1692
27. Paques-Ledent MT, Tarte P (1974) Vibrational studies of olivine-type compounds—II Orthophosphates, -arsenates and -vanadates A*IB*II*X*VO4. Spectrochim Acta A: Molecular Spectroscopy 30:673
28. Burma CM, Frech R (2004) Raman and FTIR Spectroscopic Study of Li x $FePO_4$ ($0 \leq x \leq 1$). J Electrochem Soc 151:A1032

29. Kostecki R, Schnyder B, Alliata D, Song X, Kinoshita K, Kotz R (2001) Surface studies of carbon films from pyrolyzed photoresist. Thin Solid Films 396:36
30. Julien CM, Massot M (2004) Vibrational spectroscopy of electrode materials for rechargeable lithium-ion batteries. III. Oxide frameworks. In: Stoynov Z, Vladikova D (eds) Proceedings of the international workshop on advanced techniques for energy sources investigation and testing, Bulgarian Academy of Sciences, Sofia
31. Julien CM, Zaghib K, Mauger A, Massot M, Ait-Salah A, Selmane M, Gendron F (2006) Characterization of the carbon coating onto $LiFePO_4$ particles used in lithium batteries. J Appl Phys 100:63511
32. Ait-Salah A, Jozwiak P, Zaghib K, Garbarczyk J, Gendron F, Mauger A, Julien CM (2006) FTIR features of lithium iron-phosphates as electrode materials for rechargeable lithium batteries. Spectrochim Acta A: Molecular and Biomolecular Spectroscopy 65:1007
33. Hu Y, Doeff MM, Kostecki R, Finones R (2004) Electrochemical Performance of Sol-Gel Synthesized $LiFePO_4$ in Lithium Batteries. J Electrochem Soc 151:A1279; Doeff MM, Hu Y, McLarnon F, Kostecki R (2003) Effect of Surface Carbon Structure on the Electrochemical Performance of $LiFePO_4$. Electrochem Solid-State Lett 6:A207
34. Tamor MA, Vassell WC, Carduner KR (1991) Atomic constraint in hydrogenated diamond-like carbon, Appl Phys Lett 58: 592
35. Robertson J (1992) Properties of diamond-like carbon. Surf Coat Technol 50:185
36. Ramsteiner M, Wagner J (1987) Resonant Raman scattering of hydrogenated amorphous carbon: Evidence for π-bonded carbon clusters. Appl Phys Lett 51:1355
37. Yoshikawa M, Katagani G, Ishida H, Ishitami A, Akamatsu T (1988) Resonant Raman scattering of diamond-like amorphous carbon films. Appl Phys Lett 52:1639
38. Tamor MA, Vassell WC (1994) Raman "fingerprinting" of amorphous carbon films. J Appl Phys 76:3823
39. Wada N, Gaczi PJ, Solin SA (1980) "Diamond-like" 3-fold coordinated amorphous carbon. J Non-Cryst Solids 35–36:543
40. Knight DS, White WB (1989) Characterization of diamond films by Raman spectroscopy. J Mater Res 4:385
41. Lespade P, Marchand A, Couzi M, Cruege F (1984) Caractérisation de matériaux carbonés par microspectrométrie Raman. Carbon 22:375
42. Dresselhaus MS, Dresselhaus G (1982) Light scattering in graphite intercalation compounds. In: Cardona M, Gunterhodt G (eds) Light scattering in solids III, vol 51, p. 3, Topics in applied physics. Springer, Berlin
43. Nakamizo M, Tamai K (1984) Carbon Raman spectra of the oxidized and polished surfaces of carbon 22:197
44. Matthews MJ, Bi XX, Dresselhaus MS, Endo M, Takahashi T (1996) Raman spectra of polyparaphenylene-based carbon prepared at low heat-treatment temperatures. Appl Phys Lett 68:1078
45. Robertson J, O'Reilly EP (1987) Electronic and atomic structure of amorphous carbon. Phys Rev B 35:2946
46. Ramsteiner M, Wagner J, Wild Ch, Koidl P (1987) Raman scattering from extremely thin hard amorphous carbon films. J Appl Phys 62:729
47. Tamor MA, Haire JA, Wu CH, Hass KC (1989) Correlation of the optical gaps and Raman spectra of hydrogenated amorphous carbon films. Appl Phys Lett 54:123
48. Santoro RP, Newnham RE, Nomura S (1966) Magnetic properties of Mn_2SiO_4 and Fe_2SiO_4. J Phys Chem Solids 27:655
49. Santoro RP, Segal DJ, Newnham RE (1966) Magnetic properties of $LiCoPO_4$ and $LiNiPO_4$. J Phys Chem Solids 27:1192
50. Dal D, Koo HJ, Rocquefelte X, Jobic S (2005) Analysis of the spin exchange interactions and the ordered magnetic structures of lithium transition metal phosphates $LiMPO_4$ (M = Mn, Fe, Co, Ni) with the olivine structure. Inorg Chem 44:2407

51. Mays JM (1963) Nuclear magnetic resonances and Mn-O-P-O-Mn superexchange linkages in paramagnetic and antiferromagnetic $LiMnPO_4$. Phys Rev 131:38
52. Ait-Salah A, Zaghib K, Mauger A, Gendron F, Julien CM (2006) Magnetic studies of the carbothermal effect on $LiFePO_4$. Phys Status Solidi A 203:R1
53. Zaghib K, Dontigny M, Charest P, Labrecque JF, Guerfi A, Kopec M, Mauger A, Gendron F, Julien CM (2008) Aging of $LiFePO_4$ upon exposure to H_2O. J Power Sources 185:698
54. Manickam M, Singh P, Thurgate S, Prince KJ (2006) Redox behavior and surface characterization of $LiFePO_4$ in lithium hydroxide electrolyte. J Power Sources 158:646
55. Zaghib K (2003) BATT review meeting, Berkeley
56. Porcher W, Moreau P, Lestriez B, Jouanneau S, Guyomard D (2008) Is $LiFePO_4$ Stable in Water?: Toward Greener Li-Ion Batteries. Electrochem Solid State Lett 11:A4
57. Zaghib K, Mauger A, Gendron F, Julien CM (2008) Surface effects on the physical and electrochemical properties of thin $LiFePO_4$ particles. Chem Mater 20:462
58. Liu HS, Zhang ZR, Gong ZL, Yang Y (2004) Origin of Deterioration for $LiNiO_2$ Cathode Material during Storage in Air. Electrochem Solid State Lett 7:A190
59. Zaghib K, Ravet N, Gauthier M, Gendron F, Mauger A, Goodenough JB, Julien CM (2006) Optimized electrochemical performance of $LiFePO_4$ at 60°C with purity controlled by SQUID magnetometry. J Power Sources 163:560
60. Zaghib K, Battaglia V, Charest P, Srinivasan V, Guerfi A, Kostecki R (2006) Extended abstract 35 of the IBA-HBC meeting, Hawaii

第9章　纳米颗粒对电解质和电极/电解质界面的影响

Nuha Salem 和 Yaser Abu – Lebdeh

摘要：最近关于添加纳米级无机填料如 SiO_2 到固体和液体电解质来增强他们的电化学和物理性质已经集中了大量的研究。在本章中，作者将回顾在这一领域所做的工作，在锂离子电池中常用的电解质的添加剂包括各种类型的纳米粒子，如聚合物电解质（凝胶和固态）、离子和有机液体电解质以及塑料晶体。

9.1　简介

电解质是所有电化学电池中的关键组分之一[1]。除了促进两个电极之间离子转移完成电化学电池，它们还提供必要的物理分离以防止任何短路。在电池和其他电化学器件上应用的好的电解液必须具有以下特征[1-3]：①在 −30 ~ 100℃温度范围内具有高的总离子电导率和阴阳离子都高的迁移数来维持高循环率；②高的化学、热和电化学稳定性产生高电压和更安全体系；③拥有与电池中其他组分极好的兼容性；④低成本和小的环境影响。大多数商业锂电池使用的液体电解质是由锂盐（例如 $LiPF_6$）溶解在环状和直链的碳酸酯类混合溶剂中组成的（例如碳酸亚乙酯、乙二醇和碳酸二甲酯、DMC）[3]。这些电解质对离子具有高的传导性，其电导率是 10^{-2}S cm^{-1}，由于乙二醇的高介电常数和 DMC 的低黏度使得 Li^+ 和 $PF_6{}^{-1}$ 离子很好地溶剂化。稳定在一个约为 5V 电压窗口，使其可以兼容各种电极材料。然而液体电解质没有机械强度，这对电池设计增加了限制条件，并且因为可能的泄漏和易燃性导致一些不安全性。因此，在过去的 30 年人们对固体电解质的兴趣增加，例如聚合物电解质等吸引了很多关注。固体电解质是安全的，具有良好的力学性能使其成为广泛的电池设计和制造的理想选择。然而，固体电解质的一个显著的局限性是在环境条件下差的离子电导率（10^{-6} ~ 10^{-4}S cm^{-1}）和低锂离子迁移数（<0.3）。

可以得出结论，液体电解质具有合适的离子传输性质但缺乏机械强度，而固体电解质具有合适的力学性能，但是缺乏可接受的离子传输性。最近，试图结合液体和固体电解质的优点，针对同时具有较高的离子电导率和良好的力学性能的材料进行了深入的研究。这可以通过使用添加剂使得固体电解质具有液体电解质一样的离子电导率，同时保留其所需的力学性能，使液体电解质具有更好的力学性能同时保留其所需的离子电导率。为了提高聚合物电解质的离子电导率，例如将少量陶瓷纳米颗粒，如二氧化硅、氧化铝或二氧化钛，添加到传导性差的聚合物如盐/聚（乙烯氧化物）（PEO）络合物，可以增强离子电导率[4]。当纳米尺寸的 SiO_2颗粒加入到一些有机离子塑性晶体如 N，N－乙基甲基吡咯烷鎓双(三氟甲磺酰基)－酰胺([C_2mpyr][NTf_2])中，导致离子电导率增加两个数量级[5]。也有报道称，相同的陶瓷可以添加到常规的有机液体电解质（如 EC/DMC）和离子液体中，产生所谓的“湿砂”，可以提高其力学性能，同时保留有利的离子运输性[6－15]。表 9.1 总结了添加纳米颗粒对不同类型电解质的电导率和力学性能的影响。

表 9.1　纳米颗粒对不同类型电解质性能的影响

	电导率		机械强度	
	没有	有	没有	有
液体[6－13]	↑	↑↑	↓	↑
离子液体[30－32]	↔	↑↑	↓	↑
离子塑料晶体[5,33－42]	↔	↑↑	↑	↑↑
溶胶电解质[19－21,27,28]	↑	↑↑	↑	↑↑
聚合物[16－18,22－26]	↓	↑	↑	↑↑

注：↓：低；↔：可接受的；↑：高；↑↑：更高。

在本章，将讨论添加各种纳米粒子对不同类型的电解质材料包括固体和凝胶聚合物电解质、离子/有机液体电解质和塑料晶体的影响机制和效果。

9.2　聚合物电解质纳米复合材料

在本节中，尝试添加不同类型的无机填料来改善聚合物电解质的电化学性能，甚至在某些情况下，改善它们的力学性能。最常见的锂离子电池的聚合物电解质是聚氧化乙烯（PEO）混合了锂盐（LiX）[4,16,17]。正如前面提到的与固体电解质相关联的主要问题是他们在温度 <70℃ 时低的电导率、低的 T_{Li^+}（约为 0.3）和与金属锂反应。这种类型的电解质材料如果想在电化学电池中成功应用，这些问题必须得到解决。这表明将陶瓷、层状黏土和介孔材料分散在聚合物基质中获得的聚合物纳米复合材料与单独的聚合物相比显示出更好的离子转移数、离子电导率（高达 10 倍）、力学性能和电解质－电极界面[4,16－23]。在这种情况下，无机填料作为增塑剂减少聚合物的晶体度，提高了无定形区域内链的移动性。它还为离子提供导电通路，主要在界面中区域，并且其能产生更多的自由阳离子（例如 Li^+），充当促进盐解离的路易斯酸碱中心。这些组合效应提高离子电导率和新型混合电解质的阳离子转移数，可以满足商业用新电池材料所增加

的需求。性能的提高取决于这些填料的类型、尺寸、浓度和形貌。例如，人们发现介孔材料，具有更大的表面积，与无孔聚合物相比明显改善了离子导电性，并且较大孔与小孔相比更有利于促进聚合物链的插入[18]。

9.2.1　固体聚合物电解质纳米复合材料

对固体聚合物电解质纳米复合材料的研究兴趣可以追溯到 1988 年[24, 25]，Skaarup 等人用 Li_3N 与聚环氧乙烷（PEO）和聚乙烯（PE）聚合物进行研究。十年后 Scrosati 等人[16]使用二氧化钛、氧化铝和二氧化硅制备 PEO 基复合电解质（$PEO_8-LiClO_4$（8:1）－陶瓷）。复合材料通过将陶瓷、高氯酸锂和聚氧化乙烯在乙腈中制备浆体，然后进行薄膜流延和溶剂蒸发。

无陶瓷聚合物（$PEO_8-LiClO_4$）的导电性的温度依赖性用作参考，结果显示高于 60℃ 时电导率增加明显，是由聚合物链从结晶到非晶的过渡引起的（见图 9.1）。相同的聚合物冷却曲线证实，在相同的温度时聚合物链会转变成结晶态。

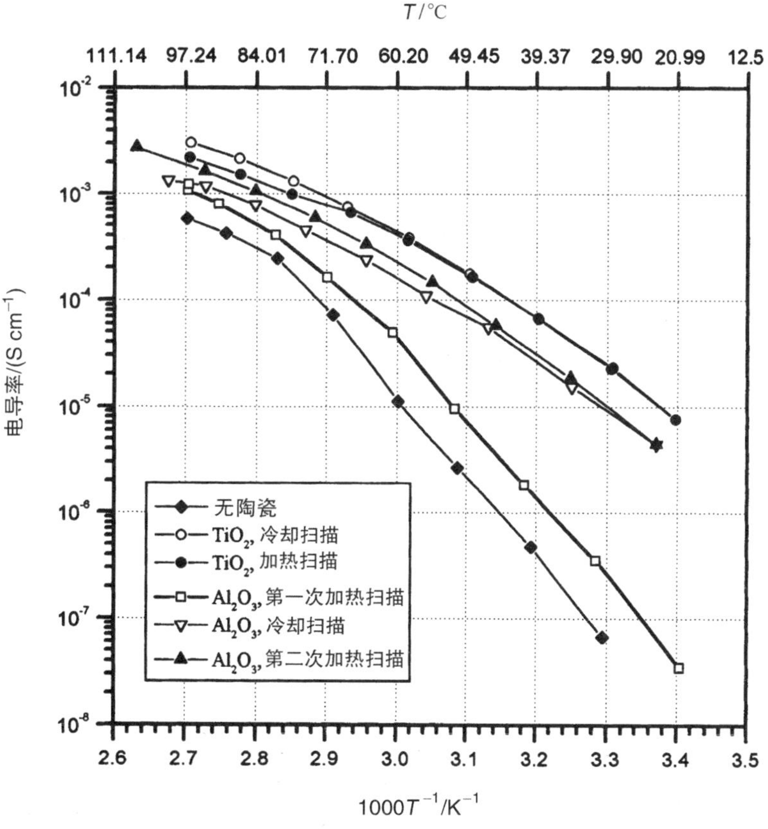

图 9.1　通过阻抗谱测量获得的 $PEO_8-LiClO_4$、$PEO_8-LiClO_4-TiO_2$ 和 $PEO_8-LiClO_4-Al_2O_3$ 电导率 Arrhenius 图（转载自参考文献［16］，版权所有© 2011，来自 Elsevier）

对 $PEO_8-LiClO_4-Al_2O_3$进行相同实验，遵循类似的模式，当复合材料第一次被加热导电性没有明显增强。然而，冷却曲线是不同的。冷却后，在 60℃没有发生断裂，在低温下与不含陶瓷的聚合物相比导电性显著增强。对于第二次加热和冷却扫描，这种电导率增强仍然保持。聚合物电导率增加的一个原因是聚合物在高于结晶至无定形转变温度（>70℃）下退火后，一旦被冷却，陶瓷颗粒会阻止聚合物链重新组织成结晶结构。

还测量了锂离子迁移数，温度范围为 45～90℃ 时发现，锂离子迁移数为 0.5～0.6，高于最常见的 PEO 电解质（约为 0.3）。Li^+转移的增加归因于所加陶瓷的路易斯酸的性质，它会与锂离子竞争与聚合物链形成螯合物，使它们交联。这种现象增加了聚合物的刚度，并降低其维持聚合物的晶体结构的能力，并因此提供离子转移的途径。陶瓷对 $PEO_8-LiClO_4$从结晶态到无定性转变的影响可以通过 DSC 测量证实，在第一次加热（退火）循环后复合材料不存在这种转变（见图 9.2）。

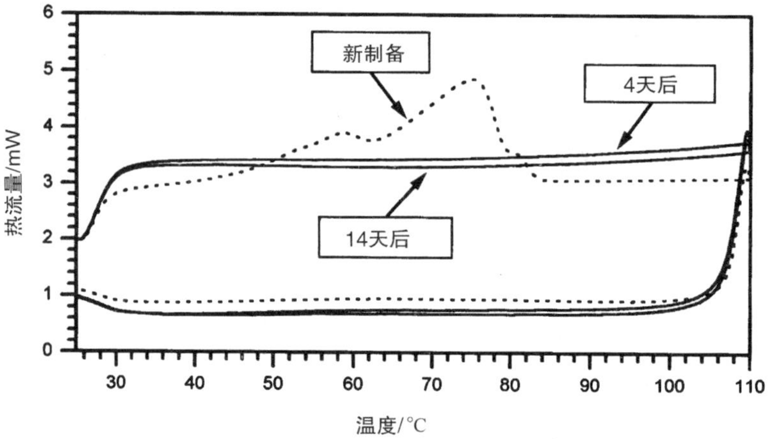

图 9.2 刚刚制备的 $PEO_8-LiClO_4-Al_2O_3$聚合物纳米复合材料和放置 4 天和 14 天后的 DSC 图。加热和冷却速率为 10℃ /min（转载自参考文献 [16]，版权所有© 2011，来自 Elsevier）

在 Scrosati 等人的另一项研究中[23]，纳米尺寸硫酸化氧化锆（$S-ZrO_2$）被用来制备 PEO 基聚合物电解质纳米复合材料。氧化锆纳米颗粒用硫酸铵溶液处理以致改性的纳米颗粒具有高酸度，比硫酸强约 100%。硫酸根与缺电子的锆阳离子的配位可以增加其电子接受能力，进而增加其酸度，导致更强的路易斯酸碱相互作用，这是聚合物电解质纳米复合材料中提高离子传输性至关重要的因素。因此，锂离子传递数从 $PEO_{20}-LiBF_4$的 0.42 增加到 $PEO_{20}-LiBF_4-10\%\ S-ZrO_2$的 0.81，几乎为 100%。由 $PEO_{20}-LiClO_4-5\%\ ZrO_2$制成的电池相比无 $S-ZrO_2$的聚合物电解质制成的电池具有更高的容量、更小的损失及更好的循环效率

(见图 9.3)[26]。

Chen - Yang 等人[18]通过将聚丙烯腈、$LiClO_4$和二氧化硅气凝胶粉（PAN/$LiClO_4$/SAP）所有组分悬浮于 DMF 中制成复合物，随后进行薄膜铸塑和溶剂蒸发。可变的 SAP 浓度（1%、2%和3%质量分数）被用来研究浓度影响。SAP 的浓度高于3%质量分数表现出对主体材料的电化学性能降低的影响。这是由于在较高负载下 SAP 颗粒的聚集使得体系中具有较少的 SAP/$LiClO_4$路易斯酸碱相互作用，导致较少的盐解离。含有 3%质量分数 SAP 的复合材料，离子电导率最高，其值为 PAN/$LiClO_4$的 12.5 倍。假设的传导机理如图 9.4 所示，这种离子迁移机制表明该过程主要发生在 PAN/SAP 界面，在界面处路易斯碱性位点与 Li^+ 相互作用，弱化其与 PAN 链 C≡N 官能团键合，这有利于锂离子的运输。由于 SAP 的高表面积和孔隙度，这种传输方式提供了更短的路径。

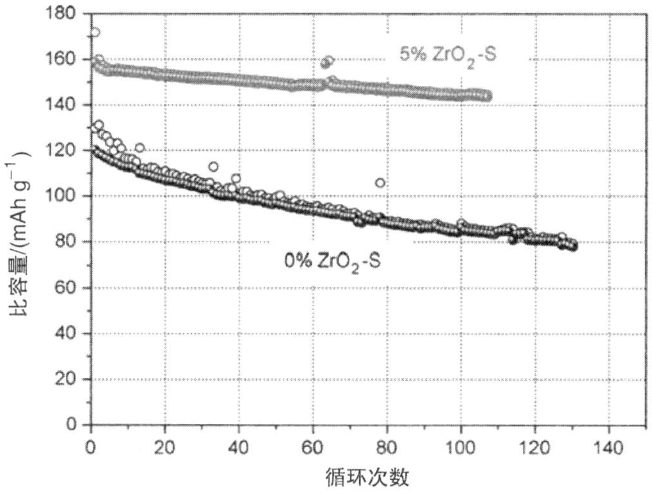

图 9.3 Li/P (EO)$_{20}$$LiClO_4$ + 5% S - ZrO_2/$LiFePO_4$电池和 Li/P (EO)$_{20}$ $LiClO_4$/$LiFePO_4$ 电池的容量与充放电循环。对于 S - ZrO_2电解质电池：温度，90℃；速率，C/5，对应于 0.20mA cm^{-2}的电流密度。对于无陶瓷电解池：C/7 (0.16mA cm^{-2})。容量值参考正极（转载自参考文献[26]，版权所有© 2011，来自 Elsevier）

通过循环伏安法测定，含有 3%质量分数 SAP 的复合材料具有 4V 的电化学稳定窗。由 3%质量分数 SAP（Li/PAN - $LiClO_4$ - 3%质量分数 SAP/$LiFePO_4$）复合材料制成的纽扣电池的放电容量为 120mAh g^{-1}。20 次循环后这个值完全保留（见图 9.5）。

9.2.2 凝胶聚合物电解质纳米复合材料

纳米尺寸的无机填料也可以与由固体聚合物和液体电解质制成的凝胶聚合物

电解质一起使用[4,19-21,27,28]。Kim 等人[21]将 TiO_2用在聚亚乙烯基（fluoride - co - hexafluoropropylene）（P（VdF - HFP））中。在本研究中，研究了 TiO_2添加浓度的影响。浓度 > 50% 被排除在外，因为它们显示差的力学性能。正如所料，加入 TiO_2颗粒时 P（VdF - HFP）的结晶度降低。此外，随着 TiO_2浓度增加至 30% 质量分数，结晶度的降低增加。与锂电极组成的电池其电化学性能如图所示，如电导率（见图 9.6）、电化学稳定性（见图 9.7）。P（VdF - HFP） - TiO_2与 1M $LiClO_4$/EC - DMC（2∶1）或 1M $LiPF_6$/EC - DEC（1∶1）组成的体系最佳 TiO_2含量分别为约 20% 质量分数和 30% 质量分数。

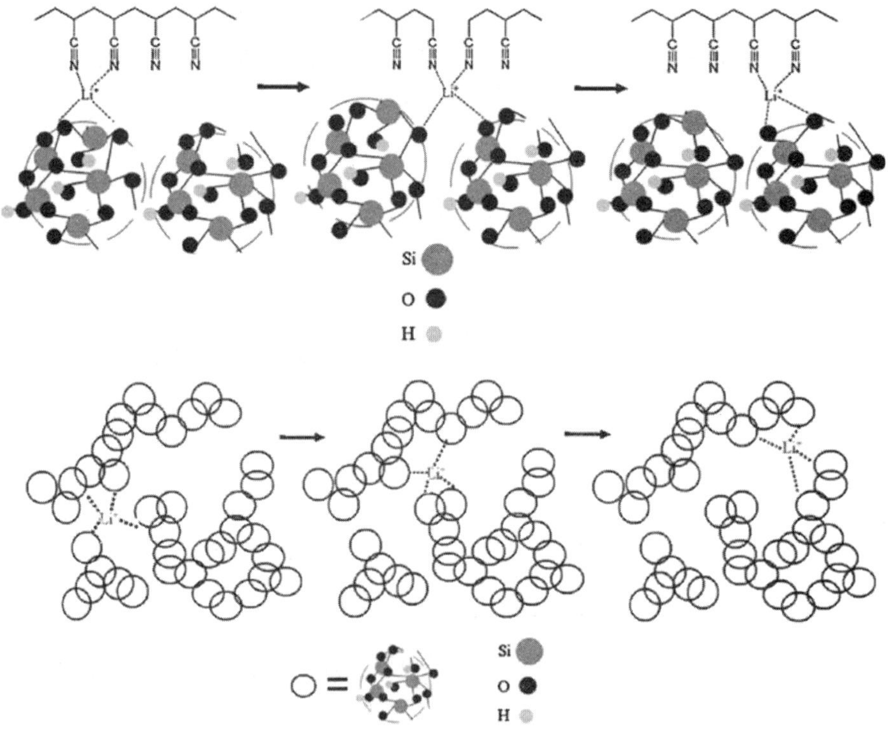

图 9.4　假设的 PAN/$LiClO_4$/SAP 聚合物纳米复合材料的传导机理

（转载自参考文献［18］，版权所有© 2011，来自 Elsevier）

在另一个类似的研究[27]中，采用^{1}H 和^{7}Li - NMR 来证明加入 TiO_2到聚（甲基丙烯酸甲酯）凝胶中（$LiClO_4$、EC、PC 和 PMMA 按照 4.5∶46.5∶19∶30 组成）提高了离子电导率和锂离子迁移数（T_{Li^+}）。结果表明，TiO_2添加后在 80℃ 时，观察到 T_{Li^+}增加 50%。由于 TiO_2 - Li^+相互作用产生的锂离子环境的变化可以通过^{7}Li - NMR 获得的线宽和 T_2弛豫数据进行观察。结果表明无机填料与锂离子之间的相互作用破坏了聚合物链之间的交联，这种交联最初来自 Li^+ - 聚合物相互作用以及氨基甲酸酯官能团的 H 键，其允许更高的锂离子迁移率。

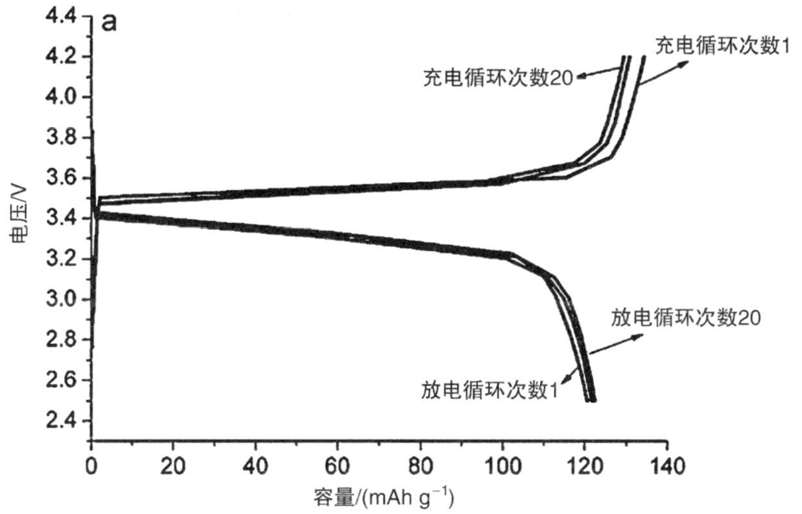

图 9.5　Li/PAN - $LiClO_4$ - 3% 质量分数 SAP/$LiFePO_4$电池的充电/放电曲线。在 2.5 ~ 4.2V 的电压范围下，放电速率为 0.5C（转载自参考文献［18］，版权所有© 2011，来自 Elsevier）

在所有前面提到的体系中，离子转移现象发生在纳米复合材料的盐/聚合物组分之间，而添加的陶瓷实际上则是不参与过程，而是促进过程。这些填料被称为“被动”填料。然而，有些类型的填料是活性的并且在离子转移中起关键作用，这些填料被称为“活性”填料。常见的活性填料是黏土[20,22]，如锂蒙脱石、硅酸盐等。在 Khan 等人进行的研究中[4]，锂离子交换锂蒙脱石填料悬浮在 1∶1 v/v EC 与聚乙二醇二甲醚（EC/PEGdm）体系中形成物理凝胶。人们发现凝胶的离子电导率（见图 9.8）在 25℃ 时是 10^{-4}S cm^{-1} 范围，在 70℃ 时是 10^{-3}S cm^{-1}范围。在这种情况下，锂蒙脱石小片通过充当阴离子引起锂离子传输数高达一个单位。传输数量 = 1 对于高放电应用很重要，因为在这种情况下的浓度极化将对系统（例如电池）具有较小的影响。

除了黏土之外的层状纳米颗粒也可以用于插层聚合物电解质。如层状三钒酸锂（LiV_3O_8）成功地插入聚甲基丙烯酸甲酯（PMMA）[19]。由 PMMA/LiV_3O_8饱和溶液和 1 M $LiClO_4$ - PC/DEC（1∶1）的溶液组成的聚合物凝胶电解质的离子电导率和界面稳定性优于不存在 LiV_3O_8的相同的凝胶。X 射线衍射是一种常见的插层过程表征的技术。对 PMMA/LiV_3O_8（见图 9.9），层间的距离从 LiV_3O_8的 6.3Å（$2\theta = 14°$）到 PMMA/LiV_3O_8的 12.8Å（$2\theta = 7°$），证明 PMMA 链成功插入层间，推动它们进一步分开。

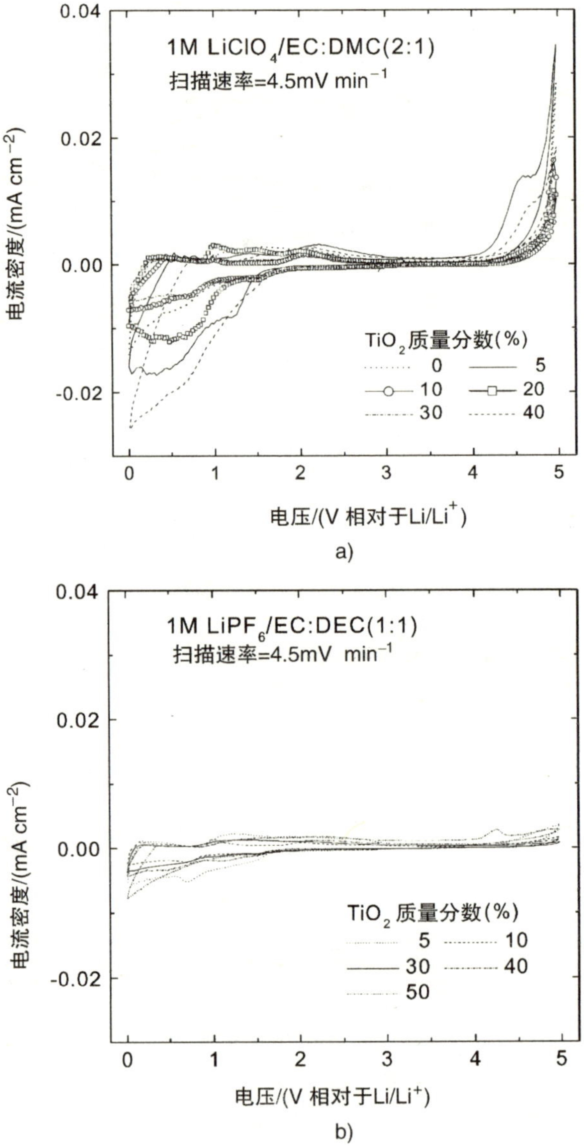

图9.6 不同TiO_2质量比数时聚合物凝胶电解质的离子电导率的温度依赖性

a) P(VdF－HFP)－TiO_2/1M $LiClO_4$/EC: DMC(2: 1)

b) P(VdF－HFP)－TiO_2/1M $LiPF_6$/EC: DEC(1: 1)

(转载自参考文献［21］，版权所有© 2011，来自 Elsevier)

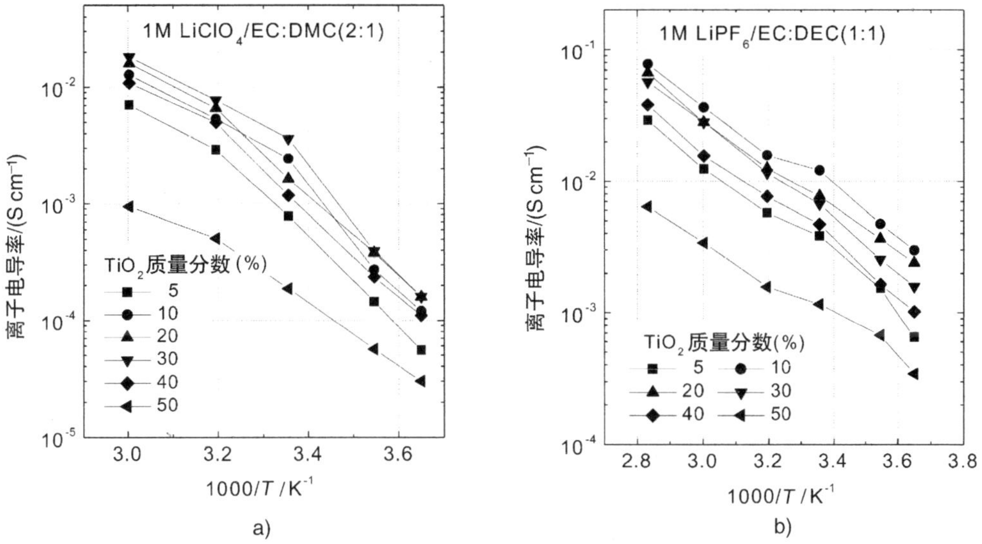

图9.7　不同的 TiO_2 质量比数使用不锈钢电极时聚合物凝胶电解质的循环伏安图
a) P(VdF - HFP) - TiO_2/1 M $LiClO_4$/EC: DMC(2:1)　b) P(VdF - HFP) - TiO_2/1 M $LiPF_6$/EC: DEC(1:1)(转载自参考文献[21],版权所有© 2011,来自 Elsevier)

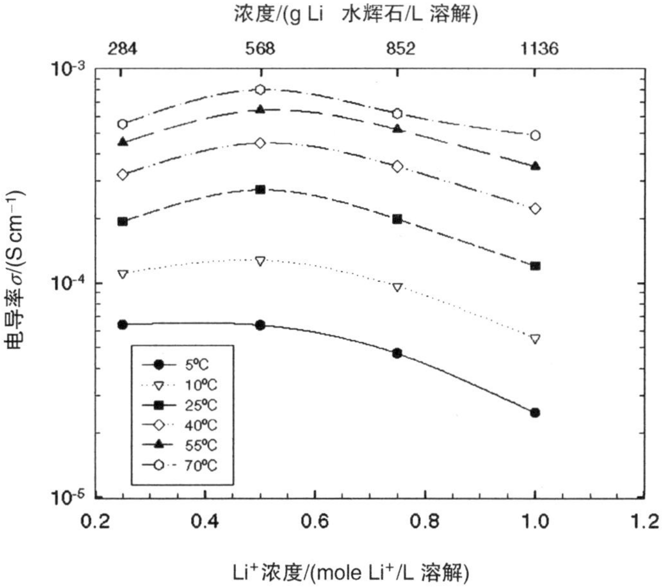

图9.8　在不同温度下电导率对锂蒙脱石浓度的依赖性。溶剂为1:1 v/v EC/PEGdm
(转载自参考文献 [4], 版权所有© 2011, 来自 John Wiley and Sons)

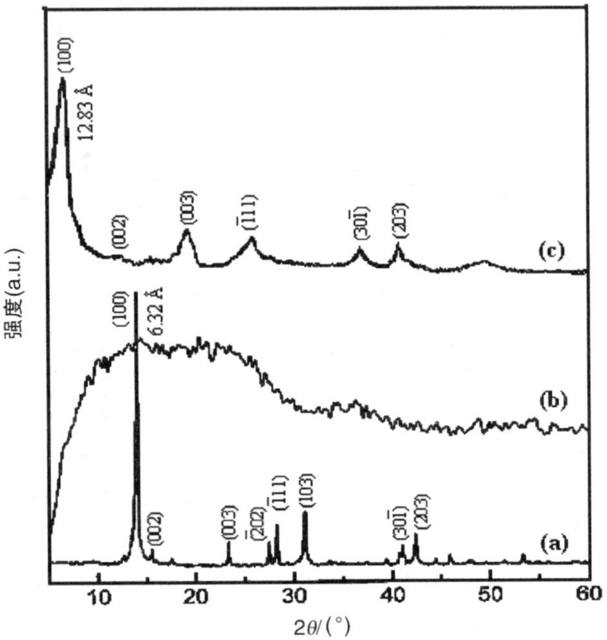

图 9.9　X 射线衍射图谱（转载自参考文献［19］，版权所有© 2011，来自 Springer）
（a）LiV_3O_8　（b）PMMA　（c）PMMA/LiV_3O_8

PMMA/LiV_3O_8凝胶纳米复合材料（$1.8\times10^{-3}S\ cm^{-1}$）的室温离子电导率比不存在$LiV_3O_8$的 PMMA（$5.1\times10^{-4}S\ cm^{-1}$）凝胶高约 4 倍。这种显著增加可归因于负 $V_3O_8{}^-$层具有高介电常数（$\varepsilon=4.5$），这有助于溶解更多的 $LiClO_4$导致更高的电导率。离子电导率增强的另外的原因可能是聚合物凝胶纳米复合材料的团聚。SEM 照片（见图 9.10）表明，PMMA/LiV_3O_8颗粒是 LiV_3O_8的 2.5 倍大。这种团聚可以归因于一些聚合物链插入两种纳米颗粒层间引起 LiV_3O_8 – LiV_3O_8交联。这种团聚为 Li^+从一个颗粒转移到另一个颗粒提供了传导路径。

通过监测由不锈钢/聚合物凝胶纳米复合材料/不锈钢制成的电池的电导率随时间变化来研究聚合物凝胶纳米复合材料/电极界面稳定性。图 9.11 表明，PMMA 凝胶稳定 5 天，而 PMMA – LiV_3O_8凝胶为 10 天，并且后者的电导率损失要小得多。PMMA 凝胶的高孔结构通过插入过程被破坏，这减少了锂枝晶的生长路径（孔），从而获得更好的电解质/电极界面稳定性[28]。

这里值得一提的是，无机填料如 SiO_2和 TiO_2在纳米复合材料的整个循环过程中以非晶态浸出[29]。如果这些颗粒意外吸入或消化，可能与对人类产生危险作用。它们也可能对环境和其他生物物种有负面影响，包括水、鱼、藻类和土壤。未来任何有趣的研究可以在复合材料中固定纳米无机填料，可以集中寻找更

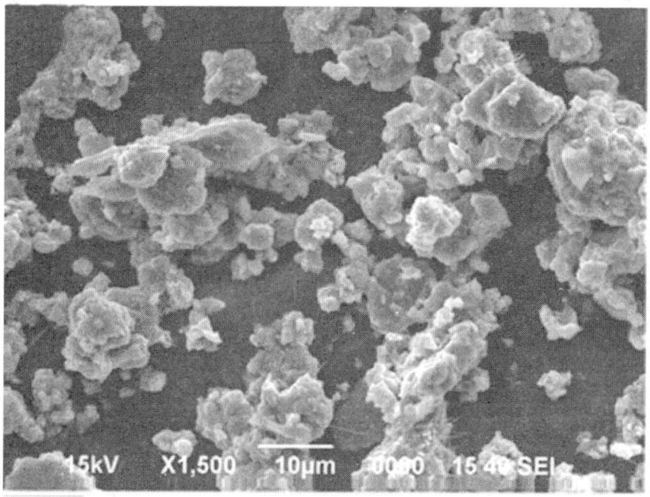

a)

b)

图 9.10 SEM 照片（转载自参考文献 [19]，版权所有© 2011，来自 Springer）

a）LiV_3O_8 b）PMMA/LiV_3O_8

好的方法，通过使用抑制聚合物氧化损伤的添加剂，改性纳米颗粒表面和改进复合物的设计和结构以容纳更大（更安全）的颗粒。

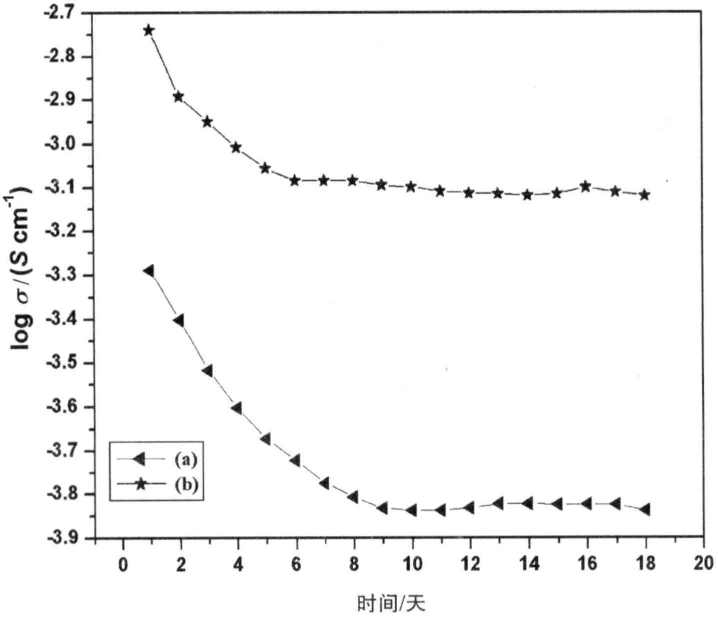

图 9.11　PMMA – 1 M $LiClO_4$ – PC/DEC（1∶1）聚合物凝胶电解质（a）和 PMMA/LiV_3O_8 – 1 M $LiClO_4$ – PC/DEC（1∶1）聚合物凝胶电解质（b）纳米复合材料的电导率随时间的变化关系（转载自参考文献［19］，版权© 2011，来自 Springer）

9.3　液态电解质“湿砂”纳米复合材料

在本节，将讨论一种由绝缘氧化物纳米颗粒固体制成的胶体电解质，例如分散在常规锂液体电解质（例如 $LiPF_6$ – EC/DMC）[6 – 13] 中或离子液体中[30 – 32] 的 SiO_2、TiO_2 和 Al_2O_3。这种黏性颗粒集合纳米复合材料通常称为“湿砂”或“胶体电解质”（见图 9.12）。添加纳米尺寸的颗粒是希望增强原始液体电解质的离子电导率[10,14, 30 – 32]。例如，硅纳米颗粒使锂电池液体电解质的离子电导率由几倍增加到 10 倍[10]。除了导电性增强，这种类型材料的湿砂质地可以改善其力学性能，扩大其在电池等电化学器件的应用范围[9,10]。类似于聚合物纳米复合材料，可以添加到液体电解质中的纳米颗粒的量具有最佳值，之后再增加电导率开始下降[10]。

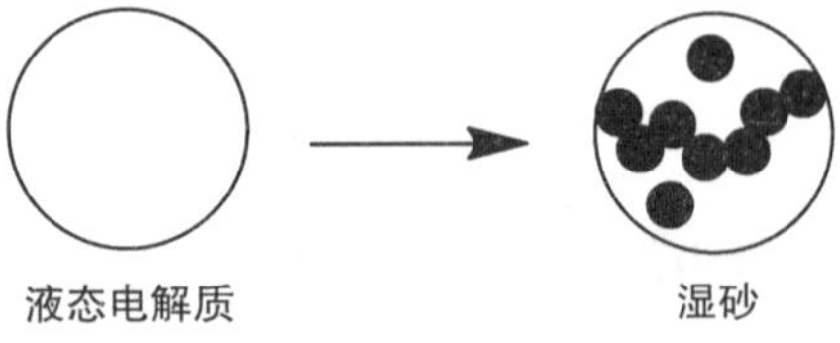

图 9.12　从液体电解质合成湿砂的示意法

Maier 和 Bhattacharyya[8]进行了一个简单的实验研究掺杂不同浓度氧化物的 $LiClO_4$/甲醇溶液的电导率变化（见图 9.13）。观察到的趋势是随着氧化物体积分数（φ）的增加，电导率增加，直到达到最大值随后在更高的 φ 值时电导率下降。

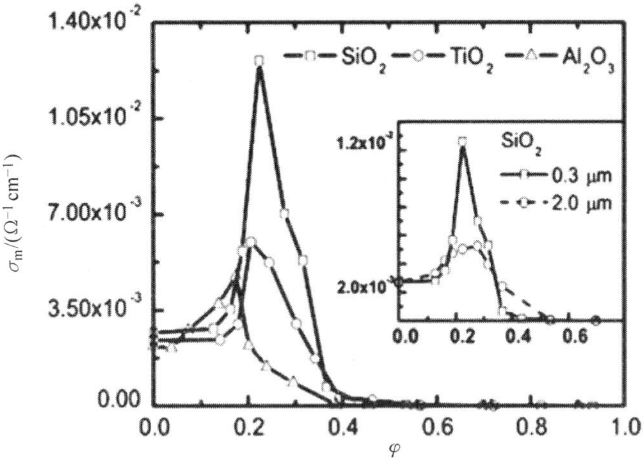

图 9.13　室温离子电导率与 $LiClO_4$/甲醇溶液中 TiO_2（O）、SiO_2（□）和 Al_2O_3（Δ）的体积分数的关系。插图：离子电导率对 SiO_2颗粒尺寸的依赖性：0.3μm（——）和 2.0μm（- - -）（转载自参考文献［8］，版权所有© 2011，来自 John Wiley and Sons）

较高氧化物含量导致电导率下降是由于干燥的氧化物颗粒阻塞导电通路。掺杂 SiO_2的溶液是高度酸性的，其电导率值与掺杂有 Al_2O_3的溶液（碱性更强一些）相比更高，而掺杂 TiO_2的电导率处于中间值（见图 9.13）。这些结果表明，氧化物和 $LiClO_4$盐之间的相互作用包括通过氧化物吸附 ClO^-阴离子，这增强了盐的解离，从而增加 Li^+浓度，进而提高了电导率。这一现象由 Zeta 电位测量得到确认，其数值为负（对于带负电荷的表面），从 Al_2O_3的 −18.3mV 增加为 SiO_2的 −36.3mV。SiO_2的较高值归因于有较高的 ClO^-吸附引起的更密集的表面电荷。掺杂体积分数为 0.22 SiO_2的 $LiClO_4$/甲醇观察到最佳电导率（$\sigma_m = 1.2 \times 10^{-2}\ \Omega^{-1}\ cm^{-1}$），其可与用于锂电池的电解质相比。含有较高表面积二氧化硅颗粒的溶液可以获得更好的导电性，这是氧化物表面效应的结果。图 9.14 描述了在液体和聚合物纳米复合材料中发生的通过氧化物增强的盐的解离。

同一研究小组向 1 M $LiPF_6$的 EC−DMC（1∶1 v/v）和 1 M $LiPF_6$的 DMC 组成的溶液中加入 SiO_2颗粒[7]。观察到显著的导电性增强，再次归因于阴离子 PF_6的吸附增加的盐解离，氧化物表面产生较高浓度的 Li^+离子。由石墨/1M $LiPF_6$ EC−DMC(1∶1 v/v)−SiO_2(φ=0.04)/Li（见图 9.15）组成的电池的充放电行为表明，第二个放电循环的容量（310mAh g^{-1}）保持恒定约 50 个循环，容量损失仅为 3.2%。这些结果证明 SiO_2对电极没有任何不利影响。

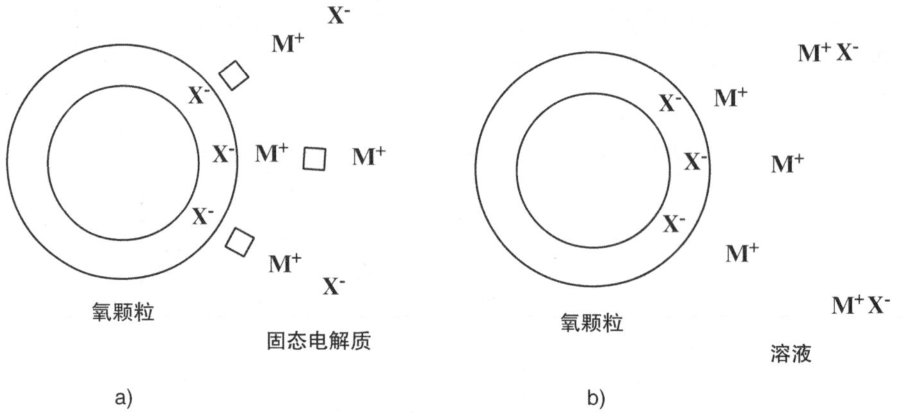

图 9.14 氧化物对 a) 和 b) 中盐解的影响

a) 固态电解质 b) 溶液电解质

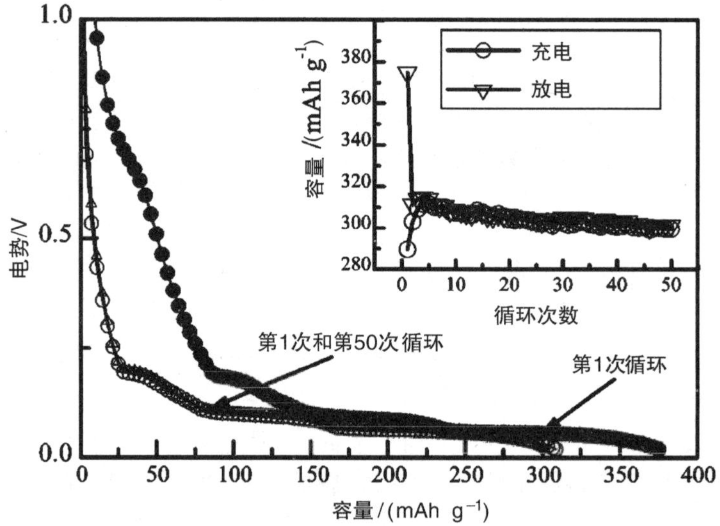

图 9.15 石墨/1mL $LiPF_6$ EC – DMC(1∶1 v/v) – SiO_2(φ = 0.04)/Li 电池在 25℃、C/3 速率下的循环行为（转载自参考文献［7］，版权所有© 2011，来自电化学学会）

以上结果与理论容量（370 mAh g^{-1}）具有可比性，同时也与不含二氧化硅颗粒的液体电解液的数据进行比较。第一放电循环的第一个肩峰很清楚地表明了固态电解质界面（SEI）的形成。由于 SEI 层一旦形成，就会保护锂化碳，在随后的循环中观察不到该肩峰。这种湿砂的充放电行为被证明与液体电解质的行为非常相似。此外，由于湿砂的黏性性质，因而组装上述电池不需要使用聚合物隔板，进而改善了力学性能。

除了增强盐解离之外，以上提到的氧化物都被认为对离子导电具有渗流效应[10]。由于这种效应，湿砂中的离子电导发生在界面区域，类似于聚合物纳米复合材料中讨论的机制（见图 9.16）。

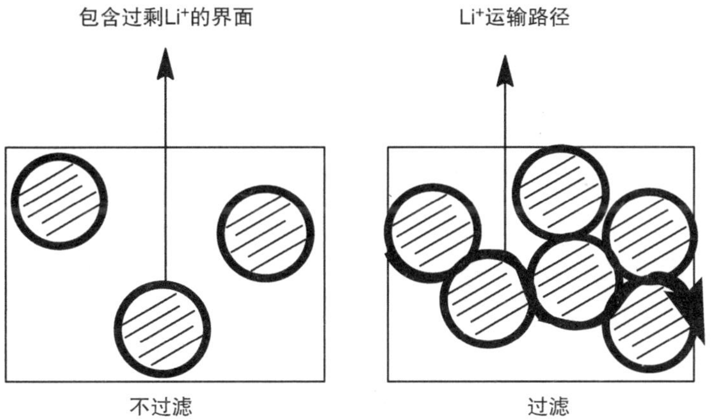

图 9.16　湿砂中离子导电机理示意图

在大多数前面提到的研究中，观察到渗流开始（导电率开始突然增加的氧化物体积分数）取决于用于制备湿砂的溶剂的介电常数。含有高介电常数溶剂（例如甲醇）的湿砂（$\varepsilon=32.6$）相比于包含较低介电常数的溶剂如 THF（$\varepsilon=7.4$），会在较高氧化物体积分数下发生渗流开始（见图 9.17）[9]。

这是由于具有高介电常数的溶剂的高极性会造成湿砂的低稳定性。基于流变学测量，湿砂黏度随剪切速率的增加而降低（见图 9.18）。这些结果表明，加热时颗粒之间通过范德华相互作用形成氧化物粒子的渗透网络克服静电斥力。

为了方便制造的目的，离子液体（IL）（称为离子凝胶）的湿砂也可以实现力学性能的增强[30-32]。IL 作为常规有机物电解质的潜在替代品受到相当大的关注，因为它们的低挥发性、高热/电化学/化学稳定性、不可燃性和高离子电导率[10, 14, 30-32]。尽管有这些优点，但是 IL 的流体性质对它们的制造造成了限制。添加无机填料到 IL 可能是一个潜在的问题解决方案，因为其导致离子液体的凝胶化并因此有更好的力学性能。图 9.19[31]显示了不同含量的二氧化硅纳米颗粒在 1－乙基－3－甲基咪唑鎓双（三氟甲磺酰基）酰胺中［C_2mim］［NTf_2］分散，凝胶化发生于 3% 质量分数，凝胶硬度随着二氧化硅含量增加而提高。［C_2mim］［NTf_2］的流变学测量（见图 9.20）表明其牛顿流体行为，其中黏度独立于剪切速率。另一方面，含有 2% ~5% 质量分数硅的复合材料，其黏度随着剪切速率的增加而减小，表明物理键的破坏通常发生在胶体悬浮液中的颗粒之间。二氧化硅含量较高时，这种颗粒之间的吸引会导致网络的形成，这解释了含

5%质量分数硅的纳米复合材料黏度随剪切速率提高而急剧下降的现象。

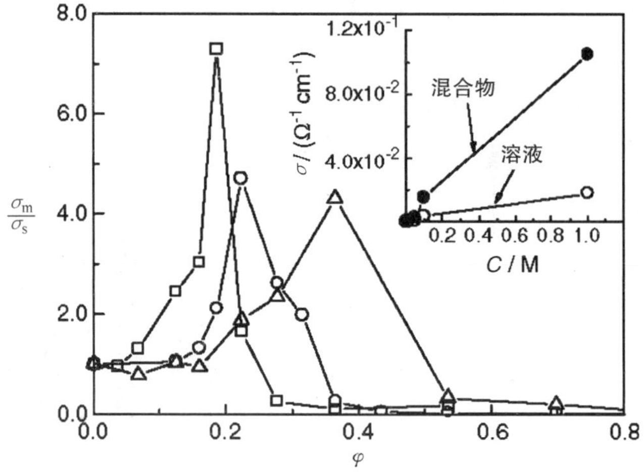

图 9.17 在不同溶剂 MeOH（○）、THF（□）和 DMSO（△）中，室温离子电导率（σ_m）归一化为溶液电导率（σ_s）与在 SiO_2/0.1M $LiClO_4$ 溶液 SiO_2 的体积分数关系。插图：在 MeOH 溶液（O）和加入 SiO_2 复合材料时（φ = 0.28）（●）离子电导率与 $LiClO_4$ 浓度的关系（转载自参考文献［9］，版权所有© 2011，来自 Elsevier）

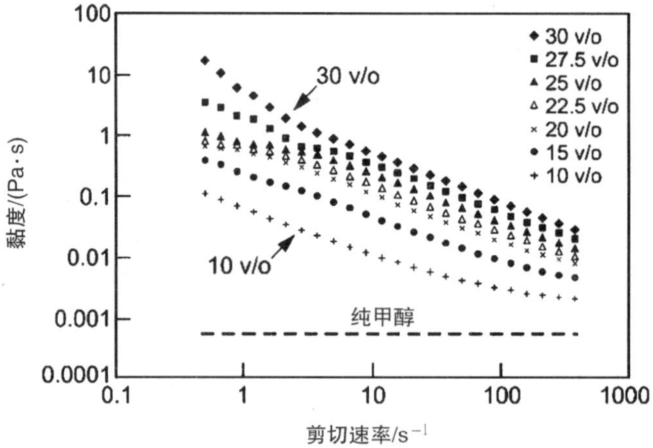

图 9.18 0.1M $LiClO_4$ 在 MeOH－SiO_2 复合材料中，不同 SiO_2 含量时室温黏度与剪切速率的关系（转载自参考文献［9］，版权所有© 2011，来自 Elsevier）

纯的［C_2mim］［NTf_2］（在 30℃下约为 10^{-2} S cm^{-1}）的离子电导率不受添加 5%质量分数二氧化硅的影响，保持其作为电解质的应用，具有增强的力学性能的额外优点。具有较高二氧化硅含量的凝胶由于降低的迁移率（固化）而表现出降低的离子电导率。

图 9.19　具有质量分数（a）0%、（b）1%、（c）3%、（d）5%和（e）15%的 SiO_2 含量的［C_2mim］［NTf_2］－SiO_2 照片。（转载自参考文献［13］，版权所有© 2011，来自美国化学学会）

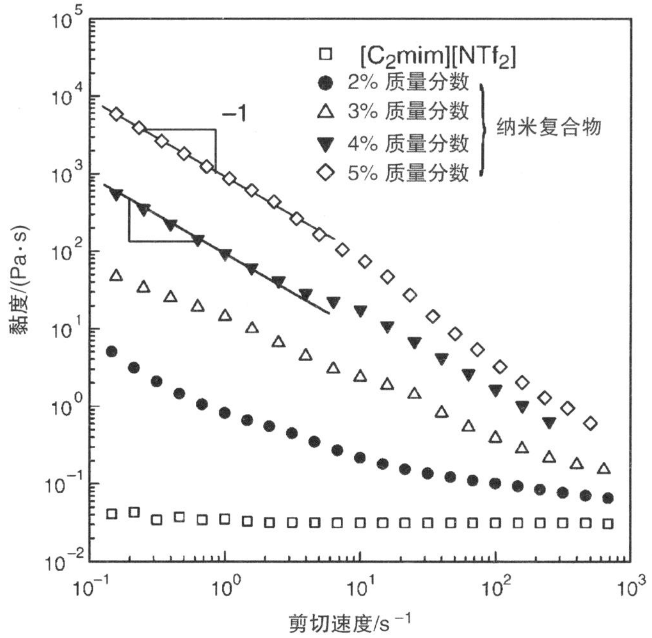

图 9.20　不同二氧化硅颗粒含量的［C_2mim］［NTf_2］－SiO_2 的黏度与剪切速率的关系（转载自参考文献［31］，版权所有© 2011，来自美国化学学会）

9.4 有机离子塑性晶体纳米复合材料

有机离子塑性晶体是一种新型的固态，导电分子塑性材料完全由离子组成（见图9.21）。最近它们在室温下显示明显的导电性[5,33-42]。在离子塑性晶体中的离子分子的旋转和无序取向使它们具有液体状特性，可以诱导离子快速运动并因此获得更高的电导率。这种固体电解质的塑性力学性能与其离子传输能力，以及不需要液体溶剂等优点，引起了研究人员的注意，研究它们在电化学装置如电池中的可能应用[5,33-42]。图9.22列出了一些用于锂离子电池的离子塑性晶体[40]。与本章中所讨论的其他类型电解质相似，掺杂无机填料如锂盐和氧化物（例如 SiO_2）可以引起电导率显著增加[5,33-42]。这种电导率的提高归因于离子团聚体在界面处的诱导解离，以及在填料表面周围空间电荷层中电荷载流子的浓度增加[5,42]。人们还认为离子晶体分子和无机添加剂之间的相互作用会导致更多的无序，因此那些分子会产生更多的运动，进而提高离子传输[35,40-42]。

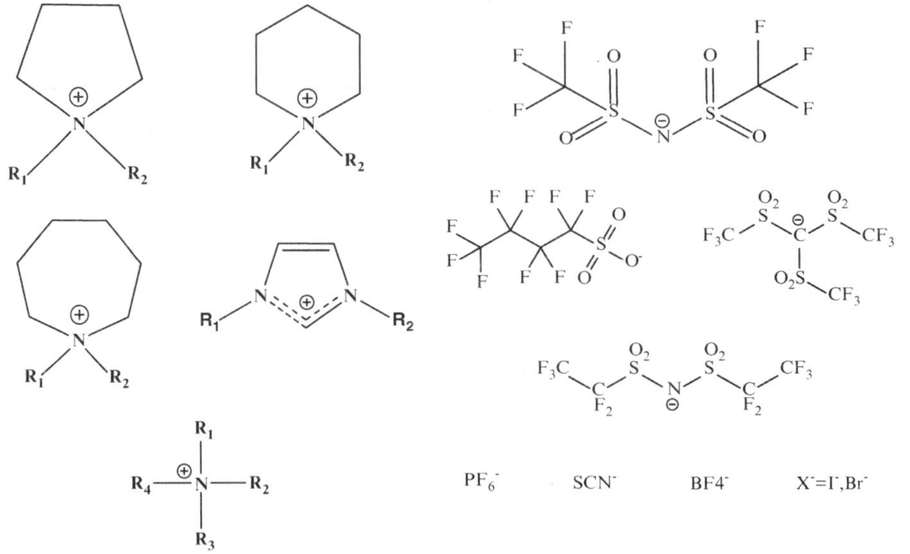

图9.21 有机离子塑性晶体的实例

Shekibi 等人[5]报道将尺寸为7nm、12nm和16nm的 SiO_2 纳米颗粒按照10%质量分数的比例掺入N-甲基-N-乙基吡咯烷鎓双（三氟甲烷磺酰基）酰胺（[C_2mpyr][NTf_2]）(p1，2TFSA）中，其电导率会呈现两个数量级的增强（见图9.23）。正如人们所期望的，掺入最小尺寸（最大表面积）的纳米颗粒，电导率会获得最大增强。

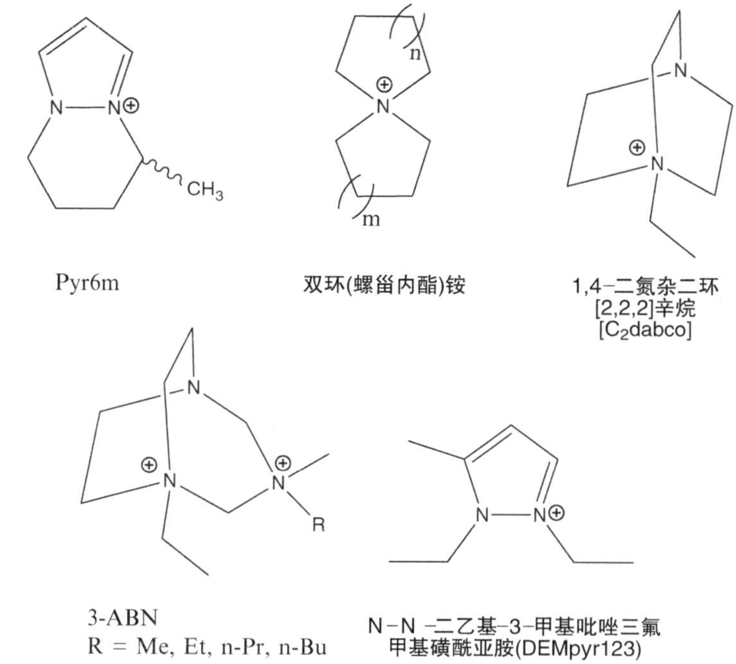

图 9.22　一些锂离子电池中的离子塑性晶体研究

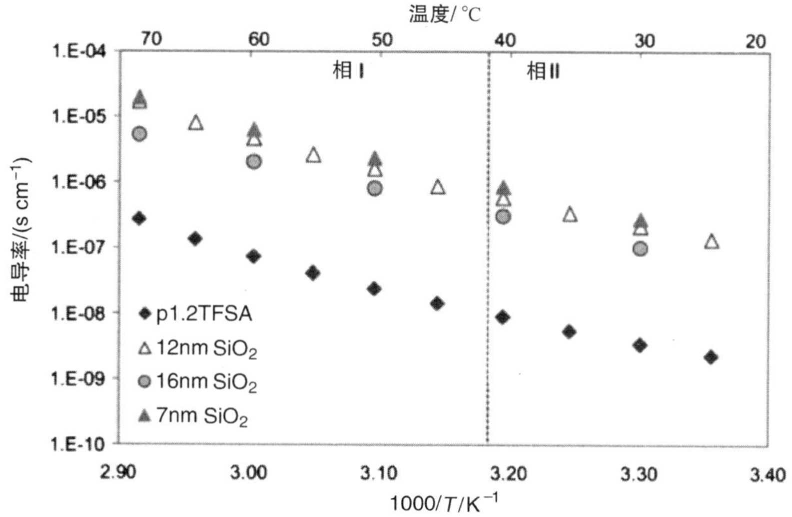

图 9.23　纯 p1，2TFSA 和 p1，2TFSA 与尺寸 7nm、12nm 和 16nm 的 10% 质量分数 SiO_2 复合材料的电导率与温度的关系（转载自参考文献［5］，版权所有© 2011，来自美国化学学会）

后来，在 Shekibi 等人的另一项研究中[42]，锂功能化二氧化硅纳米粒子加入到［C_2mpyr］［NTf_2］（见图 9.24）会产生电导率增强，与使用非功能化粒子获得的增强一致。然而，锂功能化二氧化硅作为锂离子源以及无机填料具有额外的优点。

纯［C_2mpyr］［NTf_2］（“基质”表示为 Mx）（见图 9.25）的热分析显示了

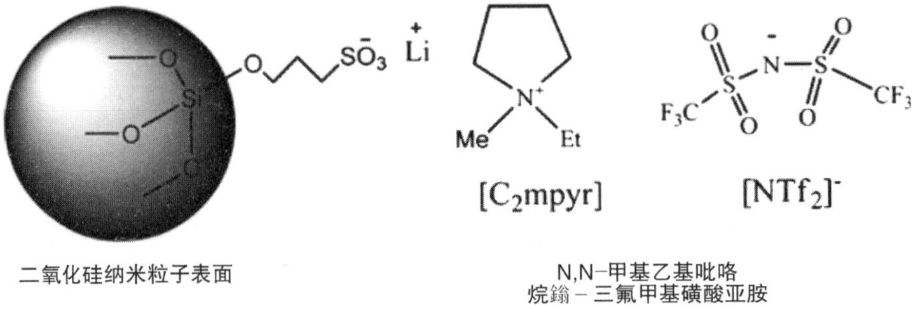

图 9.24　添加到［C_2mpyr］［NTf_2］中的锂功能化二氧化硅纳米粒子（转载自参考文献［42］，版权所有© 2011，皇家化学学会）

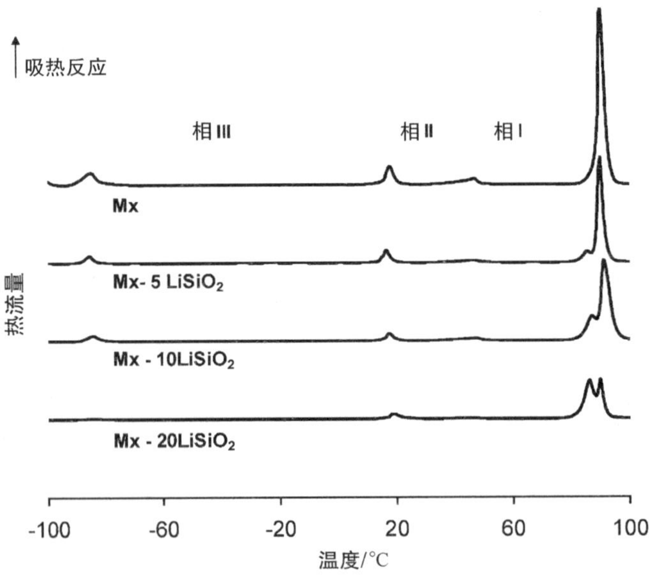

图 9.25　纯塑性晶体［C_2mpyr］［NTf_2］和掺杂 5%、10% 和 20% 质量分数 Li – SiO_2 的［C_2mpyr］［NTf_2］在 10℃ min^{-1} 的 DSC 图（转载自参考文献［42］，版权所有© 2011，来自皇家化学学会）

纯离子晶体的 4 个相变，其中熔化发生在约 89℃时。添加官能化纳米颗粒降低熵并在约 84℃时产生另一个熔化阶段，其随着 Li - SiO_2浓度的增加而增强。在 89℃的峰对应于纯 [C_2mpyr] [NTf_2] 的熔点，而在 84℃ 的峰对应于 [C_2mpyr] [NTf_2] 与 Li - SiO_2接触的区域。掺杂材料峰强度随着填料含量的增加而增强归因于更高的界面区域所占比例。在界面处产生的无序会引起较低的熔化焓进而导致熵减小。

9.5　小结和展望

本章概述了各种类型的无机纳米填料作为添加剂以提高锂电池中常用电解质的性能。本章所概述的研究工作的主要发现是使用最佳量的无机纳米粒子例如陶瓷（如 SiO_2）或黏土（如蒙脱石）与不同类型的电解质相互作用产生电化学性能的显著增强，这对于优化电池性能是至关重要的，这些性质包括锂离子迁移数、离子导电性和电化学稳定性。这些类型的添加剂在某些情况下可以提高电解质/电极界面稳定性，这是另一个重要的电池性能参数。这些纳米填料对上述性能的影响效果很大程度上取决于所使用的纳米颗粒的浓度和表面性质。

以这种方式产生的电解质纳米复合材料未来非常有希望应用于电化学器件中。对电解液性能的影响，这种纳米复合材料从材料的可用性和设计的容易性角度而言优于其他材料。未来进一步的研究可能致力于对纳米颗粒表面进行改性、构建对电解质性能具有更大影响的体系、测试新材料和优化制造与设计。

参 考 文 献

1. Croce F, D'Epifanio A, Hassoun J, Reale P, Scrosati B (2003) Advanced electrolyte and electrode materials for lithium polymer batteries. J Power Sources 119–121:399–402
2. Blomgren GE (2003) Liquid electrolytes for lithium and lithium-ion batteries. J Power Sources 119–121:326–329
3. Sazhin SV, Harrup MK, Gering KL (2011) Characterization of low-flammability electrolytes for lithium-ion batteries. J Power Sources 196(7):3433–3438
4. Walls HJ, Riley MW, Singhal RR, Spontak RJ, Fedkiw PS, Khan SA (2003) Nanocomposite electrolytes with fumed silica and hectorites clay networks: passive versus active fillers. Adv Funct Mater 13(9):710–717
5. Shekibi Y, Gray-Weale A, MacFarlane DR, Hill AJ, Forsyth M (2007) Nanoparticle enhanced conductivity in organic ionic plastic crystals: space charge versus strain induced defect Mechanism. J Phys Chem C 111(30):11463–11468
6. Balaya P, Bhattacharyya AJ, Jamnik J, Zhukovskii YF, Kotomin EA, Maier J (2006) Nanoionics in the context of lithium batteries. J Power Sources 159(1 SPEC. ISS):171–178
7. Bhattacharyya AJ, Dollé M, Maier J (2004) Improved Li-battery electrolytes by heterogeneous doping of nonaqueous Li-salt solutions. Electrochem Solid State Lett 7(11):A432–A434
8. Bhattacharyya AJ, Maier J (2004) Second phase effects on the conductivity of non-aqueous salt solutions: "Soggy sand electrolytes". Adv Mater 16(9–10):811–814
9. Bhattacharyya AJ, Maier J, Bock R, Lange FF (2006) New class of soft matter electrolytes obtained via heterogeneous doping: percolation effects in "soggy sand" electrolytes. Solid State Ion 177(26–32 SPEC. ISS.):2565–2568

10. Bhattacharyya AJ, Patel M, Das SK (2009) Soft matter lithium salt electrolytes: ion conduction and application to rechargeable batteries. Monatsh Chem 140(9):1001–1010
11. Das SK, Bhattacharyya AJ (2009) Oxide particle surface chemistry and ion transport in "soggy sand" electrolytes. J Phys Chem C 113(16):6699–6705
12. Das SK, Bhattacharyya AJ (2010) Influence of oxide particle network morphology on ion solvation and transport in "soggy Sand" electrolytes. J Phys Chem B 114(20):6830–6835
13. Edwards WV, Bhattacharyya AJ, Chadwick AV, Maier J (2006) An XAS study of the local environment of ions in soggy sand electrolytes. Electrochem Solid State Lett 9(12):564–567
14. Kumar B, Rodrigues SJ (2004) Ionic conductivity of colloidal electrolytes. Solid State Ion 167 (1–2):91–97
15. Osinska M, Walkowiak M, Zalewska A, Jesionowski T (2009) Study of the role of ceramic filler in composite gel electrolytes based on microporous polymer membranes. J Membr Sci 326(2):582–588
16. Appetecchi GB, Croce F, Persi L, Ronci F, Scrosati B (2000) Transport and interfacial properties of composite polymer electrolytes. Electrochim Acta 45(8–9):1481–1490
17. Forsyth M, MacFarlane DR, Best A, Adebahr J, Jacobsson P, Hill AJ (2002) The effect of nano-particle TiO_2 fillers on structure and transport in polymer electrolytes. Solid State Ion 147(3–4):203–211
18. Chen YT, Chuang YC, Su JH, Yu HC, Chen-Yang YW (2011) High discharge capacity solid composite polymer electrolyte lithium battery. J Power Sources 196(5):2802–2809
19. Deka M, Kumar A (2010) Enhanced ionic conductivity in novel nanocomposite gel polymer electrolyte based on intercalation of PMMA into layered LiV_3O_8. J Solid State Electrochem 14(9):1649–1656
20. Deka M, Kumar A (2011) Electrical and electrochemical studies of poly(vinylidene fluoride)-clay nanocomposite gel polymer electrolytes for Li-ion batteries. J Power Sources 196 (3):1358–1364
21. Kim KM, Park N-G, Ryu KS, Chang SH (2002) Characterization of poly(vinylidene fluoride-co-hexafluoropropylene)-based polymer electrolyte filled with TiO_2 nanoparticles. Polymer 43(14):3951–3957
22. Sharma AL, Thakur AK (2010) Polymer-ion-clay interaction based model for ion conduction in intercalation-type polymer nanocomposite. Ionics 16(4):339–350
23. Croce F, Settimi L, Scrosati B (2006) Superacid ZrO_2-added, composite polymer electrolytes with improved transport properties. Electrochem Commun 8(2):364–368
24. Skaarup S, West K, Julian PM, Thomas DM (1990) Mixed phase solid electrolytes with nonconducting polymer binder. Solid State Ion 40–41(Part 2):1021–1024
25. Skaarup S, West K, Zachau-Christiansen B (1988) Mixed phase solid electrolytes. Solid State Ion 28–30(Part 2):975–978
26. Croce F, Sacchetti S, Scrosati B (2006) Advanced, lithium batteries based on high-performance composite polymer electrolytes. J Power Sources 162(1):685–689
27. Adebahr J, Best AS, Byrne N, Jacobsson P, MacFarlane DR, Forsyth M (eds) (2003) Ion transport in polymer electrolytes containing nanoparticulate TiO_2: the influence of polymer morphology. Phys Chem Chem Phys 5:720–725, The Royal Society of Chemistry
28. Song JY, Wang YY, Wan CC (1999) Review of gel-type polymer electrolytes for lithium-ion batteries. J Power Sources 77(2):183–197
29. Reijnders L (2009) The release of TiO_2 and SiO_2 nanoparticles from nanocomposites. Polym Degrad Stab 94(5):873–876
30. Moganty SS, Jayaprakash N, Nugent JL, Shen J, Archer LA (2010) Ionic-liquid-tethered nanoparticles: hybrid electrolytes. Angew Chem Int Ed 49(48):9158–9161
31. Ueno K, Hata K, Katakabe T, Kondoh M, Watanabe M (2008) Nanocomposite ion gels based on silica nanoparticles and an ionic liquid: ionic transport, viscoelastic properties, and micro-

structure. J Phys Chem B 112(30):9013–9019

32. Zhang J, Zhang Q, Li X, Liu S, Ma Y, Shi F, Deng Y (2010) Nanocomposites of ionic liquids confined in mesoporous silica gels: preparation, characterization and performance. Phys Chem Chem Phys 12(8):1971–1981
33. Abu-Lebdeh Y, Alarco P-J, Armand M (2003) Conductive organic plastic crystals based on pyrazolium imides. Angew Chem Int Ed 42(37):4499–4501
34. Abu-Lebdeh Y, Austin E, Davidson IJ (2009) Spiro-ammonium imide salts as electrolytes for lithium batteries. Chem Lett 38(8):782–783
35. Adebahr J, Ciccosillo N, Shekibi Y, MacFarlane DR, Hill AJ, Forsyth M (2006) The "filler-effect" in organic ionic plastic crystals: enhanced conductivity by the addition of nano-sized TiO2. Solid State Ion 177(9–10):827–831
36. Cooper EI, Angell CA (1986) Ambient temperature plastic crystal fast ion conductors (PLICFICS). Solid State Ion 18–19(Part 1):570–576
37. Fukada S-I, Yamamoto H, Ikeda R, Nakamura D (1987) Hydrogen-1 nuclear magnetic resonance, differential thermal analysis, X-ray powder diffraction and electrical conductivity studies on the motion of cations, including self-diffusion in crystals of propylammonium chloride and bromide as well as their n-deuterated analogues. J Chem Soc 10:3207–3222
38. MacFarlane DR, Forsyth M (2001) Plastic crystal electrolyte materials: new perspectives on solid state. Adv Mater 13(12–13):957–966
39. MacFarlane DR, Meakin P, Amini N, Forsyth M (2001) Structural studies of ambient temperature plastic crystal ion conductors. J Phys Condens Matter 13(36):8257–8267
40. Pringle JM, Howlett PC, MacFarlane DR, Forsyth M (2010) Organic ionic plastic crystals: recent advances. J Mater Chem 20(11):2056–2062
41. Pringle JM, Shekibi Y, MacFarlane DR, Forsyth M (2010) The influence of different nanoparticles on a range of organic ionic plastic crystals. Electrochim Acta 55(28):8847–8854
42. Shekibi Y, Pringle JM, Sun J, Pas SJ, Rocher NM, Clare BR, Hill AJ, MacFarlane DR, Forsyth M (2010) Lithium-functionalised silica nanoparticles for enhanced ionic conductivity in an organic ionic plastic crystal. J Mater Chem 20(2):338–344

第 10 章　电池用微尺度 3D 立体结构

Matthew Roberts、Phil Johns 和 John Owen

摘要：3D 微电池的概念提供了一种方法可能产生表面贴装可充电电池的每个占用空间的能量和功率发生阶跃变化，进而用于微机电系统（MEMS）等小型电子设备。所提出的结构具有高纵横比微结构集流体涂覆在 3 个电池活性层（负极、正极和电解质），每层的厚度为几微米，这减少了穿过层的扩散路径的长度，使功率容量最大化。这些电池高的纵横比还允许单位面积的能量存储显著增加。本章概述了 3D 微电池的设计原则和评估材料的几何与物理要求。提出了微电池半电池和全电池的相关实施例以说明关键制造方法。此外，相同的基本概念和所提出的技术可以在将来用于制造纳米级电池。

10.1　简介

10.1.1　为什么需要 3D 结构的微电池？

小型设备如医疗植入物、微型传感器、自供电集成电路或微机电系统（MEMS）[1, 2]需要尺寸为 1～10mm^3 和高能量存储密度的封装可再充电电池。因此，锂离子体系应该是优选的，因为其将提供适合于应用的可用技术的最高能量密度。近年来 MEMS 的发展激增是对可靠和通用的锂离子微电池发展的特殊动力。已经使用 MEMS 设备的应用在诸如喷墨打印机墨盒、加速度计、微型机器人、微型发动机、锁、惯性传感器、微传输、微镜、微致动器、光学扫描器、流体泵、传感器和化学、压力和流量传感器[3]。这个领域将在现代生活中发挥越来越大的作用，因为这些产品开始发展成日常用品。以电池形式的局部电力的并入将是众多应用的大的改进。一个困难是对这些小器件再充电。然而，可以设想用于充电的微对接站。如果这些微器件有微太阳电池附件，可充电锂离子系统会是非常有用的。

在过去的 15 年左右，厚度高达 10μm 的薄膜锂离子微电池作为可表面贴装的装置已经开始出现[4, 5]。对现代 MEMS 器件的功率水平增加的供应已经成为巨大的挑战，因为单位面积的衬底上可存储的能量和功率是有限的。增加厚度不能解决薄膜中的这个问题，因为这也增加了电流路径长度，导致功率密度降低。解决电池世界中这个问题的传统路线是将薄膜卷绕向上，这样做会在小体积中产生大表面积。然而，这不适于大多数薄膜体系，因为部件倾向于易碎并且缠绕电极将导致断裂和短路。这个问题会将设计限制到平面体系，大容量就需要大的覆盖面积。从而引出了面积比容量（capacity per footprint area）（$\mu Ah\ cm^{-2}$）的概念，这是构建微电池的关键考虑因素。电池技术人员通常以重量容量（$mAh\ g^{-1}$）和体积容量（$mAh\ cm^{-3}$）表征电荷存储。然而，在微电池应用中的限制是可用的面积，相关的指标是面积比容量。

术语“3D 电池”定义[6]为“具有三维尺度暴露的活性表面区域的正极和负极所组成的电池”。尽管这可以包括用于厚膜（粉末－黏合剂复合物）电池中的复合电极，它通常指的是使用微结构或微制造多孔电极组装的电池。术语“半 3D 电池”可以指由微制造电极（含有三维暴露的有效面积）与另一个传统电极通过平面隔膜层组装而成的电池。更高级的概念，在本书中称为 3D（或全 3D），是指一个设计将整个薄膜电池结构从平面几何形状折叠变成厚的层压板或网络放置在小的占用面积上，这样整体电流路径仍保持较小。后面将讨论这些概念并展示如何提高器件性能指标。然后将讨论电池设计和制造方法的示例，特别是材料沉积技术。

10.1.2　平面（2D）电池

10.1.2.1　薄膜电池

“薄膜”是指通过物理或化学气相沉积制备的平面半导体器件，并且材料是固体陶瓷或玻璃。薄膜微电池（见图 10.1）专为小规模应用而设计不需要高存储容量。从薄的集流体开始，电池是通过沉积下电极、电解质、上电极和第二集流体以组成电池。厚度限制为几微米，以每层机械应力导致断裂之前的最大厚度为限。

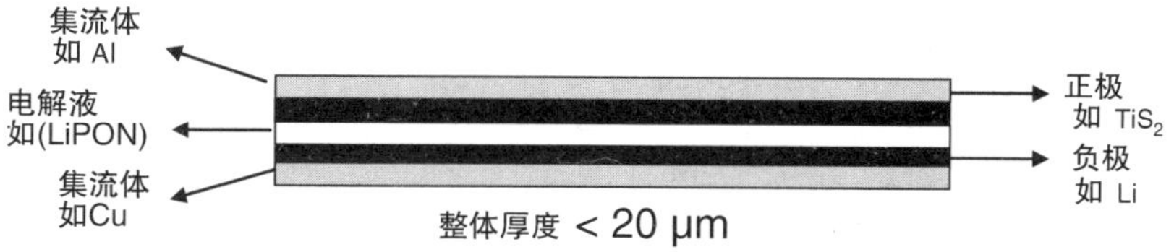

图 10.1　薄膜电池（经皇家化学学会许可转载）

薄膜电池的主要功率限制是因为电解质/隔膜层的欧姆电压降，其随着隔膜厚度而增加，导致最大功率减小。在没有其他限制的情况下，可以用电阻与面积的乘积来估计每个有效区（面积）可用的最大功率 P_A，公式如下。最大功率在短路电流的一半时获得，I_{SC}，其中欧姆损耗是开路电压的一半，V_{OC}。

$$RA = \frac{L_S}{\sigma} \tag{10.1}$$

$$P_{A} \approx \frac{V_{OC}}{2} \frac{V_{OC}}{2RA} = \frac{\sigma V_{OC}^{2}}{4L_{S}} \tag{10.2}$$

式中，σ 为电导率；L_S为隔膜层厚度。

另外，能量（E）/功率比可表示为放电时间常数 τ：

$$\tau = \frac{E_{A}}{P_{A}} \approx \frac{V_{OC}Q_{A}}{2} \frac{4L_{S}}{\sigma V_{OC}} \approx Q_{V} \frac{2L_{S}L_{E}}{\sigma V_{OC}} \tag{10.3}$$

式中，E_A表示单位面积的比能；Q_A 和 Q_V 是每单位面积和体积的电极的比容量（电荷）；L_E是电极厚度。

如磷氧氮化锂（LiPON）和锂硼磷酸盐（LiBP）薄的固体电解质[7]，尽管它们的电导率相当低（例如 LiPON 为 $10^{-6} \sim 10^{-5}$S cm^{-1}），但是由于它们的厚度小（<5mm），仍然可以提供适度的电流密度。

每单位面积可用的能量随着正极和负极层厚度增加而增加。增加电极厚度将在某点导致功率限制，这是由于电极中的缓慢扩散而不是电解质的低电导率导致的。在这种情况下，可以根据固体材料中锂的扩散系数使用菲克（Fick）定律估算最大功率。扩散速率决定了50%放电的最短放电时间 $\tau_{0.5}$，以及通过电极厚度的相应的最大功率密度，如下：

$$\tau_{0.5} \approx \frac{L_{E}^{2}}{3D_{Li}} \tag{10.4}$$

式中，L_E为电极厚度；D_{Li}为锂扩散系数。

$$P_{A} \approx \frac{0.5E_{A}}{\tau} \approx \frac{1.5E_{A}D_{Li}}{L_{E}^{2}} \tag{10.5}$$

结果是对于给定的单位面积的能量、单位面积的功率和最大速率（$1/\tau$），都和厚度的二次方成反比。固体中锂离子的低扩散系数（$<10^{9}cm^{2}s^{-1}$）将确保薄膜结构不能同时传递高能量和高功率。

Bates 等人[4]使用 $LiCoO_2$、LiPON 电解质和 Li 对电极组成的总厚度为 15mm 的电池，速率超过 50C（约为 1min 充电或放电），可以获得 50% 的 DoD。虽然这个水平的表现令人印象深刻，总电池容量仅为 170μAh（以 1C 的速率获得）。这意味着虽然电池以高速率进行有效的充电和放电，但是仅有少量的电荷和能量被存储，因此只能供给小型设备。

表 10.1 比较了使用文献中报道的典型参数值进行的式（10.3）和式（10.4）的预测结果。表 10.1 说明了即使材料具有非常低的电导率和扩散系数，微尺寸能够实现快速放电。

10.1.2.2 复合电极和厚膜电池

从溶剂分散体中沉积复合材料层，例如使用刮刀、激光涂布或喷墨设备，是制备厚膜电池优选的技术，总厚度为 20μm ~ 1mm。这些材料通常被研磨成小颗粒尺寸并与聚合物黏合剂制成复合多孔电极结构，使膜具有一定的机械强度。包含在孔中的液体电解质可以提供离子路径，而导电添加剂通常为乙炔黑，可以提供电子路径到达活性物质粒子的表面发生氧化还原反应［聚合物也可以选择为具有黏合剂和电解质的双重功能，如含有锂盐（$LiPF_6$）的聚环氧乙烷（PEO）[8]］。在这种情况下可以使用更厚的层，因为锂的有效传输性和扩散系数可以通过注入电解质的离子电导率提高而增强。人们发现在移动电话或便携式计算机中应用的传统的锂离子电池，通常由 5 层柔性膜组成，20～100μm 厚，如图 10.2 所示。

表 10.1 Li/LiPON/$LiCoO_2$ 薄膜电池的实验和理论之间的比较

LiPON 固体电解质		$LiCoO_2$ 阴极材料	
$\Sigma/(S\ cm^{-1})$	1×10^{-6}	$D/(cm^2\ s^{-1})$	1×10^{-10}
L_S/cm	3×10^{-4}	L_E/cm	2.5×10^{-4}
L_E/cm	2.5×10^{-4}		
$Q_V/(C\ cm^{-3})$	500		
V_{OC}/V	4		
时间常数 t/s	40	时间常数 $t_{0.5}$/s	200
实验 t/s	70	实验 t/s	70

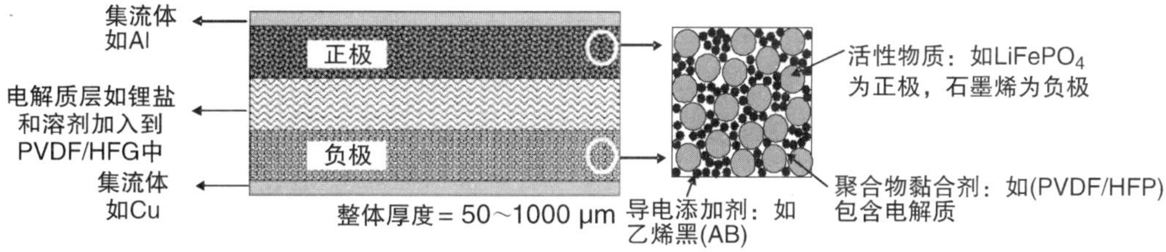

图 10.2 厚膜电池（经皇家化学学会许可转载）

Kim 等人描述了厚膜电池。他使用激光打印机将多孔电池材料沉积在金属集流体上制备厚膜，通过凝胶聚合物电解质隔离制成微电池[9]。正极和负极油墨［分别为 $LiCoO_2$ 和介孔碳微珠（MCMB）］使用上述激光印制技术沉积到它们各自的集流体上。所使用的凝胶聚合物电解质是 PVdF－HFP/1M $LiPF_6$ 碳酸酯（PC）/碳酸亚乙酯（EC）/碳酸二甲酯（DMC）（1∶1∶3）。电池的倍率性能与电极厚度无关，这点与薄膜溅射电池相反，薄膜的放电速率随电极厚度增加而快速下降。作者简要比较了激光印制的厚膜微电池（$\mu Ah\ cm^{-2}$）与溅射的薄膜微电池的容量，发现激光印制系统的低速率容量数量级更大。

在上述情况下，性能的改进归因于凝胶聚合物电解质，与玻璃或陶瓷相比有较高的导电性。当多孔聚合物中含有液体电解质时，电流路径在微观尺度上基本上垂直于隔膜的平面，也会出现相似的情况。假设微观路径相对不弯曲，可以使用式（10.2）作为由电解质电阻引起的功率限制的合理预测。

10.1.2.3 估算厚膜电池单位面积上的能量和功率密度

由于在复合电极材料中的扩散是一个复杂的计算，因此功率限制的精确判断超出了本书的范围，但是在一些极限情况下可以进行有用的估计。例如，如果固态扩散是限制因素，那么放电时间取决于粒子半径 R 而不是电极厚度：

$$\tau_{\mathrm{D}} \approx \frac{R^2}{D_{\mathrm{Li}}} \tag{10.6}$$

电极材料的粒度减小原则上可以减轻固态扩散的问题，这时功率密度只能受复合材料中离子和电子传输的限制。对于短脉冲放电，可以使用 De Levie 表达式[10]来获得：

$$D_{\mathrm{comp}} = \frac{(\sigma_{\mathrm{i}}\sigma_{\mathrm{e}})}{C_{\mathrm{v}}(\sigma_{\mathrm{i}} + \sigma_{\mathrm{e}})} \approx \frac{\sigma_{\mathrm{i}}}{C_{\mathrm{v}}} \text{和 } \sigma_{\mathrm{e}} \ll \sigma_{\mathrm{i}} \tag{10.7}$$

式中，σ_e代表电子电导率。

在后一种情况下，单位面积功率随着电极厚度增加而减小，如式（10.4）所示，再次获得电极厚度的限制，之前它限制了存储容量，因为需要保持特定的单位面积功率。

通常，如果电极颗粒足够小并且电解质具有足够的导电性，固体电极的低扩散性就会被复合材料提供的液体或聚合物电解质所忽略。

另一个限制因素可能在复合电极的连续放电中占主导地位，这就是复合材料中盐扩散的有限速率[11]。建议估计这种效应如下：

$$\tau \approx \frac{L^2}{D_{\mathrm{salt}}} \times \frac{(1 - T_{+})[\mathrm{Li}]}{[\text{盐}]} \tag{10.8}$$

式中，T_+为 Li^+ 转移数，或者每法电荷传递的 Li 摩尔数；[Li] 为在放电期间电极中锂浓度的变化；[盐] 为隔膜中的盐浓度。

显然，如果阳离子的转移数接近于1，它被认为是固体和玻璃状电解质，这种限制将不适用。

再次，如果放电时间固定，有一个简单的表达式可以近似量化通用结果，即所需电解质的离子电导率随着电极厚度的二次方（L^2）而变化。因此，可以使用相对低电导率的电解质，例如干聚合物或玻璃；通过将厚度仅减小一个数量级，可以补偿降低两个数量级的电导率。然而，厚度的减少将降低薄膜电池单位面积的能量密度。因此，对于需要单位面积高功率和高能量的应用或者对于由导电性差、非液体的电解质组成的器件，寻求两个电极之间的离子电流路径最小化的方法。这部分内容会在下面 3D 电池的原理和描述中找到。

10.2　半 3D 微电池

下面探讨一些微电池结构，举例说明开发薄膜技术以实现全 3D 配置。

10.2.1　纳米架构集流体和“半 3D”电池

已经描述了几种类型的纳米结构化电极可以替代上述复合电极。它们在这里可以被定义为通过精细制造以优化离子和电子电流路径，例如如图 10.3 所示，在纳米结构的集流体阵列上沉积薄的活性材料层所制得的电极。这种设计将确保小角度的弯曲，可以获得比无序复合电极更高的有效扩散系数。上面提出的复合电极理论可以很容易地应用于图 10.3 的示例，因为通道内电解质的有效离子电导率是体材料传导率乘以离子电流路径的横截面积与基极集流体的总面积之比。然后这些电极可以与标准 2D 电极（例如锂或石墨）配对进行循环。

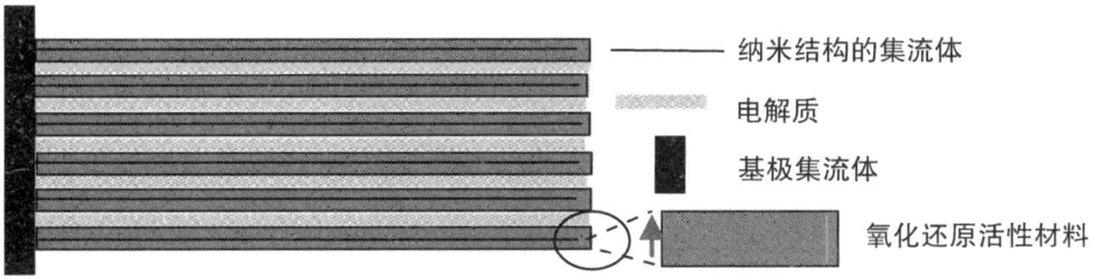

图 10.3　3D 纳米结构集流体涂覆氧化还原活性材料的示意图。与第二电极通过平面隔膜组合构成了“半 3D”（经皇家化学学会许可转载）

10.2.2　半 3D 电池的正极

本节将讨论已经开发的与 3D 正极最相关的例子，这些实例通常涉及在 3D 集流体上沉积正极材料薄膜。这个过程会显著增强单位面积活性材料的量（如在厚膜电池中），同时保持短的扩散距离（如在薄膜电池中）。这些正极与常规的隔膜和电解质及平面负极材料组成电池进行循环。

V_2O_5气凝胶已被建议用作 3D 网络正极[12]。在这个研究中，V_2O_5气凝胶的粉末与集流体接触并与 Li 构成循环。可以观察到大的双层电容以及一些氧化还原化学。设想一下，如果电解质和负极层互穿到多孔 3D 结构中，这些材料可以发展成 3D 微电池。其他气凝胶[13]也适合以相同的方式使用。

纳米结构的 $LiCoO_2$已经被开发成为用于 3D 微电池正极的活性材料[14]。纳米结构 $LiCoO_2$的共形层被应用于通过模板电沉积制备的 Ni 和 Al 纳米棒。通过喷涂的溶胶－凝胶前驱体的热分解合成纳米结构的 $LiCoO_2$，如图 10.4 所示。

a)　　　　b)

图 10.4　Ni 纳米棒负载 $LiCoO_2$ 沉积物的低和高放大倍数的 SEM 照片
（转载自参考文献［14］，版权所有© 2011，来自 John Wiley and Sons）
a）低放大倍数　b）高放大倍数

后来研究了纳米棒支撑的 $LiCoO_2$ 3D 正极的电化学特性。将均匀厚度的 $LiCoO_2$ 沉积物（3 层喷涂）制成电极，并且几何面积固定为 1.3cm^2。Al 纳米棒支撑的 $LiCoO_2$ 电极作为 Li 半电池中的正极，在恒电流模式下以 C/10 的速率和 4.15V 的充电截止电压进行循环，表征其性能（见图 10.5a））。可以观察到约 3.9V 的电压平台，对应于两个六角相之间的一级相变（在 Li 脱出和嵌入期间）。循环显示可忽略滞后，电极显示出优异的容量保持率。在图 10.5b）中，绘制相对

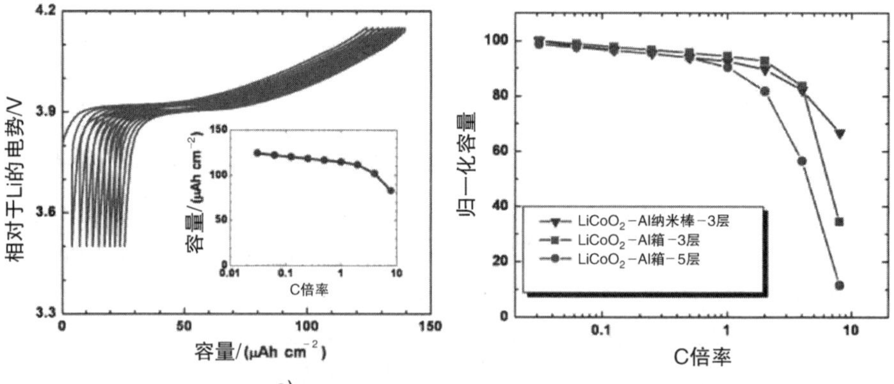

a)　　　　b)

图 10.5　a）铝纳米棒负载 $LiCoO_2$ 的充放电恒电流曲线。以 C/10 倍率和 4.15V 的充电截止电压进行循环。插图：相同电极的倍率性能曲线　b）Al 纳米棒支撑的 $LiCoO_2$ 电极的归一化容量和倍率性能。$LiCoO_2$ 膜沉积在具有不同厚度的平面 Al 箔上（3 层和 5 层喷涂）（转载自参考文献［14］，版权所有© 2011，来自 John Wiley and Sons）

倍率的归一化容量突显 3D 正电极的高倍率性能。可以观察到 Al 纳米棒支撑的 $LiCoO_2$ 电极，相比于它们的平面对应物，具有优异的倍率性能，并且在高倍率 8C 下可恢复其总容量的约 70%。

Golodnitsky 等人在 3D 穿孔硅衬底上电沉积纳米尺寸的硫化铜颗粒正极（见图 10.6）[15]。正极的形貌和成分通过改变操作参数来控制，例如电流密度、电解质的 pH 值和温度。向电解质浴中加入聚合物使得能够形成富硫的厚多孔层。如果没有添加剂就不行，因为添加剂可以降低沉积物中的内部应力。

当具有 Ni 或 Au 集流体的半 3D 电池被电化学表征，CuS 做正极，可观察到容量为 1.0 ~ 2.5mAh cm^{-2}，这取决于正极的形貌和组成，电池运行 > 400 个可逆循环，显示低降解（见图 10.7）。这与穿孔衬底的几何面积增益（AG）因子 9 一致。在恒定的充电/放电电流下，当放电速率从 120μA cm^{-2} 增加到 2mA cm^{-2}时，具有改性的硫化铜正极的半 3D 微电池保持约 80% 的初始容量。具有亚微米厚的改性 CuS 正极组成的半 3D 电池可以承受 100C 的倍率并可以在 0.6min 内充电。然而，在这些条件下，电池的容量只有其初始值的 30%。

图 10.6　CuS 电沉积在穿孔的（3D）硅衬底上（转载自参考文献 [15]，版权所有© 2011，来自电化学协会）

Tonti 等人[16] 和 Park 等人[17] 提出了一种方法，即对 3D 微电池使用三维大孔 $LiMn_2O_4$作为正极的概念。这些制备通常使用聚苯乙烯球制备蛋白石模板开始，然后用溶胶 - 凝胶填充该模板制备 $LiMn_2O_4$的混合物。然后将复合材料在空气中加热形成 $LiMn_2O_4$，并且通过燃烧除去聚苯乙烯。方案由 Park 等人提出，该合成路线如图 10.7 所示。

从图 10.8 中可以看到，使用该方法制备的样品高度有序，孔尺寸约为 500μm。这些反蛋白石结构给每层球体增加了很大的面积，每增加一层，给出了表面积增加 pi。

Park 等人研究发现使用不同的制备条件容量明显不同。用 800℃ 的合成温度制备的薄膜表现出最佳的电化学性能。结果表明，即使循环之后，膜与基材的黏合性也非常好。并且在循环时观察到，膜很少或没有损坏。Tonti 等人在含水电解质中测试它们的膜并观察到极高的倍率放电（在 1000C 观察到 50% DoD）。循环时的容量保持率在文献中被报道是最高的。

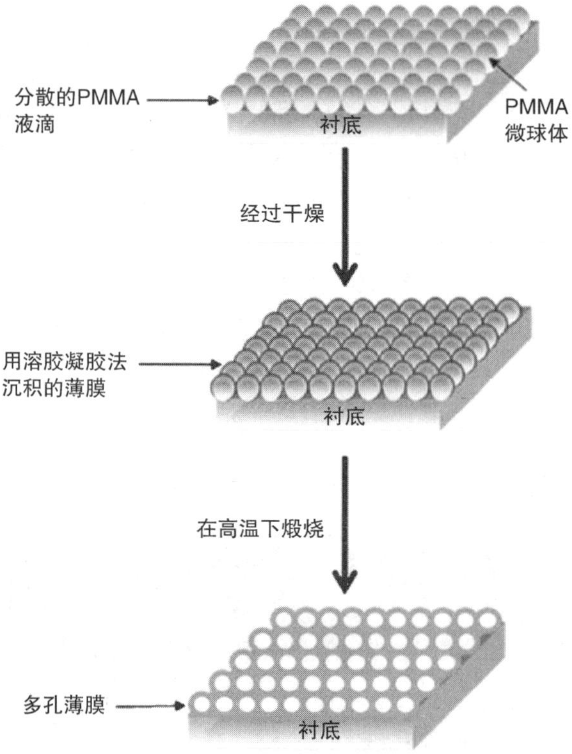

图 10.7　3D $LiMn_2O_4$薄膜电极的制造工艺示意图

（转载自参考文献［17］，版权所有© 2011，来自 Springer）

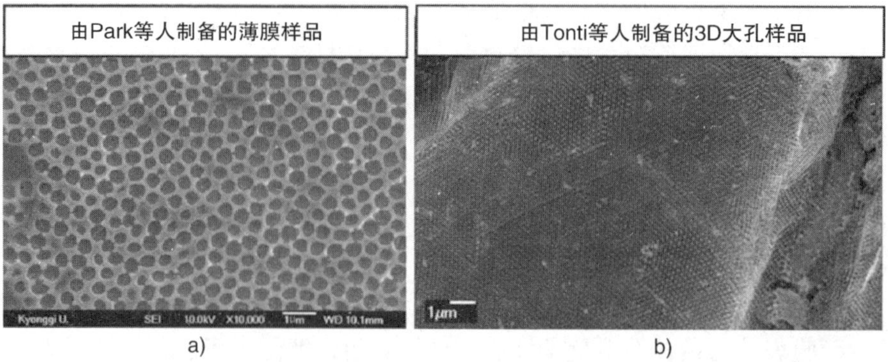

图 10.8　3D 大孔 $LiMn_2O_4$的 SEM 照片（a）转载自参考文献［17］，版权所有© 2011，来自 Springer。b）转载自参考文献［16］，版权所有© 2011，来自美国化学学会）

10.2.3　半 3D 电池的负极

下面将讨论 3D 锂电池负极相关示例。这些负极是采用与 3D 正极类似的方法制备的，并且用传统锂电池电解质与平面负极构成循环。

Teixidor 等人[18]介绍了作为锂离子微电池电极的碳柱的制造和表征。作者使用光刻图案化和随后热解交联的光刻胶以产生各种不同形状的碳柱电极，类似于 Min 等人的工作[19]。比较了各种不同几何碳柱的机械坚固性。将 MCMB 旋涂到碳柱上，或分散在溶剂中或分散在光致抗蚀剂中。通过使用光致抗蚀剂作为溶剂，并用 UV 光固化分散体，可能增强 MCMB 颗粒在聚合物微结构上的黏附性。图 10.9 包含 MCMB 涂覆碳柱的 SEM 照片。

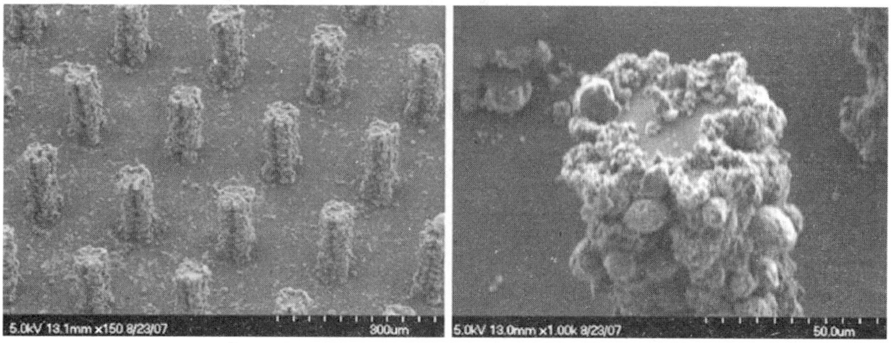

a)　　b)

图 10.9　混合碳 - MEMS/MCMB 电极（转载自参考文献［19］，版权所有© 2011，来自 Elsevier）

文献中详细研究了制备条件的影响，如热解温度、加热速率和 MCMB 在碳柱上的负载质量。毫无疑问，最密集负载 MCMB 的碳柱电极显示最大容量（mAh cm^{-2}）。但是，当作者比较包覆和未包覆 MCMB 的电极重量容量时发现，未包覆的样品显示最高容量。MCMB 包覆的样品的重量容量损失归因于 MCMB 涂层放电的厚度效应限制。

Fleischauer 等人[20]使用高真空物理气相沉积技术沉积高纵横比硅柱的多孔薄膜。图 10.10 显示出沉积在单晶硅上的高度约 500nm 的硅柱膜（通过 XRD 显示沉积的硅是非晶的）。

通过恒电流循环进行硅基半电池的电化学表征：不锈钢盘用作硅集流体，Celgard 2302 微孔聚丙烯隔膜，1M$LiPF_6$在 EC: DMC（1∶2 体积∶体积）电解质和锂箔作为对电极。

重复模式之前，半电池在大约 C/8、C/4 和 C/2 的倍率下循环 10 次，在所有 3 个倍率下表现良好的容量保持率（初始插入后），并且随着 C 速率降低，高倍率循环下的大多数容量损失被恢复，倍率性能取决于硅膜的孔隙率。这些结果总结如图 10.11 所示。

图 10.10 Si（100）晶片上沉积 500 nm 厚的 Si 膜 SEM 照片
（转载自参考文献［20］，版权所有© 2011，来自电化学学会）

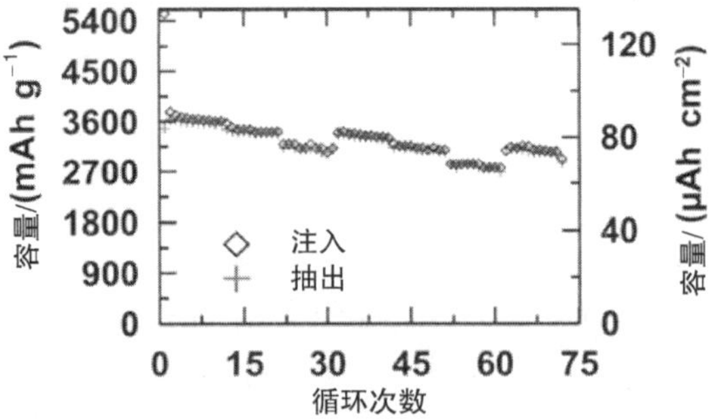

图 10.11 高纵横比硅柱的半电池容量与循环次数的函数关系 mAh g^{-1}（左坐标轴）和 μAh cm^{-2}（右坐标轴）（转载自参考文献［20］，版权所有© 2011，来自电化学学会）

最后，作者指出硅柱的多孔薄膜有一个容量超过 90 μAh cm^{-2}，设想可以简单的通过增加硅膜的厚度来获得更高的容量。

在 Simon 等人的工作中，使用原子层沉积在纳米棒上沉积薄的（约为 20nm）和共形层 TiO_2[21]。铝纳米棒 TiO_2 半电池相对于 Li 在 1M $LiClO_4$: PC 电解质中循环显示出比相同的 2D 半电池（TiO_2 沉积在铝板上）高约 10 倍的容量（mAh

cm^{-2})。系统也显示出良好的高倍率性能，在 10C 和 20C 分别显示 40% 和 35% 的慢循环容量（C/5）（6min 和 3min 充电和放电）。

同一研究小组还研究了 CuSb 电极沉积到以前讨论过的 Cu 纳米棒衬底上[22]。为了制备纳米结构 Cu_2Sb 活性材料，它们电沉积 Sb 并将其与来自纳米棒集流体的 Cu 合金化。为了促进电活性物质在 3D 结构内的扩散并且因此获得 Cu 纳米棒集流体的复杂 3D 表面的均匀覆盖，需要使用脉冲电流步骤进行电沉积，而不是简单的恒电流技术。在优化的条件下可以获得均匀和共形的 Sb 沉积物（见图 10.12）。

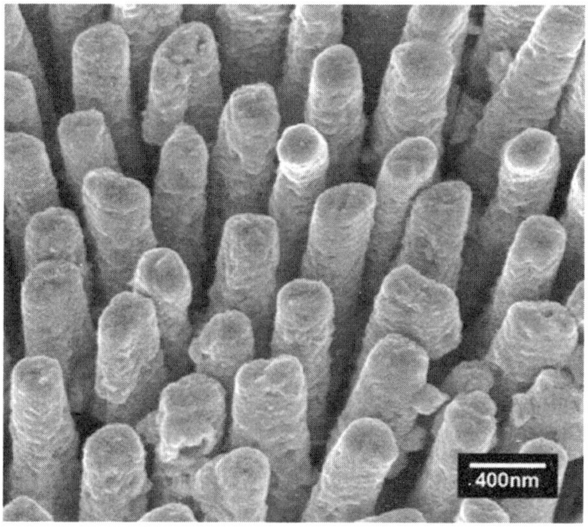

图 10.12　在优化电流脉冲条件下涂覆 Sb 的 Cu 纳米棒集流体的 SEM 照片
（转载自参考文献［22］，版权所有© 2011，来自剑桥大学出版社）

当使用退火步骤后观察到最好的性能。电沉积后，通过在 120℃ 真空中的热退火来促进 Sb 与 Cu 集流体的完全合金化。不依赖于元素 Cu 或 Sb 的量，预期仅形成 Cu_2Sb 相。退火 1h 和 12h 的 3D 电极的电压分布和容量稳定性与未退火的 3D Cu_2Sb 电极相比，如图 10.13 所示。在 Cu_2Sb 的锂化和脱锂期间可观察到典型的平台，在充电期间观察到的平台表明 Cu_2Sb 在充电结束时形成。通过退火步骤和退火时间延长，循环时的容量保持率大大提高（至少加倍）。完全形成合金 Cu_2Sb，其具有比纯 Sb 低的体积膨胀百分比并且可能的 Cu 的延展性使其重新插入结构中，这也是 3D 电极循环寿命增加的最可能的原因。观察到的容量约为 $300\mu Ah\ cm^{-2}$。

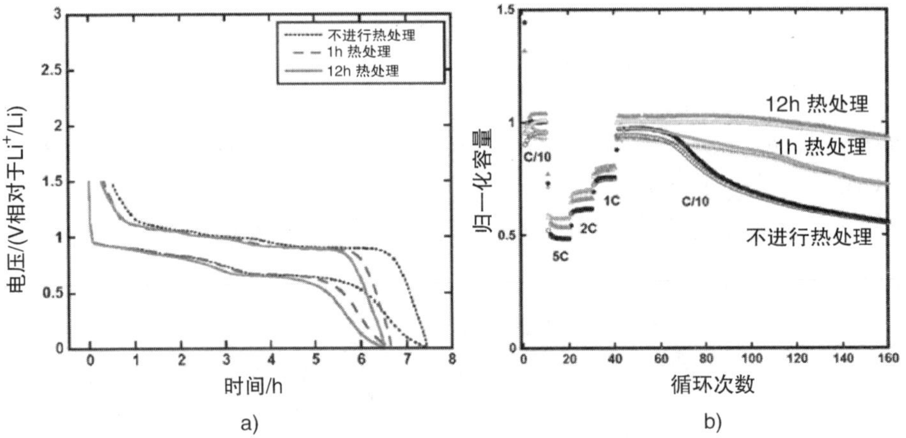

图 10.13 a）循环曲线（第 5 次循环）和 b）3D Cu_2Sb 电极在 120℃下退火 1h 和 12h 循环时的容量保持率。还比较了未退火的电极（转载自参考文献［22］，版权所有© 2011，来自剑桥大学出版社）

10.2.4 半 3D 电池的正极和 3D 电池的负极的结合

对锂电池而言，在 3D 电池的正极和负极的发展之后，人们尝试结合这两个组件。本节针对这个内容举一些实例。3D 电池的正极和负极结合使用常规的隔膜和电解质，并没有交叉。

Chamran 等人[23]提出了一种基于钒的氧化物纳米棒（VONR）和介孔碳微珠（MCMB）电极阵列的微电池系统。

电极阵列由活性材料、PVDF 黏合剂和溶剂的胶体悬浮液组成。使用超压组合将悬浮液压入硅酮模板中（通过“光辅助的阳极蚀刻”制备），从模板的一侧注射电极材料，在另一侧施加真空提供负压（见图 10.14）。

将银环氧树脂铺展在模板的侧面，用作集流体并且还为电极柱提供机械支撑。Si 模板通过在 XeF_2 中刻蚀去除，留下电极材料柱。VONR 柱和 MCMB 柱分别沉积在单独的模具中和单独的基底上。然后将两个组件通过加入隔膜组合在一起，类似于常规的电池。引入 3D VONR 半电池的面积容量（mAh cm^{-2}）比 2D 系统增加了 5 倍。

Kim 等人使用的另一种方法[9]明显不同于其他论文中大多数关于锂微电池的制造。他们使用激光将多孔电池材料的厚膜沉积到金属集流体上，并通过凝胶聚合物电解质分离。通过使用激光印制工艺将正极和负极油墨（分别为 $LiCoO_2$ 和 MC-MB）沉积在它们各自的集流体上。所用的凝胶聚合物电解质是 PVdF – HFP/1M

$LiPF_6$碳酸酯（PC）/碳酸亚乙酯（EC）/碳酸二甲酯（DMC）（1∶1∶3）。

制成的微电池结构如图 10.15 所示。

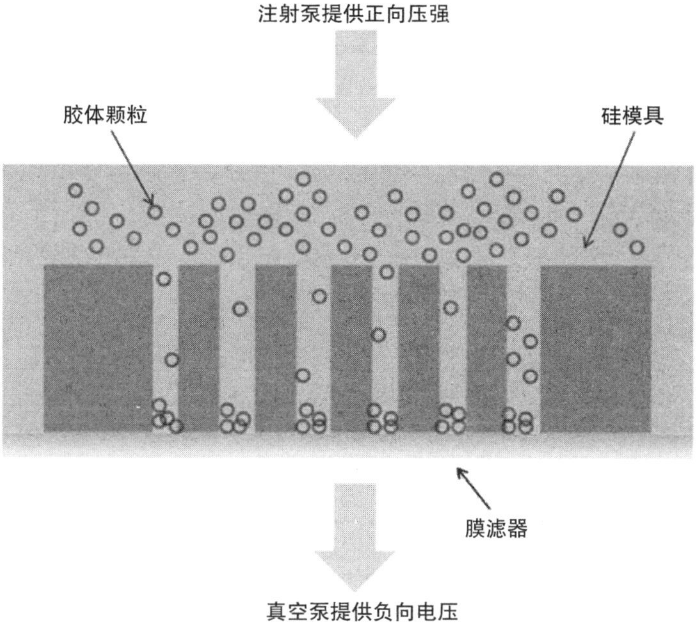

图 10.14　在硅模具中使用悬浮液强制渗透的胶体工艺示意图[24]

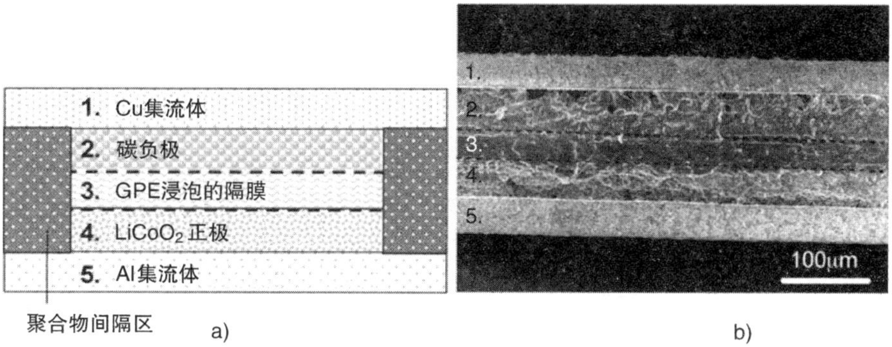

图 10.15　a）用于这项工作的典型锂离子微电池的横截面示意图（不按比例）
b）厚膜锂离子微电池的横截面 SEM 照片。可见层（从顶部到底部）是 1. Cu 集流体、2. 碳负极、3. GPE 浸泡的隔膜、4. $LiCoO_2$正极和 5. Al 集流体。
GPE 浸泡的隔膜用黑色虚线标记（转载自参考文献［9］，版权所有© 2011，来自 Elsevier）

微电池的电化学表征结果显示，对于油墨内的电极材料所期望的重量容量和单位面积容量取决于电极厚度，如图 10.16 所示。

材料的倍率性能与电极厚度没有依赖关系，如图 10.16 所示。这种电极厚度的独立性是与薄膜溅射电池相比，其中电极的电阻限制放电率。作者简要比较了激光印制的厚膜微电池与薄膜溅射微电池的容量（$\mu A\ h\ cm^{-2}$），并报道了激光打印系统的低倍率容量要大一个数量级。

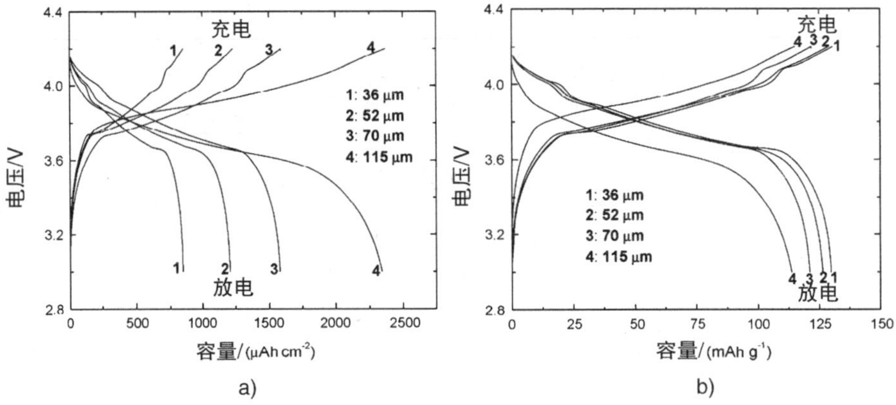

图 10.16　充电/放电曲线（第 5 次循环）与容量的函数关系
（转载自参考文献［9］，版权所有© 2011，来自 Elsevier）
a）有效电极面积　b）具有不同厚度（36μm、52μm、70μm 和 115μm）的 $LiCoO_2$ 正极封装成锂离子微电池（$Al/LiCoO_2/GPE/MCMB/Cu$）的正极质量。微电池在 3～4.2V 以恒定电流（$100\ A\ cm^{-2}$）充电。有效电极面积为 $0.49cm^2$

10.3　全交叉 3D 微电池

以下内容显示了人们可以生产 3D 结构的电池材料。同时也显示了单位面积容量和倍率性能的改进。发展的最后阶段是转向全交叉 3D 微电池系统。在这个类别中，电池的微尺度正极和负极部件完全相互交叉，Li 从正极到负极的扩散距离明显减小。

10.3.1　三维微电池设计和制造方法

已经提出了几种结构作为这种设计的可能性，如图 10.17 所示[1,2,25]。它们都是基于图 10.1 的 5 层概念，其中集流体形成两个紧密间隔的互穿网络，电极/电解质/电极三明治结构形成界面，将两个集流体（以黑色和红色显示）分开。功率密度可以再次用上述提到的式(10.1)～式(10.5)进行估计，同时承认

电极厚度 L_E 和隔膜厚度 L_S 都不能超过正负集流体之间的间距。两个主要拓扑分别是交叉或互锁，如图 10.17a）和 b）所示。

a)　　b)

图 10.17　3D 微电池的两种拓扑（转载获得皇家化学学会的许可）
a）交叉型或交错型拓扑　b）互锁或海绵拓扑，其中两个电极网络填充彼此孔道

交叉或交错拓扑之间进一步的差异源于详细的几何布置和制造的方法。最简单的概念可视化如图 10.6a 所示，其中 2D 图可以表示或者是在上述的厚版 2D 电池中存在的互穿沟槽结构阵列的横截面，或者是两个互穿阵列柱作为集流体。在任一情况下，前两层，即活性材料（正极或负极）和电解质/隔膜，被共形沉积，留下足够的空间用于与基极相反极性的集流体。现在的问题在于优化最后两层的制造工艺，特别是如何确保在沉积第二种活性材料后留下的空间足够且精确以确保最终集流体的连续性，如果需要补偿活性材料导电性差的问题。作为这些类型结构的可能性已经提出了具体示例结构，如图 10.18 所示[1,2,25]。

同心型 - 图 10.18 显示了用作衬底的 3D 有序阵列柱，在这上面涂覆有正极、电解质和负极。然后加入集流体，形成电池堆。碳微机电系统[26]和穿孔硅[27]基板已广泛用于此特殊配置。

交叉圆柱形型 - 此设计由正极柱和负极柱组成，以交叉形式排列，如图 10.18 所示。然后柱之间的空间用电解质填充。制造这种类型微电池的方法通常尝试使用碳微机电系统[19]。

叉指板型 - 通常，在这里制成沟槽状结构（见图 10.18）设计。使用该沟槽衬底，然后将正极、电解质和负极层涂覆在其上，接着是最后的集流体层。通常采用硅衬底。

非周期性型 - 非周期性结构如图 10.18 所示。各个组件没有系统的有序性，然而正极和负极混合通过电解质分离。这可能是金属或碳泡沫的同心涂层。

所有的结构如图 10.18 所示。在正极、负极和电解质之间具有短的扩散路径，由式（10.8）预测这种结构允许高 DoD 短的放电时间，整个薄膜电池单位面积容量大大提高。

虽然有几种制造微电池的可能性，其中一种可能的路线图如图 10.19 所示。

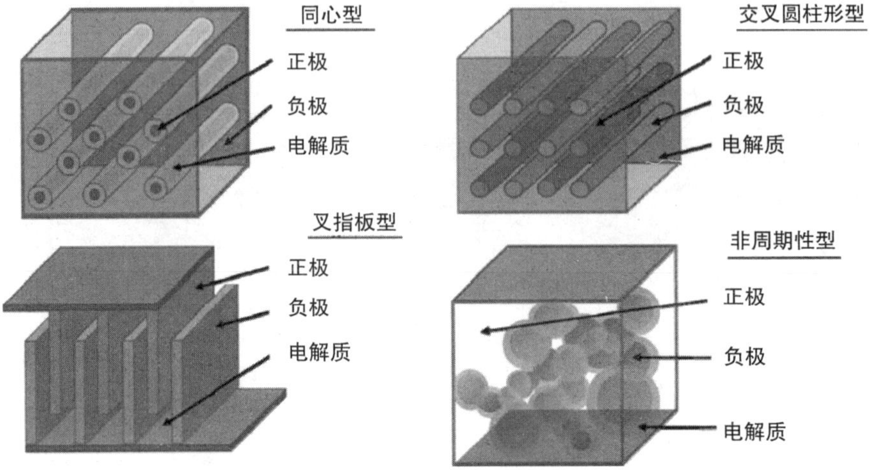

图 10.18 一些最常见的 3D 电池的示意图
（转载自参考文献［1］，版权所有© 2011，来自美国化学学会）

接下来将概述讨论许多相关的制造方法。第一步是设计微结构的高纵横比集流体。文献[19，28－31]中有很多这种结构的实例。然而，合适的候选者必须满足一些标准：

- 结构中必须有足够的空间容纳所有制造 3D 微电池的层。
- 高比必须足够高，以便实现更大的面积增益。
- 操作电压范围内应具有电化学惰性（通常正极相对于 Li 为 2～5V，负极相对于 Li 为 0～2V）。
- 料也必须是电子导电的（但是，在某些情况下，可以使用涂覆有导电层的高纵横比绝缘衬底）。

一旦选择了合适的基底，则可以沉积第一层。许多技术可用于沉积第一层包括电化学沉积[15]、气相沉积技术[31]和浆料沉积[32]。这种沉积应再次满足一些关键标准：

- 适当的电位范围内具有电化学活性（通常为 2～5V 相对于 Li 用于正极，0～2V 相对于 Li 用于负极）。
- 理想地在高纵横比衬底上共形，给其余组件留有合适的空间。
- 还必须考虑与其余层的兼容性。

制造过程中最关键的阶段是下一步电解质层的应用[23，32，34]。如果满足以下注意事项，则电池能成功工作：

- 共形覆膜，无缺陷或针孔。

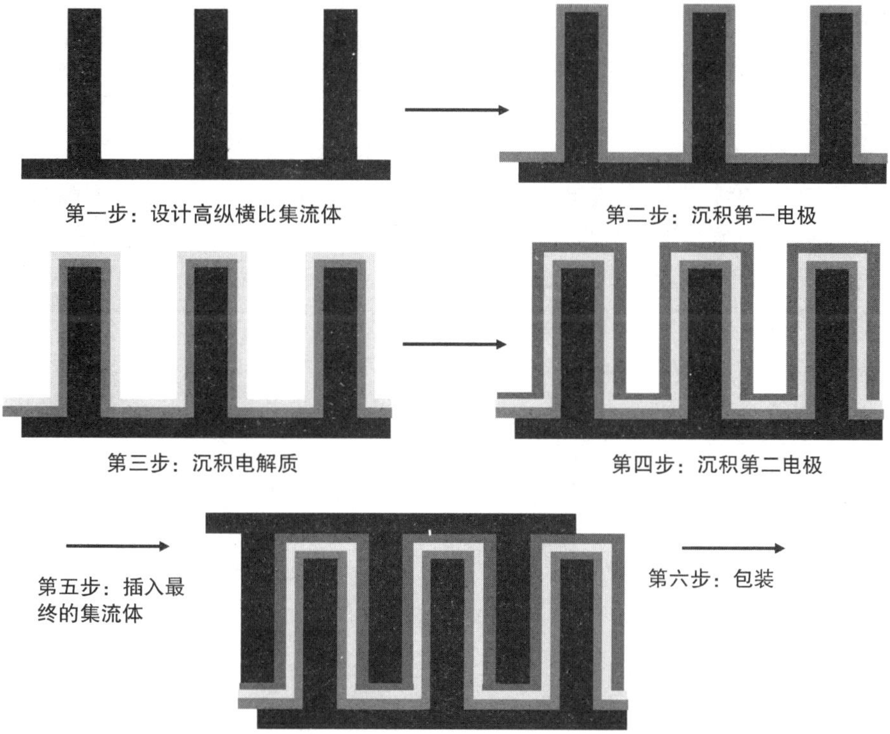

图 10.19 全 3D 微电池的制造工艺示意图

- 取决于层厚度的高离子电导率（$10^{-7} \sim 10^{-3}$S · cm^{-2}）。
- 电子绝缘。
- 电化学稳定在操作电位窗口（0V 和 5V）。
- 与其他电池组件化学兼容。

将第二电极或正极或负极涂覆到电解质层上，使用前述技术之一。这个电极必须具有类似于第一电极的品质，然而如果先沉积了正极，第二个必须是负极，反之亦然。

添加第二集流体完成堆叠的制造。可以使用诸如气相沉积技术、浆料的方法来进行沉积或无电沉积。材料还必须满足第一集流体的标准 c 和 d。

需要最终包装步骤来完成产品电池。开发微尺寸密封包装是一个必须的关键步骤。这个包装也必须是化学和电化学稳定的。

10.3.2 全 3D 微电池实例

本节将讨论已经或正在发展的 3D 锂微电池系统的几个例子，它们不是 FP7

Superlion 的一部分。关于全3D 微电池系统的相关论文综述按照以下顺序：3D 微电池正极、3D 微电池负极和建模。

10.3.2.1 3D 锂电子微电池系统

Dokku 等人[35]创建了一个基于金微阵列集流体的系统，用凝胶聚合物电解质涂覆在 $LiMn_2O_4/Li_{4/3}Ti_{5/3}O_4$ 中。采用光刻技术在 SiO_2 衬底上图形化金微阵列集流体。在前驱体煅烧形成电极材料之前，使用显微注射系统，将 $LiMn_2O_4$ 和 $Li_{4/3}Ti_{5/3}O_4$ 的溶胶－凝胶前驱体沉积到集流体上。在 1M $LiClO_4$ EC: DMC（1∶1）电解质中热聚合甲基丙烯酸甲酯得到基于聚（甲基丙烯酸甲酯）（PMMA）和 $LiClO_4$ 的凝胶聚合物电解质片，将其置于 $LiMn_2O_4$ 和 $Li_{4/3}Ti_{5/3}O_4$ 的微阵列上，然后在顶部放置锂箔（见图 10.20）。这种制造技术不同于图 10.19 提到的，其中二维叉指集流体片首先放在最下层，然后是正极、负极和电解质。虽然策略可能略有不同，但许多考虑是类似的。

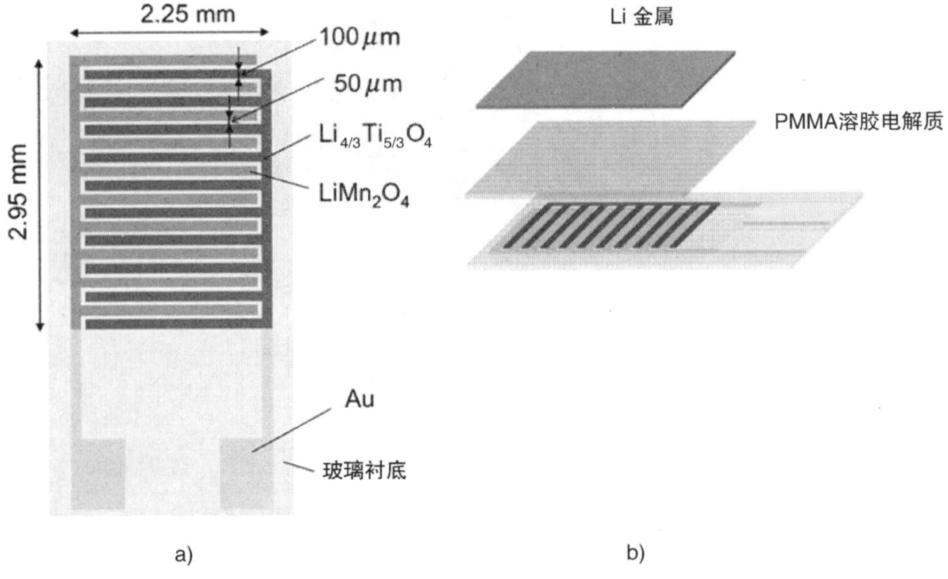

图 10.20 a）$LiMn_2O_4$ 和 $Li_{4/3}Ti_{5/3}O_4$ 的微阵列电极的示意图 b）电化学电池的组装（转载自参考文献［35］，版权所有© 2011，来自 Elsevier）

分别对 $LiMn_2O_4$ 和 $Li_{4/3}Ti_{5/3}O_4$ 的微电极阵列进行表征，使用锂箔作为对电极。锂嵌入/脱出行为如图 10.21 所示。使用 CV 的可逆性表示电极的良好循环性。

然后 Dokku 等人进行彼此相对的微电极阵列测试，使用 $LiMn_2O_4$ 作为正极，

$Li_{4/3}Ti_{5/3}O_4$作为负极。电池显示充放电平稳值分别为 2.55V 和 2.4V，电池的倍率性能如图 10.22 所示。这里值得注意的是，在 50C 倍率下可以获得 > 50% 的 DoD（约为 1min 充电放电）。

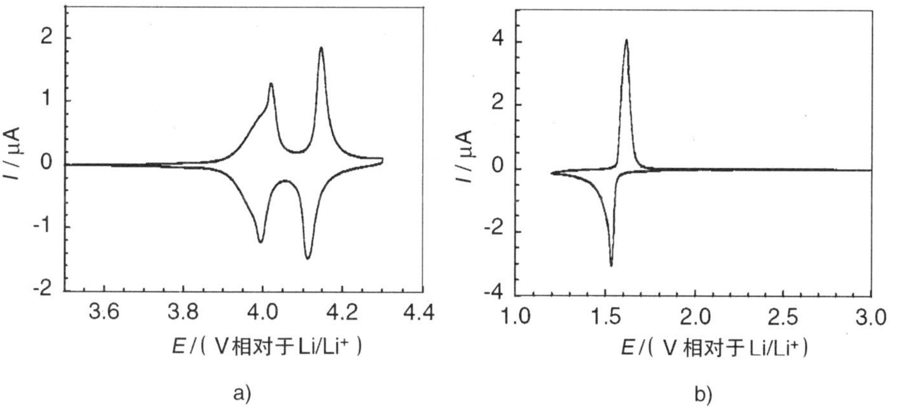

图 10.21　微阵列电极的循环伏安图（转载自参考文献［35］，版权所有© 2011，来自 Elsevier）
a）$LiMn_2O_4$　b）$Li_{4/3}Ti_{5/3}O_4$

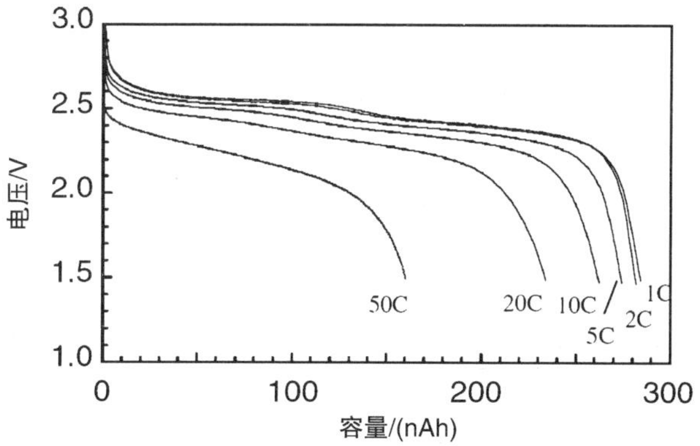

图 10.22　$LiMn_2O_4$/PMMA 凝胶/$Li_{4/3}Ti_{5/3}O_4$微电池
在不同 C 倍率下的放电容量图（nAh）。电池在 1C 下充电对于所有倍率
（转载自参考文献［35］，版权所有© 2011，来自 Elsevier）

作者指出，虽然系统具有良好的倍率性能，它们归因于聚合物电解质的离子电导率和锂离子的短扩散路径，但是与薄膜溅射系统相比能量密度比较不利。缩短微电极阵列之间的距离和增加电极的厚度被认为是提高能量密度的最可能的方法。

由 Nathan 等人进行的工作[32]专注于在玻璃或硅“微通道板”（MCP，基本上为硅或通过微通道的规则阵列穿孔的玻璃晶片）上沉积保形的电池材料。这项工作可能是“功能全 3D”锂离子微电池的第一个文献实例。

3D 微电池的结构基于在高纵横比通道上沉积正极和聚合物电解质的薄膜，在通道中的剩余体积填充包含有负极的浆料。首先，在硅衬底上沉积集流体，这里是 Ni，在其上电沉积正极（硫化钼）。基于 PVDF 聚合物电解质沉积在硫化钼上（使用顺序旋涂和真空填充步骤沉积到微通道中）。负极是含有介孔微珠（MCMB）、聚合物黏合剂和溶剂的浆料（也使用顺序旋涂和真空填充步骤沉积到微通道中）。一旦构建完成，将整个组件在 1M $LiPF_6$ EC∶1DEC 或 1M $LiBF_4$ 1EC∶9 DEC 中在真空下浸泡 10h。放置在结构顶部的锂箔提供了嵌入负极中的锂。这个 3D 微电池结构产生的一个问题是如何使负极和正极的电子连接相互独立，在这种情况下，负极和聚合物电解质被反抛光以显露出正极/Ni 集电体。图 10.23 显示了 3D 微电池结构的示意图。这个设计完全遵循图 10.19 中描述的制备方案。

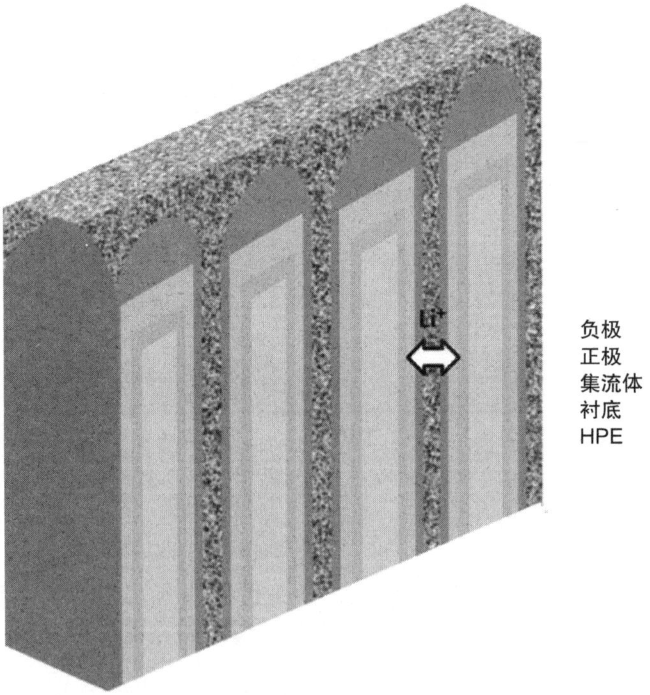

图 10.23　显示衬底（穿孔硅）、集流体（Ni 或 Au）、正极（CuS_x等）、聚合物电解质（HPE，混合聚合物电解质）和负极的 3D 微电池的示意图

3D 微通道板（硫化钼/聚合物电解质/MCMB 浸泡在 1M $LiPF_6$ 1EC: 1DEC 或 1M $LiBF_4$ 1 EC: 9 DEC）和等效 2D 平面微电池进行恒电流循环平行测试，在 1.3 ~2.2V，以便比较有效容量（mAh cm^2）。由于面积增益（电容增益直接对应到表面积的增加），3D 系统（> 1mAh cm^2）具有比 2D 系统更大的容量（约为 0.015mA h cm^2）。虽然有一些文献中报道了 3D 系统的倍率性能，但没有比较高速率下 3D MCP 和 2D 系统的容量。值得注意的是，作者已经发表了几篇基于类似微通道板系统的论文[26,27,32]。

Notten 等人报道了[31]基于硅的全固态 3D 微电池。与其他提出的系统之间的差异在于硅被用于固态电解质体系中。论文论述了用于薄膜硅负极使用固体电解质 LiPON 相比于传统液体电解质的优势。基于硅衬底的薄膜平面半电池，势垒层（TiN 或 TaN，保护硅衬底被锂嵌入）和硅负极（50nm）与锂形成循环，使用常规有机锂离子和固态 LiPON 电解质。SEM 照片证明了 LiPON 电解质抑制硅上的 SEI 的形成，与有机锂离子电解质相比，其循环稳定性增加。

通过使用单晶硅作为高度有序的高表面积衬底/包含高长径比孔道的集流体（反应离子蚀刻），作者提出了基于各种电池层（势垒层、固态电解质、正极和第二集流体）连贯沉积的全固态 3D 微电池，如图 10.24 所示。虽然 3D 结构被提出，本书中所示的硅循环结果仅涉及 2D 薄膜电池。

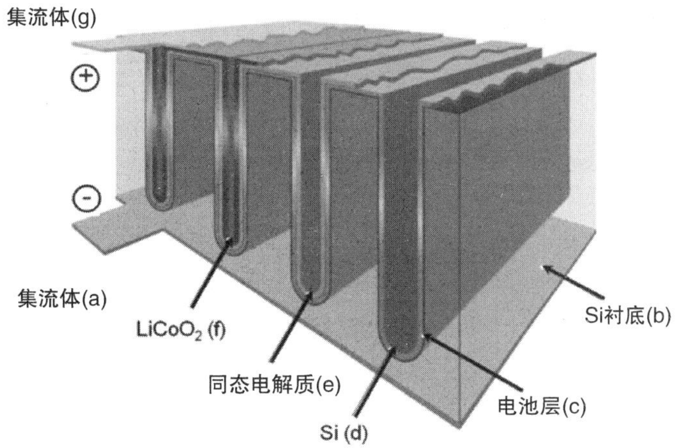

图 10.24 通过硅衬底（a）的电化学或反应离子蚀刻（RIE）实现表面扩大的 3D 集成全固态锂离子电池（转载自参考文献 [31]，版权所有© 2011，来自 John Wiley and Sons）

Min 等人提出的碳/聚吡咯[19] 3D 电池基于高纵横比电极阵列系统，同一作者发表的前期论文[36]和其他人[37]都提出过。然而在这里，作者提出了一种基于聚吡咯作为正极和碳作为负极的略微改进的设计。正极和负极集流体都是碳并通过硅晶片的光刻形成图案。碳轨道和高纵横比柱由交联的聚合物基光致抗蚀剂通过热解制备。十二烷基苯磺酸盐掺杂的聚吡咯（PPYDBS）电沉积到一个集流体阵列上形成正极；第二个碳柱阵列用作负极，和1M $LiClO_4$在1∶1 EC－DMC电解质组装成电池。

图10.25显示了在各自集流体上完成的碳和PPYDBS电极阵列。

作者比较了2D和3D PPYDBS电极半电池的重量容量，并且发现3D配置具有略好的性能（3D在1.15C时为37.9mAh g^{-1}，2D在0.9C时为23.4mAh g^{-1}）。3D PPYDBS电极的性能增加归因于较大的活性表面积和电解质可渗透进入整个电极的效果，而使用2D PPYDBS电极，电解质只能渗透到平面表面。

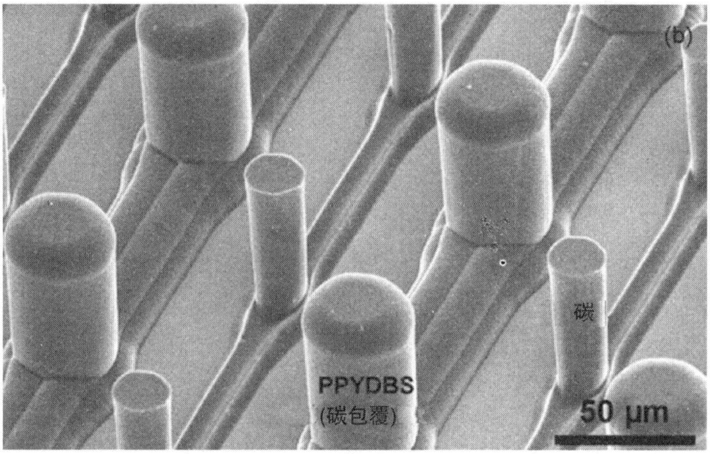

图10.25　在各自集流体阵列上的碳和PPYDBS电极
（转载自参考文献［19］，版权所有© 2011，来自Elsevier）

作者还介绍了一种原型全3D微电池系统的结果，其中PPYDBS正极相对于碳柱负极循环。然而除了低于预期的容量，系统被发现具有电子短路的问题，导致自放电和有限放电容量（见图10.26），并具有较大的内部电阻归因于碳集流体阵列的高电阻。虽然微电池表现出一些严重的缺点，但此研究提出了一些有趣的问题，如在这种类型的微电池配置中需要隔膜来排除可能的短路。

Kotobuki等人提出的锂微电池系统[38]是基于“蜂窝”结构的 $Li_{0.35}La_{0.55}TiO_3$（LLT）固体电解质。“蜂窝”型构造的示意图如图10.27所示。

正极和负极材料 $LiCoO_2$和 $Li_4Mn_5O_{12}$的溶胶－凝胶前驱体注入（真空浸渍）到微结构电解质的相对两侧，随后煅烧以形成完整的3D微电池（见图10.28）。

固体电解质/锂半电池的循环伏安法显示电解质在相对于锂为2.5～5V的区间稳定。然而CV显示一些氧化还原活性低于2.5V，归因于在 $Li_{0.35}La_{0.55}TiO_3$中钛的还原。为了避免这个问题，$Li_4Mn_5O_{12}$被用作负极（Li嵌入到 $Li_4Mn_5O_{12}$中，相对于 Li 为 2.8V）。

溶胶-凝胶衍生的 $LiCoO_2$ 和 $Li_4Mn_5O_{12}$ 相对于锂循环，根据氧化还原电位和理论容量（$mAh\ g^{-1}$）进行表征。作者报道，在正常的电池配置中进行测试，正极和负极材料都与期望特征符合。当测试时，$LiCoO_2$/LLT/$Li_4Mn_5O_{12}$ 微结构半电池表现明显差于所期望的，对于 $LiCoO_2$ 和 $Li_4Mn_5O_{12}$ 分别为 $0.22mAh\ g^{-1}$ 和 $0.99mAh\ g^{-1}$。

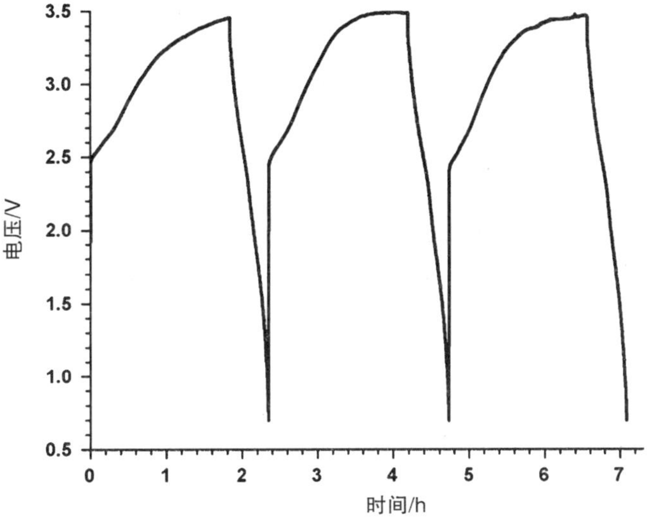

图 10.26　3D C/PPYDBS 交叉微电池的充电/放电特性，放电电流为 $20\mu A\ cm^{-2}$（0.46C）和充电电流 $90\mu A\ cm^{-2}$（2.1C）（转载自参考文献［19］，版权所有© 2011，来自 Elsevier）

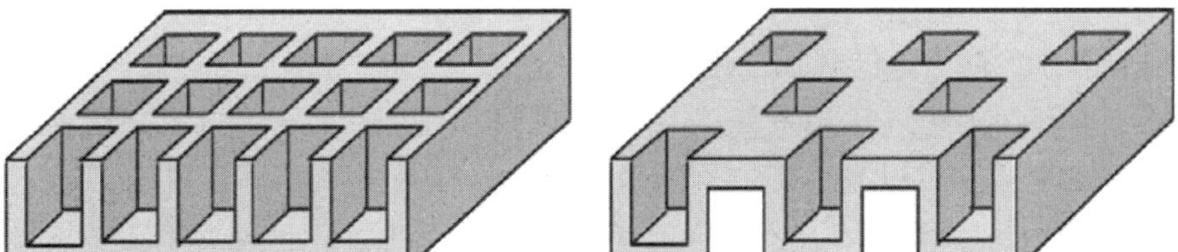

图 10.27　LLT 蜂窝结构的示例，孔尺寸为 $180\mu m \times 180\mu m \times 1180\mu m$
（转载自参考文献［38］，版权所有© 2011，来自电化学学会）
a）LLT 膜一侧具有 400 孔的半蜂窝结构　b）LLT 膜每侧有 200 个孔的全蜂窝结构

成功地组装和测试了完整的 $LiCoO_2$/LLT/$Li_4Mn_5O_{12}$，电池表现出约为 1V 的放电电压，但是与正极和负极半电池一样显示出非常低的放电容量（$7.3\mu Ah$

图 10.28 $LiCoO_2/LLT/Li_4Mn_5O_{12}$电池的横截面（转载自参考文献［38］，版权所有© 2011，来自电化学学会）

cm^{-2})，仅为 $LiCoO_2$电极利用的 0.1%。作者总结了导致 $LiCoO_2/LLT/Li_4Mn_5O_{12}$半电池和全 3D $LiCoO_2/LLT/Li_4Mn_5O_{12}$微电池性能不佳的因素：首先，微结构电解质和活性材料之间的高接触电阻；其次，“蜂窝”电解质的尺寸。电解质中孔的深度为 180μm，意味着锂离子从孔的中心到电解质扩散距离大。作者指出减小电解质孔的尺寸应该可以提高系统的有效容量。

10.3.2.2 非 Li 3D 微电池系统

Chamran 等人的工作已经展示了 3D 锌空气微电池的高性能[39]。最初，通过将 Zn 电镀到多孔硅模板中制造 Zn 柱阵列。然后与碳和 MnO_2空气正极连接作为一个半电池。这个电池显示出增强的倍率性能（在约为 5C 下仍然利用 > 90% 的有效能量密度）超过常规系统（在约为 0.1C 下显示 <10% 的有效能量密度）。这种器件可应用于 LED 供电。

Chamran 等人提出了一种 3D 镍锌电池[40]，总电化学反应如式（10.9）。这是二次非锂系统：

$$Zn + 2NiOOH + H_2O \leftrightarrow ZnO + 2Ni(OH)_2 \qquad (10.9)$$

该系统采用在 2D 交叉集流体上生长 Ni 和 Zn 柱，如图 10.29 所示。该设计使用光致抗蚀剂制造模板衬底，其具有通过硅掩模生长的 Ni 和 Zn 柱。这个方法生产的电池放电电压为 1.65 ~ 1.75V。原理已经被证明了，然而 Zn 的严重腐蚀导致微电池的失效。

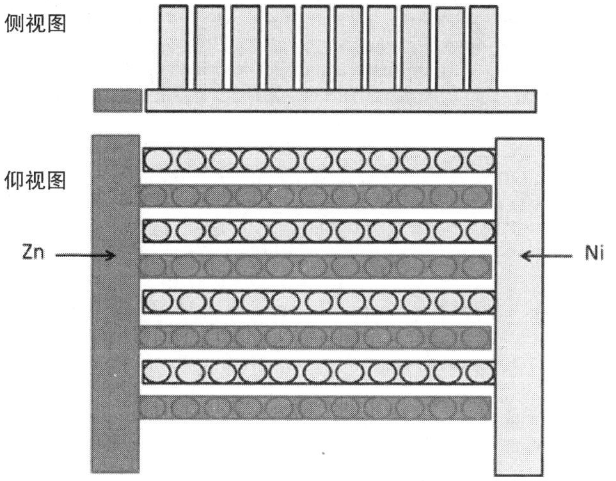

图 10.29　镍锌系统示意图

10.4　小结和展望

本章介绍了许多 3D 电池、半 3D 电池和 2D 电池可能的配置和设计。同时也阐述了实现高倍率放电所需要的设计原则。进而又展现了从薄膜和厚膜常规方法到半 3D 正极和负极，最终到全 3D 微电池的设计进展。这些电池的制造实例突出了所需的化学和技术的丰富多样性。这个领域在过去几年迅速成长，未来可能会大幅增强。这个简介是在这些器件处于初级阶段时写的，然而基本概念和技术仍将是相关和有用的。

致谢　作者感谢欧盟 FP7 项目 Superlion 支持。

参 考 文 献

1. Long JW, Dunn B, Rolison DR, White HS (2004) Three-dimensional battery architectures. Chem Rev 104(10):4463–4492
2. Rolison DR, Long JW, Lytle JC, Fischer AE, Rhodes CP, McEvoy TM, Bourg ME, Lubers AM (2009) Multifunctional 3D nanoarchitectures for energy storage and conversion. Chem Soc Rev 38(1):226–252
3. Vittorio SA (2001) http://www.csa.com/discoveryguides. [Online]. Available: http://www.csa.com/discoveryguides/mems/overview.php
4. Bates J, Dudney NJ, Neudecker B, Ueda A, Evans CD (2000) Thin-film lithium and lithium-ion batteries. Solid State Ionics 135(1–4):33–45
5. Souquet J, Duclot M (2002) Thin film lithium batteries. Solid State Ionics 148(3–4):375–379
6. Hart RW, White HS, Dunn B, Rolison DR (2003) 3-D microbatteries. Electrochem Commun 5(2):120–123
7. Jones S, Akridge J (1995) Development and performance of a rechargeable thin-film solid-state microbattery. J Power Sources 54(1):63–67
8. Xu K (2004) Nonaqueous liquid electrolytes for lithium-based re-chargeable batteries. Chem Rev 104(10):4303–4417

9. Kim H, Auyeung R, Pique A (2007) Laser-printed thick-film electrodes for solid-state rechargeable Li-ion microbatteries. J Power Sources 165(1):413–419
10. Owen JR (1997) Rechargeable lithium batteries. Chem Soc Rev 26:259–267
11. Johns P, Roberts M, Wakizaka Y, Sanders JH, Ow-en J (2009) How the electrolyte limits fast discharge in nanostructured batteries and supercapacitors. Electrochem Commun 11(11):2089–2092
12. Dong W, Rolison DR, Dunn B (1999) Electrochemical properties of high surface area vanadium oxide aerogels. Electrochem Solid-State Lett 3(10):457
13. Long JW, Swider-Lyons KE, Stroud RM, Rolison DR (2000) Design of pore and matter architectures in manganese oxide charge-storage materials. Electrochem Solid-State Lett 3(10):453
14. Shaijumon MM, Perre E, Daffos B, Taberna P, Tarascon J-M, Simon P (2010) Nanoarchitectured 3D cathodes for Li-ion microbatteries. Adv Mater 22:4978–4981
15. Mazor H, Golodnitsky D, Burstein L, Peled E (2009) High power copper sulfide cathodes for thin-film microbatteries. Electrochem Solid-State Lett 12(12):232–235
16. Tonti D, Torralvo MJ, Enciso E, Sobrados I, Sanz J (2008) Three-dimensionally ordered macroporous lithium manganese oxide for rechargeable lithium batteries. Chem Mater 20(14):4783–4790
17. Park BG, Kim S, Kim I-D, Park YJ (2010) Structural and electrochemical performance of three-dimensional LiMn2O4 thin film. J Mater Sci 45(14):3947–3953
18. Teixidor G, Zaouk R, Park B, Madou M (2008) Fabrication and characterization of three-dimensional carbon electrodes for lithium-ion batteries. J Power Sources 183(2):730–740
19. Min H-S, Park BY, Taherabadi L, Wang C, Yeh Y, Zaouk R, Madou MJ, Dunn B (2008) Fabrication and properties of a carbon/polypyrrole three-dimensional microbattery. J Power Sources 178(2):795–800
20. Fleischauer MD, Li J, Brett MJ (2009) Columnar thin films for three-dimensional microbatteries. J Electrochem Soc 156(1):A33
21. Cheah SK, Perre E, Rooth M, Fondell M, Hårsta A, Nyholm L, Boman M, Lu J, Simon P, Edstro K (2009) Self-supported three-dimensional nanoelectrodes for microbattery applications. Nano Lett 9(9):3230–3233
22. Perre E, Taberna PL, Mazouzi D, Poizot P, Gustafsson T, Edström K, Simon P (2010) Electrodeposited Cu2Sb as anode material for 3-dimensional Li-ion microbatteries. J Mater Res 25(8):1485–1491
23. Chamran F, Yeh Y, Min H-S, Dunn B, Kim C-J (2007) Fabrication of high-aspect-ratio electrode arrays for three-dimensional microbatteries. J Microelectromech Syst 16(4):844–852
24. Zadin V, Kasemägi H, Aabloo A, Brandell D (2010) Modelling electrode material utilization in the trench model 3D-microbattery by finite element analysis. J Power Sources 195(18):6218–6224
25. Dunn B, Kim CJ, Tolbert S (2010) Three-dimensional microbatteries for MEMS/NEMS technology. In: Proceedings of the 2010 IEEE 23rd international conference on micro electro mechanical systems (MEMS), Hong Kong, pp 164–167
26. Golodnitsky D, Nathan M, Yufit V, Strauss E, Freed-man K, Burstein L, Gladkich A, Peled E (2006) Progress in three-dimensional (3D) Li-ion microbatteries. Solid State Ionics 177(26–32):2811–2819
27. Golodnitsky D, Yufit V, Nathan M, Shechtman I, Ripenbein T, Strauss E, Menkin S, Peled E (2006) Advanced materials for the 3D microbattery. J Power Sources 153(2):281–287
28. Attard GS, Bartlett PN, Coleman NRB, Elliott JM, Wang JH (1997) Mesoporous platinum films from lyotropic liquid crystalline phases. Science 278(5339):838–840
29. Elliott JM, Attard GS, Bartlett PN, Coleman NRB, Merckel DAS, Owen JR (1999) Nanostructured platinum (H I -ePt) films: effects of electrodeposition conditions on film properties. Chem Mater 11(7):3602–3609
30. Ripenbein T, Golodnitsky D, Nathan M, Peled E (2009) Electroless nickel current collector for 3D-microbatteries. J Appl Electrochem 40(2):435–444

31. Notten PHL, Roozeboom F, Niessen RAH, Bag-getto L (2007) 3-D integrated all-solid-state rechargeable batteries. Adv Mater 19(24):4564–4567
32. Nathan M, Golodnitsky D, Yufit V, Strauss E, Ripenbein T, Shechtman I, Menkin S, Peled E (2005) Three-dimensional thin-film Li-ion microbatteries for autonomous MEMS. J Microelectromech Syst 14(5):879–885
33. Long JW, Rhodes CP, Young AL, Rolison DR (2003) Ultrathin, protective coatings of poly (o-phenylenediamine) as electrochemical proton gates: making mesoporous MnO_2 nanoarchitectures stable in acid electrolytes. Nano Lett 3(8):1155–1161
34. El-Enany G, Lacey MJ, Johns PA, Owen JR (2009) In situ growth of polymer electrolytes on lithium ion electrode surfaces. Electrochem Commun 11(12):2320–2323
35. Dokko K, Sugaya J, Nakano H, Yasukawa T, Matsue T, Kanamura K (2007) Sol–gel fabrication of lithium-ion micro-array battery. Electrochem Commun 9(5):857–862
36. Wang C, Taherabadi L, Jia G, Madou M, Yeh Y, Dunn B (2004) C-MEMS for the manufacture of 3D microbatteries. Electrochem Solid-State Lett 7(11):A435
37. Kinoshita K, Song X, Kim J, Inaba M (1999) Development of a carbon-based lithium microbattery. J Power Sources 81–82(1–2):170–175
38. Kotobuki M, Suzuki Y, Munakata H, Kanamura K, Sato Y, Yamamoto K, Yoshida T (2010) Fabrication of three-dimensional battery using ceramic electrolyte with honey-comb Structure by sol–gel process. J Electrochem Soc 157(4):A493
39. Chamran F, Min H, Dunn B, Kim CCJ (2007) Zinc-air microbattery with electrode array of zinc microposts, Mechanical and Aerospace Engineering Dept., 2 Materials Science and Engineering Dept. In: Proceedings of the Micro Electro Mechanical Systems, MEMS. IEEE 20th international conference, Kobe, pp 871–874
40. Chamran F, Min H, Dunn B (2006) Three-dimensional nickel-zinc microbatteries. In: Proceedings of the Micro Electro Mechanical Systems, MEMS 2006, Istanbul. 19th IEEE international conference, vol 2, pp 950–953

图书在版编目（CIP）数据

锂离子电池的纳米技术/（加）亚瑟·阿布莱布德（Yaser Abu - Lebdeh），（英）伊索贝尔·戴维德森（Isobel Davidson）主编；刘晶冰等译.—北京：机械工业出版社，2017.9
（国际电气工程先进技术译丛）
书名原文：Nanotechnology for Lithium - Ion Batteries
ISBN 978-7-111-58111-6

Ⅰ.①锂…　Ⅱ.①亚…②伊…③刘…　Ⅲ.①纳米技术 - 应用 - 锂离子电池　Ⅳ.①TM912

中国版本图书馆 CIP 数据核字（2017）第 237301 号

机械工业出版社（北京市百万庄大街 22 号　邮政编码 100037）
策划编辑：顾　谦　责任编辑：顾　谦
责任校对：樊钟英　封面设计：马精明
责任印制：张　博
三河市国英印务有限公司印刷
2017 年 11 月第 1 版第 1 次印刷
169mm × 239mm · 16 印张 · 304 千字
0001 - 3000 册
标准书号：ISBN 978 - 7 - 111 - 58111-6
定价：79.00 元

凡购本书，如有缺页、倒页、脱页，由本社发行部调换

电话服务	网络服务
服务咨询热线：010 - 88361066	机 工 官 网：www.cmpbook.com
读者购书热线：010 - 68326294	机 工 官 博：weibo.com/cmp1952
010 - 88379203	金 书 网：www.golden - book.com
封面无防伪标均为盗版	教育服务网：www.cmpedu.com